工程建设QC小组活动成果编写指要与案例（第三版）

江苏省建筑行业协会工程建设质量与技术管理分会
华仁建设集团有限公司
中亿丰建设集团股份有限公司
江苏省建工集团有限公司
主编

中国建筑工业出版社

图书在版编目（CIP）数据

工程建设QC小组活动成果编写指要与案例/江苏省建筑行业协会工程建设质量与技术管理分会等主编．—3版．—北京：中国建筑工业出版社，2020.3（2023.12重印）

ISBN 978-7-112-24928-2

Ⅰ．①工… Ⅱ．①江… Ⅲ．①建筑工程-工程质量-质量管理 Ⅳ．①TU712.3

中国版本图书馆CIP数据核字（2020）第036453号

本书以《质量管理小组活动准则》T/CAQ 10201、《工程建设质量管理小组活动导则》T/CCIAT 0005和有关开展质量管理小组活动的文件、培训教材等为依据，内容共6章，分别是：成果编写概述、问题解决型自定目标课题成果的编写、问题解决型指令性目标课题成果的编写、创新型课题质量管理小组活动成果的编写、质量管理小组成果发布要求与注意事项、成果编写案例及点评，以及4个附录。通过修订完善，使本书结构更合理，内容更全面，资料更翔实，适用性更强。

本书可供工程建设质量管理小组成员、主管部门、管理人员等学习参考。

责任编辑：张　磊　万　李　范业庶
责任校对：王　瑞

工程建设QC小组
活动成果编写指要与案例
（第三版）

江苏省建筑行业协会工程建设质量与技术管理分会
华仁建设集团有限公司
中亿丰建设集团股份有限公司
江苏省建工集团有限公司
主编

*

中国建筑工业出版社出版、发行（北京海淀三里河路9号）
各地新华书店、建筑书店经销
北京红光制版公司制版
建工社（河北）印刷有限公司印刷

*

开本：787毫米×1092毫米　1/16　印张：19¼　字数：465千字
2021年4月第三版　2023年12月第十一次印刷
定价：**70.00**元
ISBN 978-7-112-24928-2
（35670）

版权所有　翻印必究

如有印装质量问题，可寄本社图书出版中心退换
（邮政编码 100037）

《工程建设 QC 小组活动成果编写指要与案例》(第三版)

主编单位、参编单位、编写人员、审稿人员名单

主编单位: 江苏省建筑行业协会工程建设质量与技术管理分会
华仁建设集团有限公司
中亿丰建设集团股份有限公司
江苏省建工集团有限公司

参编单位: 镇江建筑行业协会
南通新华建筑集团有限公司
无锡市第五建筑工程有限公司
中建八局第三建设有限公司
常州第一建筑集团有限公司
苏州顺龙建设集团有限公司
江苏成章建设集团有限公司

编写人员: 蔡　杰　祁　敏　徐　珣　钱承刚　余暑安　郝国利
季洪波　孙爱华　丁仁龙　金志惠　徐晓晖　王先华
陈　刚　沈兴东　沙学政　江　斌

审稿人员: 袁　艺　徐宏均

前　言

1978 年，我国开始从国外引进全面质量管理，作为全面质量管理四大支柱之一的质量管理小组（QC 小组）同时被引入。质量管理小组是指由生产、服务及管理等工作岗位的员工自愿结合，围绕组织的经营战略、方针目标和现场存在的问题等，以改进质量、降低消耗、改善环境、提高员工的素质和经济效益为目的，运用质量管理理论和方法开展活动的团队。我国工程建设质量管理小组活动，是伴随着全国质量管理小组活动的深入开展逐步发展起来的。工程建设质量管理小组活动是工程质量管理的重要组成部分，它具有明显的自主性、广泛的群众性、高度的民主性、严密的科学性等特点。开展质量管理小组活动能够体现企业现代化管理以人为本的精神，调动全体员工参与质量管理、质量改进的积极性和创造性，可为企业提高质量、降低成本、创造效益，同时有助于提高职工素质，塑造充满生机和活力的企业文化。

本书第三版以中国质量协会团体标准《质量管理小组活动准则》T/CAQ 10201、中国建筑业协会团体标准《工程建设质量管理小组活动导则》T/CCIAT 0005 和有关开展质量管理小组活动的文件、培训教材等为依据，针对工程建设质量管理小组活动存在的不足，围绕怎样编写工程建设质量管理小组活动成果，对第二版框架结构和程序内容系统详细地进行了较大修改、充实和完善，并补充了附录内容，使本书结构更合理，内容更全面，资料更翔实，适用性更强。

本书第三版修订过程中征求了有关施工企业、质量管理小组成员意见，召开了多次讨论会并经反复修改完善，最后由有关专家审查定稿。由于本书内容涉及质量管理小组成果编写各个方面，错漏之处在所难免，敬请读者谅解和指正。

本书可供工程建设质量管理小组成员、主管部门、管理人员等学习参考。

目　　录

1　成果编写概述

2　问题解决型自定目标课题成果的编写

5　质量管理小组成果发布要求与注意事项

6　成果编写案例及点评

1 成果编写概述

我国从 1978 年开始，随着改革开放和推行全面质量管理，质量管理小组（简称 QC 小组）由点到面，蓬勃发展，经久不衰，显示出了强大的生命力。工程建设质量管理小组活动，是伴随全国质量管理小组活动的深入开展逐步发展起来的。多年来，中国建筑业协会始终坚持倡导、鼓励企业员工积极参与企业管理、质量改进和创新，坚持开展群众性质量管理活动，普及推广先进质量管理理念和方法，做了大量工作，有效推动了工程建设质量管理小组活动开展。江苏省在组织开展这项活动中，紧密联系江苏省工程建设实际，始终坚持“小、实、活、新”的基本原则，大力组织全省建筑行业开展质量管理小组活动、培训质量管理小组活动骨干队伍和开展质量管理小组活动成果发布交流活动，有效地促进了全省工程建设质量和管理水平的提升。

1.1 成果编写目的

质量管理小组活动经过 PDCA 循环后完成了课题的要求，就应认真总结活动的全过程，组织编写质量管理小组活动成果报告。编写质量管理小组成果报告的主要目的，其一是为了便于汇报、交流和评价；其二是为了相互学习，相互促进，共同提高，不断提升质量管理小组活动成果水平。

1.2 成果编写类型

成果课题编写类型，根据质量管理小组活动的特点和内容，可分为两大类型，即：问题解决型质量管理小组成果和创新型质量管理小组成果。我们在总结编写成果报告时，按照问题解决型和创新型进行课题分类，其中问题解决型课题按照自定目标或指令性目标课题进行编写总结。两种类型的含义如下：

第一种类型：问题解决型自定目标课题成果，是小组根据自身工作的施工现场、工作的部门实际，针对小组身边存在的问题，根据调查和分析，明确课题改进程度，由小组成员共同制定目标，在经过 PDCA 循环后完成了课题的要求所组织编写的成果。问题解决型指令性目标课题成果，是企业以指令性任务下达到小组，要求企业各单位或部门、项目部组建小组解决该课题，在经过 PDCA 循环后完成了课题的要求所组织编写的成果。

第二种类型：创新型课题成果，是小组运用新的思维研制新产品、服务、项目、方法的课题，在经过 PDCA 循环后完成了课题的需求所组织编写的质量管理小组活动成果。

1.3 成果编写依据

编写成果依据，通常包括以下几个方面：

（1）符合评价标准。我国目前采用的是中国质量协会组织制订颁布的质量管理小组活动成果的评价标准。这一标准，由现场评价和发表评价两个部分组成，具体评价表详见本书附录。

现场评价标准是质量管理小组活动成果评价的重要方面，评价项目包括：质量管理小组的组织、活动情况与活动记录、活动真实性和有效性、成果的维持与巩固、质量管理小组教育；发表评价标准，其成绩由资料分和发表分组成，资料分在发布会前由专家依据“问题解决型质量管理小组活动成果评价表”和“创新型质量管理小组活动成果评价表”进行评价打分，占总成绩的80%～85%；发表分由专家在大会上对小组成员的发表效果进行评价打分，占总分的15%～20%。因此，成果编写时，一定要符合以上评价打分标准。

（2）符合 PDCA 活动程序。小组活动是按 PDCA 循环的科学程序进行的，而成果报告是小组活动的真实写照，是依据活动过程编写的。因此成果报告的主要内容和结构也应体现 PDCA 循环过程。

（3）符合原始记录。小组活动原始记录是编写成果的重要依据和主要素材，其内容通常包括：1）小组开展集体活动的会议记录。2）课题活动前对现状的调查资料。如质量、产量、消耗、成本、经济损失、用户意见、现场运行观测等方面的数据、调查记录。3）活动中掌握的第一手资料、数据记录等。4）对比资料，如课题主要目标（指标）和国内外同行业、本企业历史最好水平，活动前后的对比资料等。小组活动原始记录参考样本详见本书附录。

（4）符合编写要求。成果编写要求，通常包括：一是文字要精练，表述要准确；二是程序要清楚，逻辑性要强；三是尽量使用图表、数据、示意图；四是成果要真实，不允许“倒装”和抄袭；五是要根据课题抓住重点，突出一条主线；六是对专业性较强的技术术语要解释，采用法定计量单位。

（5）符合统计方法运用要求。成果编写时，应结合成果内容，注意选择有效的统计方法，包括分层法、调查表、排列图、因果图、直方图、控制图、散布图、树图（系统图）、关联图、亲和图、矩阵图、矢线图（网络图）、PDPC 法和其他方法（简易图表、正交试验设计法、优选法、水平对比法、头脑风暴法、流程图）。小组活动程序常用统计方法详见本书附录。

1.4 成果编写步骤

成果是在小组活动原始记录的基础上，经过小组成员反复讨论总结整理出来的。在整理编写成果时，通常应按以下步骤进行：

（1）召开小组全体成员会议。

会议应由小组组长主持，主要内容应包括：一是认真回顾本课题活动全过程，总结分析活动取得的成绩、经验和不足之处，包括：选题是否适宜，现状调查分层分析是否合理，原因分析是否透彻，对策措施的步骤是否具体，实施过程描述是否有效展开，巩固措施是否落实等；二是确定成果编写内容和框架纲目；三是确定编写工作分工，包括主要执笔人、资料整理分工、编写工作阶段划分和完成时限，以及讨论修改时间和方式等。

（2）搜集整理小组活动原始记录和资料。

小组活动原始记录和资料的搜集整理按照分工要求实施，主要内容应包括：各种会议、学习情况记录；现状调查有关数据、图表、调查记录；原因分析、要因确认的过程；

对策实施过程中的施工方案、样板试验、检测、分析的数据和记录；对比资料，主要是课题目标与国内外建筑业同行的对比资料，与企业历史最高水平的对比资料，活动前后的对比资料等。

（3）编写完成成果初稿。

按照编写工作分工和框架纲目，在规定时限内执笔人编写完成成果初稿。在编写初稿时，执笔人要注意全面熟悉掌握原始记录和资料，按照小组活动的基本程序进行编写。

（4）组织修改形成成果终稿。

执笔人完成成果初稿后，小组组长应及时召开小组全体成员会议进行讨论修改，最后由执笔人作进一步修改、补充、完善，形成成果终稿。

（5）成果终稿上报企业主管部门备案或审核。

成果终稿中，涉及取得的经济效益、社会效益、技术或管理成果等，需要相关部门出具证明材料。

（6）根据成果终稿形成现场发布稿或交流稿。

1.5　成果编写形式

成果的编写与表现形式，根据实际情况和需要，通常有以下几种形式：

（1）“一张纸”形式。成果“一张纸”形式，是指把小组活动的各步骤概要地整理在一张纸上，既便于交流，又便于保存。如有的企业小组成果以摘要的方式汇总在一张 A3 纸上，以图表数据为主，内容和重点突出，这种形式在企业工地、车间等内部交流效果很好。

（2）“电子文档”形式。成果“电子文档”形式，是指在电脑上进行成果编写，并保存在电脑中或刻成光盘，也便于内部发表交流。

（3）“报告书”形式。此种形式是在全国或省（市）、行业发表交流时普遍采用的形式，有一定的格式要求，内容比较详细、规范，一般采用书面和电子文本相结合的方式，如果是发表用的还应制作成 PPT 演示文稿。

1.6　成果编写内容

根据小组活动的特点和内容，在编写成果时通常按 PDCA 循环的阶段和活动程序进行叙述，按照通常的两种成果编写类型，其编写内容如下：

1. 问题解决型自定目标课题成果编写内容

（1）问题解决型自定目标课题成果，其编写内容通常包括 12 个部分，即：1）工程概况；2）小组简介；3）选择课题；4）现状调查；5）设定目标；6）原因分析；7）确定主要原因；8）制定对策；9）对策实施；10）效果检查；11）制定巩固措施；12）总结和下一步打算。

（2）问题解决型指令性目标课题成果，其编写内容通常包括 12 个部分，即：1）工程概况；2）小组简介；3）选择课题；4）设定目标；5）目标可行性论证；6）原因分析；7）确定主要原因；8）制定对策；9）对策实施；10）效果检查；11）制定巩固措施；12）总结和下一步打算。

2. 创新型课题成果编写内容

创新型课题成果，其编写内容通常包括10个部分，即：1）工程概况；2）小组简介；3）选择课题；4）设定目标及目标可行性论证；5）提出方案并确定最佳方案；6）制定对策；7）对策实施；8）效果检查；9）标准化；10）总结和下一步打算。

1.7　成果编写要求

1. 要认真做好编写准备工作

编写一份质量和水平较好的成果，准备工作十分重要。编写成果报告，实际上是一个学习提高的过程。要对课题整个活动过程进行认真回顾和分析，不能仅仅靠成果的起草人，而应靠小组全体成员的共同努力，靠集体的力量和智慧。而集体总结就需要做好充分的准备，内容应包括：一是确定成果的中心内容，本次课题活动中主要解决了什么问题，产生问题的主要原因，采取了哪些主要措施，取得的主要成绩，以及本课题的最大特色（特点）是什么；确定成果的编写提纲；二是确定编写工作分工；三是全面熟悉掌握原始记录和相关资料，等等。

2. 要按照小组活动程序进行编写

小组活动程序是编写成果的首要依据。首先，必须按活动程序对活动全过程进行回顾总结，同时要做到前后呼应、紧密衔接、条理清楚；其次，必须要有很强的逻辑性，程序清晰，环环相扣，顺理成章，具有说服力。

3. 要根据小组活动课题突出重点

在编写成果时，必须根据课题抓住重点，突出一条主线，不要每个步骤都用同样的笔墨平铺直叙，一定要注意把本次课题活动的特点体现出来，特别是要把小组活动中下功夫最大、最能体现小组协作努力和创造精神的部分充分反映在成果报告中。

4. 要注重文字精练和简明扼要

在编写成果时，文字要精练，程序要清楚，逻辑性要强，尽量使用图表、数据、示意图，尽量做到图文并茂、简洁清晰。同时，开头要引人入胜，结尾要令人回味。

5. 要采用法定计量单位

法定计量单位是指国家以法令的形式，明确规定并且允许在全国范围内统一实行的计量单位。我国于1984年由国务院发布了《关于在我国统一实行法定计量单位的命令》，并颁布了《中华人民共和国法定计量单位》。在编写质量管理活动成果时，凡是使用计量单位的，必须采用法定计量单位。

6. 要对专业性较强的技术术语作解释

在编写成果时，要尽量用通俗易懂的语言进行叙述，力争不用专业技术性太强的名词术语，如果实在需要用的，要注意作出解释，以便交流时使大家听得懂、看得明白。

7. 要注意正确应用有效的统计方法

在编写成果时，统计方法特别要注意选用有效、合理的统计方法。有的简单、有效的统计方法，只要能充分说明问题就应提倡使用。

2 问题解决型自定目标课题成果的编写

问题解决型自定目标课题成果，是课题类型中很常用的一种类型。在编写成果时，应按照自定目标课题成果的程序（图 2-1）和内容要求进行编写。

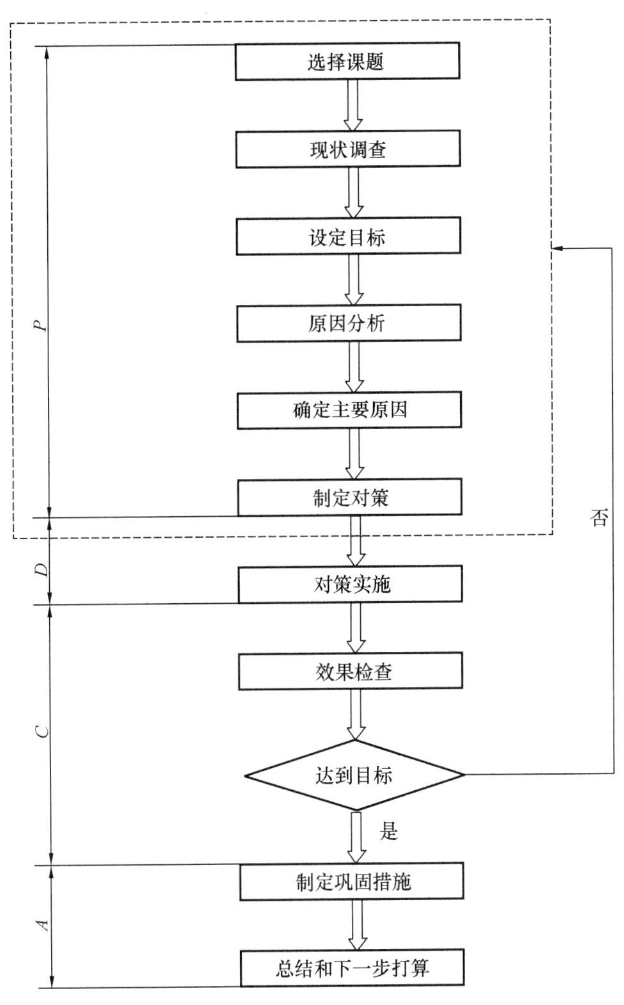

图 2-1 问题解决型自定目标课题质量管理小组活动程序图

2.1 工程概况

2.1.1 编写内容

工程概况一般只写与课题有直接或间接关联的工程情况，内容包括：

（1）工程名称、用途。

（2）工程地点、周边环境。

（3）工程规模，包括建筑面积、层数、高度等。

（4）与本课题相关的建筑特征（点）和结构特征（点）。

（5）课题对该项目工程质量（安全文明、绿色施工等）管理的重要性。

（6）与课题相关的工程进度和质量（安全文明、绿色施工等）管理目标。

（7）工程其他情况，如平面图、建筑特征（点）和结构特征（点）部位图片等。

2.1.2 注意事项

（1）以上内容要紧紧地围绕课题来写，不要把施工组织设计中的工程概况照搬过来。如果与课题完全无关，不必要写，如企业简介。

（2）工程概况一般直接用文字简练描述，可插入工程特征效果照片、BIM建模图等，以增加视觉效果。所提供的照片不能出现倒装等逻辑性错误，即小组活动未开始，就已把建成的建筑物照片附上。

（3）工程概况可以运用简易图表，尤其是图片运用特别有效。

2.1.3 案例与点评

《提高劲性柱大直径钢筋套筒连接质量一次验收合格率》的工程概况

×地块（商业、办公用房）工程北临锡沪路，东临柏庄路，南临上马墩路，西临规划道路，由××公司总承包。该工程总建筑面积262890m^2，其中地上建筑面积161212m^2，地下共两层，地下建筑面积101678m^2。

本工程共有8根劲性柱，高47.35m，有2856个套筒需预焊接在劲性柱焊板上与混凝土梁钢筋连接。钢筋套筒规格有ϕ20、ϕ22、ϕ25、ϕ28，焊板母材为Q345B，焊接方式为气焊。劲性柱节点钢筋排布密集，梁筋与柱筋相互交错，钢筋安装精度要求高，施工难度大，柱筋为ϕ25～ϕ28钢筋，很容易阻挡套筒与梁筋的连接。见图2-2～图2-4。

本工程的质量目标是确保“国家优质工程奖”。

地下劲性柱区域的施工进度计划时间为：从×年×月×日至×年×月×日。

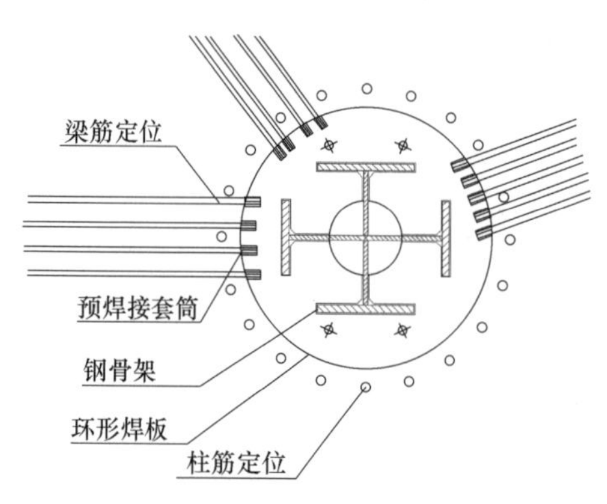

图2-2 劲性柱梁柱节点立面图

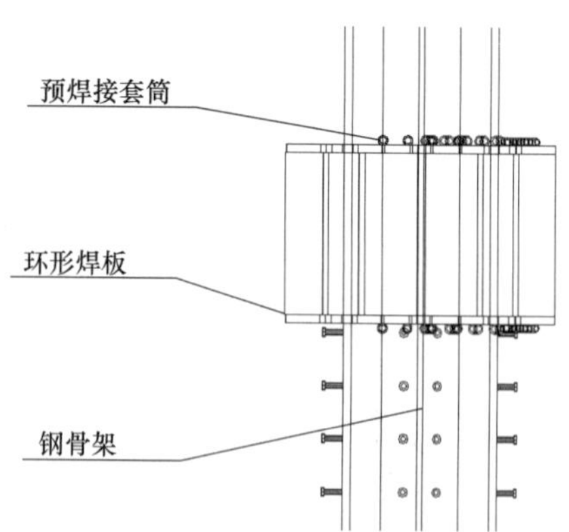

图2-3 劲性柱梁柱节点剖面示意图

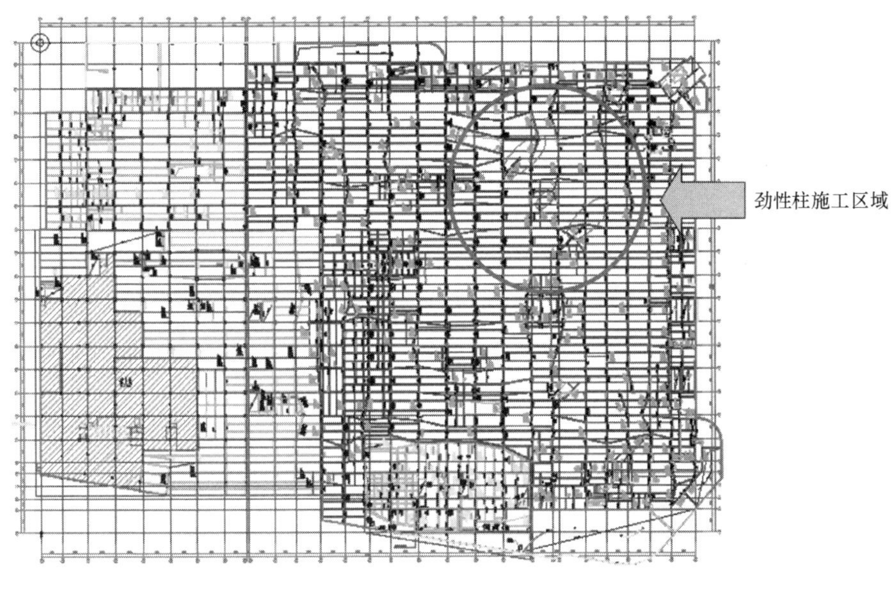

图 2-4 负一层结构平面图

案 例 点 评

本案例工程概况的内容完整，叙述简洁、明了，与课题密切相关的特征部位用数据进行说明；所附图能够清楚地表示与课题相关的建筑特点和活动的内容特征。

2.2 小组简介

2.2.1 编写内容

一般应包括下列内容：

(1) 小组名称。可写明单位、部门（班组）或项目。如“××公司××项目部质量管理活动小组”；也可用代表小组特征的专用词语作为小组名称，如“匠心质量管理活动小组”“创先争优质量管理活动小组”。

(2) 成立日期。即获企业内部管理部门批准的日期。

(3) 课题类型。问题解决型（自定目标）。

(4) 小组人数。由 3～10 人组成；人数太多不便于组织活动，人数太少工作又难以开展。

(5) 小组的注册时间及注册号。小组注册登记应每年进行一次，以便确认该小组是否还存在，或有什么变动，对持续半年以上未开展活动的小组可以予以注销。注册管理部门一般由企业主管质量管理活动或技术部门担任，也可按当地专业协会的管理执行。

(6) 课题的注册时间及注册号。每个课题在选定后必须注册，注册管理部门一般由企业主管质量管理活动或技术的部门担任，也可按当地专业协会的管理执行。

(7) 活动时间。指活动的开始至整个质量管理活动结束的时间，包括巩固期和标准化的形成。

(8) 人员情况。包括姓名、性别、年龄、学历、职务、职称、工种、组内分工、质量管理知识教育等情况以及备注。

（9）活动频率。即平均多长时间进行一次活动，也可记录活动的次数。

2.2.2 注意事项

（1）凡是小组自制的图表，都应标注：图（表）名称、图（表）编号、制图（表）人、制图（表）日期。

（2）插入的图片、照片，也应标注照片名称、制图人、日期。小组简介的制表时间应在课题注册之后。

（3）小组注册号和注册时间、课题注册号和注册时间、质量管理知识教育情况都应准确反映。

（4）应注意小组成员一般以现场管理一线人员为主体参加小组活动；对于技术攻关课题应由管理者、技术人员和操作人员三结合组成，以解决关键技术问题而参加小组活动。

（5）编写时可以运用简易图表、调查表、网络图和图片，其中简易图表运用特别有效。

2.2.3 案例与点评

《提高现浇筒体内模薄壁管混凝土空心楼盖施工质量初验合格率》的小组简介

（1）小组概况，见表2-1。

小组概况 **表 2-1**

小组名称	××项目质量管理小组	组建时间	×年×月×日
课题名称	提高现浇筒体内模薄壁管混凝土空心楼盖施工质量初验合格率	小组注册号	TH×-QC-2016-02
		小组注册时间	×年×月×日
课题类型	问题解决型	年检编号	TH×-QC-2018-01
		年检时间	×年×月×日
活动时间	×年×月×日～×年×月×日	课题注册号	TH×-QC-2018-09
		课题注册时间	×年×月×日
小组人数	10人	出勤率	95%
质量管理知识教育情况	小组成员均接受过60h以上质量管理知识培训，小组活动成果曾获得国家、省、市级优秀QC成果奖		

制表人：××× 制表日期：×年×月×日

（2）小组成员简介，见表2-2。

小组成员简介 **表 2-2**

序号	姓名	性别	年龄	学历	小组职务	职称	小组分工	备注
1	×××	女	48	大专	顾问	高级工程师	技术顾问	
2	×××	男	40	本科		高级工程师	策划顾问	
3	×××	男	41	大专	组长	工程师	策划实施	
4	××	男	50	中专	副组长	助工	组织实施	
5	×××	男	34	大专	技术管理	工程师	技术管理	
6	×××	男	36	中专	施工员	助工	负责实施	

续表

序号	姓名	性别	年龄	学历	小组职务	职称	小组分工	备注
7	××	男	41	中专	质检员	助工	质量管理	
8	×××	男	38	高中	安全员	技术员	安全管理	
9	×××	男	32	中专	资料员	技术员	资料收集	
10	×××	男	39	高中	材料员	技术员	材料管理	

制表人：××× 制表日期：×年×月×日

案 例 点 评

本案例采用表格对QC小组的基本情况进行介绍，简洁明了、内容基本完整。第一张表格对小组名称、组建时间、年检编号、工程建设质量管理知识教育情况等小组概况进行介绍。第二张表格对小组成员进行介绍，分类恰当，表述清楚。由于小组活动时间跨年度，案例中注明了年检注册编号，体现了小组活动的规范性。

改进建议：在小组成员简介表中，应增加每个小组成员参加质量管理小组活动知识培训的课时，并且宜增加平均年龄等数据。小组人员还应增加施工班组人员以组建对空心楼盖施工工艺进行技术攻关。可用饼分图对小组人员结构进行分析。

2.3 选择课题

2.3.1 编写内容

1. 课题的选择

自定目标课题来源一般可以由指导性课题和小组自选性课题来获得：

（1）指导性课题是由主管部门根据组织实现经营战略、方针、目标的要求，提出涉及多方面、跨部门的综合性问题，并将其分解为具体的、可承担的活动课题予以公布，小组根据自身条件选择力所能及的课题。

（2）小组自选性课题是可以针对上级方针、目标涉及在本项目的关键点；以加强施工管理方面的重点；长期未能解决的难题；从业主、监理及相关方反馈的意见；现场安全文明施工、环保等方面出现的问题，由小组自己选定的课题。

2. 课题名称

课题名称要简洁、明确、具体，直接针对所需解决的问题，不可抽象。

课题设定要抓住：结果、对象和特性三个要素。

如：“提高钢构柱主角焊缝一次合格率”“提高预埋件安装一次合格率”。

3. 编写要求

（1）所选课题应与上级方针、目标相结合，或是本小组现场急需解决的问题，在小组能力范围内，课题宜小不宜大。

（2）课题名称要简洁明确地直接针对所存在的问题，尽可能用特性值表达。

（3）在阐述选题理由时应明确、简洁，要注意用数据“说话”。

（4）应明确上级要求或建设单位、顾客、合同、标准等文件要求，并说明本小组当前实际情况与相关要求之间的差距。即主要阐明选此课题的目的性及必要性，尽量体现数据化、图表化，可以把相关方的要求是什么，现场存在问题的程度，实际达到的要求怎样，差距有多少，尽可能用数据表达出来。

（5）统计方法运用适宜、正确。

2.3.2　注意事项

（1）课题不能直接把找出主要问题的手段列入其中，如影响异型柱混凝土质量的两个主要问题是“混凝土强度偏差”和“混凝土接缝高低差”，课题就不能是“控制混凝土配合比，提高异型柱的混凝土强度”，而应为“提高异型柱混凝土施工质量一次验收合格率”。

（2）课题名称的确定要简洁、明确，不要包含多个内容。如“提高焊接施工效率，改进钢筋焊接焊瘤质量”，就包括了“提高效率”和“改进质量”两个内容。还应避免出现“精心组织，科学运用质量管理活动程序，严格控制混凝土裂缝的发生”“鼓足干劲、力争上游，搞好现场安全文明施工”“运用 PDCA 循环，解决钢筋焊接施工难题”等这类空洞、模糊的课题。

（3）课题的名称一般采用三段式结构：结果、对象、特性。

活动要达到的“结果”：如提高还是降低，增大还是缩小，改善还是消除。

活动要解决的“对象”：如产品、工序、过程、作业的名称。

活动要解决的“特性”：如质量、效率、成本、消耗等，特性值应具有可比性。

如：降低砌体工程施工返工率。

（4）选题理由应明确、简洁，以数据为依据，不空洞、不抽象、不模糊，包括企业或同行过去的水平情况，要充分体现选题的重要性和紧迫性。要有数据分析和统计方法应用。

（5）需要重点说明本小组当前实际情况与相关要求的差距。

2.3.3　案例与点评

《提高劲性柱大直径钢筋套筒连接质量一次验收合格率》的选择课题

（1）公司对本项目的要求是确保“国家优质工程奖”，钢筋套筒连接质量一次验收合格率要达到 90%以上。

（2）我们质量管理小组于×年×月×日调查了公司近两年类似工程的钢筋套筒质量原始记录，并整理统计了各工程劲性柱钢筋套筒连接质量的初验合格率。汇总如表 2-3 和图 2-5 所示。

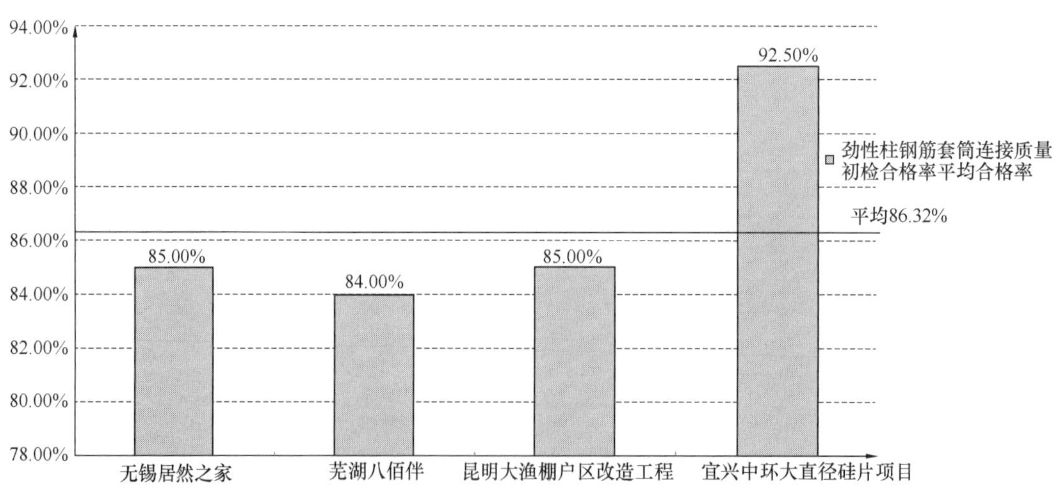

图 2-5　类似项目劲性柱钢筋套筒连接质量初检合格率柱状图

制图人：×××　　　　制图日期：×年×月×日

由图 2-5 可知，劲性柱钢筋套筒质量初验平均合格率为 86.32%，未达到公司要求的 90%合格率。因此我们小组选择“提高劲性柱大直径钢筋套筒质量一次验收合格率”作为本次活动课题。

类似项目劲性柱钢筋套筒连接质量初检合格率检查表 **表 2-3**

项目名称	检查项目	规格	检查点数	合格点数	不合格点数	合格率
无锡居然之家	劲性柱套筒连接	$\phi20 \sim \phi28$	40	34	6	85.00%
芜湖八佰伴	劲性柱套筒连接	$\phi20 \sim \phi28$	50	42	8	84.00%
昆明大渔棚户区改造工程	劲性柱套筒连接	$\phi20 \sim \phi25$	60	51	9	85.00%
宜兴中环大直径硅片项目	劲性柱套筒连接	$\phi20 \sim \phi28$	40	37	3	92.50%
平均合格率						86.32%

制表人：×××　　　　制表日期：×年×月×日

案　例　点　评

本案例课题选择的陈述简明、充分，分析了公司类似工程的施工情况与公司的要求相比存在的差距，三个项目达不到目标要求，而有一个项目超过目标要求，并合理地运用统计方法对选题的必要性进行了阐述，内容体现了数据化、图表化。

2.3.4 本节统计方法运用

选择课题可以运用的统计方法有：分层法、调查表、排列图、控制图、散布图、简易图表、水平对比法、矩阵图、亲和图、头脑风暴法、流程图等，其中分层法、调查表、排列图、简易图表特别有效。

2.4 现状调查

2.4.1 编写内容

现状调查有两项基本任务：一是深入现场调查把握问题的现状；二是通过分析找出症结所在。因此，现状调查的编写内容包括现状调查的计划、调查方法、调查数据、数据分析和调查结果。

1. 现状调查计划

小组在进行现状调查时，如果内容较多，可以制定科学合理的现状调查计划，以保证现状调查所找出的症结客观和准确。如果症结找不对或找不准，就会影响后续活动的开展，就会偏离方向，也就不会成功完成所选课题。

现状调查计划可以从以下几个方面制定：

（1）活动时间

现状调查由于要深入现场，需要查阅大量的工程技术档案和统计报表等资料，甚至需要在现场抽取样本、实测数据、归纳分析，所以在制定现状调查计划时，需要安排足够的时间来保证这些调查工作的完成。

（2）计划调查工程及活动地点

选择多个具有代表性的工程作为计划调查工程，本项目已实施的应在本工程进行调查分析，这样能使调查结果更具备客观性和准确性。而活动地点关系到交通、食宿和项目部人员日常工作安排等因素，距离须尽可能就近。在选择较近的活动地点时，也要考虑调查工程应具备代表性。二者应有机结合，尽量协调一致。所谓代表性工程，一定与小组活动课题描述的内容相类似，需要在调查表中描述清楚。

（3）调查项目

调查项目是指调查过程中的检查项目，应根据选择的课题进行科学、合理的设置。调查项目一定是存在的问题，即调查现象，而不是原因。调查项目的名称、检验方法、检验标准和检验数量可以参考各专业工程的施工质量验收规范、技术规程等来确定。例如课题“提高钢结构防火涂料涂装施工质量一次验收合格率”可以根据《钢结构工程施工质量验收标准》GB 50205来制定检查项目为：防火涂料产品质量问题、涂装基层质量问题、涂层强度、涂层厚度、表面裂纹和其他项目。

2. 现状调查的方法

（1）查阅工程资料

对于完工工程或隐蔽工程，可以从检测报告、隐蔽工程验收记录、检验批验收记录和施工日志等工程技术资料中获取所需的数据。这种方法十分常用，能够短时间内获取大量有用的数据，并且节约人力、物力和活动经费。不足之处在于数据的真实性和准确性无法有效确认和控制。

（2）现场测量

对于现场能够直接检查的调查项目，例如装饰面层、未粉刷的混凝土或砌体结构、调查时现场正在施工的隐蔽工程等，可以根据相关验收标准进行现场检查、实测数据。这种方法优点是获得的数据真实、准确，可以根据需要增加检验部位或检验数量。但是现场检查所需的人力、物力和活动经费的投入较高，并且比较耗时。同时还需联系和协调好各种外部关系，以便顺利地对计划调查工程进行调查。

3. 调查数据及分析

现状调查中所获得的原始数据和信息应具有客观性、可比性、时效性和全面性，需要进行汇总和整理，将有效数据提取出来，编制与课题相关问题的调查表。并根据调查表中的数据类型和数量，采用排列图、分层法、调查表、直方图、控制图、散布图、水平对比、流程图、简易图表等统计方法进行分析。

（1）客观性指实际测量或记录的真实数据；

（2）可比性指数据的特性和计量单位应一致、可比；

（3）时效性指收集数据的时间能真实反映现状，与活动开始时间最近的数据；

（4）全面性指多维度把握反映课题状态的数据，应不局限于已有统计数据，还应重视到现场实地测量取得数据。

4. 调查结果

调查结果是现状调查的重要内容，将被直接输入到下一个活动环节，作为目标设定和原因分析提供依据，因此调查结果的客观性和准确性非常重要。所以对现状调查的数据在进行分析工作完成后，应及时召开小组全体会议，通过全体小组成员的认真商讨后再确定本次现状调查的调查结果。调查结果的表述应完整、准确和客观，不应含有模棱两可的内容，更不能把原因作为调查的结果。

2.4.2 注意事项

1. 选取正确的调查项目

现状调查的目的是为了解问题现状，也就是摸清课题所涉及相关问题的严重程度，找出其中的症结，以便为设定目标和原因分析提供依据。因此，调查项目的选取原则应能够较为全面、客观地反映现象，并且合理分类，项目个数一般取在4～6个之间。应按照规范中分项工程“一般项目”内容进行选择，对于主控项目小组成员无法解决的内容不应列入，如影响结构性能、严重外观缺陷等。有的小组按照找原因的思路来选取调查项目，并按照不同的原因进行分组是不正确的。

2. 合理进行数据的分层分析

对现状调查的数据和信息要进行分层整理和分析。如果分层后的调查项目仍带有综合性，则需要再次进行分层分析。如此一层一层深入分析，直至找到问题的症结。注意分层不要与原因分析5M1E相混淆。对有些课题比较小，确实无法找到症结的，可以把问题理解为症结。在进行分层分析时，应该注意数据的前后呼应，要环环相扣，一次分层得出的问题不合格点（频数）即为二次分层的总频数展开，再分析找到深层次的。

如公路工程水泥稳定层施工，可以从不同施工区域、施工班组、设备、作业时间（横向分层），查找稳定层施工质量的压实度、平整度、厚度、高程、横坡、强度等数据（纵向分层）。

如混凝土成型施工质量，可以从模板、混凝土原材料、钢筋保护层、混凝土浇筑、养护等进行分析，若找出主要问题是模板问题，再从模板选型、尺寸、加工、平整度、接缝高低差等进行分析，直至找到影响混凝土成型质量的症结。

3. 现状调查要用数据说话

在调查中必须认真进行数据和信息的收集，这些数据和信息的获得必须是现场第一手资料，应具有客观性、可比性、时效性和全面性，要进一步地将数据和信息进行整理和分析，按不同的角度来分类、整理，直至找到问题的症结。切记调查的是现象而不是原因，不能按不同的原因分组。

4. 数据的整理

要先绘制质量问题统计调查表，对每个调查项目列出调查数量、验收标准、合格点数、不合格点数、合格率和不合格率，如按检验批统计数据，应按每个检验批要求的批次进行统计。再绘制出质量问题不合格频数统计表进行分析，找出症结。注意调查表是必须要绘制的图表，在程序“效果检查”时，要进行对比，以判断每个调查项目的合格率是否达到目标设定的要求。表式如表2-4、表2-5所示。

质量问题调查统计表格式 **表2-4**

序号	检查项目	检查项验收标准	检查点（个）	不合格（点）	合格（点）	合格率（%）
1						
2						
3						
4						
5						
6						
7	合计					

制表人：××× 审核人：××× 制表日期：×年×月×日

质量不合格频数统计表格式　　表 2-5

序号	检查项目	频数（点）	频率（%）	累计频率（%）
1				
2				
3				
4				
5				
6				
7	合计			

制表人：×××　　审核人：×××　　制表日期：×年×月×日

5. 为确定目标提供依据的分析

这是现状调查比较关键的一个步骤，经过现状调查找出的症结必须进行分析，对于症结的测算分析，应考察针对症结，统计其解决程度，为提出目标提供依据。该分析可以在设定目标之前进行分析，也可以在设定目标之后进行分析。

2.4.3　案例与点评

《提高钢筋穿孔陶土砖饰面一次安装合格率》的现状调查

调查 1：选定课题后，为了解问题的现状和严重程度，在×年×月×日调查情况和收集数据基础上，×月×日，小组成员×××和××对小学楼（北立面、南立面、西立面）、综合楼（北立面、南立面、样板区域西立面（K-M 轴））已经施工完成陶土砖饰面墙进行质量检查，检查的是埋件安装、竖向主龙骨安装、水平次龙骨安装、陶土砖体安装等质量问题，共检查 800 个点，合格 691 个点，存在质量问题的点为 109 个，质量合格率为 86.4%，见表 2-6、表 2-7、图 2-6。

陶土砖饰面墙一次安装合格率检查表　　表 2-6

检查部位	检查数量	合格数量	不合格数量	合格率
小学楼北立面	150	130	20	86.7%
小学楼南立面	150	129	21	86%
小学楼西立面	150	128	22	85.3%
中学楼北立面	150	127	23	84.7%
中学楼南立面	150	130	20	86.7%
样板区域：综合楼西立面（K-M 轴）	50	47	3	94%
合计	800	691	109	86.4%

制表人：×××　　制表日期：×年×月×日

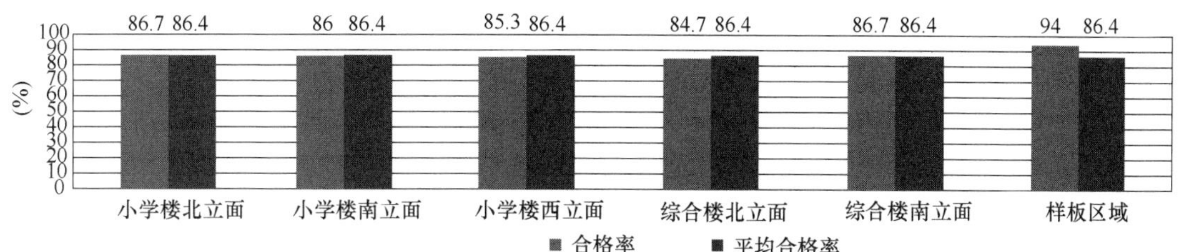

图 2-6 陶土砖饰面墙一次安装合格率柱状图

制图人：××× 制图日期：×年×月×日

各检查部位陶土砖饰面墙一次安装合格率质量问题统计表 **表 2-7**

检查部位	质量问题项目					合计
	砖体安装质量差	竖向主龙骨垂直度超差	水平次龙骨水平度超差	埋件位置超差	其他	
小学楼北立面	17	1	1	1	0	20
小学楼南立面	18	1	1	0	1	21
小学楼西立面	17	2	1	1	1	22
中学楼北立面	19	1	1	1	1	23
中学楼南立面	17	1	0	1	1	20
样板区域：综合楼西立面（K-M 轴）	1	1	1	0	0	3
合计	89	7	5	4	4	109

制表人：××× 制表日期：×年×月×日

调查 2：由于现场有两个班组同时进行施工，材料分两批进场，×月×日，小组成员×××和××采用交叉分层法进行分析，发现不管是采用 A 班组还是 B 班组，不管是采用第一批材料还是第二批材料，一次安装合格情况均无明显差异，见表 2-8。

陶土砖饰面墙一次安装质量合格情况交叉分层表 **表 2-8**

操作班组	合格率情况	进场材料		合计
		第一批	第二批	
班组 A	合格	175	173	348
	不合格	28	26	54
班组 B	合格	172	171	343
	不合格	28	27	55
合计	合格	347	344	691
	不合格	56	53	109
	共计	403	397	800

制表人：××× 制表日期：×年×月×日

再次用交叉分层法对质量问题项目进行分析，发现采用 A 班组还是 B 班组，不管是采用第一批材料还是第二批材料，质量问题项目无明显差异，见表 2-9。

陶土砖饰面墙质量问题情况交叉分层表　　　　表 2-9

操作班组	合格率情况	进场材料		合计
		第一批	第二批	
班组 A	砖体安装质量差	22	21	43
	竖向主龙骨垂直度超差	2	2	4
	水平次龙骨水平度超差	2	1	3
	埋件位置超差	1	1	2
	其他	1	1	2
班组 B	砖体安装质量差	24	22	46
	竖向主龙骨垂直度超差	2	1	3
	水平次龙骨水平度超差	1	1	2
	埋件位置超差	1	1	2
	其他	1	1	2

制表人：×××　　　　制表日期：×年×月×日

调查 3：×月×日，小组成员×××和××按照质量问题的项进行分析，得到如下调查表和排列图（表 2-10、图 2-7），可以看出“砖体安装质量差”占 81.7%，是陶土砖饰面墙一次安装质量的主要问题，但是还需要进一步进行分层分析，以明确症结所在。

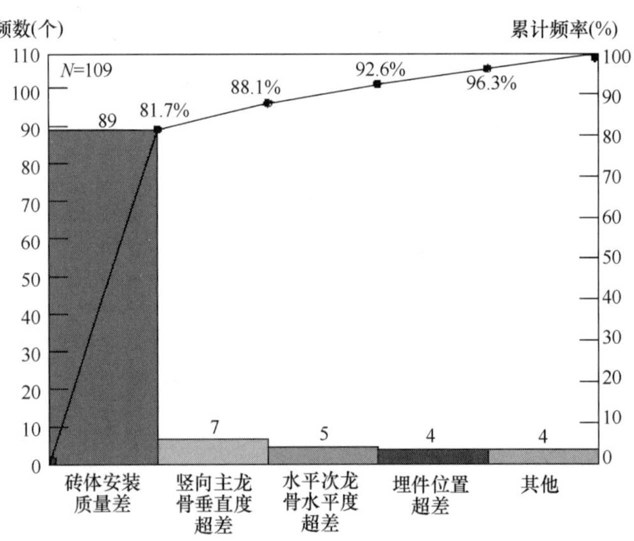

图 2-7　钢筋穿孔陶土砖饰面墙安装质量问题排列图

制图人：×××　　　　制图日期：×年×月×日

钢筋穿孔陶土砖饰面墙安装质量问题调查表　　　　表 2-10

序号	项目	频数（个）	频率（%）	累计频率（%）
1	砖体安装质量差	89	81.7	81.7
2	竖向主龙骨垂直度超差	7	6.4	88.1
3	水平次龙骨水平度超差	5	4.5	92.6

续表

序号	项目	频数（个）	频率（%）	累计频率（%）
4	埋件位置超差	4	3.7	96.3
5	其他	4	3.7	100
6	合计	109	100	

制表人：×××　　制表日期：×年×月×日

小组成员×××和××针对“砖体安装质量差”进行分析，得到如下调查表和排列图（表 2-11、图 2-8），可以看出“层间竖向砖体灰缝顺直度超差”和“大面横向砖体平整度超差”占“砖体安装质量差”的 86.5%，是砖体安装质量差的症结所在；如果解决了这两个症结，则砖体安装质量差可以解决 86.5%，钢筋穿孔陶土砖饰面墙一次安装合格率就能提高到：86.4%+（1−86.4%）×（86.5%×81.7%）=96.0%。

砖体安装质量差质量问题调查表　　**表 2-11**

序号	项目	频数（个）	频率（%）	累计频率（%）
1	层间竖向砖体灰缝顺直度超差	43	48.3	48.3
2	大面横向砖体平整度超差	34	38.2	86.5
3	层间竖向砖体平整度超差	5	5.6	92.1
4	大面横向砖体垂直度超差	4	4.5	96.6
5	其他	3	3.4	100
6	合计	89	100	

制表人：×××　　制表日期：×年×月×日

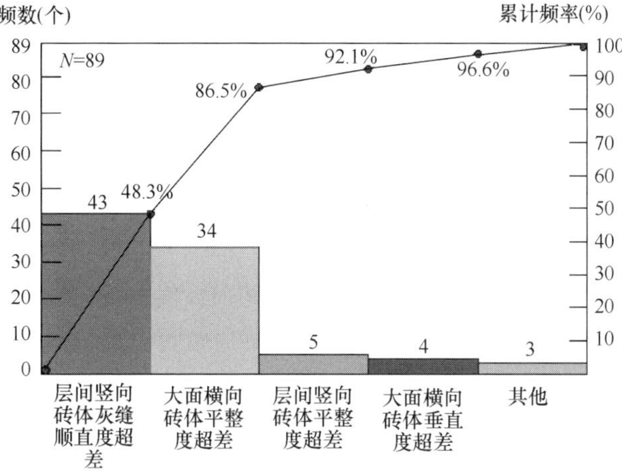

图 2-8　砖体安装质量差质量问题排列图

制图人：×××　　制图日期：×年×月×日

案　例　点　评

本案例成果中反映的活动内容完整，对现状调查取得的数据、信息通过多维度分层

(即横向分层)与多层级分层(即纵向分层),进行整理和分析,找到问题的真正、具体的症结。包括现状调查计划、现状调查实施方法、现状调查数据的统计及分析、现状调查结果的说明;现状调查实现了数据的二次分层分析,值得提倡;统计方法运用适宜,调查表、排列图绘制规范;调查项目的分类和选择比较合理,找出的症结和依据分析能够作为设定目标的依据。

改进建议:统计表中的检查项验收标准应根据建议细化到每项具体的验收标准进行描述。同时建议增加现状调查时的过程照片。

2.4.4　本节统计方法运用

本节可运用的统计方法有分层法、调查表、排列图、直方图、控制图、散布图、水平对比、流程图、简易图表等,其中分层法、调查表、排列图、简易图表特别有效。

2.5　设定目标

2.5.1　编写内容

设定目标指的是明确完成课题的考核标准,亦指确定通过质量管理小组活动,要将问题解决到什么程度。设定目标为小组活动指明了方向,也为检验活动成果是否有效提供依据。因此设定目标的编写内容应包括:目标设定的依据、目标的设定原则、目标值与现状值之间的对比。

1. 目标设定的依据

目标设定的依据已在现状调查中进行了分析,可以直接引用。但对于利用现状调查的数据测算分析的参考值,由于缺乏实践检验,且受现状调查数据代表性和准确性的影响,因此应从不同的角度去进行分析。对于明显过高的参考值,应适当降低后作为目标值;对于明显过低的参考值,则应重新回到现状调查的环节,研究是否没有真正找出症结所在,或者主要问题没有全部找出。

2. 目标的设定原则

目标设定一定要有挑战性,如果是行业内的先进水平或国家评价标准,则应根据小组的自身实力合理分析,在小组实力特别强时,可以考虑将目标值设定略高于先进水平或国家评价标准,否则宜将目标值设定为等于或者略低于先进水平。

3. 目标值与现状值之间的对比

目标值确定后,应该利用统计方法将目标值与现状值进行对比,从而给小组成员以直观的印象,激发小组成员的斗志和活动的积极性。通常可以用简易图表中的柱状图来完成这项工作。

2.5.2　注意事项

1. 设定目标应量化

目标应可测量,也就是将目标以确定的数据形式表示出来。例如,某小组活动目标设定为:"提高深基坑钢管混凝土柱施工定位精度合格率至96%",并且附注了深基坑钢管混凝土柱定位精度的合格标准为"定位偏差<5mm,垂直度偏差≤H/1000mm",目标量化就很明确,符合以数据说话的原则。再如,某小组活动目标设定为"精确吊装37.2m大跨度钢结构屋面",初看似乎也有数据,但是认真分析后就会发现,目标的关键内容"精确吊装"语焉不详,没有说明什么样算是"精确"吊装,不符合用数据说话的原则,

目标没有量化。

2. 设定的目标不宜过多

目标设定应与小组活动课题相对应，目标设定以一个为宜，目标设定过多，活动的重点就不明确。如果设定两个以上的目标，目标之间应不具有相关性，目标相关性指其中一个目标实现，另一个目标也随之实现。

3. 定性目标应转化为定量目标

如果设定的是定性目标，也应将其转化为定量目标，如安全文明施工的水平提升可以采用安全标准化、定型化的数量表示。

4. 自定目标的依据分析

自定目标的依据分析，放在目标设定前后均可，但不要出现“目标可行性分析”词语，以免和指令性目标的“目标可行性论证”步骤混淆。自定目标的依据可从以下方面考虑：

（1）上级下达的考核指标或工程建设标准、施工组织设计、施工方案等要求。

（2）建设单位、设计、监理等相关方要求，合同要求或顾客需求。

（3）国内同行业先进水平。小组可以通过水平对比，在工程规模、施工工艺、设备条件、人员条件和环境条件等相近的情况下，把同行业先进水平作为设定目标的参考值。

（4）组织曾经达到的最好水平。

（5）针对症结，预计其解决的程度，测算出小组能达到的水平。

2.5.3 案例与点评

《提高钢筋穿孔陶土砖饰面墙一次安装合格率》的设定目标

（1）组织曾经达到最高水平

在本工程创新应用钢筋穿孔陶土砖饰面墙施工技术，属于新技术、新工艺，组织内无相同工艺施工项目，现状调查中本工程样板区域一次安装合格率达到94%，见表2-12。

样板区域安装质量检查表 表2-12

部位	检查数量	合格数量	不合格数量	合格率
K-L轴	30	28	2	93.3%
L-M轴	20	19	1	95%
合计	50	47	3	94%

制表人：××× 制表日期：×年×月×日

（2）相关方要求

监理单位要求钢筋穿孔陶土砖饰面墙一次安装合格率不得低于90%，见图2-9。

（3）上级要求

公司到项目部月检时指出，钢筋穿孔陶土砖施工技术首次进行应用，为达到公司“观感质量零抱怨”的质量追求，提高顾客满意度，要求一次安装合格率不得低于样板区域94%。

（4）目标测算分析

现状调查中，非样板区域“层间竖向砖体灰缝顺直度超差”和“大面横向砖体平整度超差”占98.9%（88÷89），根据小组成员技术水平、管理水平、综合能力，可以把非样

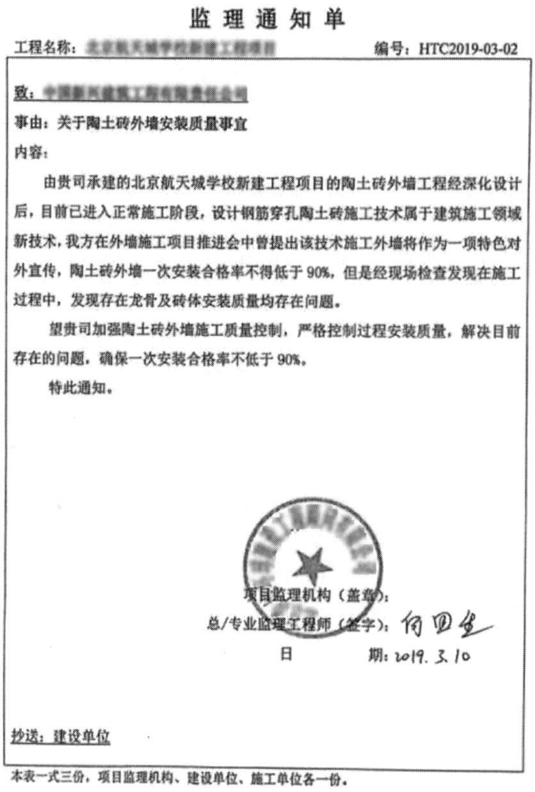

监 理 通 知 单

工程名称：[illegible]　　编号：HTC2019-03-02

致：[illegible]

事由：关于陶土砖外墙安装质量事宜

内容：

由贵司承建的北京航天城学校新建工程项目的陶土砖外墙工程经深化设计后，目前已进入正常施工阶段，设计钢筋穿孔陶土砖施工技术属于建筑施工领域新技术，我方在外墙施工项目推进会中曾提出该技术施工外墙将作为一项特色对外宣传，陶土砖外墙一次安装合格率不得低于90%，但是经现场检查发现在施工过程中，发现存在龙骨及砖体安装质量均存在问题。

望贵司加强陶土砖外墙施工质量控制，严格控制过程安装质量，解决目前存在的问题，确保一次安装合格率不低于90%。

特此通知。

项目监理机构（盖章）：

总/专业监理工程师（签字）：何国生

日　　期：2019.3.10

抄送：建设单位

本表一式三份，项目监理机构、建设单位、施工单位各一份。

图 2-9　监理通知单中对安装质量提出要求

板区域“层间竖向砖体灰缝顺直度超差”和“大面横向砖体平整度超差”这两个症结解决94%，一次安装质量能提高到86.4%＋（1－86.4%）×（86.5%×81.7%）×98.9%×94%＝95.3%。

由于施工中存在很多不可预见因素，综合考虑我们决定把目标值设定为95%，见图2-10。

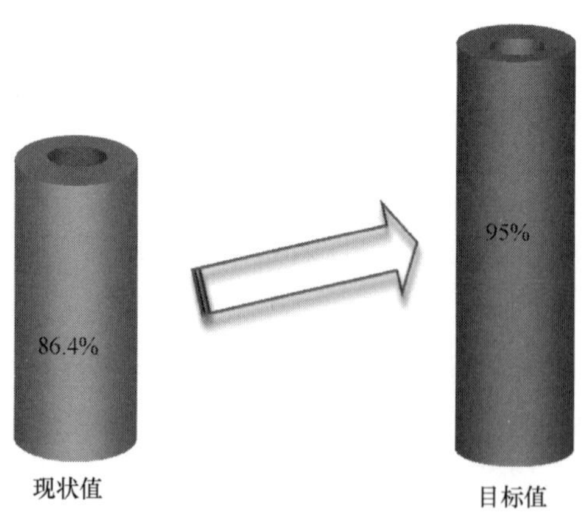

图 2-10　设定目标柱状图

制图人：×××　　制图日期：×年×月×日

案 例 点 评

本案例编写内容基本完整，目标值量化一目了然；对症结进行测算分析、为设定目标提供依据。利用曾经达到最好水平作为对比的标杆，为目标设定提供参考值，再设定目标。

2.5.4 本节统计方法运用

本节可运用的统计方法有调查表、简易图表（柱状图）、水平对比法，其中简易图表（柱状图）、水平对比法特别有效。

2.6 原因分析

2.6.1 编写内容

在小组活动中，用于原因分析的常用方法有三种：因果图、树图和关联图。小组在活动过程中，可根据所存在的症结正确、恰当地选用。原因分析是针对现状调查阶段找到的症结进行的，其主要任务是找出导致症结产生的各种原因。

这三种方法的重要特点见表 2-13。

原因分析的常用方法表　　表 2-13

方法名称	适用场合	原因之间的关系	展开层次
因果图	针对单一问题进行原因分析	原因之间没有交叉影响	一般不超过四层
树　图（系统图）	针对单一问题进行原因分析	原因之间无交叉影响	没有限制
关联图	针对单一问题进行原因分析	原因之间有交叉影响	没有限制
	针对两个以上问题一起进行原因分析	部分原因把两个以上的问题交叉缠绕影响	

注：原因分析时与头脑风暴法相结合。

按照先易后难的实施原则，原因分析可以分成四个阶段来进行：第一个阶段是原因海选，第二个阶段是梳理归并，第三个阶段是分析制图，第四个阶段是讨论修改。

1. 原因海选

在原因海选阶段，应发动小组的全体成员共同思考，从“5M1E”（人、机、料、法、环、测）去分析找原因，也可以放开思维，从其他角度去寻找原因。只要有可能是症结的影响原因，都可以列出来。必要时，可以采用头脑风暴法来推进活动的进行。海选过程中，小组成员找出的原因应及时汇总，更新的原因清单也应及时发送至每个小组成员的手中，以利于提高工作效率和质量，从而避免遗漏相关的原因。

2. 梳理归并

海选工作进行到一定程度后，原因清单更新的频率将越来越慢，更新的内容也将越来越少。这时就可以进入梳理归并阶段了。这一阶段的主要工作是将汇总后的所有原因按“5M1E”进行分类，归并同类项，去除重复的原因，编制一份经过分类的原因清单。

3. 分析制图

根据梳理归并后的原因清单，就可以绘制正式的因果图、树图（系统图）或关联图。在绘图的过程中，重点是在于分析各个原因之间的逻辑关系，将原因之间的层次划分清楚。绘制完成后还应对展开层次和末端原因进行检查。如果普遍不超过两层，则应考虑进一步进行深入分析。因果图的展开层次一般不超过四层，否则应采用系统图来进行绘制。末端原因的个数在 8～16 个为宜，太少说明原因分析可能还不够全面，有遗漏的影响因素；太多说明原因划分得太细，不利于下一步确认主要原因。

4. 讨论修改

制图完成后，应组织全体成员进行讨论，共同检查因果图、树图（系统图）或是关联图。如果发现问题，应及时进行修改，直至全体成员确认无误。经过确认的因果图、树图（系统图）或关联图，应规范的绘制在小组活动成果的原因分析这部分内容里。

2.6.2 注意事项

1. 运用方法要适宜、正确

原因分析的常用方法很多，选用的原则是简单、实用、有效，不要盲目追求高、深、新，只要能正确表达和解决问题便可。尤其是一些不熟悉的统计方法，很容易造成应用上的错误，反而影响到活动成效。对于比较复杂的问题，使用某种不常用的统计方法能有明显的实效时，则应该大胆地进行应用。

症结有两个时，如果原因关联不多，可优先采用两张因果图。因为采用因果图分析，5M1E 归类明确，展开的层次清楚。但如果两个症结关联原因较多的话，为了简洁，宜采用关联图。

2. 图表绘制要规范

统计方法中的图表均有其格式和要求，方便学习、使用、交流和推广。例如关联图中的症结，应该填置在矩形双线框内，与填在椭圆形框内的原因相区分。关联图、因果图中有关系的原因之间应采用箭条线连接，而系统图的连线应采用不带箭头的直线来连接。

有的小组习惯于在因果图或关联图等图中，用星号或其他方式将主要原因标识出来，这是不符合程序要求的，因为主要原因是在下一环节（要因确认）中通过科学合理的方法确认出来，所以在原因分析的环节中不应进行标注。此外，图名、绘图人、绘图日期等也应标注齐全，以利于检查和追溯。

3. 分析原因要全面

原因分析得全面，就能为下一环节“确认主要原因”做好充足准备，也就不容易漏掉影响症结的主要原因。如果原因分析不够全面，则有可能遗漏真正的主要原因，下一个环节中也就不可能将要因全部确认出来，症结也就不可能得到很好的解决。

4. 分析原因要彻底

分析原因需要一层一层地深入，直到找出末端原因。所谓末端原因，指的是可以直接用来制定对策和措施的原因。如果原因分析不彻底，没有找出末端原因，那么将难以制定具体的对策和措施。例如“工人操作经常失误”这一症结，分析第一层直接原因是“质量意识淡薄”，再进一层分析原因是“培训教育少”，对操作工人的教育帮助不够，还可以往更深层分析原因可能是“企业未设置负责教育培训的机构”或是“缺少负责教育培训的专职人员”。这样就能直接用来指导对策的制定，可以采取“设置专职或兼职的教育培训机构”或“配备负责教育的专职或兼职人员”。可见，分析原因越深入、越彻底，据此制定出的对策针对性就越强，可以采取的措施也就越具体，从而越能够解决症结。

5. 分析原因要注意逻辑性

有的小组在收集到各种原因后，仅仅按“5M1E”的规则进行简单的分类，忽视原因之间的先后逻辑关系，在图表中常常出现原因的先后顺序颠倒的情况。如上例中，如果第一层原因“质量意识淡薄”与第二层原因“培训教育少”颠倒过来，那么就存在逻辑上的问题，原因分析也就难以做到彻底。

6. 分析原因不能偏离技术实际

质量管理小组活动成果，要注意两个方面的内容，一个是程序应用，另一个是专业技术。在分析原因时，不要为了增加末端原因或者增加分析层次，拼凑一些与症结无关的原因，甚至还确认为要因。从专业技术上看，就能发现明显的错误。因为小组活动成果是可供其他技术人员借鉴的成果，不应该在专业技术上有所欠缺。

2.6.3 案例与点评

《提高清水混凝土施工质量一次验收合格率》的原因分析

本小组于×年×月×日在项目部会议室召开了原因分析会，对产生症结的原因进行了讨论，大家集思广益，将两个影响清水混凝土质量的症结进行原因分析，并对找到的原因进行归纳整理。因为大部分原因与两个问题症结之间都存在联系，所以我们绘制出关联图，见图 2-11。

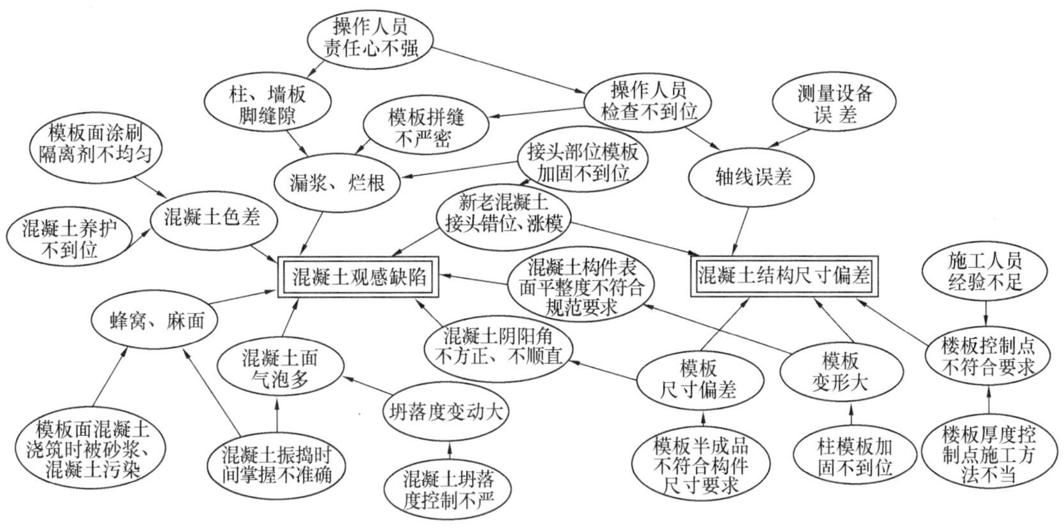

图 2-11 清水混凝土观感缺陷、结构尺寸偏差关联图

制图人：××× 制图日期：×年×月×日

案例点评

本案例的内容基本完整，包括了活动过程介绍、对选择分析方法简要说明等内容；关联图运用比较恰当。从图中看，与两个症结都有关联的末端原因达到了 5 项，使用关联图是比较恰当的；关联图的绘制规范，图中症结采用方框表示，各层原因采用椭圆形框表示，符合关联图的绘图标准；连线的箭头方向正确无误；原因分析比较彻底，所有原因都分析到了两层以上，个别达到了三层；关联图整体布局合理，简洁美观。

改进建议：增加原因统计分类表。这有利于直观地看出各个原因的“5M1E”分类，便于检验原因分析是否全面，以及关联图中症结是否有遗漏；个别原因还可以进行更深入的分析。如“测量设备误差”就可以找更具体的原因，如“测量设备未按时检验”“测量设备使用不当”等；“操作人员责任心不强”未分析到末端，可能与教育、督促检查以及奖惩措施等方面有关，应再深层分析。

2.6.4 本节统计方法运用

本节常用的统计方法有因果图、树图（系统图）、关联图、头脑风暴法等。

2.7 确定主要原因

2.7.1 编写内容

主要原因确定的流程图，见图 2-12。

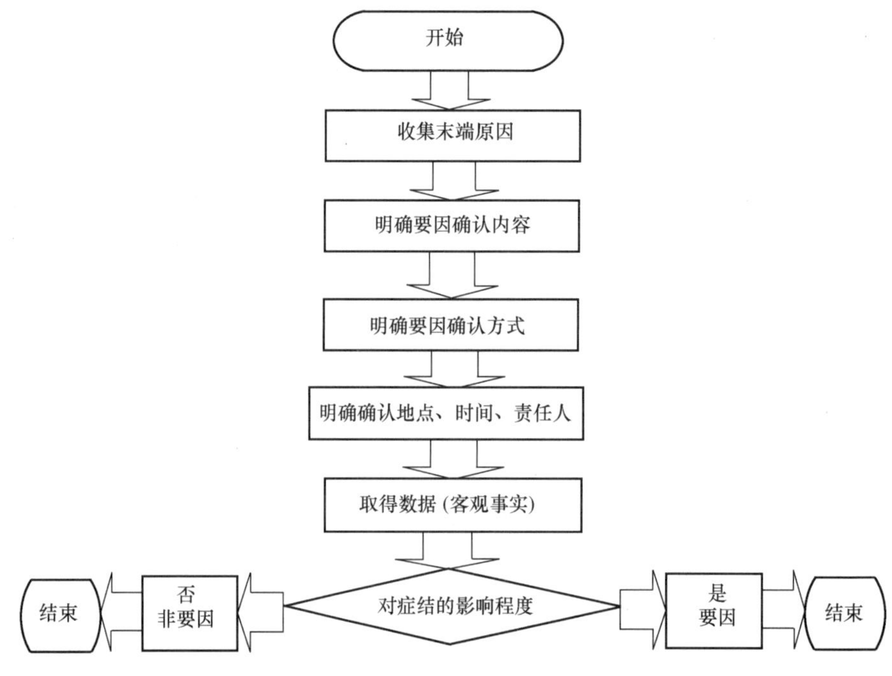

图 2-12 主要原因确定流程示意图

确定主要原因，是指对原因分析中得出的所有末端原因逐一鉴别，找出主要原因。确定主要原因是小组活动中一项需要全员参与和投入较多精力的程序。

确定主要原因编写内容通常可包括：要因确认计划、要因确认记录和要因汇总分析等。使用要因确认计划表不是必须的，为了要因确认清晰明了，也可以采用，但是因为确认依据很难设定，只能依据末端原因对症结的影响程度进行判断。

1. 要因确认计划

如果编制要因确认计划的话可以按如下步骤进行。

（1）收集和梳理末端原因

末端原因必须一个不落的收集齐全，并且按 5M1E 原则进行分类。然后按一定顺序转化为表格形式。如果有两个及以上的症结时，表格中还应将症结与末端原因之间的对应关系表示出来。

（2）剔除属于不可抗力的末端原因

对于小组肯定无法解决的原因，比如雨天、台风、高温、冰冻、洪水、地震等自然现象，以及城市临时停电、临时停水等突发事件，应该视为不可抗力类末端原因。这类原因均无需进行要因确认，所以在要因确认计划中予以剔除。

（3）确认方式

末端原因的类型和内容不同，可以采用的确认方式往往也不同。因此对于每一个末端原因，都需要认真研究最科学合理的确认方式。由于小组的规模一般都不大，因此在选择确认方式时应遵循简单、适用的原则，以现场测量、试验及调查分析为主。

（4）人员分工和资源调配

在各个末端原因的确认方法制定之后，小组应再次召开全体会议，根据小组成员的岗位和技术专长，对要因确认工作进行分工，将任务分解落实到每个人。一般情况下，对某个末端原因进行要因确认，必须由不少于 2 个小组成员来进行，以保证确认过程更客观。所以在要因确认的过程中，既要分工，也要合作。

（5）编制要因确认计划表

计划表中除末端原因、确认方法、责任人等内容之外，还有一项重要的内容：活动时间和确认地点。计划表的“确认依据”很难设定，应依据末端原因对症结的影响程度进行判断。要因确认计划表的常用格式如表 2-14 所示。

要因确认计划表 **表 2-14**

编号	末端原因	确认内容	确认方式	确认地点	确定依据	责任人	确认时间
1							
2							
3							
……							

制表人：××× 制表日期：×年×月×日

2. 要因确认记录

要因确认的过程有繁有简，在编写小组活动成果时，无需全过程复述，可以将重点内容编写成要因确认记录。一个末端原因就应该编写一条要因确认记录。记录的顺序也应按照要因确认计划表中的顺序安排，以便编写和查阅。

要因确认记录中主要内容应包括以下几条：

（1）记录编号与对应的末端原因；

（2）确认方法方式：现场测量、试验及调查分析；

（3）确认对应症结是否有影响（若有两个及以上症结应确认对两个症结的影响情况）；

（4）确认过程；

（5）确认对症结的影响程度；

（6）责任人及活动时间；

（7）结论。

在叙述确认影响程度和实测情况时，宜根据数据特点设计一些表格，例如检查表和统计方法分析，这样能够将情况叙述得更清晰。

3. 要因汇总分析

在记录好每一条要因确认记录后，需要将确认出来的要因进行汇总，并且从5M1E分类的角度分析要因的分布是否符合常理。例如，某课题为“提高钛合金流线型装饰板安装一次合格率”，找出的症结有两条，分别为“钛合金焊缝质量问题”与“钛合金板安装完成面不平顺”；确认的要因有四条，分别为“氩气纯度不够”“焊接母材不符合要求”“钛板安装固定方法不对”“实际操作经验不足”。按5M1E分类，属于“料”的要因有两条：“氩气纯度不够”和“焊接母材不符合要求”；属于“法”的要因有一条：“钛板安装固定方法不对”；属于“人”的要因有一条：“实际操作经验不足”。分析钛合金流线型装饰板安装的施工流程和工艺，可知这四条要因基本涵盖到了钛合金流线型装饰板安装的主要影响方面——“料”“法”“人”。这说明确认出来的要因是比较全面的。此外，还可以从专业技术和施工经验等方面对要因进行分析。

2.7.2 注意事项

1. 增加要因确认计划

如前所述，要因确认是一项比较复杂、有一定难度的工作。不制定计划而草率开展行动，容易导致确认效果不佳，多找或少找了要因；或者全体成员工作效率低下，费时费力。多找了要因，会导致对策增多，从而增加更多效果不佳的措施，增加活动的成本，降低活动的成效。少找了要因，后果更严重，往往会导致整个小组活动的失败。因此，必要时可增加要因确认计划，但需要仔细、认真、科学、合理地制定。

2. 要因确认应逐条确认

每个末端原因，有着不同的要因确认内容、确认方式和确认过程，是不能混在一起进行确认的。因此，要因确认应逐条确认。在编写小组活动成果时，也应该逐条记录。有的小组活动成果中仅用一张名为“要因确认表”的表格，将所有末端原因的要因确认内容记录在其中，这是不合适的。因为要因确认记录中的内容比较多，有的记录中还需要提供现场检查的数据表格或者现场照片等内容，这不是一张简单的表格能够容纳和反映的。

3. 要因确认不能靠主观判断

要因确认应该是依据客观的标准，采用科学的方法，通过实践检验而得出的，有数据、报告或照片等作为依据。因此不能够采用讨论通过、举手表决、“01”打分法等主观方法来确定。

4. 要因确认应依据对症结的影响程度判断

根据末端原因对问题或症结的影响程度来判断是否为要因，而不能依据是否容易解决或是否符合标准来判定，因此判定末端原因对症结的影响程度，首先是判定是否影响，因为有的末端原因不只对一个症结有影响，可能对两个症结都有影响；判断后再判定影响程度，必须说明的是，不是单纯用确认标准来判定，而是用数据分析对症结的影响大小程度，影响大的才是要因。

2.7.3 案例与点评

《提高建筑门窗安装质量一次验收合格率》的要因确认

针对“窗框标高偏差大”“窗框气密性差”症结，按5M1E原因分析出的9个末端原因均在小组能力范围以内，小组成员针对 9 个末端原因制定了要因确认计划表，见表 2-15。

要因确认计划表 **表 2-15**

序号	末端原因	确认内容	确认方式	确认依据	负责人	时间
1	窗框设计尺寸大	窗框设计尺寸大小对症结的影响程度	调查分析 现场测量	1. 根据末端原因对症结的影响程度进行判断； 2. 具体见每项的确认过程	×××	××
2	外窗安装质量技术交底未掌握	外窗安装质量技术交底未掌握与否中对症结的影响程度	调查分析 现场测量		×××	××
3	冲击钻振动强度大	冲击钻振动强度大小对症结的影响程度	调查分析 现场测量		×××	××
4	墙体阳角处防水隔汽膜破损	墙体阳角处防水隔汽膜破损程度对症结的影响程度	调查分析 现场测量		×××	××
5	防水隔汽膜粘结剂黏度低	防水隔汽膜粘结剂黏度高低对症结的影响程度	调查分析 现场测量		×××	××
6	测风仪精度低	测风仪精度高低对症结的影响程度	调查分析 现场测量		×××	××
7	操作平台晃动	操作平台晃动与否对症结的影响程度	调查分析 现场测量		×××	××
8	窗框底部支撑缺少标高调整措施	窗框底部支撑是否缺少标高调整措施对症结的影响程度	调查分析 试验		×××	××
9	外窗成品保护措施无缓冲层	外窗成品保护措施有无缓冲层对症结的影响程度	调查分析 现场测量		×××	××

制表人：××× 制表日期：×年×月×日

要因确认一：窗框设计尺寸大

【确认过程】

×年×月×日，×××对现场施工已完成的某单元 1～10 层的外窗窗框尺寸进行检查分类，现场安装完成主要规格（数量≥30）的窗框尺寸如表 2-16 所示。

窗主要规格设计尺寸统计表 **表 2-16**

序号	外窗	高度 H（mm）	宽度 L（mm）	数量
1	BC0916（min）	1650	900	60
2	BC1816	1650	1800	90
3	BC2719	1950	2700	44
4	BC3319（max）	1950	3300	30

制表人：××× 制表日期：×年×月×日

抽取高度为 1650mm 的最大尺寸 L_{max} 和最小尺寸 L_{min} 外窗及高度为 1950mm 的最大 L_{max} 及最小尺寸 L_{min} 外窗各 30 个，检查其外窗窗框标高合格率，见表 2-17 和图 2-13。

不同尺寸外窗窗框标高合格率 表 2-17

序号	外窗	检查数量	合格数量	合格率
1	BC0916（min）	30	24	80.0%
2	BC1816	30	25	83.3%
3	BC1819	30	23	76.7%
4	BC3319（max）	30	25	83.3%

制表人：××× 制表日期：×年×月×日

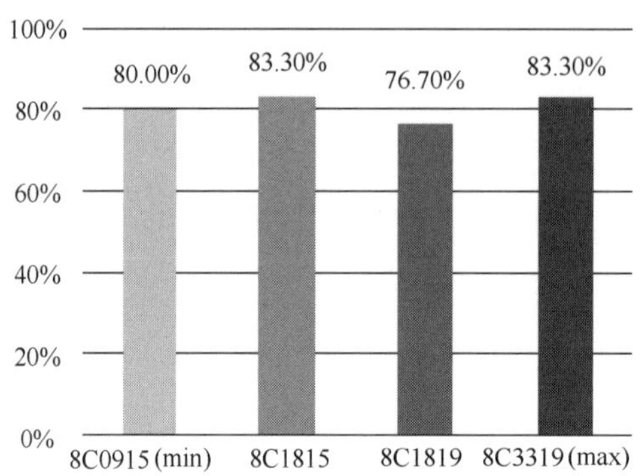

图 2-13 外窗安装合格率柱状图

制图人：××× 制图日期：×年×月×日

【影响程度确认】

设计中最大尺寸窗框标高合格率和最小尺寸的被动式建筑外窗安装窗框标高合格率基本一致，“窗框设计尺寸大”对“窗框标高偏差大”的症结影响较小。所以，此末端原因为非要因。

要因确认二：外窗安装质量技术交底未掌握

【确认过程】

×年×月×日小组成员×××对外窗安装质量技术交底情况进行了检查，本项目使用BIM技术进行交底，且签字齐全，交底率100%，见图 2-14。

为验证“外窗安装质量技术交底未掌握”对症结的影响，对10名作业人员进行技术交底相关内容的考核，其中5名作业人员考核及格，另外5名作业人员考核成绩不及格。

图 2-14 技术交底

将这 10 名作业人员按照考核成绩分为技术交底已掌握组与技术交底未掌握组两组。分别检查其施工的被动式外窗的安装质量，并进行对比。结果如表 2-18、图 2-15 所示。

操作人员考核成绩及外窗施工合格率统计表 **表 2-18**

序号	分组	人员	考试成绩	气密性合格率	窗框标高合格率
1	技术交底已掌握组	×××	89	85%	85%
2		×××	83	84%	84%
3		×××	79	87%	84%
4		×××	75	86%	85%
5		×××	72	86%	86%
平均			79.60	85.60%	84.80%
6	技术交底未掌握组	×××	59	85%	83%
7		×××	58	86%	84%
8		×××	57	84%	87%
9		×××	55	85%	86%
10		×××	53	86%	86%
平均			56.40	85.20%	85.20%

制表人：××× 制表日期：×年×月×日

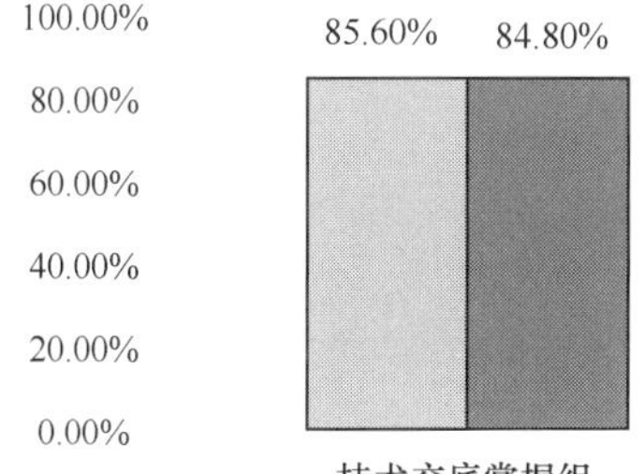

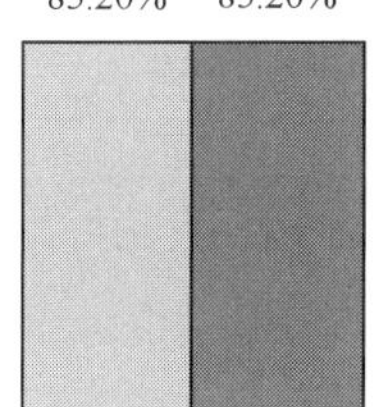

图 2-15 技术交底考核掌握不同人员施工外窗合格率对比柱状图

制图人：××× 制图日期：×年×月×日

【影响程度确认】

通过数据统计分析，外窗安装质量技术交底掌握与未掌握的作业人员施工的外窗的气密性和窗框标高的合格率基本一致，因此“外窗安装质量技术交底未掌握”对两个症结影响较小。所以，此末端原因判定为非要因。

要因确认三：冲击钻振动强度大

图 2-16 冲击钻施工

【确认过程】

×年×月×日，由×××对现场冲击钻进行检查，施工现场采用三种不同振动强度的冲击钻（图 2-16）进行外窗施工的钻孔作业，冲击强度为 4J 的冲击钻振动强度最大。分别对不同冲击钻施工的外窗的窗框标高进行检查，分别检查 50 个点，具体数据见表 2-19 和图 2-17。

不同振动强度冲击钻施工的外窗窗框标高合格率统计表 **表 2-19**

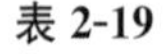

序号	冲击钻类别	功率（W）	振动强度（J）	检测数量	合格点数	合格率
1		1380	2.15	50	40	80%
2		1680	3	50	39	78%
3		2400	4	50	41	82%

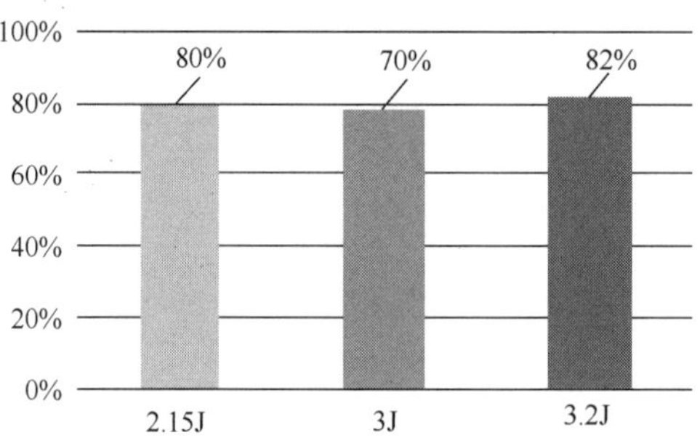

图 2-17 不同振动强度冲击钻施工的窗框标高合格率柱状图

制图人：××× 制图日期：×年×月×日

【影响程度确认】

通过调查对比发现，振动强度大的冲击钻和振动强度小的冲击钻施工的外窗窗框标高合格率基本一致，“冲击钻振动强度大”对“窗框标高偏差大”这一症结影响较小。所以，此末端原因判定为非要因。

要因确认四：墙体阳角处防水隔汽膜破损

【确认过程】

×年×月×日，由×××对现场防水隔汽膜进行检查。现场防水隔汽膜先粘贴于窗框室内侧，然后随窗框共同安装至窗洞口位置，防水隔汽向内翻折后粘贴于窗洞口，翻折粘贴过程中容易与墙体阳角发生摩擦，导致防水隔汽膜的破损。共检查 100 处，破损 25 处，其中 24 处破损于墙体阳角位置，1 处破损于窗洞口位置，墙体阳角位置防水隔汽膜破损率远高于其他部位，占总破损的 96%，见图 2-18 和表 2-20。

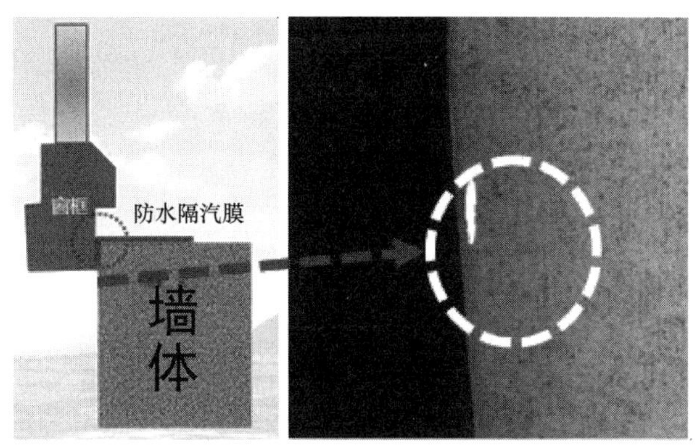

图 2-18　防水隔汽膜墙体阳角部位破损

防水隔汽膜破损情况调查统计表　　**表 2-20**

<table>
<tr><td>序号</td><td>检查数量</td><td>检查情况</td><td>破损位置</td><td colspan="2">数量</td><td>所占比例</td><td rowspan="2">破损部位占比</td></tr>
<tr><td>1</td><td rowspan="3">100</td><td colspan="2">未破损</td><td colspan="2">75</td><td>75%</td></tr>
<tr><td>2</td><td rowspan="2">破损</td><td>墙体阳角处</td><td rowspan="2">25</td><td>24</td><td rowspan="2">25%</td><td>96%</td></tr>
<tr><td>3</td><td>内墙侧</td><td>1</td><td>4%</td></tr>
</table>

制表人：×××　　制表日期：×年×月×日

对这 24 处阳角防水隔汽膜破损的外窗进行气密性检查，全部不合格。另抽取 24 处阳角防水隔汽膜未破损的外窗进行气密性检查，合格 23 处，不合格 1 处，合格率为 95.8%，见表 2-21、图 2-19。

一次验收合格率统计表　　**表 2-21**

序号	墙体阳角处是否破损	检查数量	合格点数	不合格点数	合格率
1	是	24	0	24	0
2	否	24	23	1	95.8%

制表人：×××　　制表日期：×年×月×日

【影响程度确认】

通过调查对比发现，墙体阳角防水隔汽膜磨损占比较高，且气密性均不合格，远高于防水隔汽膜未破损部位，“墙体阳角处防水隔汽膜破损”对“窗框气密性差”这一症结影响大。所以，此末端原因为要因。

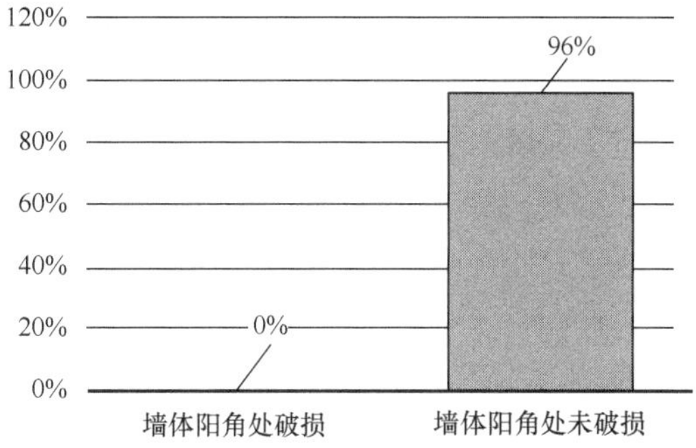

图 2-19　破损和未破损的外窗安装一次验收合格率柱状图

制图人：×××　　制图日期：×年×月×日

要因确认五：防水隔汽膜粘结剂黏度低

【确认过程】

×年×月×日，由×××对现场的防水隔汽膜粘结剂材料进行调查，现场采用两种品牌的中性硅酮耐候胶。规范允许黏度范围为500～650cps，耐候胶1黏度为450cps，耐候胶2黏度为650cps，见图2-20。

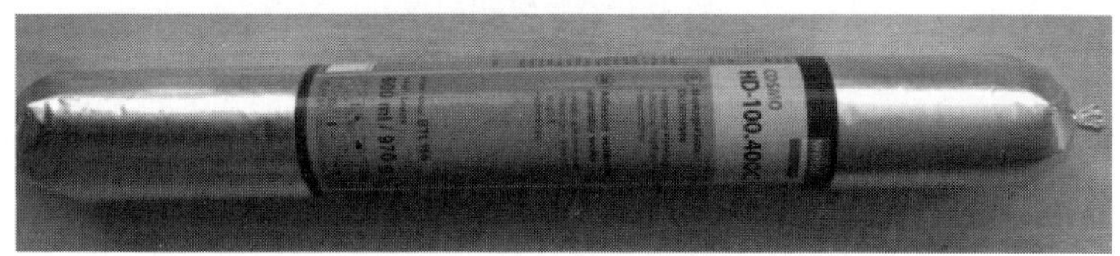

图2-20 防水隔汽膜粘结剂

×年×月×日，×××分别对两种耐候胶粘贴防水隔汽膜的外窗气密性进行检查，分别抽取100个点，检查结果如表2-22和图2-21所示。

外窗气密性检查统计表 **表2-22**

序号	项目	检查数量	合格点数	不合格点数	合格率
1	耐候胶1	100	80	20	80%
2	耐候胶2	100	81	19	81%

制表人：××× 制表日期：×年×月×日

【影响程度确认】

通过调查对比发现，使用黏度低的耐候胶粘贴防水隔汽膜的外窗气密性合格率于黏度高的耐候胶基本一致，因此“防水隔汽膜粘结剂黏度低”对症结“窗框气密性差”影响较小。此末端原因判定为非要因。

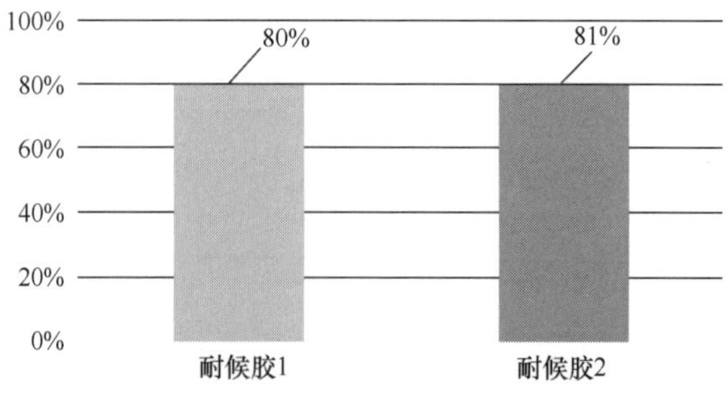

图2-21 不同黏度耐候胶施工的外窗气密性合格率对比柱状图

制图人：××× 制图日期：×年×月×日

要因确认六：测风仪精度低

【确认过程】

×年×月×日，由×××检查现场使用的测风仪，现场采用一体式测风仪，现场测风仪质量合格，校验时间满足要求，测量仪器精度为0.01m/s，见图2-22。

×年×月×日，又新采购一台全新测风仪，测风仪测量精度为0.001m/s，测量精度高于原有测风仪。×××使用这两个测风仪共同进行外窗气密性检查，两种仪器检查检查结果一致，且不合格点相同。共检查50个点，合格39个点，不合格11个点，合格率78%，且漏风点的漏风量基本一致，见表2-23、表2-24。

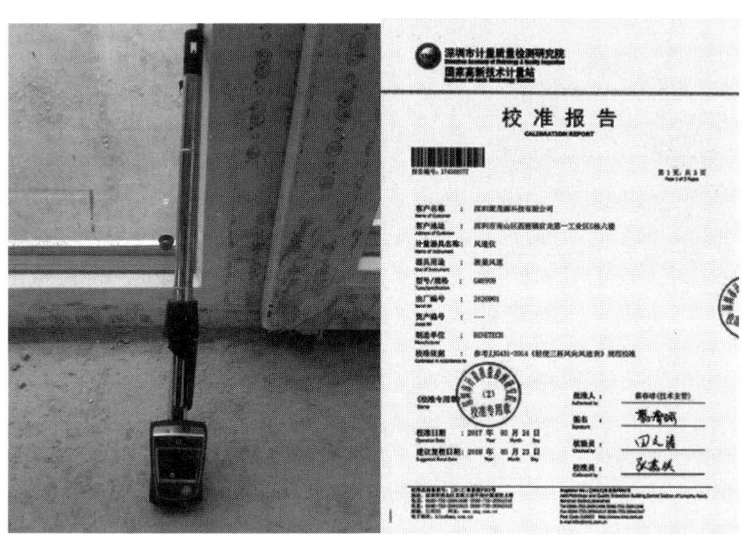

图2-22　测风仪及校准报告

外窗气密性检查统计表　　表2-23

设备	检查数量	合格点数	不合格点数	合格率
原有测风仪（精度为0.01m/s）	50	39	11	78%
新购测风仪（精度为0.001m/s）	50	39	11	78%

制表人：×××　　制表日期：×年×月×日

外窗气密性检查不合格点漏风量统计表　　表2-24

设备	检测项目	点1	点2	点3	点4	点5	点6	点7	点8	点9	点10	点11
原有测风仪	漏风量（m/s）	0.01	0.01	0.06	0.04	0.03	0.02	0.05	0.04	0.04	0.06	0.01
新购测风仪	漏风量（m/s）	0.01	0.01	0.06	0.04	0.03	0.02	0.05	0.04	0.04	0.06	0.01

制表人：×××　　制表日期：×年×月×日

【影响程度确认】

通过测定结果分析，精度低的测量仪器与精度高低的测量仪器测量的各点气密性一致，漏风点漏风量一致。因此“测风仪精度低”对“窗框气密性差”这一症结影响较小。此末端原因为非要因。

要因确认七：操作平台晃动

【确认过程】

×年×月×日，由×××对现场外窗的操作平台进行检查，现场1层外窗采用落地脚手架施工，其余均采用施工吊篮进行施工，两种操作平台均能满足外窗施工的要求，见图2-23。落地脚手架平台无晃动，吊篮存在轻微晃动。对采用两种施工操作平台施工的外窗分别进行气密性和窗框标高的检查。分别检查50个点，合格率均在79%左右，见表2-25、图2-24。

图2-23 吊篮及落地脚手架操作平台

不同操作平台施工的窗框气密性验收统计表 表2-25

操作平台	检测数量	合格点数	气密性合格率	操作平台	检测数量	合格点数	垂直度合格率
施工吊篮	50	39	78%	施工吊篮	50	40	80%
落地脚手架	50	40	80%	落地脚手架	50	39	78%

制表人：××× 制表日期：×年×月×日

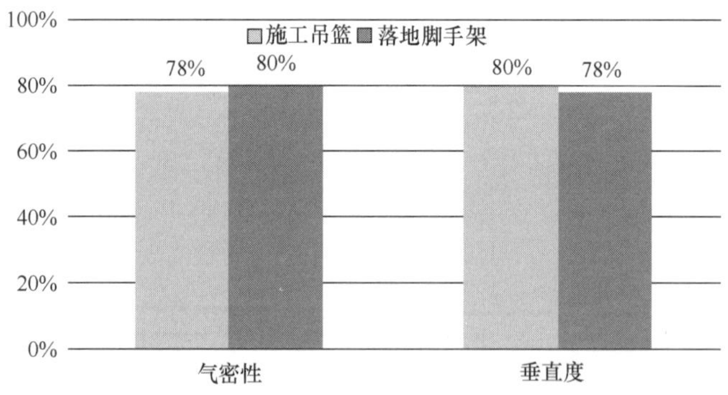

图2-24 不同操作平台施工的窗框标高、气密性合格率对比柱状图

制图人：××× 制表日期：×年×月×日

【影响程度确认】

通过调查对比发现，采用晃动小的操作平台与无晃动的操作平台施工的窗框气密性和窗框标高基本一致，“吊篮施工操作难度大”对“窗框气密性差”和“窗框标高偏差大”两个症结影响较小。所以判定为非要因。

要因确认八：窗框底部支撑无标高调整措施

【确认过程】

×年×月×日，由×××对施工现场底部支撑进行检查，现场按照被动式建筑标准图集进行施工，将防腐木使用两个同一水平高度的膨胀螺栓固定于墙体外侧，外窗用防腐木作为支撑，然后侧边使用L形角件固定，见图2-25。由于支撑木直接固定于墙体外侧，安装后竖直方向没有调节的余地，无法进行标高调整。

×年×月×日，×××抽取40处已安装完成的外窗检查窗框标高，合格32处，不合格8处，合格率为80%。×年×月×日，×××采用防腐木与窗框之间加垫不同厚度的防腐木片的方法进行外窗安装的试验，安装完成后进行对窗框标高检查。共安装40个外窗，合格37处，不合格3处，合格率达到了92.5%，见表2-26、图2-26及图2-27。

图2-25 窗框底部支撑固定方式

不同操作平台施工的窗框标高验收统计表 表2-26

序号	施工方式	检查数量	合格数	不合格数	合格率
1	无固定措施	40	32	8	80%
2	有固定措施	40	37	3	92.5%

制表人：××× 制表日期：×年×月×日

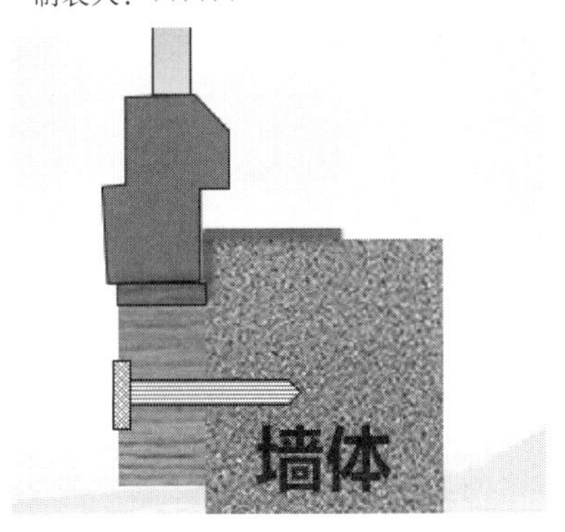

图2-26 加垫防腐木片

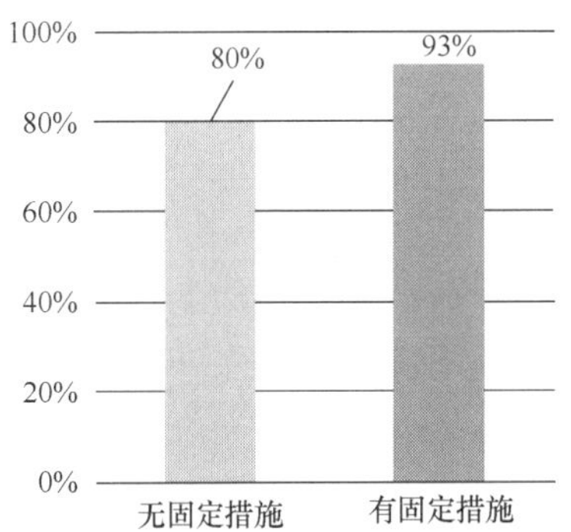

图2-27 采用不同安装方式窗框标高合格率对比柱状图

制图人：××× 制表日期：×年×月×日

【影响程度确认】

通过调查分析和试验发现，窗框底部无标高调节措施的外窗窗框标高偏差远低于采用底部加垫防腐木片调节标高的安装方式，“窗框底部支撑缺少标高调整措施”对“窗框标高偏差大”这一症结影响大。因此此末端原因是要因。

要因确认九：外窗成品保护措施无缓冲层

【确认过程】

×年×月×日，由×××对现场外窗的成品保护措施进行检查，现场1～4F样板完成后采用塑料薄膜进行成品保护，5～8F施工全部采购成品PE塑料保护气泡膜进行外窗成品保护，塑料薄膜无缓冲层，气泡膜存在6mm的缓冲空气层，见图2-28。分别对1～4F和5～8F的窗框气密性和窗框标高进行检查，分别检查50个点，具体数据如表2-27、表2-28及图2-29所示。

图2-28　塑料薄膜及成品气泡膜保护措施

不同保护措施的窗框气密性合格率统计表　　表2-27

检查部位	成品保护措施	检查点数	合格点数	不合格点数	合格率
1～4F	塑料薄膜	50	42	8	84%
5～8F	PE气泡膜	50	41	9	82%

制表人：×××　　制表日期：×年×月×日

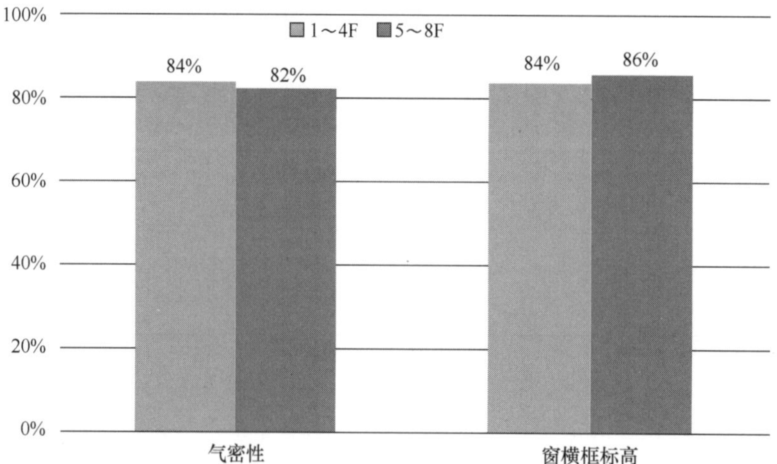

图2-29　不同成品保护措施的窗框标高及气密性合格率柱状图

制图人：×××　　制图日期：×年×月×日

不同保护措施的窗框标高合格率统计表 表 2-28

检查部位	成品保护措施	检查点数	合格点数	不合格点数	合格率
1～4F	塑料薄膜	50	42	8	84%
5～8F	PE 气泡膜	50	41	7	86%

制表人：××× 制表日期：×年×月×日

【影响程度确认】

通过调查对比发现，成品保护措施有无缓冲层，外窗气密性和窗框标高的合格率基本一致，因此“外窗成品保护措施不合理”对症结影响较小。判定为非要因。

确定主要原因

通过以上每条原因确认，最终确定两个主要原因为“墙体阳角处防水隔汽膜破损”和“窗框底部支撑无标高调整措施”。

案 例 点 评

本案例要因确认内容完整，图文并茂，值得提倡；要因确认逐条进行，运用调查表、柱状图等统计方法，并进行现场试验，并附有现场实物照片。统计方法运用比较合理；要因确认过程以数据和事实说话，客观准确。建议确认地点应该交代清楚，因为在活动过程中有的末端原因牵涉到的工序现场并未开始实施，应采用试验、样板或 BIM 设计的方法进行，不然很容易出现倒装的逻辑性错误。要因确认计划表中每个末端原因的确认内容应明确到对哪个症结的影响，因为该症结有两个。

2.7.4 本节统计方法运用

本节可以运用的统计方法及方法有调查表、直方图、散布图和简易图表，其中特别有效的统计方法为简易图表，包括：折线图、柱状图、饼分图、雷达图。

2.8 制定对策

2.8.1 编写内容

按照“5W1H”要求的原则，逐一对每个主要原因进行分析，提出对策，明确目标，制定具体措施，落实实施地点、计划好完成时间，确定实施措施的负责人，保证对策措施的顺利实施，以下逐一介绍如何制定对策。

1. 针对主要原因提出对策，必要时，进行多种对策的评价选择

所谓对策，就是解决主要原因的提纲，我们如何通过小组活动的开展，将存在问题解决到什么程度、提高到一个什么级别或达到什么目的。

针对要因提出对策。必要时，提出对策的多种方案，评价、确定对策。对提出的各种对策进行评价选择，必须考虑选择对策的重点是在小组成员的能力和客观条件的允许范围内能够完成，且能达到一个较好的效果。提出多条对策这一过程要详细陈述，对每一项对策进行综合评价，采用测量、试验、分析等客观的方法，基于事实和数据，从有效性、可实施性、经济性、时间性、可靠性等方面通过综合评价和比较选择，确定出有效实施的对策。如：“龙骨横梁水平偏差大”的要因，是否在小组能力范围内能提高，提高多少。在提出若干对策时，暂不考虑是否可行，只要能解决都提出来以供选择确定。让小组全体成员根据其相应知识、有关经验及各种信息，互相启发、补充，提出各种各样的对策方案，

对每条对策进行综合评价。尽量采用依靠小组自己的力量，自己动手能够做到的对策，避免采用临时性的应急对策。进行对策综合评价时，可采用测量、试验、分析等方法，基于事实和数据来评价。

2. 设定对策目标

对策目标必须可测量、可检查；它与课题目标没有直接关系，只与对策所针对的主要原因状态相关联，即将主要原因改善到什么程度的具体可测量可检查的描述。

针对主要原因，通过所确定的对策，需要一个量化的指标或目标，针对目标成果才能有针对性的继续开展下去。这条对策能改进到什么标准，就是要把对策提高的程度进行预设目标，能够检查的（可测量）目标。如果达到了对策目标，回到（或高于）标准要求的规格范围以内，才能说明这条对策达到了预期的程度。

对策设定目标，目标是检验后面实施情况的依据，主要是检验对策实施的结果，判断对策实施的有效性；目标值必须具体，便于对每条实施的结果进行比较，以说明该条实施达到的程度。如果目标不能量化，要制定出可以检查的目标，或者通过间接定量方式设定。如：针对“循环风机转速设计偏小”，活动后的标准是：“二级分离器压力值大于35kPa，初级分离器风压提高到标准值 40kPa 以上”，这个标准就可将作为制订对策时的“目标”，而且这是可测量验收的量化指标。

3. 制定可操作性措施

对策、目标确定之后，如何去实现这个目标，采用哪些具体措施才能使对策的目标得以实现。因此，必须在制订对策计划时认真策划实现对策的措施，在巩固阶段需形成的制度、作业指导书、标准或对这些制度的修改，必须预先列入措施计划中，使制订的对策计划能更好地去指导实施，不然形成的相关标准文件也将无效。

制定具体措施方法和实施手段，应具体且具有可操作性。要有具体的步骤，考虑得越周密、越具体，操作性就越强，就能更好地指导实施。

4. 实施地点

实施地点要按照实施的具体情况确定，不能笼统的同一地点，可以在施工现场的哪个工段、哪个部位，可以在办公室或会议室，也可以在材料供应商的某一加工场所，以便于措施的实施。不能是制定对策和提出措施的地点。

5. 完成时间

明确措施完成的时间要求，规定具体的完成时间，确保小组活动的时效性，要具体到日。注意，对策表的制表时间，必须在完成时间之前，并留出足够的实施时间。

6. 负责人

分工明确，才能事半功倍。实施过程可能有改进、讨论、分析，因此对策实施要由小组成员全员参与，可以是多人，还需要多人配合完成。对策表中的“负责人”是指根据小组分工明确每一项工作由谁负责，负责人可以由小组中任一成员担任，并非特指组长。

2.8.2　注意事项

1. 前后要呼应、逻辑性强

（1）按 5W1H 要求制定“对策表”。

（2）提出的“对策”应与要因相对应。

（3）制定的对策表的“措施”应与“对策”相对应。

2. 对策目标要量化且措施能有效地指导实施

(1) 内容表达要清楚且表达要具体；对策表中的“目标”栏，要尽可能用定量（可测量）的目标值来表述。应杜绝使用“加强”“提高”“减少”“争取”“尽量”“随时”等抽象词语。

(2) 对策与活动主题要有关系，改进的方法不能太理想化。

(3) 如果对策实施中效果检查没有达到对策表中所定的“目标”时，要重新评价措施的有效性，必要时，修正所采取的对策措施。

(4) 5W1H 不能漏项，顺序为：主要原因、对策、目标、措施、地点、时间、负责人。对策表前四项“主要原因”“对策”“目标”“措施”排序是有逻辑关系的，位置顺序不能颠倒。

2.8.3 案例与点评

《提高砌体墙小型电箱箱体安装合格率》的制定对策

(1) 针对以上“箱体上过梁板安装不全”“箱体周围有裂缝空鼓”两个主要原因，小组成员运用头脑风暴法，提出各种对策具体分析优选，并从有效性、可实施性、经济性、时间性、可靠性五方面进行评价，见图 2-30、图 2-31。

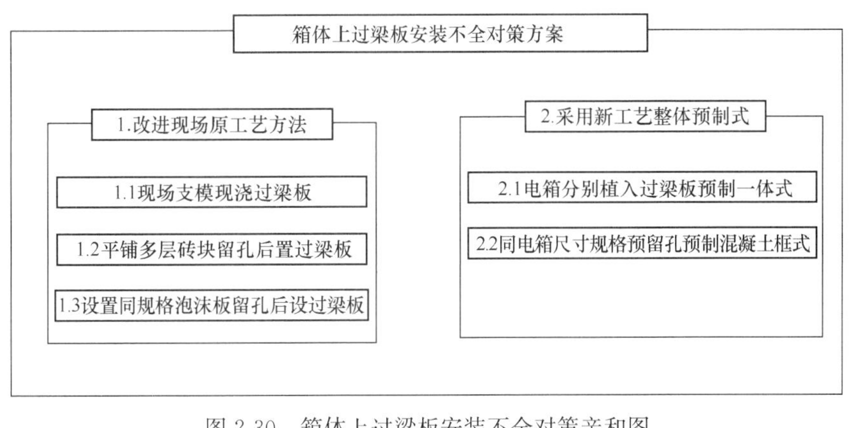

图 2-30 箱体上过梁板安装不全对策亲和图

制图人：××× 审核人：××× 制图日期：×年×月×日

箱体周围有裂缝空鼓对策方案

1.提高现场原工艺方法

1.1电箱箱体周围毛化砂浆塞缝处理

1.2电箱箱体周围分层填塞密实至紧贴

1.3箱体上增加钢板网以增强粘结力

2.采用新工艺整体预制式

2.1电箱固定在定型模具上现浇混凝土预制式

2.2现场墙体上制模植入电箱现浇混凝土式

图 2-31 箱体周围有裂缝空鼓对策亲和图

制图人：××× 审核人：××× 制图日期：×年×月×日

（2）以上两个要因通过亲和图分析各提出5种方案，具体以选择表的分析确定最佳对策方案，见表2-29。

对策分析评价选择表 **表2-29**

要因	对策方案	评估				结论
		有效性	可实施性	经济性	可靠性（时间性）	
箱体上过梁板安装不全	（1）现场支模现浇过梁板	可确保配电箱过梁不缺失，但现场污染大	现场支模难度大，可操作性不大	现场比较分散，较费工，增加投入费用较多，经测算增加各费用32元/套，无降低	由于分散，工期较长，要赶工，不易稳定质量，测算对比延长总工期3天	5个对策方案经过从有效性、可操作性、经济性、可靠性等方面对比分析，对策方案（4）评估均符合要求。因此采用对策（4）
	（2）平铺多层砖块留孔后置过梁板	可有效提高前期施工进度，但后期施工电箱平整度垂直度不好控制	现场施工要求高，要拆除砖块，可操作性一般	现场材料有浪费，较费工，周转材料多，增加投入费用多，经测算增加各费用27.3元/套，无降低	较分散，工期较紧，要赶工，不易控制质量，测算对比延长总工期2.5天	
	（3）设置同规格泡沫板留孔后设过梁板	可有效提高前期施工进度，但后期施工电箱平整度垂直度不好控制	现场制模要求高，拆除的泡沫污染大，操作性一般	现场材料有浪费，较费工，周转材料多，增加投入费用较多，经测算增加各费用18.2元/套，无降低	由于分散，产生垃圾多，工期紧，要赶工，质量不好控制，测算对比延长总工期5天	
	（4）电箱分别植入过梁板预制一体式	一次成型，模具能有效控制电箱平整度垂直度，达到过梁一体要求	现场集中支模，集中浇筑，形成流水，可操作性高	就地取材，形成周转，集中浇筑，形成流水，经济性高，经测算运输、制模增加成本2元/套，而安装成本则降低15.2元/套	集中浇筑，便于质量检查控制，质量稳定，可靠性高，经测算缩短总工期4天	
	（5）同电箱尺寸规格预留孔预制混凝土框式	一次成型，模具能有效控制平整度垂直度，但箱体后安装难控制	现场集中支模形成流水，可操作性较高	前期与对策（4）一样经济，后期因安装箱体有费用增加，安装增加人工费11.6元/套	集中浇筑，可便于质量检查控制，后期箱体安装可靠性低，测算对比延长总工期2天	

续表

要因	对策方案	评估				结论
		有效性	可实施性	经济性	可靠性（时间性）	
箱体周围有裂缝空鼓	（1）电箱箱体周围毛化砂浆塞缝处理	量大缝小不易毛化，塞缝质量易反复	现场处理量大，需大量派工，可操作性不大	费工费时，投入较大，经济性不高，经测算增加各费用6.8元/套，无降低	检查分散，不易控制质量，可靠性不高，测算对比延长总工期3天	5个对策方案经过从有效性、可操作性、经济性、可靠性等方面对比分析，对策方案（4）评估均符合要求。因此采用对策（4）
	（2）电箱箱体周围分层填塞密实至紧贴	量大分层工序繁琐，塞填养护不易解决，有效性一般	现场处理量大，要反复大量派工，可操作性一般	费工费时，周期长投入大，经济性较一般，经测算增加各费用5.3元/套，无降低	检查分散，批次多，不易控制质量，可靠性不高，测算对比延长总工期3.5天	
	（3）箱体上增加钢板网以增强粘结力	工序繁琐零星，不易施工，有效性一般	工序多，剪裁固定钢板网不易，可操作性一般	需外购钢板网，用量较大，投入用工较大，经测算增加各费用7.6元/套，无降低	钢板网固定不易，易脱落，不稳定，可靠一般，测算对比延长总工期5天	
	（4）电箱固定在定型模具上现浇混凝土预制式	一次成型，能有效控制现浇配电箱的平整度及粘结强度，合格率高	现场集中支模密实度高，形成流水作业，可操作性强	就地取材，形成周转，集中浇筑，形成流水，经济性高，经测算增加各费用1.3元/套，可降低安装人工费15.2元/套	集中浇筑，可便于质量检查控制，质量稳定，可靠性高，经测算缩短总工期4天	
	（5）现场墙体上制模植入电箱现浇混凝土式	一次成型，能有效控制平整度强度，但难以控制现场污染，有效性中等	现场支模可形成周转，但不集中，可操作性不太强	就地取材，形成周转，但分散支模有费用增加，经济性不太高，安装增加费用12.7元/套	分散支模不利质量检查控制，质量不太稳定，可靠性不高，经测算延长总工期3天	

制表人：××× 审批人：××× 制表日期：×年×月×日

（3）小组经过综合分析，选出了符合实施要求的对策方案，按“5W1H”方法制定了详细的措施，见表2-30。

对策表 **表2-30**

序号	要因	对策	目标	措施	地点	完成时间	负责人
1	箱体上过梁板安装不全	电箱分别植入过梁板预制一体式	有效控制箱体与过梁一体式安装合格率达100%，无缺失	PDPC法技术控制； 开会确定电箱过梁安装工艺创新改进； 制定实施细化方案及相关人员培训； 根据方案制作电箱过梁一体式专用预制件模具； 落实检查奖罚规定	项目部会议室、预制加工场地	×年×月×日	×××

续表

序号	要因	对策	目标	措施	地点	完成时间	负责人
2	箱体周围有裂缝空鼓	电箱固定在定型模具上现浇混凝土预制式	电箱箱体周围的密实度合格率100%，无空鼓	制定预制实施浇筑标准；对操作人员进行流程及工艺交底，按交底设置样板；指派专人现场对成品件质量进行验收	项目部技术室、会议室、加工场	×年×月×日	×××

制表人：×××　　审批人：×××　　制表日期：×年×月×日

通过对以上的对策评价优选及对策制定，艺境花园项目于×年×月×日开始对预制电箱箱体植入过梁一体式的制作安装进行 PDPC 法分析、现场实际对策实施与阶段性效果检查。

案　例　点　评

本案例针对要因运用亲和图提出了多种对策方案，并对各对策进行了综合评价，从而确定了优选的对策；对策表中的各项对策目标量化，便于实施后对照检查；措施具体，条理分明。不足："时间性"的对策评价应具体分析。建议在多种方案评价时，采用现场测量、试验和调查分析的方式进行评价更好。

2.8.4　本节统计方法运用

可以使用的统计方法有：分层法、直方图、树图（系统图）、亲和图、网络图、PDPC 法、简易图表、正交试验设计法、优选法、头脑风暴法、矩阵图、流程图。

2.9　对策实施

2.9.1　编写内容

对策实施，就是按照所制定的对策（措施）而进行一系列的具体活动过程。

（1）按"对策表"的要求逐一实施，并尽量采用图表来叙述表现实施过程。对实施活动过程的情况、数据、效果进行记录，内容包括录音、录像、图片和一并收集分析的数据表格。在实施过程中要注意观察和记录执行中的动态，认真做好数据的收集和分析，记录活动全过程。

（2）每条对策的实施，要按照对策表中的"措施"具体落实实施。实施过程中，如何具体进行的，遇到了什么困难，努力克服的情况（做了什么，怎样做的，结果如何？当未能满足对策表中"目标"的要求时，又做了什么，怎样做的，结果又怎样?），要详细进行活动记录，整理成果报告。

（3）每条对策在实施完成后应进行阶段性的检查验证，确认其目标（或效果）是否实现，并与对策表中每条对策应达到的目标一一对应比较，说明对策措施的有效性。

（4）必要时，验证对策实施结果在工程质量、施工安全、成本进度、绿色环保等方面的负面影响。在效果检查程序中经济效益的获取也应在对策实施中描述产生的过程。

2.9.2　注意事项

（1）应逐条进行对策实施，以显示其针对性和逻辑性。每条对策实施后，是否需要验证对策实施结果在安全、成本、环保等方面的负面影响，由小组根据课题和对策的实际情况决定，如果验证，需要以数据、客观依据说话。小组应用图文并茂描述实施过程，为成果效果检查的经济效益和社会效益总结提供依据。

（2）在实施每个对策时，要对该项对策及其结果进行综合评估，运用统计方法，以便较清楚地反映目标是否实现。

（3）当对策目标未达到时，应该对该对策的具体措施作出调整或修改，然后再实施，再确认实施效果。

（4）“闪光点”是成果最重要的组成部分，活动中所创造的小发明、新工艺必须加以重点说明。

（5）每条对策实施的小标题和实施的内容用语最好与“对策表”中“对策”“措施”所用的词语一致。

（6）要紧扣对策实施措施，层层铺开叙述，不能使对策与实施脱节，措施与实施内容脱节，易造成逻辑上的混乱。

2.9.3 案例与点评

《提高砌体墙小型电箱箱体安装合格率》的对策实施

实施一：箱体上过梁板安装不全的要因

对策：电箱箱体分别植入过梁板预制一体式。

目标：有效控制箱体与过梁一体式安装合格率达 100%，无缺失。

（1）对策实施采用 PDPC 技术控制法

小组为了管控好预制配电箱箱体相关内容的工作流程，对砌体墙小型电箱箱体安装中关键的步骤——预制电箱箱体植入过梁一体式的制作安装方法实施全过程采用“PDPC 法”进行技术预控，并指明了遇到问题时各类解决方案，有利于对策在实施过程中的顺利快速决策实施，见图 2-32。

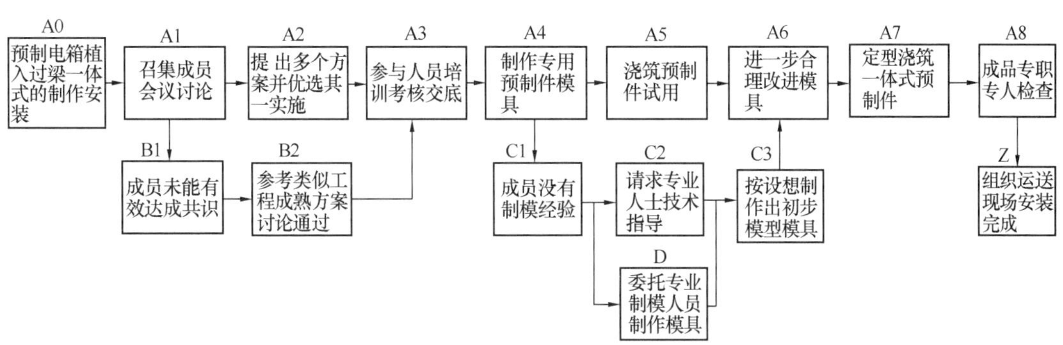

图 2-32 PDPC 电箱箱体植入过梁一体式的制作安装施工技术控制图

制图人：××× 核对人：××× 制图日期：×年×月×日

（2）开会确定电箱箱体过梁安装工艺创新改进。

×年×月×日由项目经理×××在艺境花园工地会议室召集小组成员、施工人员及技术负责人对电箱箱体的过梁板缺失的情况进行分析，其中电箱过梁板如何做到不缺失为分析的主要议题，论证后对解决箱体与过梁板的工序进行合理性推断，发现箱体植入过梁板预制预埋式可实施性较高，为此进行了相关工艺改进，决定采用电箱箱体植入过梁板一体式预制法，以解决传统砌体时直接安装过梁板监管缺失的困境，并在×月×日确定模具样式并制作成型。见图 2-33。

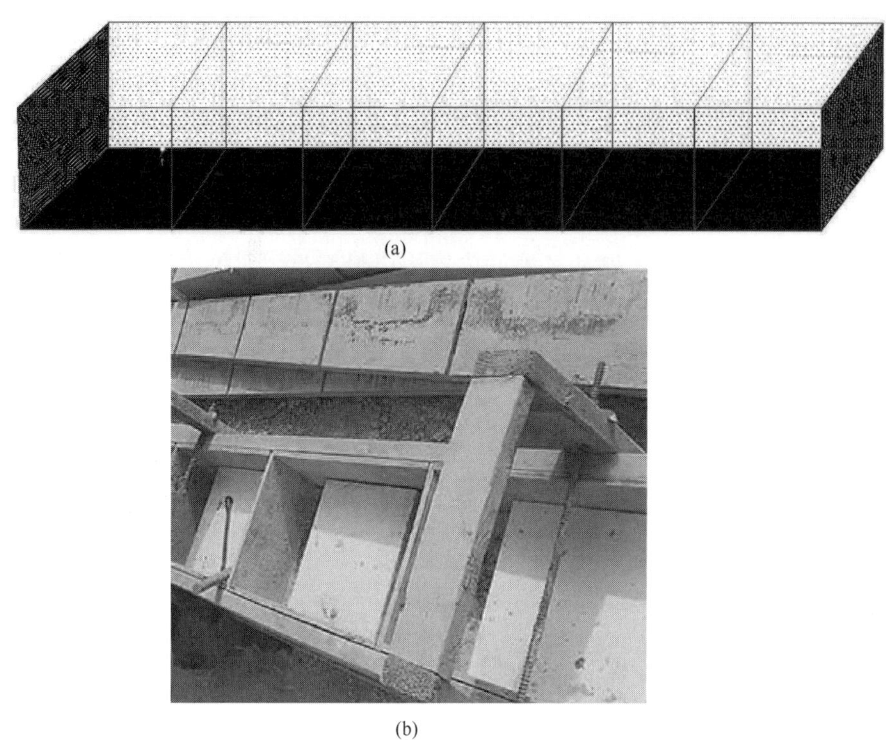

(a)

(b)

图 2-33　电箱箱体预制一体式

(a) 简易 CAD 模具样式；(b) 模具制作照片

(3) 制定实施细化方案及相关人员培训。

为贯彻落实到位，项目部小组成员制定了箱体具体实施方案，针对此改进工艺的操作及要求××年×月×日在现场会议室及班前进行要点讲解，把此箱体工艺的施工要点及把关责任落实全部分解到位，同时组织相关施工人员培训及班前交底。见图 2-34、图 2-35、表 2-31、表 2-32。

图 2-34　实施细化箱体方案及落实讲解照片

参加箱体实施方案及技术培训人员考核表　　　　表 2-31

刘班组人员	得分	刘班组人员	得分	赵班组人员	得分	赵班组人员	得分	管理人员	得分
工人 1	94	工人 11	89	工人 1	95	工人 11	91	管理人员 1	98
工人 2	95	工人 12	91	工人 2	94	工人 12	99	管理人员 2	99
工人 3	91	工人 13	93	工人 3	92	工人 13	97	管理人员 3	93
工人 4	98	工人 14	99	工人 4	98	工人 14	98	管理人员 4	97
工人 5	93	工人 15	91	工人 5	96	工人 15	93	管理人员 5	99
工人 6	90	工人 16	92	工人 6	97	工人 16	97	管理人员 6	96
工人 7	92	工人 17	93	工人 7	94	工人 17	95	—	—
工人 8	92	工人 18	96	工人 8	88	—	—	—	—
工人 9	97	工人 19	95	工人 9	95	—	—	—	—
工人 10	96	—	—	工人 10	90	—	—	—	—

注：90 分及以上为合格，90 分以下不合格需重新培训考核。

制表人：×××　　　　审批人：×××　　　　制表日期：×年×月×日

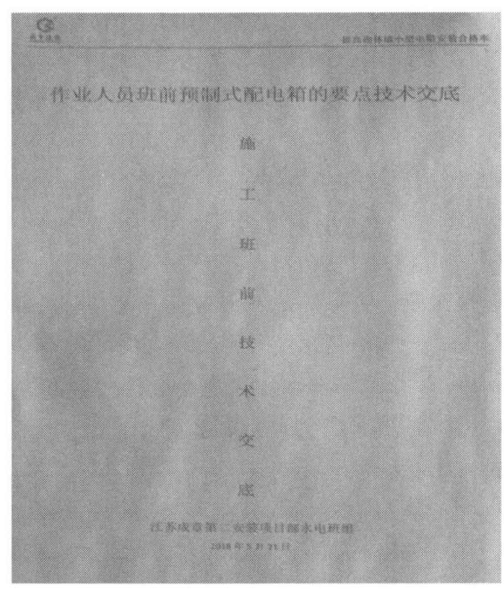

作业人员班前预制式配电箱的要点技术交底

施工班前技术交底

江苏成章第二安装项目部水电班组

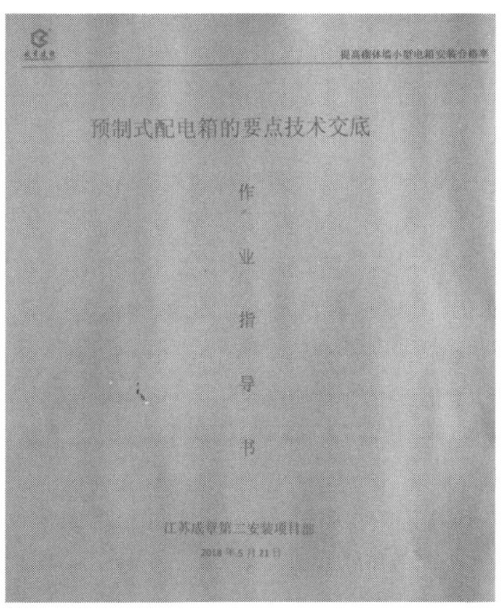

预制式配电箱的要点技术交底

作业指导书

江苏成章第二安装项目部

图 2-35　实施细化交底内容及落实讲解实际操作照片

经检查其中刘班组的工人 11 号及赵班组的工人 8 号的考核不合格，需重新培训考核，为此相关技术人员 5 月 22 日又重新为此 2 人进行培训考核。见表 2-32。

第 2 次培训人员考核表　　　　表 2-32

刘班组工人	得分	赵班组工人	得分
工人 11	95	工人 8	92

制表人：×××　　　　审批人：×××　　　　制表日期：×年×月×日

经查所有参与电箱箱体植入过梁一体式的制作安装施工技术的人员经考核均已获通过，对实现活动目标奠定了扎实的基础。

(4) 根据方案制作电箱箱体过梁一体式专用预制件模具

设计制作抽插式电箱箱体过梁一体式模具，采用工地就地取材的原则，用边角模板切割成大小相等的块状，然后隔仓间留与板厚一致的抽插缝，由大小相等的一块底板及二块侧板通过与木方拼模组成，同时用工地现场的木方制成木夹，打孔用通丝螺杆螺母进行收紧，以达到预制件不变形的效果。见图 2-36。

图 2-36 电箱箱体过梁一体式预制件模具照片

(5) 落实检查奖罚规定

制定落实责任人，不间断对加工区域进行跟踪检查纠偏及合格率统计，特别是预制件的混凝土浇筑厚度与二次结构墙体同厚的尺度必须准确，箱体控制预留粉刷层厚度必须合格，对不能达标的及时要求整改，整改不到位的，对责任人进行处罚并限期整改达到要求，做到追责有目标。见图 2-37。

图 2-37 电箱箱体过梁预制件加工场跟踪人员检查照片

阶段性实施效果检查：

×年×月×日及×月×日，项目部 QC 小组成员及管理人员分别对艺境花园 4#、5#、6#楼及 11#～13#楼已施工现场进行工艺改进后专项质量验收，经抽查房号的数据及实体检查问题汇总其电箱箱体过梁板一体式预制件安装合格率达到 100%，实施效果好，较理想地实现了目标。见图 2-38、图 2-39、表 2-33、表 2-34。

图 2-38 现场过梁电箱箱体预制件楼上就位安装检查照片

现场电箱箱体过梁板一体式安装合格率统计数据表　　表 2-33

工程名称	安徽艺境花园								
检查房号	4#楼 34 层 1 个单元			5#楼 34 层 1 个单元			6#楼 33 层 1 个单元		
检查合格处数（套）	136			136			132		
箱体过梁一体式搬运安装检查工序	预制件棱角缺损	配电箱的缺陷	安装部位	预制件棱角缺损	配电箱的缺陷	安装部位	预制件棱角缺损	配电箱的缺陷	安装部位
其中不合格处数（套）	—	—	—	—	—	—	—	—	—
箱体过梁一体安装总数	136			136			132		
箱体过梁安装合格率（%）	100%			100%			100%		
统计平均合格率（%）	(136+136+132)÷(136+136+132)=100%								

制表人：×××　　审批人：×××　　制表日期：×年×月×日

现场电箱箱体过梁板一体式安装合格率统计数据表　　表 2-34

检查房号	11#楼 8 层 2 个单元			12#楼 8 层 2 个单元			13#楼 8 层 2 个单元		
检查合格处数（套）	64			64			64		
箱体过梁一体式搬运安装检查工序	预制件棱角缺损	配电箱的缺陷	安装部位	预制件棱角缺损	配电箱的缺陷	安装部位	预制件棱角缺损	配电箱的缺陷	安装部位
其中不合格处数（套）	—	—	—	—	—	—	—	—	—
箱体过梁一体安装总数	64			64			64		
箱体过梁安装合格率（%）	100%			100%			100%		
统计平均合格率（%）	(64+64+64)÷(64+64+64)=100%								

制表人：×××　　审批人：×××　　制表日期：×年×月×日

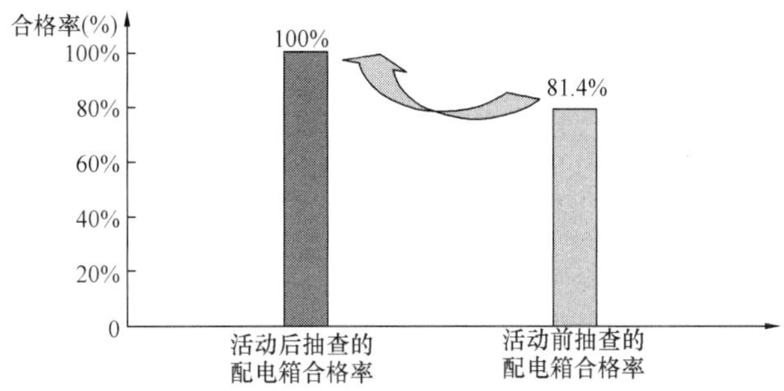

图 2-39　电箱箱体过梁安装合格率对比柱状图

制图人：×××　　审核人：×××　　制表日期：×年×月×日

负面影响评估：

在对策实施过程中，此工序采用了现场的零星边角料，从经济性分析，利用木方及模板制作箱体与过梁一体式模具与现浇过梁板的材料成本相差几乎可不计，人工成本在运输、制模等环节略增加约 2 元/套，属于微小成本，基本无影响；从现场环境安全文明分析，此集中预制避免了砌体及砂浆、混凝土等材料在楼层现场遗撒清理的工作，综上看对策实施对现场的安全文明、施工进度、施工质量不良影响微小。

实施二：箱体周围有裂缝空鼓的要因

对策：电箱箱体固定在定型模具上现浇混凝土预制式；

目标：电箱箱体周围的密实度合格率100%，无空鼓。

(1) 制定预制实施浇筑标准

××年×月×日针对电箱箱体过梁一体式预制浇筑的问题，在艺境花园项目部现场落实召开了紧急会议磋商，小组成员集思广益展开了激烈的讨论，经群策群力决定根据土建墙厚研究自制抽插夹具式预制植入一体式模具，经过几番现场试验及实用性更改，最终敲定预制电箱过梁一体式浇筑的工艺指导书执行要求，以此指导施工人员达到一次浇筑成型且密实度及强度较高的预制件。见图2-40、图2-41。

图2-40 小组成员讨论预制式模具及工艺执行要求

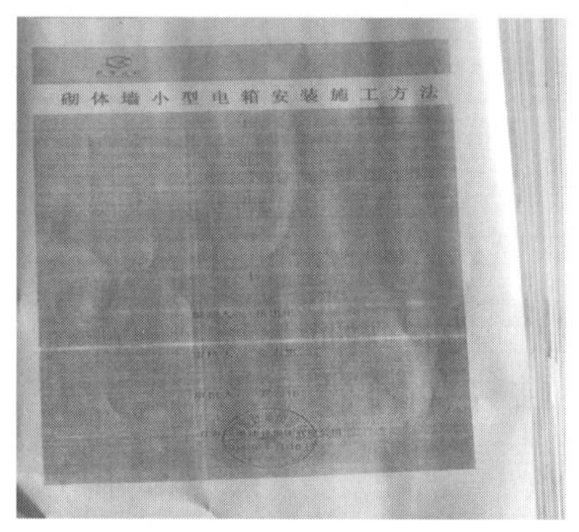

砌体墙小型电箱安装施工方法

图2-41 箱体过梁一体式浇筑作业指导书照片

(2) 对操作人员进行流程及工艺交底，按交底设置样板

小组成员对现场操作工进行技术质量交底及培训，通过培训合格后再上岗，并且坚持每天班前对前一天的预制质量进行小结再分析，以便工作中的细节问题症结得到及时解决；同时坚持电箱箱体过梁一体式的样板先行及点评，以样板带路统一做法及要求。见图2-42、图2-43。

图2-42 现场技术质量交底培训照片

(3) 指派专人现场对成品件质量进行验收

由项目部小组施工员和质量员跟进检查，确保按程序按箱体工艺要求实施，对模具清理、组合、固定及模板上涂抹隔离剂等工序进行检查，对每天浇筑脱模后的成形预制件进行逐一检查其密实度及周围间隙空鼓，合格后在预制件上标注使用标记后才允许上楼使

用。见图 2-44。

图 2-43 浇筑成型及安装样板照片

图 2-44 现场预制件施工流程检查照片

阶段性实施效果检查：

经过这一系列的培训、交底、专人检查等实施后，艺境花园项目部及小组成员分别于2018年7月15日、9月16日对已施工的9#、10#、14#楼及4#～6#楼电箱箱体预制件的空鼓间隙的情况进行了全方位抽查验收，检查结果如下统计数据，抽查验收合格率达到了100%，电箱箱体周围有裂缝空鼓的问题已解决，目标已实现。见表2-35、表2-36、图2-45。

现场电箱箱体过梁一体式预制件周围间隙空鼓合格率统计数据表　　表2-35

工程名称	安徽艺境花园								
检查房号	9#楼8层2个单元			10#楼8层2个单元			14#楼8层2个单元		
检查合格处数（套）	64			64			64		
箱体过梁一体式周围空鼓间隙检查工序	预制件背板处	配电箱左右侧	其他结合部	预制件背板处	配电箱左右侧	其他结合部	预制件背板处	配电箱左右侧	其他结合部
其中不合格处数（套）	—	—	—	—	—	—	—	—	—
箱体过梁一体安装总数	64			64			64		
箱体安装合格率（%）	100%			100%			100%		
统计平均合格率（%）	(64+64+64)÷(64+64+64)=100%								

制表人：×××　　审批人：×××　　制表日期：×年×月×日

现场电箱箱体过梁一体式预制件周围间隙空鼓合格率统计数据表　　表2-36

工程名称	安徽艺境花园								
检查房号	4#楼34层1个单元			5#楼34层1个单元			6#楼33层1个单元		
检查合格处数（套）	136			136			132		
箱体过梁一体式周围空鼓间隙检查工序	预制件背板处	配电箱左右侧	其他结合部	预制件背板处	配电箱左右侧	其他结合部	预制件背板处	配电箱左右侧	其他结合部
其中不合格处数（套）	—	—	—	—	—	—	—	—	—
箱体过梁一体安装总数	136			136			132		
箱体安装合格率（%）	100%			100%			100%		
统计平均合格率（%）	(136+136+132)÷(136+136+132)=100%								

制表人：×××　　审批人：×××　　制表日期：×年×月×日

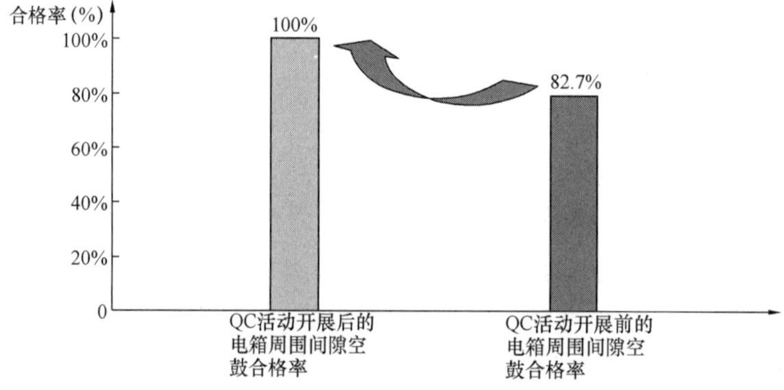

图2-45　电箱箱体过梁一体式周围间隙空鼓安装合格率对比柱状图

制图人：×××　审核人：×××　制表日期：×年×月×日

负面影响评估：

在对策实施过程中，本工序采用了现场的混凝土现浇，从经济性分析，以现场的现浇混凝土每个电箱箱体材料成本约 17.5 元/套，原砌体墙的砌体材料每个电箱成本约 16.2/套，价差 1.3 元/套，属于极少数工作微小成本，综合后效率提高盈利，因此无影响；从现场安全文明分析，由于增加了搬运重量存在一定的伤人危险，但采取了推车及物料机提升后运输负面影响微小，综上看对策实施对现场的安全文明、施工进度、施工质量、成本不良影响微小。

案例点评

本案例编写时注意到了按对策表中的对策逐条对应实施，大量运用图、表来表达实施过程与结果，体现了以数据说话的质量管理活动原则，每项实施后都对照对策目标及时进行效果验证，交代清楚，并对实施中产生的成本、安全的负面影响进行了验证。

2.9.4 本节统计方法运用

建议使用的统计方法有：分层法、直方图、树图、系统图、亲和图、网络网、PDPC法、简易图表、正交试验设计法、优选法、头脑风暴法、流程图、矩阵图。

2.10 效果检查

2.10.1 编写内容

(1) 将所有对策实施完毕后收集的数据与小组设定的目标进行对比，检查课题目标是否完成。效果检查与现状调查前后两个阶段收集数据的时间长度尽可能保持一致，以使数据具有可比性。

(2) 与对策实施前的现状调查进行对比，检查症结是否改善到预期的解决程度。如果现状调查时用排列图找出症结，则检查效果时同样用排列图进行比较。检查症结是否由对策实施前的关键少数，变为对策实施后的次要多数，或者已得到明显改善。

(3) 必要时，确认小组活动产生的经济效益。计算经济效益时要计算实际效益，即实际产生的效益，不计算逾期效益。如很多小组计算人力成本节约额，计算加班费等，如果不是实际发生的，纯粹是计算出来的，则不应计算在经济效益中，计算经济效益要实事求是。质量管理小组计算经济效益的期限只计算活动期（包括巩固期）内所产生的效益，不计算预期效益。实际经济效益=产生的收益−投入的费用。

(4) 必要时，总结归纳社会效益。如节能减排、绿色环保；相关单位对小组活动的认同度；工程质量效应、信誉等内容。

2.10.2 注意事项

(1) 要以数据和事实为依据，取得的成果要有相关单位或部门的认可。产生的经济效益和社会效益需提供本公司财务部门的证明和监理、建设单位出具的证明。

(2) 如果没有达到所设定的目标，则应分析未达到目标的原因，返回到 P 阶段程序中，再按程序实施，待实施完成取得效果后再进行检查验证。

(3) 对于所解决的症结，要把实施后的效果与现状调查时的状况进行对比，以明确改善的程度与改进的有效性。

(4) 计算经济效益要实事求是，不要拔高夸大，或加长计算的年限，更不要把还没有确定的费用，作为小组取得的效益来计算，也不要把避免工程返工返修所产生的效益计算在内。

2.10.3 案例与点评

《提高钢筋穿孔陶土砖饰面墙一次安装合格率》的效果检查

对策实施完成后，×年6月27日—6月29日，由××、×××对小学楼、中学楼、综合楼、服务楼钢筋穿孔陶土砖饰面墙一次安装施工质量进行检查，共检查800个点，合格点762个，不合格点38个，合格率达到95.3%，达成活动目标，见图2-46。

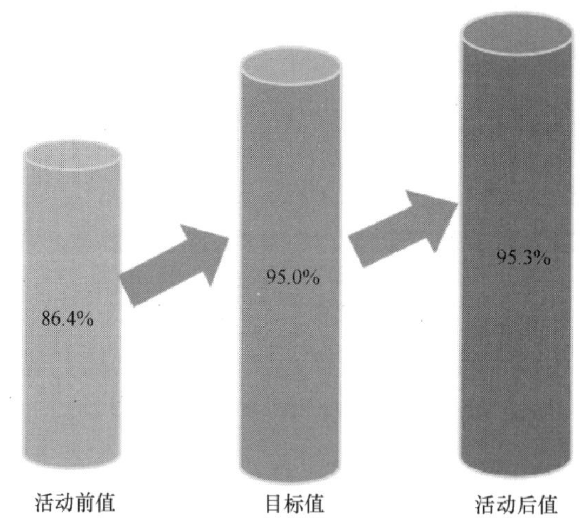

图2-46 陶土砖饰面墙一次安装质量合格率柱状图

制图人：××× 制图时间：×年×月×日

对38个不合格项进行分类统计见表2-37、图2-47。

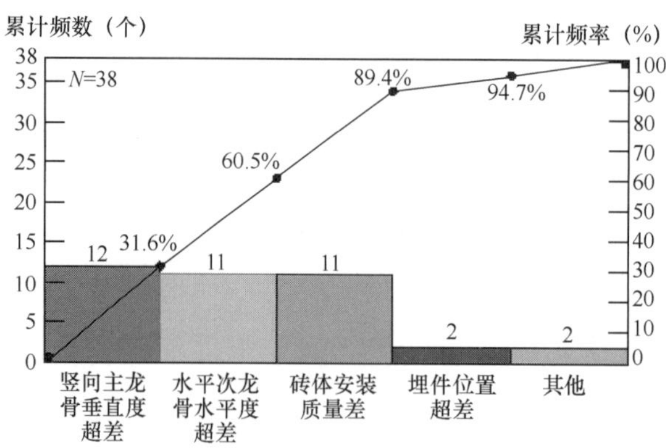

图2-47 对策实施后钢筋穿孔陶土砖饰面墙一次安装质量问题排列图

制图人：××× 制图时间：×年×月×日

对砖体安装质量差的11个问题调查统计如表2-38、图2-48所示。

钢筋穿孔陶土砖饰面墙一次安装质量问题调查表 **表 2-37**

序号	项目	频数	频率（%）	累计频率（%）
1	竖向主龙骨垂直度超差	12	31.6	31.6
2	水平次龙骨水平度超差	11	28.9	60.5
3	砖体安装质量差	11	28.9	89.4
4	埋件位置超差	2	5.3	94.7
5	其他	2	5.3	100
6	合计	38	100	

制表人：××× 制表时间：×年×月×日

砖体安装质量差质量问题调查表 **表 2-38**

序号	项目	频数	频率（%）	累计频率（%）
1	大面横向砖体垂直度超差	3	27.2	27.2
2	大面横向砖体平整度超差	2	18.2	45.4
3	层间竖向砖体灰缝顺直度超差	2	18.2	63.6
4	层间竖向砖体平整度超差	2	18.2	81.8
5	其他	2	18.2	100
6	合计	11	100	

制表人：××× 制表时间：×年×月×日

通过对策实施前后排列图（图 2-8、图 2-48）对比，可以看到“层间竖向砖体灰缝顺直度超差”和“大面横向砖体平整度超差”已不是主要问题，占比从对策实施前 86.5%下降到了 36.4%，有了明显改善，说明小组活动所采取的改进措施有效。

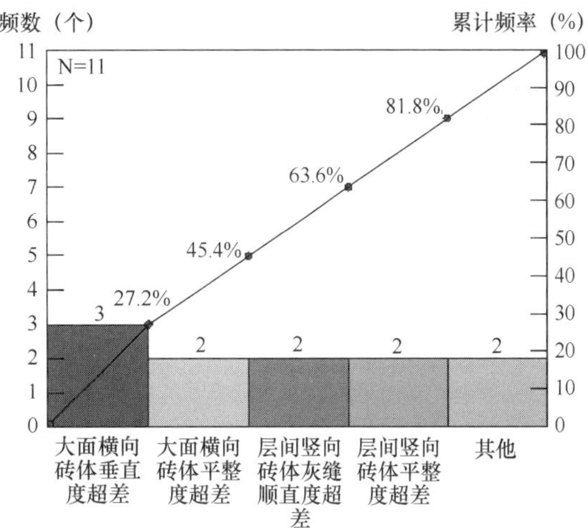

图 2-48 对策实施后砖体安装质量差质量问题排列图

制图人：××× 制图时间：×年×月×日

现场施工效果见图 2-49～图 2-51。

社会效益：

（1）提高了施工质量，降低了安全风险，保证了结构安全和整个外墙体系的稳定性，得到了区教委、某附属中学、航天城领导的好评，维系了与建设单位的良好合作关系。

（2）比建设单位要求陶土砖饰面墙安装工期提前了 2 天，满足了建设单位对工期的需求，对我方履约能力进行表扬。

现场观摩照片见图 2-52、图 2-53。

经济效益：

（1）节约人工、节省工期：

1）返工维修、清理单排用工：3 工日/层，需要 8 人进行维修、清理。

2）原先安装一层需要 42 天；现在仅需 31 天；单层节省工期 11 天。

图 2-49 现场施工效果 1

图 2-50 现场施工效果 2

图 2-51 现场施工效果 3

图 2-52 区教委及某附属中学领导观摩层间竖向模块加工

图 2-53 某附属中学和航天城领导到项目观摩陶土砖饰面墙

3）综合分析：本工程可节省 44 天外墙安装工期。

单个安装工人费用为 300 元/工日；共有 118 人进行安装。

节约人工费：3 工日/层×300 元/工日×4 层＊8＋44 工日×300 元/工日×118 人＝1586400 元。

（2）减少灌注混凝土费用：75×400＋200×124＝54800 元。

（3）增加费用：

1）加工模块化工具和安装施工多增加角钢费用：120000 元。

2）加工工人人工费：30 工日×12×300 元/工日＝108000 元。

综上所述：共计节约费用 1586400＋54800－108000－120000＝1413200 元。通过开展 QC 小组活动，提高了陶土砖外墙施工效率，该工艺施工质量高，减少后期维修、清理费用，共计节约 1413200 元，见图 2-54。

经济效益证明

项目名称	[illegible]
建设单位	[illegible]
应用时间	2018 年至 2019 年

应用情况及社会效益：

在[illegible]施工中采用了"陶土砖饰面墙施工工法"，其施工方法工艺简便、质量可靠、美观大方、安全牢固、绿色环保，安全系数高，为建筑施工提供了先进的施工技术，既满足了业主对工期和质量的需求，也满足行业对新技术的需求，社会效益显著，提高了我公司在建筑工程市场的竞争能力。

经济效益：

通过采用"陶土砖饰面墙施工工法"，提高了陶土砖外墙施工效率，减少了灌注混凝土费用，该工艺施工质量高，减少后期维修、清理费用。

1、节约人工、节省工期：

（1）返工维修、清理单排用工：3 工日/层，需要 8 人进行维修、清理。（2）原先安装一层需要 42 天；现在仅需 31 天；单层节省工期 11 天。（3）综合分析：本工程可节省 44 天幕墙安装工期。单个安装工人费用为 300 元/工日；共有 118 人进行安装。节约人工费：3 工日/层×300 元/工日×4 层×8+44 工日×300 元/工日×118 人=1586400 元。

减少灌注混凝土费用：75×400+200×124=54800 元。

2、增加费用：（1）加工模块化工具和安装施工增加角钢费用：120000 元。（2）加工工人人工费：30 工日×12×300 元/工日=108000 元。

3、综上所述：共计节约费用：（1586400+54800-12000-108000）=1413200 元。

财务部门意见：

公章

2019 年 9 月 16 日

图 2-54 经济效益证明

案 例 点 评

该案例对目标完成情况进行了对比分析，通过排列图说明了现状的改善程度，原先的症结已得到了很好的控制；对经济效益和社会效益进行了总结，经济效益分析透彻，说服力强；社会效益也很好地进行了阐述；统计方法应用符合要求。返工维修、清理单排用工费不能列入经济效益中。建议将现状调查的数据分析与效果检查的数据分析进行对比，这样目标实现一目了然。

2.10.4 本节统计方法运用

建议使用的统计方法有：调查表、排列图、直方图、控制图、简易图表、水平对比法，其中简易图表、排列图、分层法特别有效。

2.11 巩固措施

2.11.1 编写内容

取得效果后，要把效果维持下去，防止问题的再发生。制定巩固措施，应满足以下要求：

（1）把已被实践证明的“有效措施”形成的“标准”进行整理。

“标准”是广义的标准，它可以是标准；可以是图纸、工艺文件；可以是作业指导书、工艺卡片；可以是作业标准或工法；可以是管理制度等。就是说，为了巩固成果，防止问题再发生，总结时应把对策表中的有效措施，纳入新标准，便于今后同类工程质量管理中引用。将对策表中通过实施证明有效的措施，分门别类纳入或形成施工方案、作业指导书、工法、工程图纸、管理制度等相关标准，并报主管部门批准。相关标准可以是企业层级的，也可以是部门乃至班组层级的。整理过程应将标准的形成、审批过程、时间、文号等叙述清楚。

（2）必要时，对巩固实施后的效果进行跟踪。小组成员应结合课题的实际情况，自行决定是否要设定巩固期，对巩固措施实施后的效果进行跟踪。总结巩固期时的质量控制情况，应及时收集数据，以确认效果是否维持良好的水平，通过统计方法进行分析，将对策前、对策后、巩固期三个阶段的质量控制情况进行分析，确认是否保持在相同的水平上。巩固期的长短应根据实际需要确定，以能够看到稳定状态为原则，一般情况下，通过看趋势判稳定，至少应该收集 3 个统计周期的数据。

2.11.2 注意事项

（1）已被证明的“有效措施”，是指对策表中经过实施、证明确实能使原来影响症结的要因得到解决，使它不再对质量造成影响的具体措施。应逐条列出新增、更改文件的编号、名称及内容，涉及技术文件和管理文件的修订、新增，应说明编号、名称及相关内容。

（2）巩固措施的相关标准包括技术标准和管理制度，如工艺标准、作业指导书、管理制度等，这些标准和制度可以是企业层级的，也可以是部门乃至班组层级的。它是完成时，而不是进行时。

（3）论文、专利和小组活动后行政方面继续推广运用的工作，不能代替巩固措施。

2.11.3 案例与点评

《提高砌体墙小型电箱箱体安装合格率》的巩固措施

质量管理小组成员通过 PDCA 循环，实现并超越了制定的目标。在获得初步成功后，小组成员坚持现场技术指导。为进一步巩固本次小组的活动成果，采取并落实以下措施：

（1）活动实施后在 2018 年 10 月组织编制形成了企业“砌体墙小型电箱安装作业指导书”，同年 11 月编制了《砌体墙小型电箱箱体安装施工工法》CJQB05-04—2018，由公司通知在各分公司进行公布推广，为后续工程推广实施打下了良好的基础。

（2）委派参加这次技术攻关活动的小组人员对在建工程施工作业人员进行现场技术指

导培训及规范实际操作，确保在短时间内掌握小型电箱箱体安装施工方法，并推广至所有在建项目中。

（3）保持质量管理工作的连续性，进一步检查该工艺方法的缺陷，以便在 PDCA 循环中再提高。为检验本成果的效果，小组对在建已推广实施的项目进行了检查，并进行了巩固期效果数据统计，见表 2-39、图 2-55。

《砌体墙小型电箱箱体安装施工工法》CJQB05-04—2018　　表 2-39

<table>
<tr><th colspan="2">《砌体墙小型电箱箱体安装施工工法》CJQB05-04—2018</th></tr>
<tr><td>1. 实际施工前准备工作
1.1　在施工前沟通好现场参建各方的砌体墙小型电箱的配合协调工作。
1.2　根据协调实际情况制定实施方案、对策及流程，对实施人员进行培训考核</td><td rowspan="3">3.4　浇筑混凝土，并振捣密实，同时进行同条件养护。
3.5　脱模检查预制件的观感质量，无明显缺陷做标记后整齐码放。
3.6　派专人跟踪预埋，把养护合格的砌块预制件运送到楼层预埋部位。
3.7　配合砌体结构，标高到位后植入箱体预制件，同时检查电箱定位、标高等技术参数合格，粉刷前把砌块与结构砌块的缝口按要求加贴钢丝网同时电箱口做好防护。
3.8　粉刷完成后，清理电箱口垃圾，同时检查电箱的观感质量，确认无质量缺陷后修整粉刷口部方正。
3.9　待墙面装饰完成后，安装箱芯及箱门，同时检查箱门紧贴墙面。
3.10　对成型完成的电箱做通电调试，确保箱内干净整洁。</td></tr>
<tr><td>2. 电箱预制成型要求
二次结构时把合格的成型成品电箱箱体按设计及施工方案定位在模具上，箱体预留与墙板完成面粉刷厚度的余量，电箱端面与最终墙体完成面必须垂直与平整。</td></tr>
<tr><td rowspan="2">3. 安装操作实施
3.1　根据建筑结构墙厚放样制作专用电箱箱体预制定型模具。
3.2　在模具板上定位并计算电箱浇筑厚度并在板上画刻度线，同时制作抽插板及夹具。
3.3　清理模板并涂刷隔离剂，组合模板，调整夹具禁锢，同时在模具内安装箱体并调整箱体的平整度、垂直度达到一致，检查模具漏浆缝隙并处理到位</td></tr>
<tr><td>4. 对成品进行检查清理保护</td></tr>
</table>

制表人：×××　　审核人：×××　　制表日期：×年×月×日

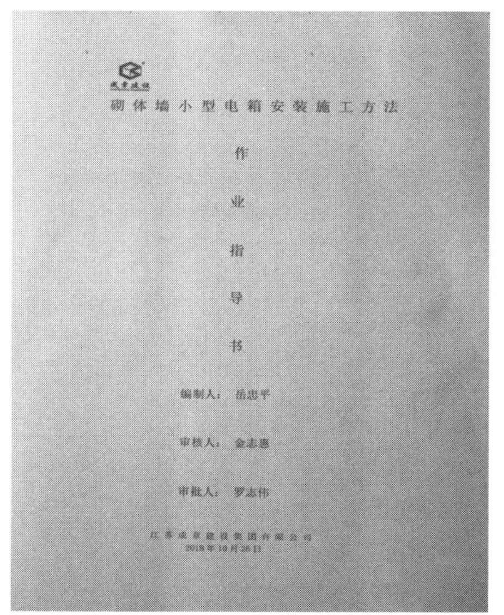

砌体墙小型电箱安装施工方法

作

业

指

导

书

编制人：岳忠平

审核人：金志惠

审批人：罗志伟

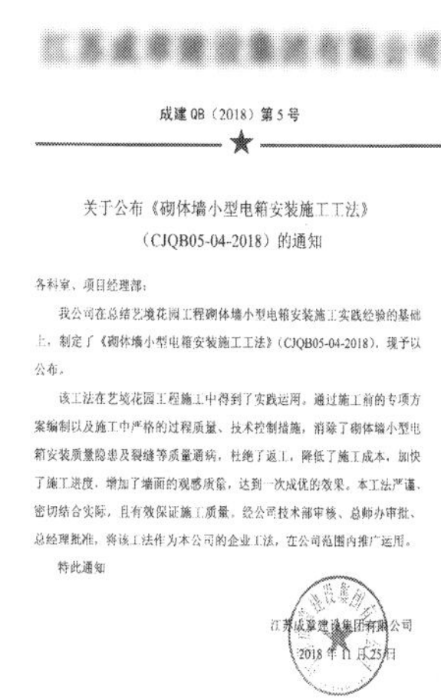

成建QB（2018）第5号

关于公布《砌体墙小型电箱安装施工工法》（CJQB05-04-2018）的通知

各科室、项目经理部：

我公司在总结艺境花园工程砌体墙小型电箱安装施工实践经验的基础上，制定了《砌体墙小型电箱安装施工工法》（CJQB05-04-2018），现予以公布。

该工法在艺境花园工程施工中得到了实践运用，通过施工前的专项方案编制以及施工中严格的过程质量、技术控制措施，消除了砌体墙小型电箱安装质量隐患及裂缝等质量通病，杜绝了返工，降低了施工成本，加快了施工进度，增加了墙面的观感质量，达到一次成优的效果。本工法严谨、密切结合实际，且有效保证施工质量，经公司技术部审核、总师办审批、总经理批准，将该工法作为本公司的企业工法，在公司范围内推广运用。

特此通知

江苏成章建设集团有限公司

2018年11月25日

图 2-55　企业作业指导书照片

(4)巩固期小组成员分工分别对公司在建其他5个类似项目工程(河南中梁壹号、肥东吾悦广场、无锡西漳美的国宾府、常州龙湖春江天玺、富明景园)已实施砌体墙小型电箱箱体安装预制一体式的墙体安装部位检查情况汇总并进行数据统计，见表2-40、表2-41。

"砌体墙小型电箱箱体安装质量"合格率验收统计表　　表2-40

序号	检查项目	验收标准(mm)	检查点(个)	不合格(点)	合格(点)	合格率(%)
1	过梁板伸入墙体长度不足	DGJ 32/J16	1500	0	1500	100
2	箱体受损伤	GB 50303	1500	6	1494	99.6
3	箱体周围砌筑空鼓	DGJ 32/J16	1500	4	1496	99.7
4	箱体安装不平整	GB 50303	1500	12	1488	99.2
5	箱体安装垂直偏差大	GB 50303	1500	9	1491	99.4
6	合计		7500	31	7469	99.6

制表人：×××　　审核人：×××　　制表日期：×年×月×日

根据验收统计表我们对本次影响砌体墙小型电箱箱体安装的质量问题进行了归纳整理分析，并制作频数统计表，见表2-41。

"砌体墙小型电箱箱体安装质量"检查频数分析表　　表2-41

序号	检查项目	频数(点)	累计频数(点)	频率(%)	累计频率(%)
1	箱体安装不平整	12	12	38.7	38.7
2	箱体安装垂直偏差大	9	21	29	67.7
3	箱体受损伤	6	27	19.4	87.1
4	箱体周围砌筑空鼓	4	31	12.9	100
5	过梁板伸入墙体长度不足	0	31	0	100
6	合计	31	—	100	—
注：现场检查；检查数量：共检查7500点，不合格31点；合格率为99.6%					

制表人：×××　　审核人：×××　　制表日期：×年×月×日

由上数据分析可知，在巩固期内的在建工程砌体墙小型电箱箱体的各项问题症结均得到有效控制，合格率比活动后略有提高，说明巩固措施有效较稳定，可值得推广，见图2-56。

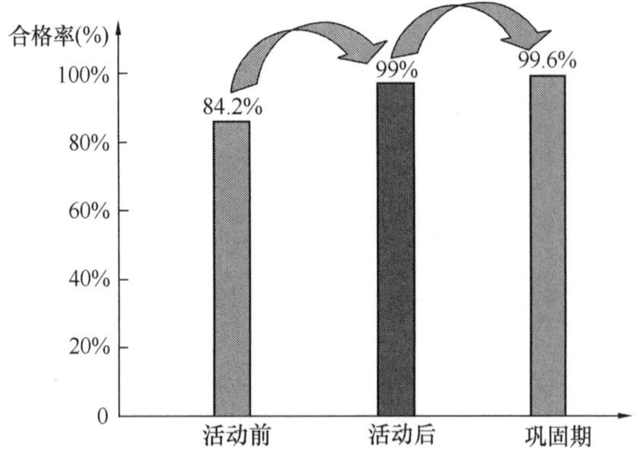

图2-56　前后及巩固期的合格率柱状对比图

制图人：×××　　审核人：×××　　制图日期：×年×月×日

案　例　点　评

本案例把小组活动成果的各项措施进行了汇总，形成了施工作业指导书，转化成施工工法，并通过了集团公司的批准；在巩固期对合格率进行了检查统计，效果明显，并通过柱状图对效果进行了对比分析。

改进建议："巩固措施"是"实施对策"时的成功做法，应将形成作业指导书中的有效措施与对策表中的措施进行对比总结，说明有效措施纳入标准的情况。巩固期是在标准形成之后在巩固期的统计数据，成果中未交代清楚。

2.11.4　本节统计方法运用

建议使用的统计工具有：调查表、控制图、流程图，其中简易图表（折线图、柱状图、饼分图等）特别有效。

2.12　总结和下一步打算

2.12.1　编写内容

（1）对专业技术方面的总结。通过活动，在专业技术方面有哪些成功的经验，采取了哪些有效的技术措施，为今后类似工程施工提供了良好的借鉴，可以用表格进行汇总。

（2）对管理方法方面的总结。

1）总结本次小组活动严格遵循 PDCA 程序，分析问题时做到了一环紧扣一环、具有逻辑性；

2）总结以客观事实为依据，用数据说话的内容；

3）总结适宜、正确地应用统计方法，提高活动的质量。

（3）对小组成员综合素质方面的总结。内容包括：1）质量意识；2）问题改进意识；3）分析问题、解决问题的能力；4）统计方法运用；5）团队精神；6）工作干劲和热情；7）开拓精神；8）QC 知识。

（4）在全面总结的基础上，提出下一次活动课题。

2.12.2　注意事项

（1）总结要实事求是，不要为了增强对比效果，把活动前说得一塌糊涂，把活动后吹得尽善尽美。

（2）总结要充分肯定活动取得的成效，同时要分析存在的不足和今后努力的方向。

（3）没有针对课题活动的实际情况进行总结，而是套用某些模板。小组总结文字多、数据少。

（4）下一步的打算要有针对性，对提出的新课题要进行评估。课题来源包括：1）由于 QC 活动，解决了原来的"少数关键问题"，而原来的次要可能上升为关键问题，这些新生的关键问题就可以是下一步活动的课题。2）原来小组已经提出过的课题。3）小组新提出的课题。

2.12.3　案例与点评

《提高建筑门窗安装质量一次验收合格率》的总结和下一步打算

（1）专业技术

通过此次质量管理活动，小组成员对被动式建筑尤其是外窗的气密性和无热桥施工以及检测方法等有了进一步的认识，对外窗安装质量控制等方面都有进一步提高，从技术方案的制定、到后期对策实施以及效果检查方面，均积累了宝贵的施工经验。小组活动前后各项专业技术均有了明显提升，见表2-42。

小组专业技术总结 **表2-42**

序号	专业技术	活动前	活动后
1	被动窗外挂安装技术	按照图集及图集施工，未考虑施工中窗框标高的调节方式，导致窗框标高偏差大	通过对工艺的改进，能用通过角件固定来调节窗框标高，提高了窗框安装的精确度
2	被动窗气密性技术	仅考虑到窗体防水隔汽膜组成的隔汽系统，忽略了施工中墙体阳角对防水隔汽膜的磨损，导致膜的破损，破坏气密性	注意到墙体对防水隔汽膜的破坏情况，有针对性地改变了膜的粘贴方式，并让膜粘贴时处于松弛状态，避免变形破坏，提高了气密性
3	被动窗水密性技术	未考虑到墙体与角件之间的水密性处理	在墙体与角件之间采用了打胶处理，提高了窗框与墙体之间的水密性和气密性
4	被动窗断热桥技术	未采用垫木隔绝底框与角件之间的热桥	采用垫木隔绝底框与角件之间的热桥
5	窗框结构受力分析	原有安装方式底部固定件支撑面积大，未进行受力计算	现有安装方式底部支撑面积小，采用垫木增加支撑面积，并进行受力计算，重新调整角件位置
6	被动窗检验方法	按照常规外窗进行检查检验	增加了风门及测风仪对窗框与墙体间的气密性检查的防水，加强了对被动窗安装的检查

制表人：××× 制表日期：×年×月×日

（2）管理方法

小组成员对本次活动的9个步骤进行了总结，小组成员均能有效地了解活动中的各个程序，并针对不同的活动程序运用不同的管理工具，在这些活动程序中运用了很多的管理工具和技术，如：关联图法、5W1H、头脑风暴法等，帮助我们完成不同的管理工作，见表2-43。

小组管理方法总结 **表2-43**

序号	项目		总结
1	活动程序	选择课题	根据上级目标及现场施工存在的问题等进行课题的选择，选题理由较为充分，选题中也体现了数据化和图表化
2		现状调查	现状调查数据充足，并利用了分层法进行分析，找到问题症结，并为目标设定提供了依据
3		设定目标	综合考虑到了小组拥有的资源和小组曾经接近过的最好水平进行目标的设定，并针对问题症结预计问题解决程度，测算出小组将达到的水平，目标设定依据充分，目标可量化可实施
4		原因分析	小组成员针对症结问题使用关联图进行原因分析从六个方面找到末端因素，因果关系明确，逻辑关系紧密
5		确定主要原因	小组制定了要因确认表，逐条确认，依据末端因素对问题症结的影响程度进行要因的判定，小组成员能够依据数据和事实，针对末端因素客观的确定主要原因
6		制定对策	小组成员针对两条要因，逐一制定了对策，并提出多套解决方案，并从五个方面进行评价和选择，根据5W1H制定对策表，梳理施工流程，对策明确，对策目标可测量，对策具体
7		对策实施	按照对策表逐条实施，并与对策目标进行比较，同时也验证了对策对断热桥性能无负面影响
8		效果检查	有效而科学地对活动目标进行检查，并且对问题症结的改善程度进行了检查，确认了经济和社会效益，检查全面
9		制定巩固措施	能够将对策表中有效的措施纳入企业标准中，并对巩固后的效果进行了追踪

续表

序号	项目	总　结
10	数据运用	能有效地收集整理数据，进行分层分类，尤其是确定主要原因时，有效地运用数据进行影响程度的判定
11	统计方法	统计方法应用得当，各个步骤中都能够有效地应用统计工具和方法，特别是现状调查中运用分层法、饼分图、排列图等一系列方法和工具找到了问题症结

制表人：×××　　　　制表日期：×年×月×日

（3）综合素质

通过此次活动，小组成员的质量意识、团队精神、个人能力等方面也得到了很大程度的提高，特别在质量管理知识应用的方面有了显著的提高，为今后开展活动奠定了良好的基础，也为以后同类型施工积累了宝贵经验，见表2-44、图2-57。

小组评价表　　　　表2-44

评价内容	活动前（分）	活动后（分）
团队精神	7.6	8.6
质量意识	8.0	9.6
个人能力	7.0	9.0
改进意识	6.8	9.0
工作热情和干劲	7.6	8.6
解决问题的决心	7.6	8.0

制表人：×××　　　　制表日期：×年×月×日

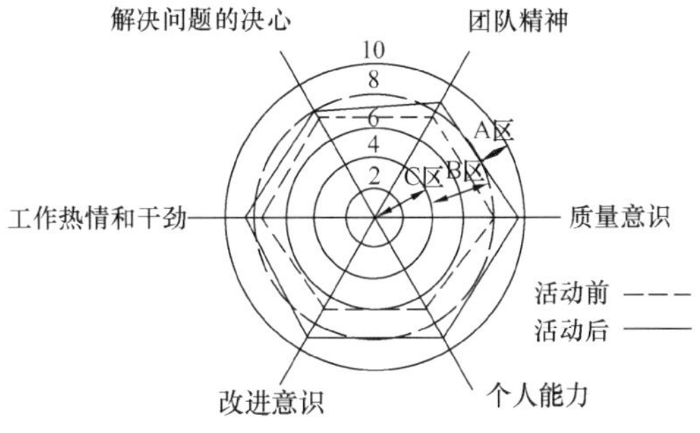

图2-57　小组活动前后雷达对比图

制图人：×××　　制图日期：×年×月×日

（4）下一步打算

今后，我们要将小组的活动继续开展下去，组织小组成员不断学习和实践，进一步提高分析问题解决问题的能力，不断攻克施工及管理中的难题。在被动式建筑中，屋面保温工程是重要围护结构，采用双层125mm厚的保温板错缝铺贴，容易出现缝隙，形成热桥，所以我们小组下一研究课题为：《提高被动式建筑屋面保温工程施工一次验收合格率》。

案 例 点 评

本案例总结的内容完整，涵盖了专业技术、管理方法、小组成员综合素质三个方面；在下一步打算中优选了小组新的活动课题。改进建议：对下次课题进行评价分析。

2.12.4 本节统计方法运用

可以采用统计方法有：分层法、调查表、简易图表、水平对比法等，其中简易图表统计方法特别有效。

3　问题解决型指令性目标课题成果的编写

问题解决型指令性目标质量管理活动，是小组为完成上级指令目标或上级考核指标、强制性标准要求、招标文件、合同、协议、文件、顾客、相关方的要求等而提出的一种课题类型，目前此类型课题的应用也越来越广泛。

在质量管理小组活动中，当小组的目标符合上述要求时，那么小组的活动需按照指令性目标课题的小组活动程序进行。

从指令性目标质量管理小组活动的程序图（图 3-1）可以看出，由 10 项程序组成，分别为：选择课题、设定目标、目标可行性论证、原因分析、确定主要原因、制定对策、对策实施、检查效果、制定巩固措施、总结和下一步打算。如果效果检查没有达到目标时，

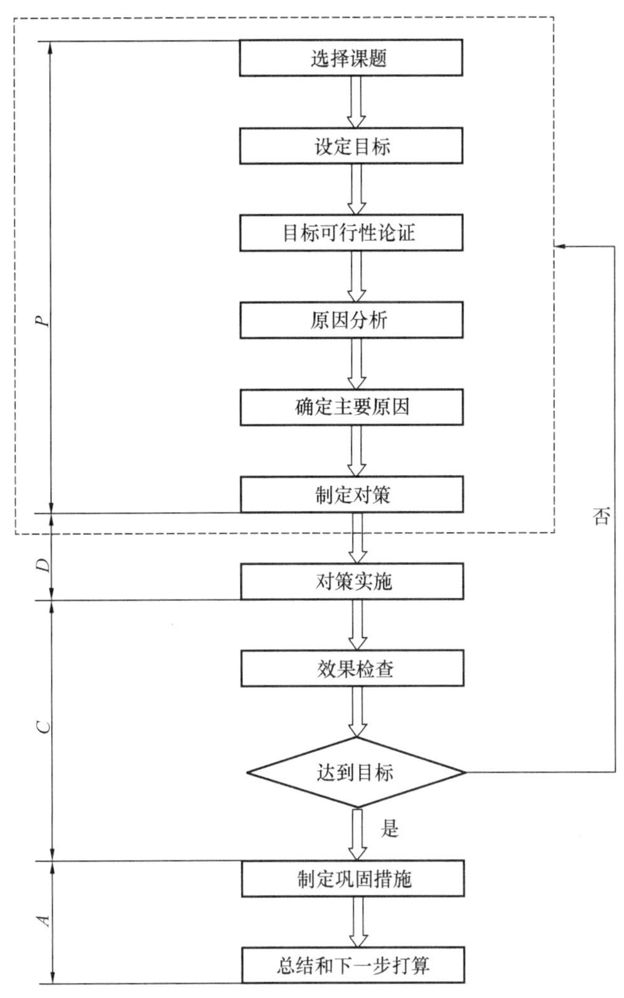

图 3-1　问题解决型指令性目标的质量管理小组活动程序图

程序返回到策划阶段，分析哪个步骤出现问题，就从该步骤开始新一轮 PDCA 循环，直到目标实现。

3.1　工程概况

3.1.1　编写内容

工程概况主要涉及的内容：工程名称、地址、工程规模、质量目标、与课题有关的工期要求等相关信息。

3.1.2　注意事项

（1）不适宜加入企业简介，应突出与课题相关的信息内容，做详细的描述。

（2）可提供反映与课题相关的工程图片等。

3.1.3　案例与点评

案例一：《提高大跨度不等高支座管桁架整体滑移就位施工一次验收合格率》的工程概况

本工程为××科技学院新校区体育中心工程，分为体育场、篮球馆以及训练场三部分。

训练馆横向为主桁架，由 10 榀管桁架组成，纵向为次桁架，由 7 榀管桁架组成，主桁架与次桁架正交。其中主桁架有 6 榀为整体大跨度单片桁架，长度大约为 50.3m，两端支撑于混凝土柱顶；2 榀为单片边桁架，支撑于结构周边混凝土柱顶；北侧和南侧为 2 榀悬挑空间三维桁架。主桁架上弦最高点标高为 17.28m，上弦最低点标高 11.03m，两支座高差达到 6.25m，单榀桁架最重 8.85t、见图 3-2、图 3-3。

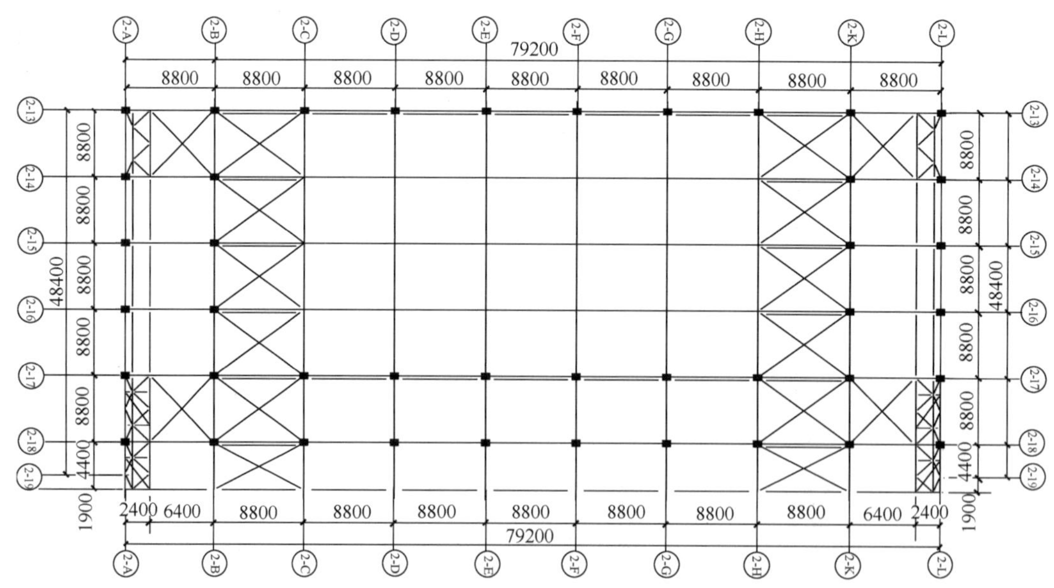

图 3-2　训练馆平面图

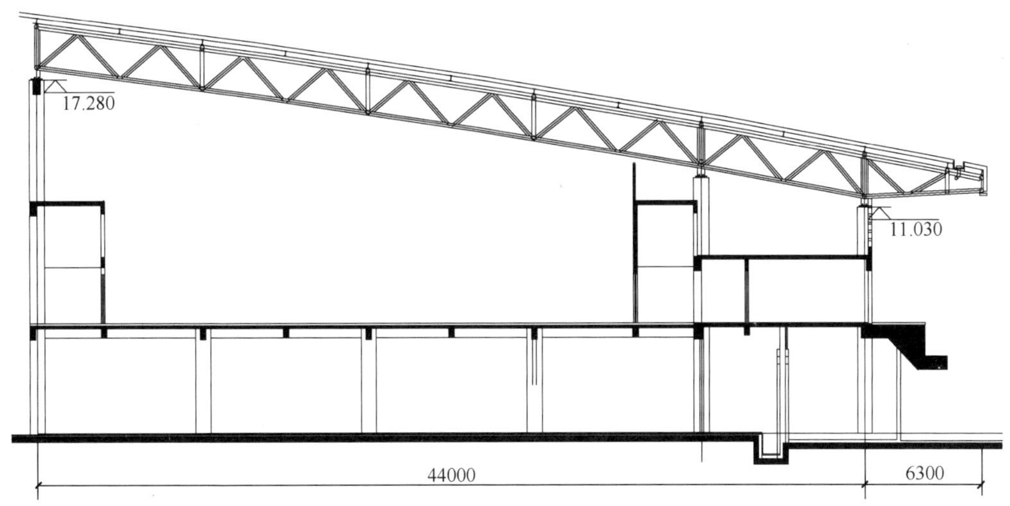

图 3-3 训练馆主桁架剖面图

案 例 点 评

案例中对工程内容做了简要的介绍，针对课题内容的大跨度不等高支座管桁架，做了详细的介绍。介绍桁架的榀数、长度，以及管桁架不等的高度、高差，并附加桁架的平面、剖面图。

改进建议：应增加大跨度、不等高桁架的特点、复杂性、施工难度、施工工期要求、质量目标、整体滑移就位的施工情况。

案例二：《提高接触轨安装的一次验收合格率》的工程概况

×××国际机场××系统是国际上首次将地铁××型车应用于机场空侧的交通新模式，将传统××系统胶轮轨制式改为钢轮钢轨制式，捷运系统采用"正线接触轨+车场接触网"模式供电，正线共需安装钢铝复合轨 13.52km，见图 3-4。

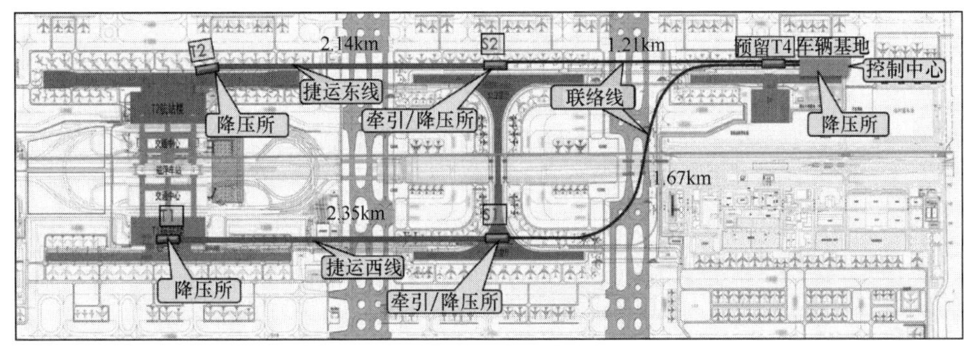

图 3-4 ××系统平面图

接触轨系统主要由钢铝复合轨、膨胀接头、端部弯头等组成，通过电客车集电靴与复合轨的接触获得电能。接触轨系统结构简单、施工作业面低，便于施工和运营维护，现已被广泛地应用，见图 3-5。

图 3-5 接触轨示意面

案 例 点 评

案例中对接触轨产生的背景、系统及主要组成进行了介绍，说明通过何种方式获取电能，轨道铺设的里程，针对课题内容做了详细的介绍。并附了全程行驶的平面图、接触轨的示意照片，使课题背景一目了然。

改进建议：应增加接触轨安装的相关情况、施工工期要求、质量目标等。

3.1.4 本节统计方法运用

工程概况中可以运用的统计方法：调查表、网络图、流程图、简易图表。

3.2 小组简介

3.2.1 编写内容

小组简介主要是以图表形式来编写。介绍小组注册日期及注册号、课题注册日期及注册号、小组成员的情况及担任 QC 小组活动的职务、学历、组内分工、经过质量管理知识培训时间等。

3.2.2 注意事项

（1）质量管理小组注册登记不是终身制的，一般每年都要进行一次注册登记，以便确认小组是否还存在，或者有无变化。也可以就工程需要成立新的质量管理小组。

（2）质量管理小组活动课题的注册登记是在小组选定活动课题后进行，不要与小组的注册登记相混淆，应该是不同的两个注册号。小组成员不受职务的限制，工人、技术人员、管理人员均可以当组员。

（3）如果编写了小组活动进度计划，应进行计划进度与实际进度对比。

3.2.3 案例与点评

《提高大跨度不等高支座管桁架整体滑移就位施工一次验收合格率》的小组概况

小组概况　　表 3-1

<table>
<tr><td>小组名称</td><td colspan="4">×××QC 小组</td><td>QC 教育</td><td>人均×学时</td></tr>
<tr><td>成立时间</td><td>×年×月×日</td><td colspan="2">活动时间</td><td>×年×月×日—×年×月×日</td><td>QC 教育次数</td><td>共×次</td></tr>
<tr><td>课题类型</td><td>问题解决型</td><td colspan="2">小组人数</td><td>9 人</td><td>小组平均年龄</td><td>39</td></tr>
<tr><td>小组注册号</td><td colspan="3">×××</td><td>课题注册号</td><td colspan="2">×××</td></tr>
<tr><td>小组注册时间</td><td colspan="3">×年×月×日</td><td>课题注册时间</td><td colspan="2">×年×月×日</td></tr>
<tr><td>姓名</td><td>岗位</td><td>年龄</td><td>职称</td><td>学历</td><td>职务</td><td>组内分工情况</td></tr>
<tr><td>×××</td><td>总工程师</td><td>44</td><td>高工</td><td>硕士</td><td>顾问</td><td>QC 活动顾问</td></tr>
<tr><td>××</td><td>项目经理</td><td>55</td><td>工程师</td><td>专科</td><td>组长</td><td>总体策划及管理</td></tr>
<tr><td>×××</td><td>技术主管</td><td>43</td><td>工程师</td><td>本科</td><td>组员</td><td>方案、技术分析</td></tr>
<tr><td>×××</td><td>施工主管</td><td>33</td><td>助工</td><td>专科</td><td>组员</td><td>方案执行</td></tr>
<tr><td>××</td><td>质量主管</td><td>26</td><td>助工</td><td>专科</td><td>组员</td><td>质量控制</td></tr>
<tr><td>×××</td><td>安全主管</td><td>50</td><td>工程师</td><td>专科</td><td>组员</td><td>安全控制</td></tr>
<tr><td>×××</td><td>资料员</td><td>26</td><td>工程师</td><td>专科</td><td>组员</td><td>数据收集</td></tr>
<tr><td>××</td><td>质量员</td><td>51</td><td>工程师</td><td>专科</td><td>组员</td><td>数据、信息收集</td></tr>
<tr><td>×××</td><td>统计员</td><td>27</td><td>助工</td><td>专科</td><td>组员</td><td>数据统计</td></tr>
</table>

制表人：×××　　制表日期：×年×月×日

案　例　点　评

本案例采用表 3-1 对质量管理小组的基本情况进行了介绍，小组、课题均进行了注册，岗位、年龄、职称、学历、职务、组内分工，内容齐全完整。

改进建议：在小组概况中，缺少出勤率、活动次数，应增加每个小组成员参加质量管理小组活动知识培训的课时，附培训记录、历年取得的最好成绩、团队照片等。

3.2.4　本节统计方法运用

小组简介中可以运用的统计方法：饼分图、柱状图、网络图、简易图表等。

3.3　选择课题

3.3.1　编写内容

（1）选题要求。应明确上级的指令要求或顾客、招标文件、合同、强制性标准等相关要求。

（2）分析本小组或企业当前的实际状况，与相关要求的差距。

（3）通过分析选择课题。

3.3.2　注意事项

（1）要尽量体现数据化、图表化。

（2）选题必须充分，有针对性，把小组当前实际情况与相关要求对比，以数据为依据；不能简单笼统，泛泛而谈。

（3）课题名称应采用三段式表达，即“结果＋对象＋特性”。

（4）课题名称应简练，例如采取了“手段＋目的”的形式：消除9＃炉脱硝系统设计隐患，降低故障率。

（5）小组能力范围内，课题宜小不宜大；选点不选面。

3.3.3 案例与点评

《提高接触轨安装的一次合格率》的选择课题

（1）为保证接触轨系统施工质量，建设单位×××有限公司要求：×××工程接触轨安装一次验收合格率不得低于90％。

（2）QC小组成员×××、×××依据规范“《×××工程施工质量验收标准》”×××中的主控项目的验收标准，对预留×××航站楼站及轨网过渡段接触轨的安装一次合格率进行调查，最终统计得出接触轨安装一次合格率仅为83.04％，未达到业主要求的90％合格率，见表3-2、图3-6。

接触轨一次安装合格率调查表　　表3-2

轨道点位	T4Z01	T4Z02	T4Z03	T4Z04	T4Z05	T4Z06	T4Z07	T4Z08	T4Z09	T4Z10
序号	1	2	3	4	5	6	7	8	9	10
合格率（％）	80.43	84.64	85.87	87.03	90.11	82.42	80.13	82.51	85.56	82.35
轨道点位	TZY01	TZY02	TZY03	TZY04	TZY05	TZY06	TZY07	TZY08	TZY09	TZY10
序号	11	12	13	14	15	16	17	18	19	20
合格率（％）	82.42	84.37	80.26	79.52	79.42	80.37	89.56	83.04	81.36	79.46
平均合格率（％）	83.04									

制表人：×××　　制表日期：×年×月×日

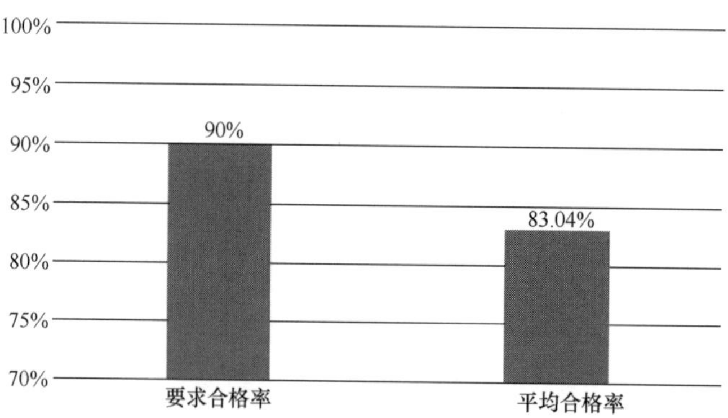

图3-6　接触轨平均合格率与目标合格率对比柱状图

制图人：×××　审核人：×××　制图日期：×年×月×日

基于目前接触轨安装的一次合格率与业主要求存在较大差距，小组选定本次活动的课题为：提高接触轨安装一次合格率。

案 例 点 评

本案例通过建设单位要求工程接触轨安装一次合格率不得低于90%，而现场调查得出的合格率仅为83.04%，通过建设单位的要求与现场实际合格率对比，直观反映出存在的差距，也是迫切需要解决的问题。

3.3.4 本节统计方法运用

课题选题可以运用分层法、调查表、排列图、控制图、散布图、亲和图、简易图表、头脑风暴法、流程图等统计方法。其中分层法、调查表、排列图、简易图表、头脑风暴法特别有效。

3.4 设定目标

3.4.1 编写内容

指令性目标通常是指质量管理小组把自己不能改变的相关要求定为目标，包括上级下达或提出的考核指标或顾客需求或行业强制性标准要求等，小组把上述要求直接设定为目标即可。

3.4.2 注意事项

(1) 目标应可测量。

(2) 目标的数据不宜多，通常为一个，应与小组活动的课题相对应。

3.4.3 案例与点评

《提高圆柱施工质量一次验收合格率》的设定目标

设定目标：公司要求该工程创扬子杯优质工程，要求圆柱一次验收合格率达到94%以上，小组把活动目标值直接设定为：将圆柱施工质量一次验收合格率提高到94%，与公司要求一致，见图3-7。

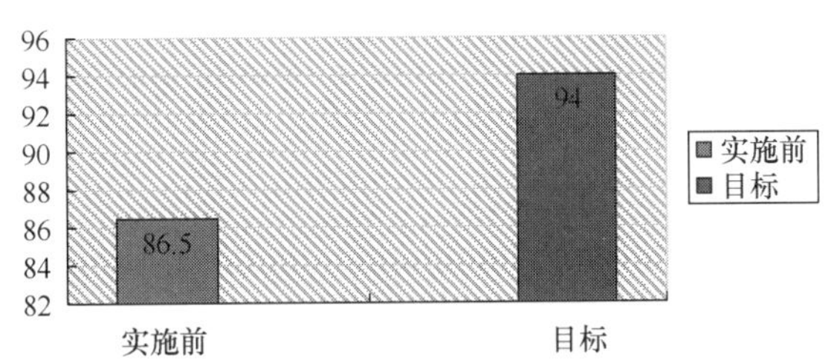

图3-7 柱状图

制图人：××× 审核人：××× 制图日期：×年×月×日

案 例 点 评

公司对圆柱的施工质量下达了指标，一次验收合格率要达到94%，小组成员通过分析对比确定课题的目标提高到94%，符合指令性目标课题的要求。

3.4.4 本节统计方法运用

可以应用简易图表、水平对比法。

3.5 目标可行性论证

3.5.1 目标可行性论证内容

（1）指令性目标应在设定目标后进行目标可行性论证，可考虑：

1）国内同行业先进水平。

2）组织曾经达到的最好水平。

3）把握现状，找出症结，论证需解决的具体问题，以确保课题目标实现。

（2）目标可行性论证的步骤：

1）根据课题的现状收集资料进行分析。

2）分析问题现象，如果问题比较综合，可从多维度、多角度进行分层整理。把握问题当前状态，找出症结。

3）在现状分析确定症结后，根据所要解决症结所占频率的解决程度来计算可能达到的目标值，将可能达到的目标值与设定的目标值比较，以分析设定目标值的实现是否可行。

4）分析国内同行业先进水平；组织曾经达到的最好水平；针对症结或问题，充分论证需解决的问题，以确保课题目标的实现。

3.5.2 注意事项

（1）进行指令性目标课题的目标可行性论证时应注意：

1）与自定目标值的现状调查步骤类似，要收集数据，把握课题当前的状态，找出课题症结。

2）测算时，可不受课题症结的限制（若找出的症结解决后，还达不到指令性目标，此时就需要将次要问题或更次要问题也纳入测算分析，直到满足指令性目标要求。于是，原因分析不仅针对症结，还要把次要问题等纳入分析）。

（2）可以对国内外同行业的先进水平进行充分分析，可以从工程规模、工艺、设备人员条件、环境等方面进行对比分析是否可以达到。

（3）可以结合公司现状分析组织曾经达到的历史最好水平。随着技术进步、工艺的改善确定是否可以实现。

（4）收集的数据和信息，应具有客观性、可比性、时效性和全面性。

（5）对取得的数据应进行分层分析。在进行数据分析时要注意：一是要从不同的角度、维度进行整理、分析；二是不能将不同类别、不同层次的问题列入一个调查表或者排列图中，这样很难找出问题的症结。

（6）目标可行性论证依据要充分。可行性论证要针对性强，不能只是空洞的口号、套话，要有令人信服的数据分析。

（7）指令性目标活动程序有“目标可行性论证”，无“现状调查”步骤。

（8）针对症结应是指课题，如果课题非常小，本身就是症结。如果调查中不能找出课题的症结，问题便是指课题。

3.5.3 案例与点评

《提高圆柱施工质量一次验收合格率》的目标可行性论证

1. 国内同行业先进水平：我们通过调查兄弟单位施工的圆柱质量，形成如下调查表，见表 3-3、图 3-8。

圆柱施工质量调查表 表 3-3

序号	工程名称	检查点数	合格点数	合格率
1	×××厂三期	50	46	92%
2	×××车间办公楼	50	48	96%
3	×××附属学校	70	63	90%
4	平均			93%

制图人：××× 审核人：××× 制图日期：×年×月×日

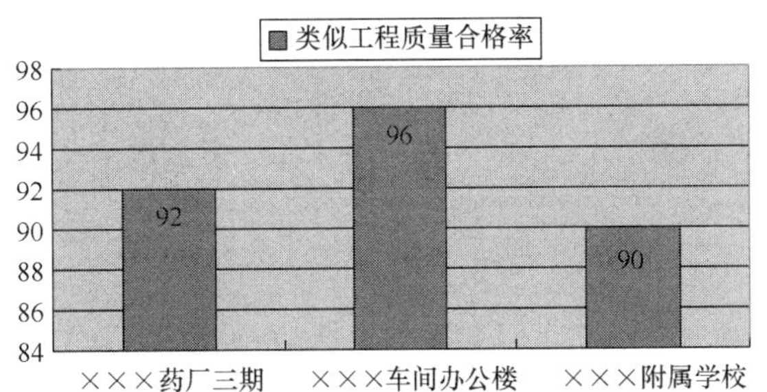

图 3-8 柱状图

制图人：××× 审核人：××× 制图日期：×年×月×日

组织曾经达到的历史最好水平：查阅相关资料小组历史最好水平曾达到 92%，公司及项目目前水平 86.5%，见表 3-4。

历史最好水平调查表 表 3-4

序号	项目名称	抽检点数（个）	一次施工合格数（个）	合格率（%）	最高水平（%）
1	目前水平	200	173	86.5	
2	历史最好水平	查阅以往施工资料，经统计			92

制表：××× 审核人：××× 制表日期：×年×月×日

×年×月×日，由活动小组组长×××组织小组成员对已施工的×××附属学校圆柱进行了质量检查，依据《混凝土结构工程施工质量验收规范》GB 50204—2015，小组成员经过分组检查，对模板、钢筋、混凝土、支架施工质量共随机抽查了 200 个点，其中合格点数为 173 点，不合格点数为 27 点，合格率为 86.5%，对不合格的项目进行分析整理，具体数据如表 3-5、表 3-6、图 3-9 所示。

圆柱施工质量问题统计分析表 表 3-5

序号	检查项目	检查点数（个）	不合格点数（个）	合格率（%）
1	混凝土分项工程	50	12	76
2	模板分项工程	50	8	84
3	支架系统	50	4	92
4	钢筋分项工程	50	3	94
5	合计	200	27	86.5

制图人：××× 审核人：××× 制表日期：×年×月×日

圆柱施工质量问题频数表 表 3-6

序号	检查项目	频数（点）	频率（%）	累计频率（%）
1	混凝土分项工程	12	44.4	44.4
2	模板分项工程	8	29.6	74
3	支架系统	4	14.8	88.8
4	钢筋分项工程	3	11.2	100
5	合计	27	100	

制图人：××× 审核人：××× 制表日期：×年×月×日

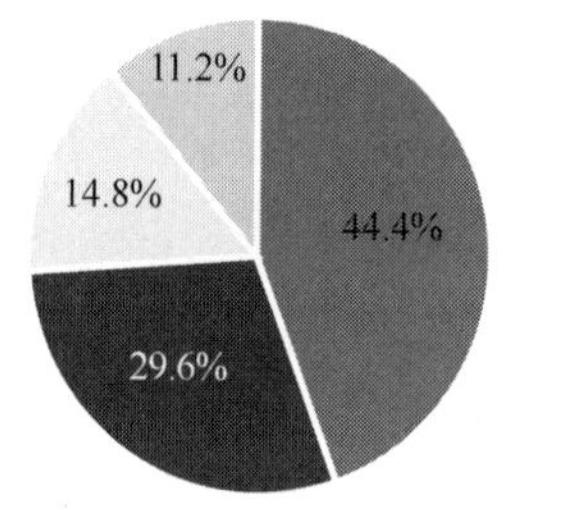

图 3-9 饼分图

制图人：××× 审核人：××× 制图日期：×年×月×日

从上面的饼分图可以看出，“圆柱混凝土分项工程施工质量问题”累计频率达到 44.4%，是影响质量的主要问题，因此，解决“圆柱混凝土分项工程施工质量问题”是当前迫切需要解决的症结。

×年×月×日，由活动小组组长×××组织小组成员再次对正在施工的×××附属学校圆柱混凝土分项工程施工质量进行检查，进一步找出混凝土分项工程中存在的问题，形成如表 3-7 所示的频数表和图 3-10 所示的饼分图。

圆柱混凝土施工质量问题频数表 表 3-7

序号	检查项目	频数（点）	频率（%）	累计频率（%）
1	圆柱不顺直	5	41.67	41.67
2	柱脚根部烂根	4	33.33	75
3	梁柱接茬差	1	8.33	83.33
4	蜂窝麻面	1	8.33	91.66

续表

序号	检查项目	频数（点）	频率（%）	累计频率（%）
5	表面混凝土龟裂	1	8.34	100
6	合计	12	100	

制图人：××× 审核人：××× 制表日期：×年×月×日

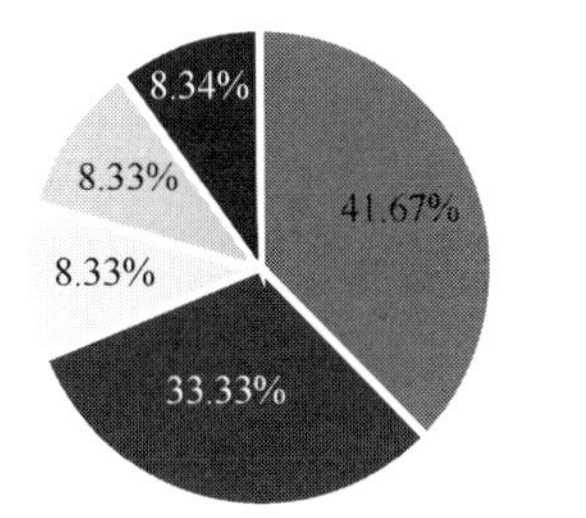

图 3-10 饼分图

制图人：××× 审核人：××× 制图日期：×年×月×日

从上述的饼分图可以看出，“圆柱不顺直”“柱脚根部烂根”累计频率达到 68.8%，是影响圆柱施工质量一次验收合格率的症结，应该重点加以解决。

2. 针对症结，论证需解决的具体问题，以确保课题目标实现。

(1) 通过同行业的先进水平调查达到 92%，组织曾达到的最好水平为 92%，小组认为为实现目标提供了强有力支撑。

(2) 小组认真分析圆柱不顺直、柱脚根部烂根的问题，结合公司项目部的技术实力提出解决思路：

1) 改进圆柱支撑工艺、柱脚接缝工艺。

2) 实现样板引路制度，通过样板实施进一步改进工艺做法。

3) 加强材料质量控制。

结论：将提高圆柱施工质量一次验收合格率从 86.5%提高到 94%是能够实现的。

案 例 点 评

小组按照指令性目标的程序，先设定目标，再进行目标可行性论证，用数据说话，进行了二次分层找出了问题的症结所在。在设定目标时，通过柱状图一目了然地看出现状值与目标值的差距。在进行目标可行性论证中，先进行国内外同行业先进水平调查，再分析组织曾经达到的最好水平，通过对项目部水平及历史最高水平的数据对比分析，进一步论证了目标的可行性。

改进建议：根据现状分析取得的数据，运用饼分图找出问题的症结所在。应分析“圆柱不顺直”“柱脚根部烂根”症结经解决后合格率达到多少，再与目标 94%进行对比，是否能实现，这样才具有说服力。

3.5.4 本节统计方法运用

可运用的统计方法有：分层法、调查表、排列图、饼分图、直方图、控制图、散布图、简易图表，其中分层法、调查表、排列图、饼分图、简易图表等统计方法特别有效。

3.6 原因分析

3.6.1 编写内容

（1）收集原因。一般采用头脑风暴法、调查表等从各个方面、各个角度把影响症结的原因都找出来，通常按“5M1E”六大因素（人、机、料、法、环、测）去寻找原因。

（2）原因归类。将收集到的各种原因进行归类，通常按“5M1E”六大因素进行归类，但也可以通过其他角度（例如质量、技术特性等方面）进行归类。

（3）原因分层分析。将经过归类的原因，运用因果图、树图和关联图等统计方法，逐层递进，一层一层分析下去，分析要彻底，也就是要分析到可直接采取对策和措施，能有效解决存在的问题为止。

3.6.2 注意事项

（1）要针对确定的症结分析原因。指令性目标 QC 小组活动在进行目标可行性论证时已经找到了症结所在，分析原因必须针对确定的症结进行。常见的错误有两种：一是没有针对目标可行性论证时找到的症结去分析，而是回到课题去分析，这样就犯了逻辑性错误；二是分析的问题是在目标可行性论证时所没有调查的症结。

（2）分析原因要全面。分析原因要展示原因的全貌，从“5M1E”各种角度把有影响的原因找出来，尽量避免遗漏。若因项目具体特性缺少其中某一项时，小组应予以说明。

（3）分析原因要彻底。分析原因应分析到可以直接采取对策和措施为止，即分析到末端原因，可以直接针对它制定对策。例如在分析受“人”的因素影响产生问题的原因时，只分析到“责任心差”就不分析了，而造成“责任心差”的原因可能与“责任未落实”等有关。针对“责任未落实”是可以制定对策措施的，而针对“责任心差”是无法采取措施的。

（4）适宜、正确使用统计方法。原因分析常用的工具有因果图、树图（系统图）、关联图等。因果图是针对单一问题进行原因分析，所分析的原因之间没有交叉影响关系；树图也是针对单一问题进行原因分析，所分析的原因之间也没有交叉影响关系；关联图既可针对单一问题进行原因分析，又可以对两个以上问题一起进行原因分析，对单一问题进行原因分析时，所分析的原因之间有交叉影响关系，对两个以上问题进行原因分析时，所分析的部分原因把两个以上的问题交叉缠绕影响。要根据上述统计方法的特点、兼顾简明实用的原则，正确选用统计方法。

3.6.3 案例与点评

《提高超大角度斜屋面挂瓦施工质量一次验收合格率》的原因分析

本小组全体成员和现场管理人员于 2018 年 7 月 15 日在项目部一楼会议室召开了原因分析会，对存在的问题进行了讨论，大家集思广益，运用头脑风暴法对超大角度斜屋面瓦施工合格率低的症结进行原因分析，并对找到的原因进行归纳整理。绘制的关联图见图 3-11。

由图 3-12 关联图可知，本小组成员共找到了 12 个末端原因，按人、材、机、法、测、环把末端原因进行整理归类。如图 3-12 所示。

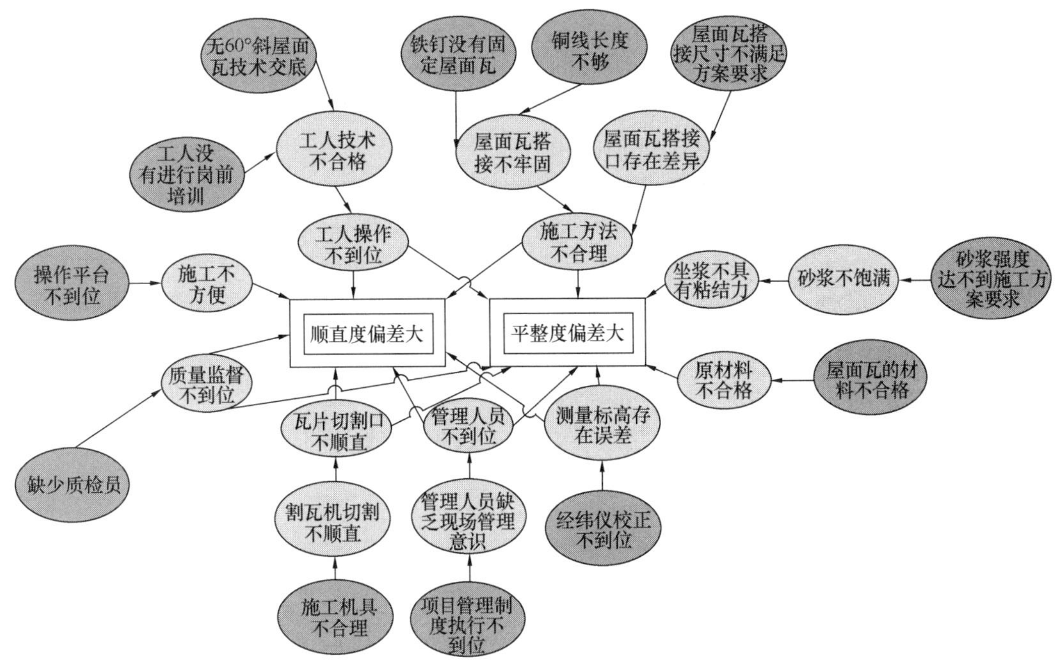

图 3-11 超大角度斜屋面挂瓦主要症结分析关联图

制图人：××× 审核人：××× 制图日期：×年×月×日

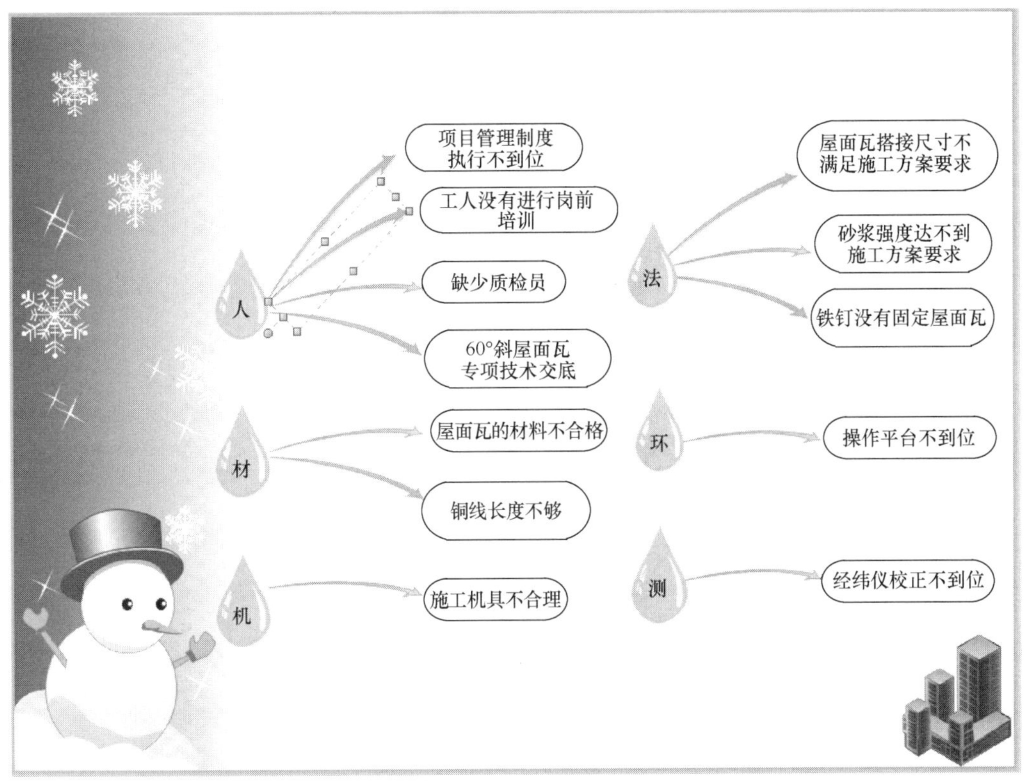

图 3-12 末端原因汇总图

制图人：××× 审核人：××× 制图日期：×年×月×日

案 例 点 评

本案例利用头脑风暴法，对超大角度斜屋面瓦施工合格率低的症结“顺直度偏差大、平整度偏差大”进行了重点分析、讨论，绘制出影响质量的关联图，得出了影响质量问题的12个末端原因。原因分析至2～3层，比较透彻，可以直接采取对策；关联图绘制规范，症结和原因分别用“矩形框”和“椭圆框”框起，因果关系正确，标注齐全。

改进建议：部分原因分析不彻底，如将“经纬仪校正不到位”作为末端原因不妥，不能据此直接采取对策措施，可以再进一步分析下去，如未制定经纬仪校正计划。

3.6.4 本节统计方法运用

本节可运用因果图、树图、关联图、头脑风暴法特别有效。

3.7 确定主要原因

3.7.1 编写内容

通过原因分析，找出的原因可能有好多条，其中有的确实是影响症结的主要原因，有的则不是。确定主要原因就是对诸多的原因进行鉴别，将对症结影响不大的原因排除掉，把确实影响症结的主要原因找出来，以便为制定有针对性的对策提供依据。

主要原因确定的流程示意图，如图3-13所示。

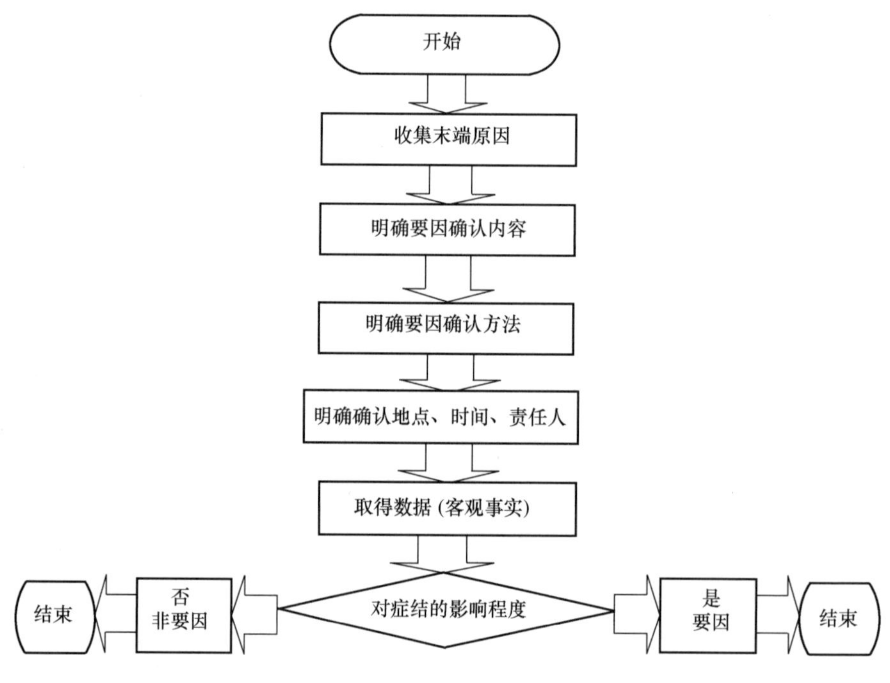

图3-13 主要原因确定流程示意图

1. 制定要因确认计划表

要因确认前，必要时制定要因确认计划表，并根据检查情况进行要因确认，常用的要因确认计划表如表 3-8 所示。

要因确认计划表 **表 3-8**

编号	末端原因	确认内容	确认方式	确定依据	责任人	时间
1						
2						
……	……	……	……	……	……	……

要因确认计划表应注意以下事项：

（1）收集末端原因，剔除不可控制的因素。对利用因果图、树图、关联图等找出的末端原因进行分析，看看是否有不可控制的原因。所谓不可控制的原因，是指小组乃至企业都无法采取对策加以解决的原因，如外供电“拉闸停电”就属于不可抗拒的原因，应该将其剔除。

（2）逐条明确要因确认内容。对保留的末端原因逐条明确要因确认内容，如对末端原因“无自检复检制度”的确认内容首先是“查验有无施工自检复检记录”，再分析其对症结是否有影响，对末端原因“未进行专项培训”的确认内容首先是“查验是否进行了专项培训”，再分析其对症结是否有影响。

（3）逐条明确要因确认方法：

针对每一条末端原因的具体情况选择要因确认方法，常用的方式有：

1）现场试验就是到现场通过试验，取得数据来证明其是否是主要原因。如对产品的工艺参数用散布图、工艺试验、正交试验等方法进行试验验证，对服务行业用不同服务方式进行服务效果的试验验证等。

2）现场测量就是到现场通过测试、测量取得数据，以其符合程度来证明是否对症结有影响。这对机器、材料、环境类因素的确认往往是很有效的。

3）调查分析。可深入基层和生产现场，向第一线的操作人员、工程技术人员和管理人员进行调查、分析，取得资料和数据。例如，对于“人”方面的因素，往往不能用试验、测试或测量的方法来取得数据，则可用调查表到现场进行观察、分析取得数据来验证。

逐条明确判别依据。判定某个末端原因是否是要因应根据它对所分析症结的影响程度大小来判定。

2. 逐条确定末端原因

对保留的末端原因，围绕确认内容，选择恰当的确认方法，依据它对所分析症结的影响程度大小进行确认，以找出真正影响症结的主要原因。所谓确认就是找到影响症结的证据，这些证据是以客观事实为依据，用数字说话。数据表明该原因对症结有重要影响，就“承认”它是主要原因，如数据表明该原因对症结无重要影响，就“否认”它是主要原因，并予以排除。对个别原因，一次调查得到的数据尚不能充分判定时，就要再调查、再确认，直到掌握了充分的证据为止。

要因确认成果报告应表述的内容一般包括：验证的时间、地点、对象，抽取的样本量及其方法，取得的数据（或事实），分析数据采用的方法及验证的结果；对每个末端原因确定其是否是要因的内容；结论即最后确定的要因是哪些末端原因。

3.7.2　注意事项

（1）确认方式要恰当。确认要因不宜采取讨论研究的方式，确认要因时小组成员必须亲自到现场去观察、试验、测试（测量）、调查。

（2）确认要因要以事实为依据，所有的依据应充分反映现状，以数据说话。

（3）确定主要原因要全面，但也不要节外生枝。要对全部末端原因逐个确认，不可以采取任意筛选的办法，确认一部分，丢弃一部分，这样容易导致要因确认产生错误。

（4）确认过程要充分。要因确定过程要深入分析，充分确认，用客观数据来判定。

3.7.3　案例与点评

《提高工程项目监理通知单的按时整改回复率》的确定主要原因

根据以上的原因分析，小组成员确定了9个末端原因，绘制了末端原因汇总表（表3-9）。

末端原因汇总表　　**表3-9**

序号	末端原因	5M1E
1	人员交底不到位	人
2	人员技能培训不到位	人
3	整改工具、机械老化	机
4	进场材料验收管理不严	料
5	交接检执行不到位	法
6	施工员责任区域划分不合理	法
7	整改方案针对性不强	法
8	季节施工措施不到位	环
9	中间验收测量器具未校验	测

制表人：×××　　审核人：×××　　制表日期：×年×月×日

随后小组成员采用现场测量、试验及调查分析的方法对末端原因逐条进行要因确认，详见表3-10～表3-18。

末端原因一：人员交底不到位 **表 3-10**

确认方式	调查分析、试验	确认时间	×年×月×日
确认地点	×××项目地下室	确认人	×××
确认依据	对应症结“班组整改过程耗时过长”涉及“工人的接受交底情况对整改时间的影响”的分析，对症结影响程度的分析		

确认过程

×年×月×日，×××在锡山×××项目生活广场项目调查了现场工人的人员交底情况，共调查北区地下室木工班组 50 人，发现全部都接受了技术交底。

交底培训会影像记录

随后×××组织这批工人进行了技术交底内容考核，考核结果见下表：

接受交底考核班组	总人数	考核 80 分以上	考核 80 分以下
木工班组	50 人	35	15

×××从考核得分 80 分以上和考核得分 80 分以下的工人中各组织 5 人，针对北区地下室模板支设这一环节中项目部自检出现的问题进行整改。主要整改内容包括：排架整改、顶撑整改、模板标高整改。规定他们在 5 天内完成整改并自检回复，则班组的整改时间确定为 80%×5＝4 天，试验结果见下表：

不同交底考核情况的工人整改效率统计表

分组	交底考核 80 分以上木工组	交底考核 80 分以下木工组
整改部位	15-18/R-V 轴地下室顶板模板工程	15-18/V-AA 轴地下室顶板模板工程
排架整改耗时（天）	2	1.8
顶撑整改耗时(天)	0.5	0.7
模板标高整改耗时(天)	1.2	1.5
总耗时(天)	3.7	4
能否按时整改	能	能

对症结影响程度分析	由试验得出，本项目人员都接受交底，且工人的整改耗时符合项目要求，两组工人差距较小。因此，“人员交底不到位”对症结影响较小
结论	非要因

制表人：××× 审核人：××× 制表日期：×年×月×日

末端原因二：人员技能培训不到位　　表 3-11

<table>
<tr><td>确认方式</td><td>调查分析、试验</td><td>确认时间</td><td>×年×月×日</td></tr>
<tr><td>确认地点</td><td>×××项目地下室</td><td>确认人</td><td>×××</td></tr>
<tr><td>确认依据</td><td colspan="3">对应症结“班组整改过程耗时过长”涉及“人员的技能培训情况对整改时间的影响”的分析，对症结影响程度的分析</td></tr>
<tr><td>确认过程</td><td colspan="3">
×××在×年×月×日，在锡山×××项目调查了现场工人的人员技能培训情况，共调查木工班组50人，发现全部都接受了人员培训。
随后×××组织这批工人，进行了人员技能培训考核，考核结果见下表：
<table>
<tr><td>接受培训考核班组</td><td>总人数</td><td>考核80分以上</td><td>考核80分以下</td></tr>
<tr><td>瓦工班组</td><td>50人</td><td>30</td><td>20</td></tr>
</table>
×××从考核得分80分以上和考核得分80分以下的工人中各组织5人，针对南区地下室模板支设这一环节中项目部自检出现的问题进行整改。主要整改内容包括：排架整改、顶撑整改、模板标高整改。规定他们在5天内完成整改并自检回复，则班组的整改时间确定为80%×5=4天，试验结果见下表：
不同技能培训考核情况的工人整改效率统计表
<table>
<tr><td>分组</td><td>交底考核80分以上木工组</td><td>交底考核80分以下木工组</td></tr>
<tr><td>整改部位</td><td>23-28/G-L轴地下室顶板模板工程</td><td>19-22/L-Q轴地下室顶板模板工程</td></tr>
<tr><td>排架整改耗时（天）</td><td>1.8</td><td>1.8</td></tr>
<tr><td>顶撑整改耗时(天)</td><td>0.5</td><td>0.7</td></tr>
<tr><td>模板标高整改耗时(天)</td><td>1.2</td><td>1.2</td></tr>
<tr><td>总耗时(天)</td><td>3.5</td><td>3.7</td></tr>
<tr><td>能否按时整改</td><td>能</td><td>能</td></tr>
</table>
</td></tr>
<tr><td>对症结影响程度分析</td><td colspan="3">由试验得出，本项目人员都接受培训，且工人的整改耗时符合项目要求，两组工人差距较小。因此，“人员技能培训不到位”对症结影响较小</td></tr>
<tr><td>结论</td><td colspan="3">非要因</td></tr>
</table>

制表人：×××　　审核人：×××　　制表日期：×年×月×日

末端原因三：整改工具、机械老化　　　　**表 3-12**

确认方式	试验	确认时间	×年×月×日
确认地点	×××项目地下室	确认人	×××
确认依据	对应症结“班组整改过程耗时过长”涉及“新老工具、机械是否影响整改时间”的分析，对症结影响程度的分析		

确认过程：

×××在×年×月×日在锡山×××项目安排两批钢筋连接班工人。针对地下室墙柱电渣压力焊这一环节中项目部自检出现的问题进行整改，其中一组工人（2人）在采用原有工具进行整改，另一组工人（2人）引进新的同型号（630电焊机）的整改器具进行整改。主要整改内容包括：缺焊漏焊，因轴线偏移、夹渣、成型不良等常见问题导致的重焊。规定他们在2天内完成整改并自检回复，则班组的整改时间为80%×2=1.6天。

电焊药袋

焊机

试验结果见下表：

采用新旧工具的工人整改效率统计表

分组	新工具组	旧工具组
整改部位	23-28/L-Q轴负一层墙柱竖向钢筋连接	23-28/Q-U轴负一层墙柱竖向钢筋连接
漏焊整改耗时（天）	1	1.2
重焊整改耗时(天)	0.3	0.3
总耗时(天)	1.2	1.5
能否按时整改	能	能

对症结影响程度分析	由试验得出，工人使用新旧工具仪器的整改耗时均符合项目要求，且差距较小。因此，“人员技能培训不到位”对症结影响较小
结论	非要因

制表人：×××　　　审核人：×××　　　制表日期：×年×月×日

末端原因四：进场材料验收管理不严格 **表 3-13**

<table>
<tr><td>确认方式</td><td>调查分析、试验</td><td>确认时间</td><td>×年×月×日</td></tr>
<tr><td>确认地点</td><td>×××项目</td><td>确认人</td><td>×××</td></tr>
<tr><td>确认依据</td><td colspan="3">对应症结“班组整改过程耗时过长”涉及“材料进场验收管理情况对整改耗时的影响”的分析，对症结影响程度的分析</td></tr>
<tr><td>确认过程</td><td colspan="3">
×××在×年×月×日，在锡山×××项目调查材料进场验收情况，发现钢筋原材料的进场验收记录齐全，并且保留了进场验收时拍摄的照片。
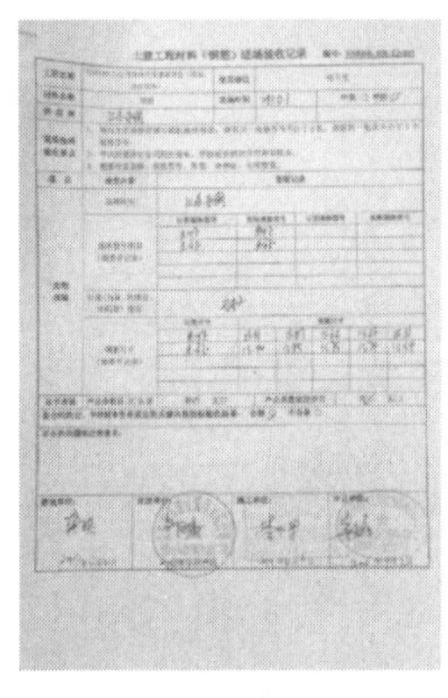
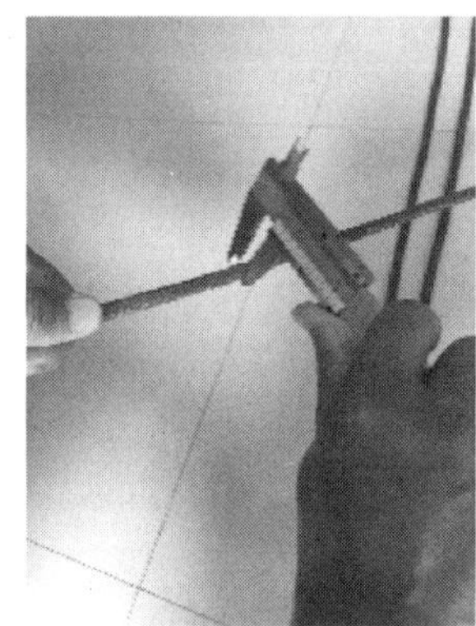
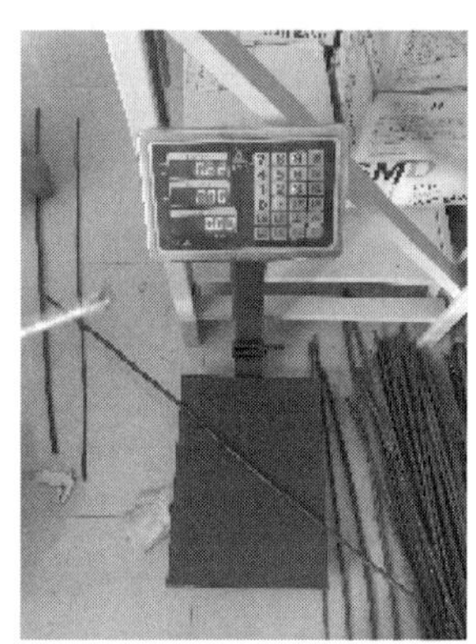
原材进场验收记录　　　　　原材进场检查
随后，×××安排钢筋连接班组采用这批验收合格后的钢筋进行地下室部分电渣压力焊的整改，主要整改内容包括：缺焊漏焊，因轴线偏移、夹渣、成型不良等常见问题导致的重焊。规定他们在 2 天内完成整改并自检回复，则班组的整改时间为 80%×2=1.6 天。
结果见下表：
电渣压力焊整改情况统计表
<table>
<tr><td>整改部位</td><td>19-22/V-AA 轴负一层墙柱竖向钢筋连接</td></tr>
<tr><td>漏焊整改耗时（天）</td><td>1</td></tr>
<tr><td>重焊整改耗时（天）</td><td>0.3</td></tr>
<tr><td>总耗时（天）</td><td>1.2</td></tr>
<tr><td>能否按时整改</td><td>能</td></tr>
</table>
</td></tr>
<tr><td>对症结影响程度分析</td><td colspan="3">由上表可以看出施工现场对材料进场验收管理较为严格，验收合格后的原材料不会对整改时间产生影响，因此“进场材料验收管理不严格”对症结影响较小</td></tr>
<tr><td>结论</td><td colspan="3">非要因</td></tr>
</table>

制表人：×××　　　　审核人：×××　　　　制表日期：×年×月×日

末端原因五：交接检执行不到位 **表 3-14**

<table>
<tr><td>确认方式</td><td>调查分析</td><td>确认时间</td><td>×年×月×日</td></tr>
<tr><td>确认地点</td><td>×××项目地下室</td><td>确认人</td><td>×××</td></tr>
<tr><td>确认依据</td><td colspan="3">对应症结“班组整改过程耗时过长”涉及“交接检执行是否到位对整改耗时的影响”的分析，对症结影响程度的分析</td></tr>
<tr><td>确认过程</td><td colspan="3">×××在×年×月×日，在锡山×××项目调查地下室施工部分交接检的执行情况，检查了×月×日至×月×日期间施工员的施工日志、项目部对班组发出的整改通知，以及工序交接单。发现在1-14/A-X轴地下室顶板施工期间缺少各班组之间详细的交接检执行记录。而14-28/A-X周地下室负一层梁板施工期间的各班组之间交接检执行记录比较详细。这段时间的交接检记录主要是木工班组支模交接给钢筋班组绑扎，再交接给木工班组吊模，最后交接给瓦工班组浇筑混凝土。

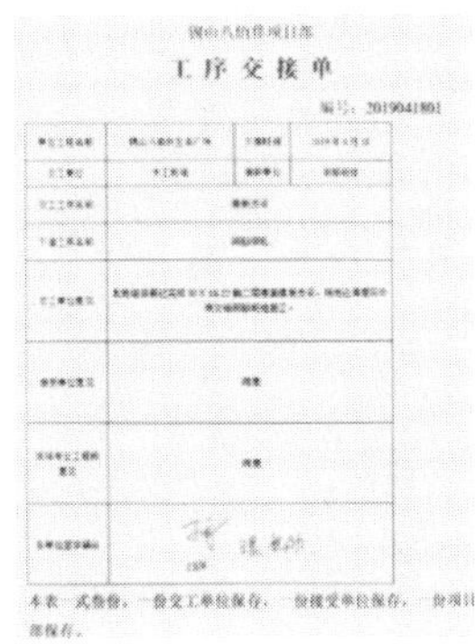
工序交接单
编号：2019041801
本表一式叁份，一份交工单位保存，一份接受单位保存，一份项目部保存。

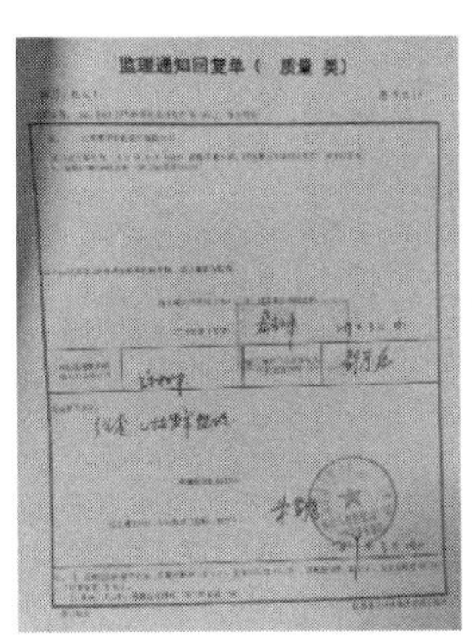
监理通知回复单（ 质量 类）

×××随后针对混凝土成型整改，调查了交接检低执行力区域（1-14/A-X轴地下室顶板）和交接检高执行力区域（14-28/A-X周地下室负一层梁板）的整改记录。主要整改内容为：混凝土的漏浆，蜂窝麻面等其他常见质量通病，这些问题往往是由于木工加固不到位、拼缝不严密、钢筋工保护层垫块设置不到位，瓦工过度振捣导致的。×××对这两片区域的班组整改耗时情况进行了汇总统计，见下表：

<table>
<tr><td>分组</td><td>总整改数（项）</td><td>按时整改数（项）</td><td>不按时整改数（项）</td><td>按时整改率</td></tr>
<tr><td>交接检高执行力区域</td><td>10</td><td>10</td><td>0</td><td>100%</td></tr>
<tr><td>交接检低执行力区域</td><td>10</td><td>7</td><td>3</td><td>70%</td></tr>
</table>
</td></tr>
<tr><td>对症结影响程度分析</td><td colspan="3">由调查可以看出施工现场部分区域交接检执行并不到位，而且这些区域工人进行整改时按时整改率为70%，没有达到项目要求，因此“交接检执行不到位”对症结影响较大</td></tr>
<tr><td>结论</td><td colspan="3">是要因</td></tr>
</table>

制表人：××× 审核人：××× 制表日期：×年×月×日

末端原因六：施工员责任区域划分不合理 **表 3-15**

确认方式	调查分析	确认时间	×年×月×日
确认地点	×××项目	确认人	×××
确认依据	对应症结“班组整改过程耗时过长”涉及“施工员责任划分区域对工人能否按时进行整改工作的影响”的分析，对症结影响程度的分析		

确认过程

×××在×年×月×日调查锡山八佰伴地下室阶段的施工员责任区域划分方法，如下图：

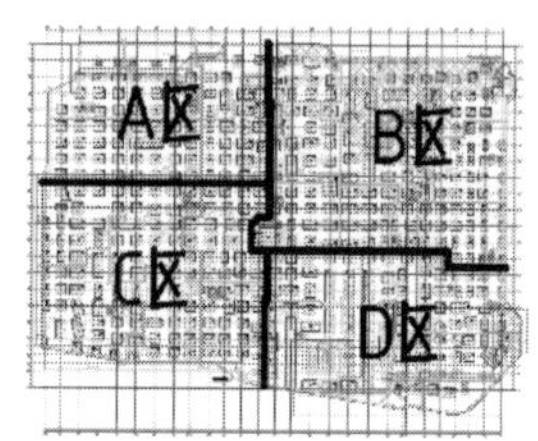

锡山八佰伴施工员责任区域划分图

地下室总建筑面积10万m^2，施工员责任区域划分主要依据后浇带来进行划分，但是B区和C区都含有夹层，当时划分责任区域时没有考虑到的。×××统计了各区域面积，汇总见下表：

区域名称	责任施工员	建筑面积（m^2）	建筑面积占比（%）
A区	×××	15325	15.07
B区	×××	32125	31.2
C区	×××	33452	32.9
D区	×××	20776	20.43

×××随后检查了2月20日至3月20日期间施工员的施工日志，项目部对班组发出的整改通知，调查各区域各班组整改情况，汇总见下表：

区域名称	总整改数（项）	按时整改数（项）	不按时整改数（项）	按时整改率（%）
A区	12	12	0	100%
B区	21	16	5	76.19%
C区	23	18	5	78.26%
D区	14	13	1	92.86%

对症结影响程度分析	由调查得出各施工区域建筑面积差距较大，各施工员之间工作量差距大，B区C区这两个建筑面积较大的区域班组按时整改率低，无法满足项目要求。因此“施工员责任区域划分不合理”对症结影响较大
结论	是要因

制表人：××× 审核人：××× 制表日期：×年×月×日

末端原因七：整改方案针对性不强　　表 3-16

确认方式	调查分析	确认时间	×年×月×日
确认地点	×××项目	确认人	×××
确认依据	对应症结“班组整改过程耗时过长”涉及“整改方案对班组整改时间的影响程度”的分析，对症结影响程度的分析		

确认过程

×××在×年×月×日在锡山×××项目调查了项目的整改管理方案，针对梁筋绑扎的整改，发现项目在 2018 年就已经编制了整改管理方案，但是缺少对各种尺寸梁的区分，尤其缺少大截面尺寸梁这方面的整改内容，针对性较差。

文件编号：HRJT/ZGFA—2018-014

监理通知/工程联系单

整改管理方案

编制人：　　日期：2018.3.15

审核人：　　日期：2018.3.16

批准人：

华仁建设集团有限公司

20-28/A-G 轴正负零梁大小有 200mm×600mm，400mm×800mm 到 600mm×1000mm，600mm×1200mm 等多个种类。主要整改内容为纵向钢筋间距，二排筋下坠，箍筋位置，马镫设置，锚固长度。×××调查了 3 月 20 日至 4 月 5 日期间施工员的施工日志、项目部对班组发出的整改通知。统计了梁高小于 1000mm 和梁高大于 1000mm 这两种梁，班组的按时整改率。

不同尺寸梁钢筋整改情况统计表

梁体尺寸	总整改数（项）	按时整改数（项）	不按时整改数（项）	按时整改率
梁高小于 1000mm	8	8	0	100%
梁高大于 1000mm	10	7	3	70%

对症结影响程度分析	由调查得出梁高大于 1000mm 的梁体由于缺少针对性的方案指导，班组进行钢筋绑扎的整改时耗时过长，按时整改率仅 70%，没有达到项目要求。因此“整改方案针对性不强”对症结影响较大
结论	是要因

制表人：×××　　审核人：×××　　制表日期：×年×月×日

末端原因八：季节施工措施不到位　　表 3-17

确认方式	调查分析	确认时间	×年×月×日
确认地点	×××项目	确认人	×××
确认依据	对应症结“班组整改过程耗时过长”涉及“是否有相应的季节施工措施”的分析，对症结影响程度的分析		
确认过程	×××在×年×月×日在锡山×××项目调查分析“季节施工措施不到位”这一末端原因，了解到本项目有季节性施工方案，方案中包含雨天施工防滑、安全等方面的措施，并对各班组、各施工员进行了交底： 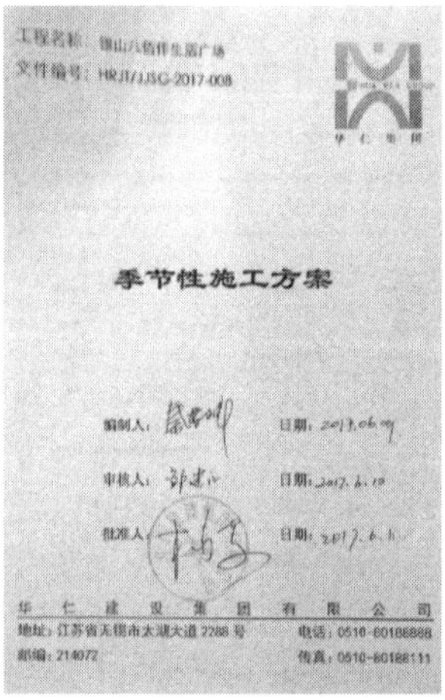 工程名称：锡山八佰伴生活广场 文件编号：HRJT/JJSG-2017-008 季节性施工方案 编制人：　日期： 审核人：　日期： 批准人：　日期： 华仁建设集团有限公司 地址：江苏省无锡市太湖大道2288号　电话：0510-80186888 邮编：214072　传真：0510-80188111 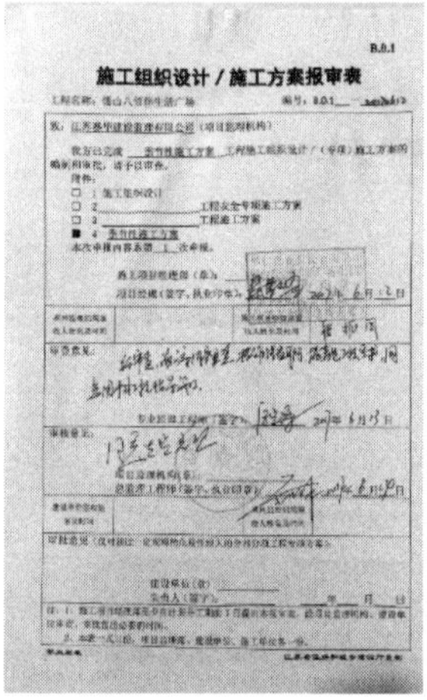 施工组织设计／施工方案报审表		
对症结影响程度分析	由调查得出，季节施工属于不可抗力，项目部已经做好了相应的防范措施，因此“季节施工措施不到位”对症结影响较小，应予以排除		
结论	非要因		

制表人：×××　　审核人：×××　　制表日期：×年×月×日

末端原因九：过程验收测量器具未校验　　表 3-18

确认方式	调查分析、试验	确认时间	×年×月×日
确认地点	×××项目地下室	确认人	×××
确认依据	对应症结“班组整改过程耗时过长”涉及“过程验收测量器具是否校验对整改时间的影响”的分析，对症结影响程度的分析		
确认过程	×××在×年×月×日进行了木工排架搭设班组的材料器具检查，对班组使用的水准仪的校验情况进行统计。		

测量器具检查表

器具名称	数量	质保资料	校正记录
水准仪	2	齐全	齐全

续表

<table>
<tr><td>确认过程</td><td>
随后项目部引进新水准仪。

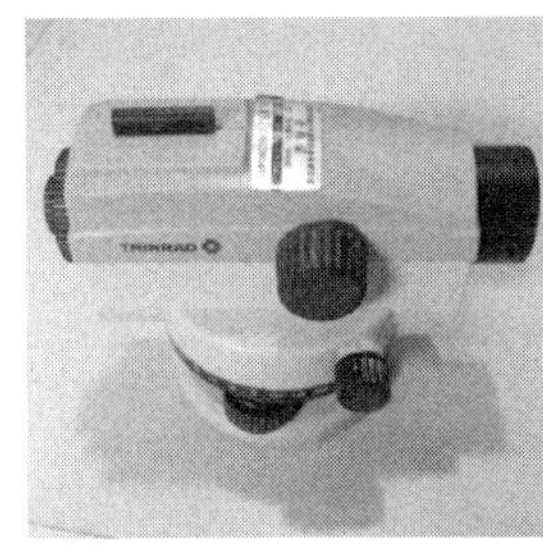

水准仪

项目部组织验收人员对 22-28/L-T 轴地下室顶板模板标高进行验收，分别用新旧仪器进行两次测量，测量结果见下图：

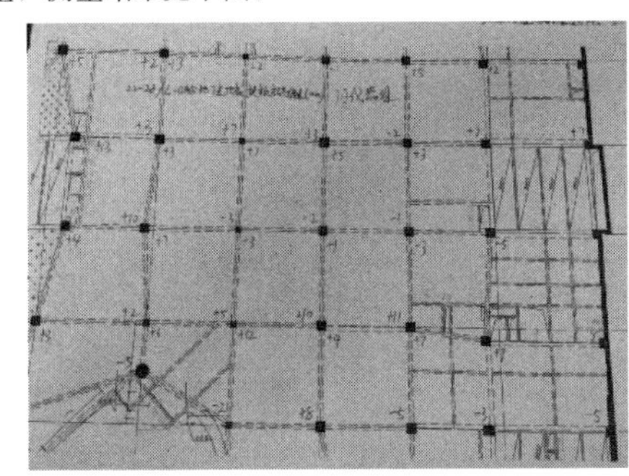

旧仪器组测量结果

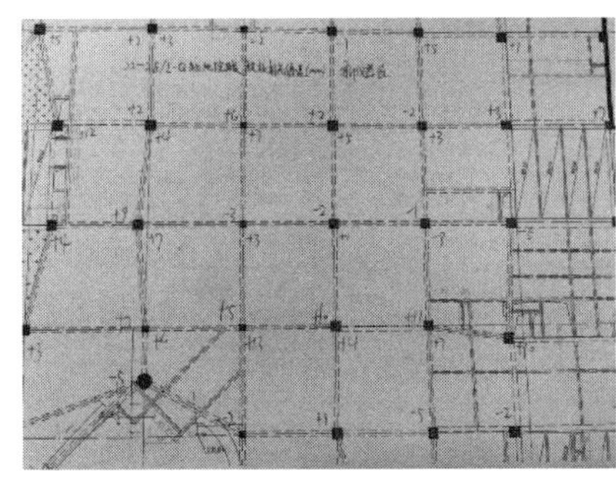

新仪器组测量结果

测量结果误差在 1mm 以内，随后×××组织 10 名工人，分为两组，针对地下室模板支设这一环节中项目部自检出现的问题进行整改。主要整改内容包括：排架整改、顶撑整改、模板标高整改。规定他们在 5 天内完成整改并自检回复，则班组的整改时间确定为 80%×5=4 天，试验结果见下表：

<table>
<tr><th>分组</th><th>新仪器组</th><th>旧仪器组</th></tr>
<tr><td>整改部位</td><td>22-28/L-Q 轴地下室顶板模板工程</td><td>22-28/Q-T 轴地下室顶板模板工程</td></tr>
<tr><td>排架整改耗时（天）</td><td>2</td><td>1.8</td></tr>
<tr><td>顶撑整改耗时(天)</td><td>0.5</td><td>0.7</td></tr>
<tr><td>模板标高整改耗时(天)</td><td>1.5</td><td>1.5</td></tr>
<tr><td>总耗时（天）</td><td>4</td><td>4</td></tr>
<tr><td>能否按时整改</td><td>能</td><td>能</td></tr>
</table>
</td></tr>
<tr><td>对症结影响程度分析</td><td>由试验得出验收测量器具都经过了校验，且新旧仪器在测量同一块地方的标高时得出的误差在 1mm 以内，且工人的整改耗时符合项目要求，两组工人差距较小。因此“过程验收测量器具未校验”对症结影响较小</td></tr>
<tr><td>结论</td><td>非要因</td></tr>
</table>

制表人：×××　　　　审核人：×××　　　　制表日期：×年×月×日

通过对以上九个末端原因的逐条确认，确认了以下三个主要原因，见图 3-14。

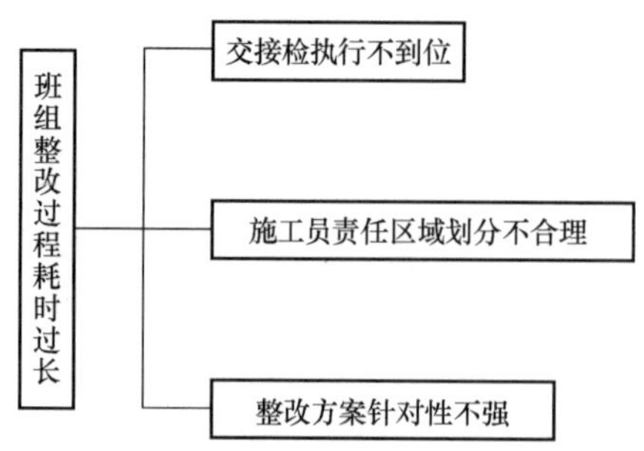

图 3-14　主要原因分析

制表人：×××　审核人：×××　制图日期：×年×月×日

案　例　点　评

本案例针对 9 条末端原因，小组逐条对末端原因进行确认，判定对症结的影响程度，得出了 3 个主要原因。确认过程以客观事实为依据，用数字说话，很有说服力。但有部分末端原因分析不够全面。

3.7.4　本节统计方法运用

本节可运用简易图表统计方法特别有效；采用调查表、直方图、散布图也有效。

3.8　制定对策

3.8.1　编写内容

（1）对策的提出和确认。主要原因确认后应分别针对每条主要原因制定对策。必要时，在制定对策表前，阐述如何提出对策、分析和确认对策。针对要因，多角度提出对策，并从有效性、可实施性、经济性、时间性、可靠性等方面进行综合分析论证。有效性是指对策能不能控制和消除产生的主要原因；可实施性指依靠小组自己的力量来解决的对策；经济性是指经济的承受能力；可靠性是考察能够运用的期限，临时性不可靠；时间性是指在相对较短的时间内完成 。

（2）制定对策表。对策应按照“5W1H”要求的原则制定，常用的对策表格式如表 3-19所示，其中“5W1H”是不可缺的内容。

对策表　　　　**表 3-19**

序号	主要原因（项目）	对策（What）	目标（Why）	措施（How）	地点（Where）	时间（When）	负责人（Who）
1							
……							

3.8.2　注意事项

（1）对策表栏目应完整，特别是“5W1H”不可缺少。

（2）对策表栏目的逻辑关系要正确。对策表中的“主要原因”“对策”“目标”和“措施”之间有逻辑关系，它们的位置不能改变。

(3) 主要原因要正确。对策表中的“主要原因”项目要与“确定主要原因”阶段确定的主要原因对应，不能减少，也不能增加。

(4) 不能混淆“对策”与“措施”。“对策”与“措施”是两个不同的概念，不能缺少其中的一个而互相替代，也不能将它们合并在一个栏目中。“对策”是针对要因而提出的改进要求，而“措施”则是“对策”的具体展开，回答了怎样按照对策的要求具体实施。

(5) 目标要具体、量化，便于对每条实施的结果进行比较，以说明该条实施达到的程度。如果目标值不能量化，要制定出可以检查的目标，或者通过间接定量方式设定。

(6) 措施不能笼统。“措施”项目应有可操作性，体现对对策的实施步骤。如果对策中的措施比较笼统，没有具体的步骤，不利于实施。

(7) 负责人要体现全员性。尽量将对策的具体措施，分解落实到具体的负责人，明确工作需要。不提倡少部分人有事做，其他人没有任务。

3.8.3 案例与点评

《提高劲型柱混凝土的施工质量一次验收合格率》的制定对策

1. 提出对策

针对“节点部位深化设计不详细”“技术交底掌握率低”“无型钢混凝土组合结构”三条要因，运用头脑风暴法，发动小组成员献计献策，经整理提出对策如表 3-20 所示。

对策汇总表 **表 3-20**

序号	要因	对策序号	对策内容
1	节点部位深化设计不详细	1	请原设计单位补充深化设计图纸
		2	请专业单位对劲性结构进行二次设计
		3	项目部对劲性结构进行深化，明确节点区细部做法
2	技术交底掌握率低	1	项目部对班组成员进行技术交底
		2	由各班组组长对其成员进行交底
3	无型钢混凝土组合结构施工经验	1	寻找有类似施工经验的施工班组
		2	对现有的施工班组人员实施参观、教育学习
		3	由有经验施工人员帮带无施工经验的

制表人：×××　　　　制表日期：×年×月×日

2. 对策综合评价

QC 小组成员针对每条对策，从有效性、可实施性、经济性、可靠性、时间性五方面进行综合分析评估，进而相互比较，选出最令人满意的对策，作为准备实施的对策，见表 3-21。

对策评估、选择表 表 3-21

序号	要因	对策方案	对策分析评估	比较对策	选定对策
1	节点部位深化设计不详细	请原设计单位补充深化设计图纸	原设计单位深化图纸后，需再进行一次图纸会审，存在的问题还需再次进行图纸修改，时间较长，效率不高	对策三相比对策一、二可实施工性强、有效性高，经济费用低，更能贴近施工现场情况	
		请专业单位对劲性结构进行二次设计	专业单位进行深化，此部分将增加费用，且对图纸及现场不了解，深化内容可能存在偏差，深化图还需请原设计单位确认，流程烦琐		
		项目部对劲性结构进行深化明确节点区细部做法	项目部在图纸会审后结合现场施工情况进行深化设计，选择最有利于现场施工的方式进行节点优化，后请设计确认		√
2	技术交底掌握率低	项目部对班组成员进行技术交底	直接对操作工人及班组长进行技术交底，减少了信息传递的中间过程，增加了信息传递率，工人不明白之处可当场提问，现场解决	对策一相比对策二更可靠、更有效的将信息传递给操作工人	√
		由各班组组长对其成员进行技术交底	项目部对班组长交底后，由班组长再对操作工人交底，多了中间信息传递过程，信息传递中有可能失真		
3	无型钢混凝土组合结构施工经验	寻找有类似施工经验的施工班组	现在市场技术工人紧缺，短时间内不可能找到所需要的技术人员，人工费较高	对策二相比对策一、三更能节省时间、可实施性强、效果更好。管理人员及操作工人能同时对本工程有一个深刻的了解	
		对现有的施工班组人员实施参观、教育学习	小组成员现场对操作工人进行理论教育，样板施工，实地教学、感性学习		√
		由有经验施工人员帮带无施工经验的	工人之间的帮带只有口耳相授，难以持久，施工经验未必有用于本工程，效果不佳		

制表人：××× 制表日期：×年×月×日

3. 对策表

根据对策评估、选择所确定的对策，按照 5W1H 的原则制定了对策表，见表 3-22。

对策表 表 3-22

序号	要因	对策	目标	措施	负责人	地点	完成时间
1	节点部位深化设计不到位	深化钢结构图纸的二次设计，明确节点区细部做法	① 节点部位做法明确，钢筋布置顺畅 ② 节点部位钢筋与钢结构柱矛盾率为 0	① 加强钢筋与钢结构深化设置人员之间的沟通，进行全面仔细的图审，明确各自的要求； ② 利用钢结构深化设计 Xsteel 软件对图纸深化设计； ③ 深化设计图请设计确认； ④加强现场施工管理	××× ×××	会议室设计院施工现场	×年×月×日～×年×月×日

续表

序号	要因	对策	目标	措施	负责人	地点	完成时间
2	技术交底掌握率低	做好三级技术交底工作	交底率100%，掌握率≥95%	①编制技术交底，明确质量标准； ②加强班组施工人员的质量意识，对操作人员的技能方面加强培训； ③书面与现场交底同时进行	××× ×××	办公室 会议室 施工现场	×年×月×日～×年×月×日
3	无型钢混凝土组合结构施工经验	组织工人学习和实地观摩指导	技能考核合格率≥95%	①编制教材并组织学习； ②施工前做样板； ③对样板工程进行实地观摩指导； ④组织技能考核	××× ×××	办公室 施工现场	×年×月×日～×年×月×日

制表人：×××　　　　制表日期：×年×月×日

案 例 点 评

本案例针对要因运用头脑风暴法提出了所有解决问题的对策，并对各对策从可靠性、可实施性、有效性、经济性等方面进行了综合评价，从而确定了优选的对策；对策表中的各项对策方案的目标量化，便于实施后对照检查；措施具体，条理分明。

3.8.4 本节统计方法运用

本节可运用 PDPC 法、头脑风暴法等统计工具特别有效。采用分层法、直方图、树图、矩阵图、矢量图、简易图表、正交试验设计法、优选法、流程图也有效。

3.9 对策实施

3.9.1 编写内容

（1）按照对策表中所制定的措施实施，逐条展开，实施过程的数据要及时收集整理，并做好记录，记录的内容包括实施时间、实施地点、实施人员、实施具体步骤，实施费用等。

（2）每个对策实施完成后要进行阶段性检查验证，注意加强图片、图像的收集，以及统计方法的运用。

3.9.2 注意事项

（1）每条对策的实施，要按照对策表中的“措施”栏逐条实施，前后呼应，以显示其针对性和逻辑性。

（2）要注意每条对策的实施地点、时间、负责人与“对策表”中的措施一一对应。

（3）实施过程的描述，既要有文字的描述，又要辅以数据和图表，体现图文并茂，切忌通篇文字，流水账形式，在这一阶段要注意加强统计方法的运用。

（4）每条对策实施完成后要立即检查结果。结果与目标相对照，对照的结果要有结论。达到目标表示对策实施有效，问题得到解决，达不到目标表示措施不得力，需重新检查每条措施是否已彻底实施，必要时修正措施的内容。

（5）必要时，验证对策实施结果在安全、质量、成本、管理、环保等方面的负面影响。

3.9.3 案例与点评

《提高大体积混凝土施工质量一次验收合格率》的对策实施

某项目为了提高大体积混凝土观感质量，根据要因制定对策实施如下：

对策实施：加强施工方法过程控制，提高大面积混凝土表面平整度。

（1）混凝土浇筑前，由专职测量员×××在柱子的角筋上设置+0.500m标高控制点，用电工胶带缠绕进行标记，其次，在模板的四周或底板上固定一些水平控制点进行标记，水平控制点的设置要可靠牢固，不容易被破坏。在混凝土浇筑时，由混凝土工班组长通过+0.500m标高控制点拉细线进行控制；并且项目部施工员×××与测量员×××在浇筑过程中全程跟踪与校验保证混凝土表面平整度。

（2）采用机械抹光，打磨时，用浮动圆盘的重型抹面机在混凝土面上粗抹一、二遍进行提浆、搓毛、压实，待到提浆完成，表面砂浆有一定硬度的时候，开始用叶片高速打磨，直至表面收光。收光时从一端向另一端依次进行不得遗漏，严格按照混凝土浇筑顺序进行抹平、压光，边角及局部机械抹不到的地方由人工随机械搓毛、压光。板块表面有凹坑或石子露出表面，要及时铲毛、剔除补浆修整，模板边缘采取人工配合收边抹光。抹面压光时随时控制好平整度，采用2m靠尺检查。直接用压光机开始进行机械抹光，抹光机重复上述操作5遍以上，直至混凝土表面完全终凝为止，见图3-15。

图3-15 磨光现场图

（3）大面积混凝土浇筑收光先采用机械收光，经小组分析讨论在施工过程可能会出现抹光机械故障而影响施工正常进行，针对此情况小组在施工开始前，绘制了“过程决策程序图”指导上述情况发生后的应急措施。见图3-16。

该“过程决策程序图”设定了应急措施四条路线：第一条路线：A0→A1→A2→A3→A4→Z，第二条路线：A0→A1→B1→B2→A3→A4→Z，第三条路线：A0→A1→B1→C→D2→D3→Z，第四条路线：A0→D1→D2→D3→Z，遇到上述情况可从容应对。

阶段性效果检查见表3-23。

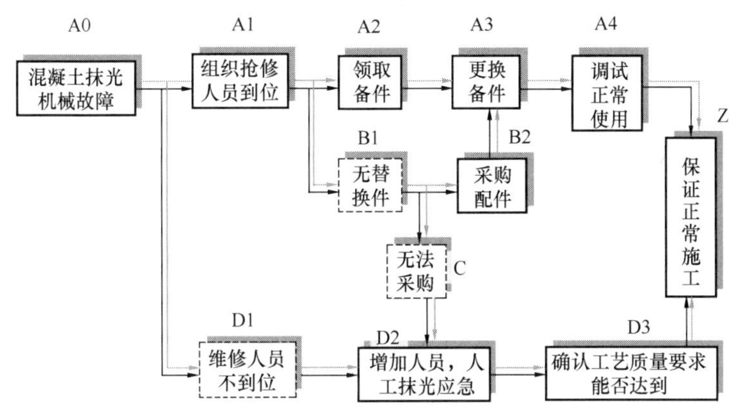

图 3-16　过程决策程序图

制图人：×××　　制图日期：×年×月×日

表面平整度现场效果检查表　　表 3-23

检测位置	检测个数	不合格个数	不合格率（%）
1 区（1-8 轴交 A-N 轴）	100	2	2
2 区（9-15 轴交 A-N 轴）	100	1	1
3 区（16-24 轴交 A-N 轴）	100	1	1
3 区（25-31 轴交 A-N 轴）	100	2	2

制表人：×××　　制表日期：×年×月×日

根据现场检查表可以看出，大面积混凝土表面的观感质量已得到很大的提高，达到了预期的目标。

案　例　点　评

本案例中对策实施按照对策表中的措施逐条实施，实施过程文字描述清晰，辅以数据和图表，体现图文并茂，统计方法运用正确，实施完成后有阶段性验证，其结果与目标相对比，达到目标，实施有效。

3.9.4　本节统计方法运用

对策实施阶段最有效统计方法有 PDPC 法、头脑风暴法；比较有效的统计方法有直方图、树图、矩阵图、网络图、简易图表、正交试验设计法、优选法、流程图。

3.10　效果检查

3.10.1　编写内容

（1）与质量管理小组活动制定的总目标进行对比，检查是否达到了预定的目标，在实施过程后所取得的数据，与小组设定的课题目标进行对比。

（2）与对策实施前可行性论证时的现状进行对比，检查活动前后症结是否得到改进或提高。

（3）必要时，计算经济效益。小组通过活动，实现了自己所制订的目标，凡是能计算经济效益的，都应该计算经济效益。小组计算经济效益要计算实际效益，即实际产生的效益，不计算预期效益。

计算经济效益的期限，一般来说只计算活动期（包括巩固期）内所产生的效益。实际经济效益＝产生的收益－投入的费用。

（4）必要时，确认小组活动产生的社会效益。如节能减排、绿色环保；相关单位对小组活动的认同度；工程质量效应、信誉等内容。

3.10.2 注意事项

（1）要以数据和事实为依据，取得的成果要有相关单位或部门的认可。产生的经济效益需提供本公司财务部门的证明和监理、建设单位出具的证明。

（2）如果没有达到所设定的目标，则应分析未达到目标的原因，返回到原因分析程序，再按程序实施，待实施完成取得效果后再进行检查验证。

（3）对于所解决的症结，要把实施后的效果与可行性论证时的调查状况进行对比，以说明改善的程度与改进的有效性。

（4）计算经济效益要实事求是，不要拔高夸大，或加长计算的年限，更不要把还没有确定的费用，作为小组取得的效益来计算，也不要把避免工程返工返修所产生的效益计算在内。

3.10.3 案例与点评

《提高双曲穿孔拼花铝板安装初验合格率》的效果检查

1. 质量完成情况

经过本小组近九个月的不懈努力，本项目双曲穿孔拼花铝板幕墙已基本完成，小组全体成员于 2018 年 11 月 25 日针对铝板安装质量进行的初验结果进行了汇总，详见表 3-24、表 3-25、图 3-17。

对策实施后铝板安装质量问题检查表 **表 3-24**

序号	检查项目	检查标准	检查点数	合格点数	不合格点数	合格率
1	板缝偏差	拼缝直线度偏差≤3mm，拼缝宽度差≤±2mm	80	77	3	96.3%
2	花样偏差	花样错位偏差≤2mm	80	77	3	96.3%
3	铝板垂直度	垂直度偏差≤10mm	80	74	6	93.5%
4	铝板水平度	水平度偏差≤5mm	80	77	3	96.3%
5	相邻面板高低差	高低差≤1mm	80	76	4	95%
6	阳角方正	方正度偏差≤3mm	80	77	3	96.3%
合计			480	458	22	95.4%

制表人：×××　　　　制表日期：×年×月×日

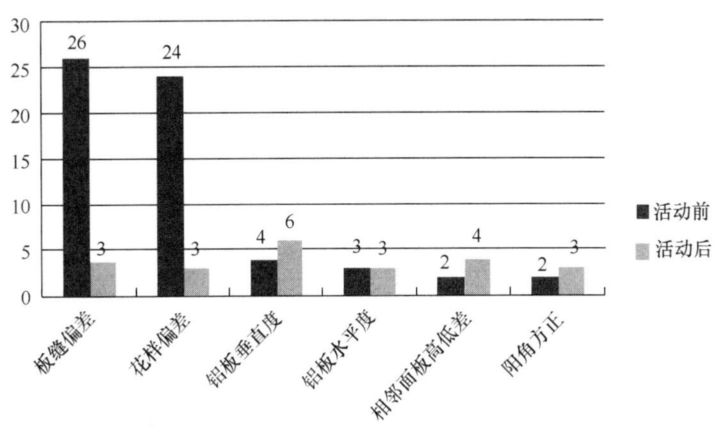

图 3-17 对策实施前后铝板安装质量问题频数对比图

制表人：×××　　　　制表日期：×年×月×日

对策实施后铝板安装质量不合格频数统计表　　　　**表 3-25**

序号	主要质量问题	不合格频数（点）	频率（%）	累计频率（%）
1	铝板垂直度	6	27.3	27.3
2	相邻面板高低差	4	18.3	45.6
3	铝板水平度	3	13.6	59.2
4	阳角方正	3	13.6	72.8
5	花样偏差	3	13.6	86.4
6	板缝偏差	3	13.6	100
合计		22	100	/

制表人：×××　　　　制表日期：×年×月×日

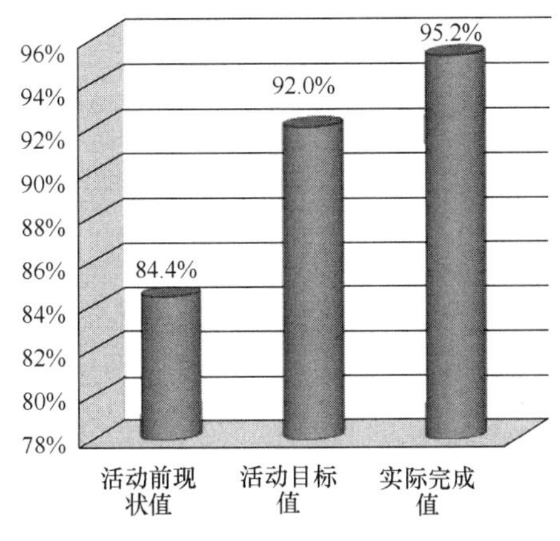

图 3-18 活动前后对比图

制图人：×××　　制图日期：×年×月×日

由表中数据对比可以发现，经本次 QC 活动对策实施后，“板缝偏差”和“花样偏差”两项质量问题发生频率明显降低，已从实施前的“关键少数”，成为实施后的“次要多数”，现状得到了很好的改善。

同时，本工程双曲穿孔拼花铝板幕墙安装初验合格率已提升为 95.2%，超过了 92%的计划目标，小组目标圆满达成，见图 3-18。

2. 经济效益情况

通过本次小组活动采取的各项施工优化措施后，工程质量得到提升，同时压缩了工期，节约了成本。具体取得的各方面收益情况见表 3-26、表 3-27。

调整优化方案对成本产生的影响 **表 3-26**

序号	实施方案	影响成本单项条目	成本增减值（万元）	备注
1	实施一：优化安装定位方案	二次深化建模费用	+1	
2		二次测量定位耗费人工费用	+0.5	
3		优化建模避免的补埋件费用	−0.1	
4		定位精度提高减少后期返工费用预估	−0.4	
5	实施二：钢构双曲构件优化为单曲	简化型钢弯圆方案后加工费减少	−5	
6		型钢弯圆缺陷及料头损耗率降低	−5	
7		二次深化建模费用	—	前项已考虑
8		接头扭转加强措施增加的人工及材料费用	+1	
9		构件安装质量提高减少后期返工费用预估	−1	
10	实施三：横梁跨中增加不锈钢拉杆	增加不锈钢拉杆材料费	+8	已签证
11		增加拉杆开孔及安装工人费	+1.5	
12		横梁安装精度提高减少后期返工费用预估	−0.5	
13	实施四：铝板分色拆分拼装	铝板加工方案优化后生产成本降低	−5	
14		铝板拼接及运输时额外的措施费用	+1	
15		铝板完成质量提升减少后期返工费用预估	−1	
16	实施五：线条优化为铝板做法	二次深化建模费用	—	前项已考虑
17		材料生产采购费用减少	−15	
18		材料二次加工费用减少	−5	
19		新增钢骨架材料成本	+5	
20		新增钢骨架安装人工费用	+2	
21		所需密封胶材料成本	+3	
总计	成本降低总计		−15	−24（签证后）

注：成本增减项中数值为正的为成本增加，数值为负的为成本降低。

制表人：×××　　　　制表日期：×年×月×日

调整优化方案对工期产生的影响 **表 3-27**

序号	实施方案	影响工期单项条目	工期增减值（工日）	备注
1	实施一：优化安装定位方案	二次深化建模耗时	+4	
2		二次测量定位耗时	+3	
3		优化建模避免的补埋件耗时	−2	
4		定位精度提高减少后期返工	−2	
5	实施二：钢构双曲构件优化为单曲	简化型钢弯圆方案后加工周期缩短	−8	
6		二次深化建模耗时	—	前项已考虑
7		接头扭转加强措施增加的工时	+6	
8		构件安装质量提高减少后期返工耗时	−2	

续表

序号	实施方案	影响工期单项条目	工期增减值（工日）	备注
9	施三：横梁跨中增加不锈钢拉杆	增加不锈钢拉杆材料采购加工周期	—	提前布置
10		增加拉杆开孔及安装增加的工时	+7	
11		合理安排工序衔接压缩的工期	−3	
12		横梁安装精度提高减少后期返工耗时	−3	
13	实施四：铝板分色拆分拼装	铝板加工方案优化后生产周期缩短	−10	
14		铝板完成质量提升减少后期返工耗时	−2	
15	实施五：线条优化为铝板做法	二次深化建模耗时	—	前项已考虑
16		原材生产周期缩短	−10	
17		原材二次加工时间节省	−10	
18		新增钢骨架材料采购加工周期	—	提前布置
19		新增钢骨架安装增加的工时	+15	
20		铝板线条安装对比型材线条增加的工时	+7	
21		合理安排工序衔接压缩的工期	−2	
22		打胶量较少压缩的工期	−3	
总计	工期压缩总计		−15	

注：工期增减项中数值为正的为工期延长，数值为负的为工期缩短。

制表人：×××　　　　制表日期：×年×月×日

综上，经小组活动实施各优化方案后，成本节约共计 15 万元，若考虑变更签证部分后，项目部实际成本节约总计 24 万元。项目整体基本完成后，对照原计划工期缩短共 15 天。

3. 社会效益

通过本次 QC 小组活动，本工程双曲穿孔拼花铝板安装合格率得到了较大的提高，保证了工程的质量和进度要求，得到了业主、监理等单位的一致好评，为今后同类型工程的施工积累了丰富经验，同时增强了企业的品牌信誉，树立了良好的口碑，提升市场影响力。本工程已申报江苏省优质工程评选。

案例点评

本案例中效果检查统计方法运用适当，有调查表、柱状图，效果反映比较具体，做到用数据说话，经济效益计算详细并有公司确认证明文件。

3.10.4 本节统计方法运用

效果检查阶段特别有效的统计方法是简易图表；比较有效的统计方法有调查表、排列图、直方图、控制图、水平对比法。

3.11　制定巩固措施

3.11.1　编写内容

（1）把已被实践证明的“有效措施”形成的“标准”进行整理。

“标准”是广义的标准，它可以是标准，可以是图纸、工艺文件，可以是作业指导书、工艺卡片，可以是作业标准或工法，可以是管理制度等。为了巩固成果，防止问题再发生，总结时应把对策表中能使要因恢复到受控状态的有效措施，纳入新标准，便于今后同类工程质量管理中指引。

整理过程应将标准的形成、审批过程、时间、文号等叙述清楚。

（2）必要时，对巩固实施后的效果进行跟踪。是否需要设定巩固期，对巩固措施实施后的效果进行跟踪，由小组成员结合课题的实际情况自行决定。巩固期的长短应根据实际需要确定，以能够看到稳定状态为原则，一般情况下，通过看趋势判稳定，至少应该收集3个统计周期的数据。

3.11.2　注意事项

（1）将对策表中通过实施证明有效的措施分门别类地纳入相关标准，形成长效机制。

（2）巩固措施的相关标准包括技术标准和管理制度，如工艺标准、作业指导书、管理制度等，这些标准和制度可以是企业层级的，也可以是部门乃至班组层级的。

（3）巩固措施不包括行政后续工作，如推广、应用等。需要关注的是，小组活动形成的受理或授权专利、发表的论文亦不属于巩固措施的内容。

3.11.3　案例与点评

《提高工程项目监理通知单的按时整改回复率》的制定巩固措施

鉴于本次质量管理小组活动成功完成了预定目标，大幅提高了工程项目通知单的按时整改回复率，质量管理小组于×年×月×日将对策表中经现场实施验证切实有效的措施进行了归纳，具体有效措施见表3-28。

具体有效措施表　　　　**表3-28**

有效措施	纳入管理手册
1. 成立方案完善小组。 2. 完善方案中各工种的整改过程。 3. 向施工员、质量员与各班组成员进行交底。 4. 明确施工员与质量员职责，签责任书。 5. 进行方案内容考核，确保管理成员与班组成员对方案内容理解透彻。 6. 以建筑面积为依据对各施工员责任区域进行合理划分。 7. 设立奖罚机制，提高执行力	完善《质量管理手册》

×年×月×日小组成员归纳整理的有效措施经公司总工批准，纳入《质量管理手册》（表3-29）。

《质量管理手册》 表 3-29

形成时间	×年×月×日	收录时间	×年×月×日
编号	×××		
主要内容			
对策表中的措施		对应措施内容	
1. 成立方案完善小组。 2. 完善方案中各工种的整改过程。 3. 向施工员、质量员与各班组成员进行交底。 4. 明确施工员与质量员职责，签责任书。 5. 进行方案内容考核，确保管理成员与班组成员对方案内容理解透彻。 6. 以建筑面积为依据对各施工员责任区域进行合理划分。 7. 设立奖罚机制，提高执行力		一、质量整改目标： 质量整改目标以达到业主、监理、质量标准要求为目标。 二、质量整改要求： 接到整改通知第一时间组织整改小组进行问题分析、确定问题产生原因后制定对策，最后组织施工人员进行质量整改工作。 三、质量整改管理措施： 1. 依据建筑面积对施工员的责任区域进行合理划分。 2. 针对项目上可能出现的重点难点问题进行政改方案的完善，并且加强方案交底。 3. 施工员签责任书，对责任范围内的整改事宜尽职尽责	

案 例 点 评

本案例标准化已被纳入企业级质量管理手册，在本企业项目施工中得到推广，统计方法运用适宜、正确。

3.11.4 本节统计方法运用

巩固措施阶段最有效的统计方法是简易图表；比较有效的统计方法有调查表、控制图、流程图。

3.12 总结和下一步打算

3.12.1 编写内容

（1）小组应对活动全过程进行回顾和总结。

（2）总结的方面包括：专业技术方面；管理方法方面；小组成员综合素质方面。

（3）在全面总结的基础上，提出下一次活动课题。

3.12.2 注意事项

（1）活动和总结应具有针对性，实事求是。

（2）总结要充分肯定活动取得的成效，同时要分析存在的不足和原因，以便持续改进。

（3）下一步的打算要有针对性，对提出的新课题要进行评估。课题来源包括：1）通过小组活动，解决了原来的“少数关键问题”，而原来的次要问题可能上升为关键问题，这些新生的关键问题就可以是下一步活动的课题。2）原来小组已经提出过的课题。3）小组新提出的课题。

3.12.3 案例与点评

《提高球形薄壳穹顶屋面施工质量一次验收合格率》的总结和下一步打算

1. 活动总结

（1）专业技术方面

通过本次质量管理小组活动的开展，总结并汇编成了施工工法，为公司今后的球形混凝土结构施工提供了借鉴和参考。同时，小组成员在球形曲面混凝土质量控制专业技术上面都得到了提高，比如BIM建模排版设计、使用智能放线机器人对球形结构放线、设计加工和安装曲面模板、绑扎弧形结构的钢筋骨架、研制新型的钢筋马凳等技术，大大提高了组员的技术水平，对小组成员的个人成长起到了促进作用，对今后现场施工的顺利进行起到了积极的作用。

（2）管理方法方面

本次质量管理小组活动严格按照PDCA程序进行，小组成员在各个阶段都能充分寻找客观事实和可靠数据作为判断依据，如在要因确认阶段能通过调查分析、现场测量的方式来判断是否要因，通过提出不同的对策、综合分析出优选对策并制定具体的措施，严格按照措施逐一实施，在实施过程收集相关数据，并对数据进行分析，对有偏差的措施进行纠正，使对策目标顺利完成，最终确认实施效果，在整个过程中小组成员的管理思维、现场管理效率得到了提高。

（3）小组成员综合素质

经过此次QC活动，小组成员学习了全面质量的管理知识，加强过程控制，全面提高了小组成员分析问题和解决问题的能力。通过本次质量管理小组活动，增强了质量管理小组成员的质量意识，提高了管理水平和业务知识，与活动前比“团队精神”“质量意识”有了很大的提高。质量管理小组在活动开展前后按照公司对员工管理要求，每年由质量技术部门对成员进行360°客观考核（表3-30），活动后汇总成活动前后综合素质评价表，见表3-31。

质量管理小组成员综合素质管理360°评价表　　表3-30

序号	项目	内容	分值
1	团队精神	有很强的团队意识，主动维护团队声誉，主动协助他人	9～10
		愿意应别人要求尽己所能	8～9
		仅在必要时与他人合作或协助他人	6～8
		无团队意识，不与他人合作	0～5
2	质量意识	工作高质量、高标准，并有很强的创新意识	9～10
		工作思路清晰，并按布置要求完成	8～9
		大体满意，偶有小错	6～8
		经常犯错、不细心	0～5
3	个人能力	熟练掌握岗位所需工作技能，能独立操作，业务能力强	9～10
		基本掌握岗位工作技能，业务能力良好	8～9
		岗位专业有所不足，需要一定指导培养	6～8
		岗位专业达不到要求，也不主动学习	0～5

续表

序号	项目	内容	分值
4	解决问题信心	对待工作有较强的敬业精神，积极主动，信心十足	9~10
		在主管领导的督促下完成本职工作，信心良好	8~9
		有基本的职业准则，有基本信心	6~8
		欠缺敬业精神，工作拖沓，勉强按要求完成，不自信	0~5
5	工作热情与干劲	高工作效率，经常超前完成工作	9~10
		较高的工作效率，按时完成各项工作	8~9
		效率一般，偶尔延时完成工作	6~8
		工作效率低下，经常不能按时完成工作	0~5
6	QC 知识	熟练掌握质量管理工具，熟悉质量管理活动程序，业务能力强	9~10
		基本掌握质量管理工具和程序，业务能力良好	8~9
		对质量管理工具运用不足，需要一定指导培养	6~8
		质量管理知识达不到要求，也不主动学习	0~5

制表人：××× 制表日期：×年×月×日

活动前后综合素质评价表 **表 3-31**

序号	评价内容	活动前（分）	活动后（分）
1	团队精神	7.5	9.5
2	质量意识	7.0	8.5
3	个人能力	7.0	8.5
4	解决问题信心	7.0	8.5
5	工作热情与干劲	6.5	8.5

制表人：××× 制表日期：×年×月×日

由雷达图（图 3-19）可以看出：

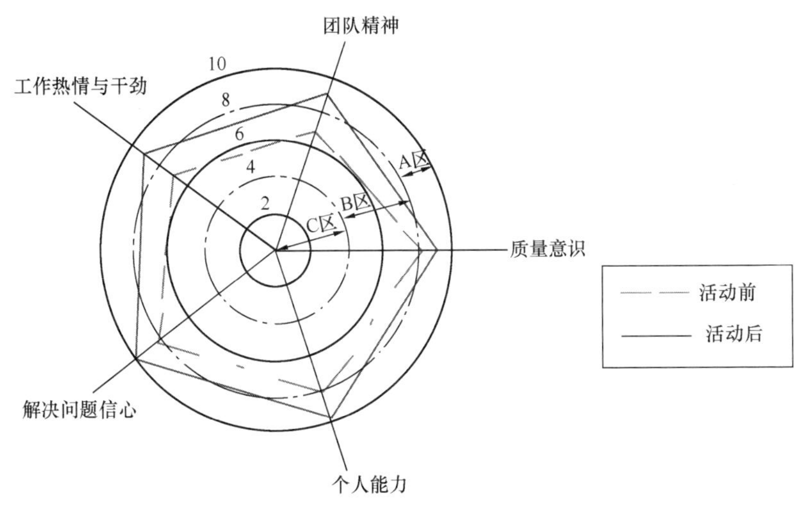

图 3-19 自我评价雷达图

制图人：××× 制图日期：×年×月×日

1）小组成员的QC知识在小组活动后能得到明显的提高。

2）团队精神、工作热情与干劲经过小组活动后，都得到了较大的提高。

3）质量意识、个人能力、解决问题信心经过小组活动后都有所提高。

（4）不足之处

在此次活动过程中，小组还存在着一些不足，主要表现在以下方面：

1）专业技术：在施工中对BIM的运用还不够充分、对球形曲面结构的放线不够熟练、对弧形钢筋骨架的制作和安装考虑不充分。

2）管理方法：在管理方法上，小组成员在工程进度与质量管控的关系方面还有待提高。

3）小组成员素质：在综合素质方面，组员的工作热情与干劲、质量意识、个人能力、解决问题信心还有提高的空间。

2. 下一步打算

这次活动的成功给小组成员带来了极大的信心和鼓舞，但PDCA循环永无止境，我们将不断在工程质量管理方面创新持续改进，加强施工管理，建立强有力的质量保证体系，继续以PDCA循环的科学方法指导活动，以提高质量、创造效益为核心，为企业的发展做出积极的贡献。工程由于外墙装饰全部使用加厚的干挂石材，尤其是拱门处的倒挂干挂石材，对安装质量要求较高，结合小组在本次小组活动中的一些不足之处，在专业技术上相类似的问题需要得到解决，因此下一个小组活动的课题确定为：《提高拱门倒挂式曲面雕花花岗岩安装合格率》，见表3-32。

小课题对比评价表 **表3-32**

课题名称	必要性	经济性	有效性	预期效果	评价	确认
提高球形屋面干挂石材安装合格率	7	8	7	8	30	✗
提高拱门倒挂式曲面雕花花岗岩安装合格率	7	8	8	9	32	✓

制表人：××× 制表日期：×年×月×日

案 例 点 评

该案例总结与下一步打算从专业技术、管理方法、小组成员综合素质三方面进行总结，内容较齐全，统计方法适宜、正确。存在不足：对管理方法应从程序活动过程、PDCA循环和统计方法等方面进行总结，下一个课题采用打分法应有设定的依据说明。

3.12.4 本节统计方法运用

可以采用的统计方法有：分层法、调查表、水平对比法、头脑风暴法、简易图表等，其中简易图表特别有效。

4 创新型课题质量管理小组活动成果的编写

创新型课题是开展质量管理活动的主要类型之一，近年来在工程建设领域得到了广泛应用。创新型课题的定义为：小组针对现有的技术、工艺、技能、方法等不能满足实际需求，运用新的思维研制新产品、服务、项目、方法所选择的质量管理小组活动创新课题。创新型活动流程如图 4-1 所示。

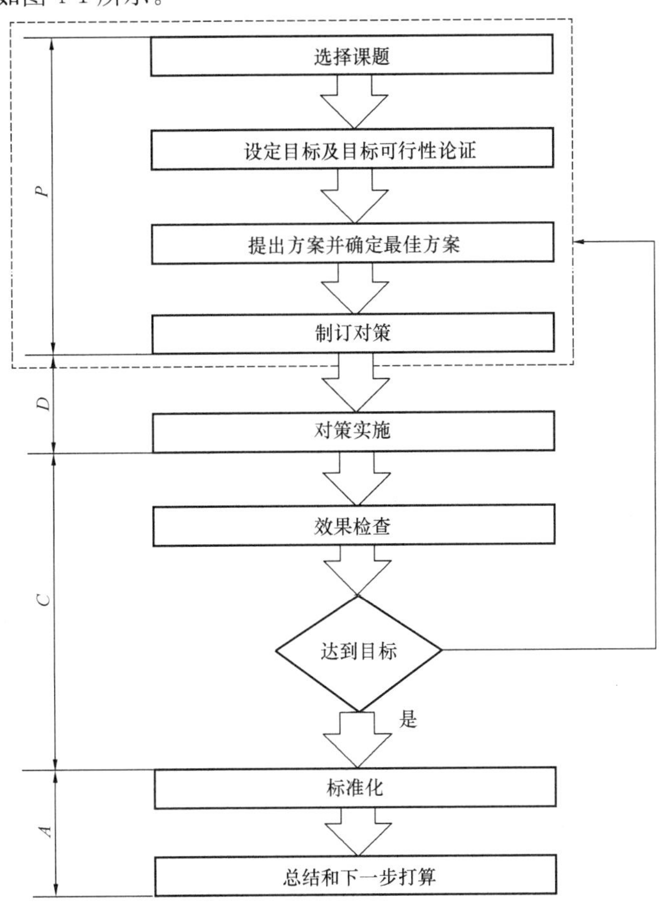

图 4-1　创新型课题活动程序图

4.1　工程概况

4.1.1　编写内容

工程概况主要需描述质量管理小组所在项目的工程特点，特别要介绍创新型成果立项的动因、施工进度计划和工程质量管理目标，该项技术、技能、工艺或方法对项目的影响程度，或急需全新设计突破原有工艺、产品、服务、项目、方法的情况等。

4.1.2 注意事项

（1）不能照搬照抄全部施工组织设计中的工程概况，要把与活动相关的部分做简要介绍，不需长篇大论，言简意赅。

（2）要突出需创新部分亟待解决的问题。

（3）尽量用图片反映工程概况，使人看了一目了然。

（4）统计方法优先选用图片，也可使用网络图、流程图、简易图表。

4.1.3 案例与点评

《研发一种顺作法下钢屋架分块滑移施工新技术》的工程概况

××厂房配套项目位于××市荆邑北路与腾飞路交叉口东北角，项目一期总建筑面积 133300m²，其中钢结构施工面积 8294m²。项目建设总工期 14 个月。本工程大硅片 8 英寸主厂房共计三层，总长度 169.6m，总宽度 81.6m，其中钢结构部分长度 144m，宽度 57.6m。见图 4-3～图 4-5。

该厂房原设计方案要求采用逆作法进行主体结构施工，施工流程见图 4-2。

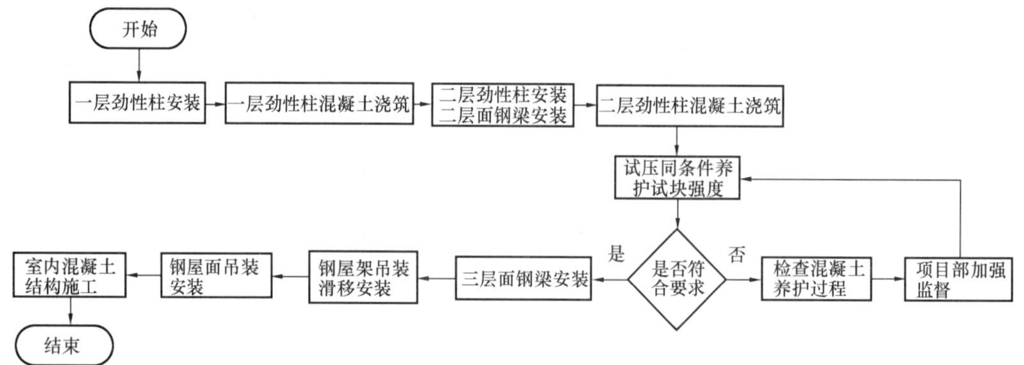

图 4-2　8 英寸厂房逆作法施工流程图

制图人：××　　　　　制图日期：×年×月×日

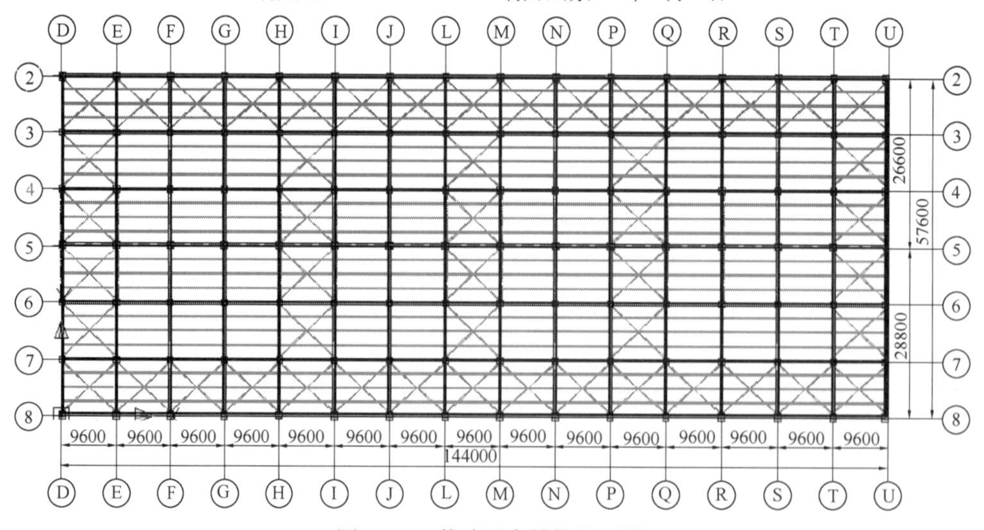

图 4-3　8 英寸厂房结构平面图

制图人：××　　　　　制图日期：×年×月×日

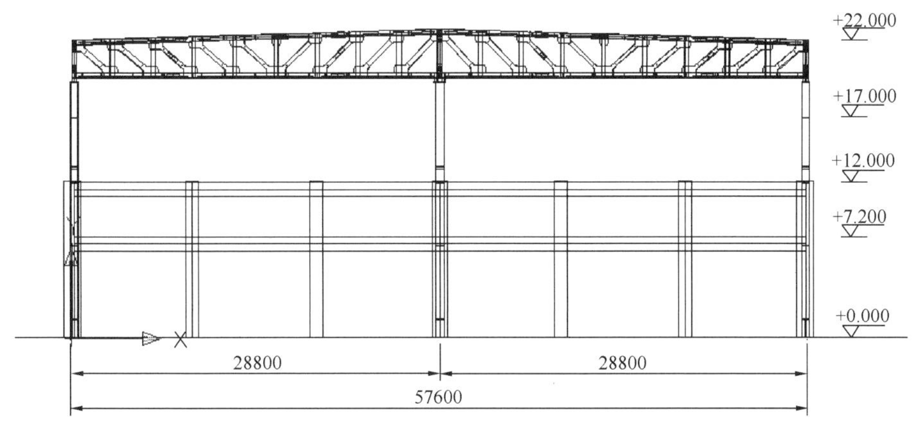

图 4-4　8 英寸厂房结构横剖面图

制图人：××　　　　　　制图日期：×年×月×日

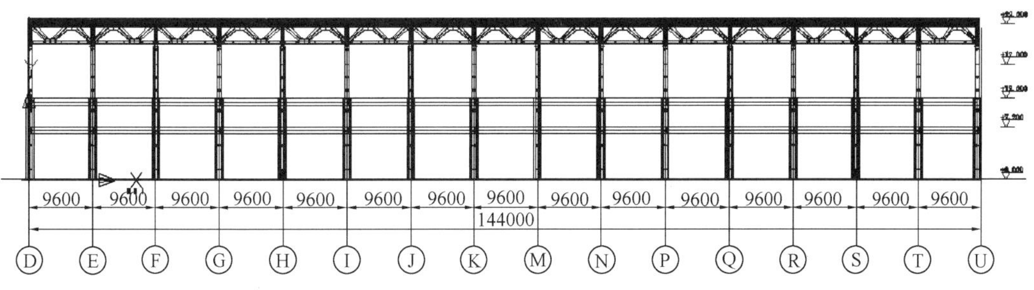

图 4-5　8 英寸厂房结构纵剖面图

制图人：××　　　　　　制图日期：×年×月×日

本工程大硅片 8 英寸厂房施工进度计划为 2018 年 4 月 28 日开始基础施工至 2019 年 3 月 30 日完成合同约定内容。该工程质量目标为确保江苏省“扬子杯”优质工程。

案　例　点　评

该工程概况紧扣创新型课题“研发一种顺作法下钢屋架分块滑移施工新技术”，且图文并茂，为课题的导入做好铺垫。

改进建议：按照原设计方案主体结构采用逆作法施工对合同约定的工期是否能保证，需要开展质量管理活动进行技术创新，应交代清楚。

4.2　小组简介

4.2.1　编写内容

主要描述小组的沿革、组成等情况，重点要反映小组的概况包括小组注册和课题注册，以及小组获得的荣誉等，作为小组能完成活动的基本保障。

4.2.2　注意事项

（1）小组简介要围绕课题类型来展开，确保能完成设定的课题目标。

（2）小组成员介绍要包括小组注册号、课题注册号、质量管理教育培训时间、人员组成及组内职务等要件，活动时间要真实记录，避免出现活动时间和过程记录时间不一致的状况。

（3）人员组成应包括技术、研发、施工、班组等成员，可聘请相关技术专家作为顾问。

（4）小组若为跨年度的必须进行续期登记注册。

（5）小组成员一览表的编制时间应在小组活动课题注册之后确定。

（6）统计方法优先选用简易图表，也可使用调查表、网络图和图片。

4.2.3　案例与点评

《研发×××安装升降卸载新技术》的小组概况

（1）本小组自××年以来，持之以恒地坚持技术创新活动，为解决施工难题和创造精品工程提供了可靠的技术保障。目前已荣获××省建筑业QC优秀成果一等奖×项，并×次代表××省出席全国建设系统成果发布，均荣获“全国工程建设优秀质量管理小组”奖，×年和×年均荣获全国建筑业QC成果一等奖和国家四部委授予的“全国优秀质量管理小组”称号。

（2）小组成员简介见表4-1。

小组成员一览表　　　　表4-1

小组名称	××××QC小组		成立时间	×年×月	课题类型		创新型
小组注册号	××/yy-2018-02		注册时间	×年×月	课题注册号		××××/yy-2018-02
课题名称	研发×××安装升降卸载新技术				课题注册时间		×年×月
活动时间	×年×月×日～×年×月×日			平均受QC教育时间			90课时
序号	姓名	性别	职称	文化程度	职务	出勤率	组内分工
1	×××	男	高级工程师	研究生	项目经理	100%	组长
2	×××	女	工程师	本科	技术负责人	100%	副组长
3	×××	男	助理工程师	本科	施工负责人	100%	技术创新
4	×××	男	技术员	专科	技术员	98%	组员
5	×××	女	技术员	专科	技术员	96%	组员
6	×××	男	助理工程师	本科	施工员	100%	施工负责
7	×××	男	助理工程师	本科	施工员	100%	施工助理
8	××	男	助理工程师	专科	施工员	98%	施工助理
9	×××	男	技术员	专科	技术员	98%	组员
10	×××	女	助理工程师	专科	资料员	98%	资料整理
11	×××	男	技术员	专科	技术员	100%	组员
12	×××	男	技术员	专科	技术员	100%	组员

制表人：×××　　　　审核人：××　　　　日期：×年×月×日

案　例　点　评

本案例小组历年成绩以及小组成员质量管理培训等交代清楚，组内分工明确；小组注册与课题注册描述到位。

4.3 选择课题

4.3.1 编写内容

(1) 明确需求。这一程序对于“创新型”课题来说非常重要，首先应明确需求。需求是选择课题步骤的重点分析内容，是关键环节。选题需求主要由内部需求、外部需求和相关方的要求两部分组成。

1) 内部需求包括：工作任务的需求和上级下达的工作任务，包含：工程项目施工的相关要求（进度、质量、安全、成本、环境等）；现场面临的困难和问题；生产加工、机具、设备运行、管控的任务要求；四新技术要求（新工艺、新材料、新技术、新设备）；管理工作任务、服务工作任务要求等。

2) 外部需求和相关方的要求包括：招标文件要求、合同要求、设计要求、业主指令、监理要求，顾客提出的进度、质量以及其他要求等；服务对象以及下道工序要求；咨询管理要求；以及行业主管或社会层面的需求等。

3) 需求和要求应以文件、图纸、标准、方案、合同、指令、函件、电子邮件等载体。如生产计划、施工组织设计、施工方案、项目策划书等文件，需求也可以通过顾客满意度测评，顾客建议等。

(2) 是否满足需求。小组应收集现有的做法数据，把这些数据与明确的需求进行对比，当现有做法不能满足工作任务或顾客的实际需求，运用新思维选择创新课题，以达到满足需求。现有做法数据包括工程建设技术、工艺、设备机具、技能、方法等相关数据，也包括管理、服务工作的实际做法数据或内容，是否满足需求应通过对比分析进行确定。可以将目前的做法、工作、施工、管理等方面（具体举例）不能满足需求进行分析。

需要说明的是，如果一项工艺本身没有问题，而作业环境改变，需求变化了，对于新的需求，现有工艺不能适应，需要开发一个新的工艺，则也是创新型课题。

(3) 针对需求，广泛借鉴不同行业或类似专业中的知识、信息、技术、经验以及自然现象、创新灵感等思路、方法，借鉴含本企业、本行业有关的论文、方案、工法、专利等，也包括所在项目、小组成员已有的经验、体会等，借鉴的内容应明确借鉴的数据，为选择课题、设定目标及目标可行性论证、提出方案提供依据。借鉴的路径应清晰，可通过平台检索，或通过查询国内外杂志、刊物。还可通过自然现象、身边事物或生活中已有的物品、经验和体会等得到启发。

(4) 借鉴内容应具体明确。应把借鉴内容具体化，借鉴内容是小组创新思路的来源，必须明确。借鉴内容有数据时，要找到相关的功能参数和数据；借鉴内容无数据时，也要明确是借鉴何种技术、原理或实物。

(5) 创新型课题名称应采用两段式。

1) 工具、装置、平台的创新课题，课题名称采用《研制……工具》；

2) 施工新方法、新技术的创新课题，课题名称采用《研发……新方法》；

3) 模板、材料的创新课题，课题名称采用《研制……模板（或材料)》。

4.3.2 注意事项

(1) 不能只针对当前存在的问题（大篇幅分析问题或难点)，而未将其转化为工作任务或顾客需求。

（2）只查新说明同行业没有，而无借鉴的内容。

（3）有借鉴的内容，缺少借鉴的数据和具体内容。

（4）可经小组讨论提出多个课题，选其中一个。课题的名称应直接描述研制对象。

（5）不能在确定课题后，再进行借鉴和查询，把借鉴查询与选题隔离。

4.3.3 案例与点评

《研发一种顺作法下钢屋架分块滑移施工新技术》的选择课题

（1）明确需求：×项目是我公司承接的第一个大直径硅片洁净工业厂房项目，该工程8英寸厂房为混凝土框架与钢屋盖相结合的结构形式。

原设计工期分析见图4-6。

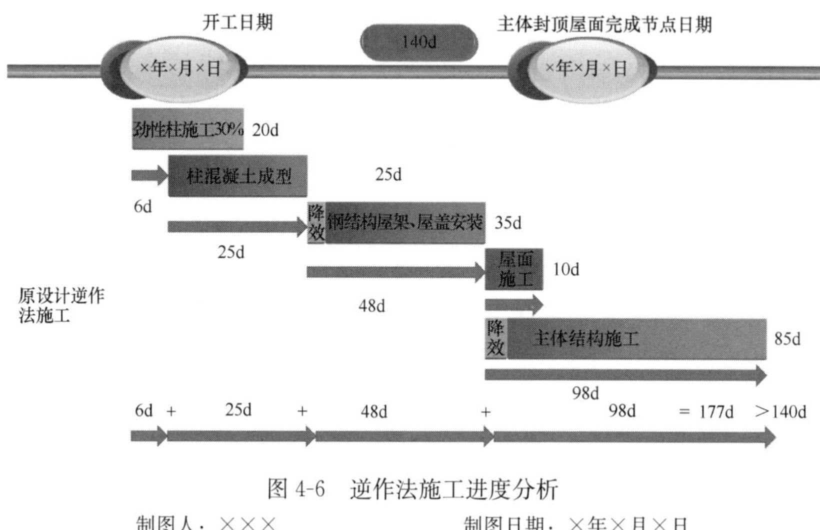

图4-6 逆作法施工进度分析

制图人：××× 制图日期：×年×月×日

（2）是否满足需求：按照原设计逆作法施工的进度计划安排，从劲性柱施工开始至主体结构封顶完成时间177天，甲方要求的工期是140天，本项目不能按时完成。为了满足工期目标要求，保证工程质量，必须对钢结构厂房的施工技术进行创新。

（3）小组成员运用头脑风暴法，提出构想：将施工流程改为顺作法施工，其施工流程见图4-7。

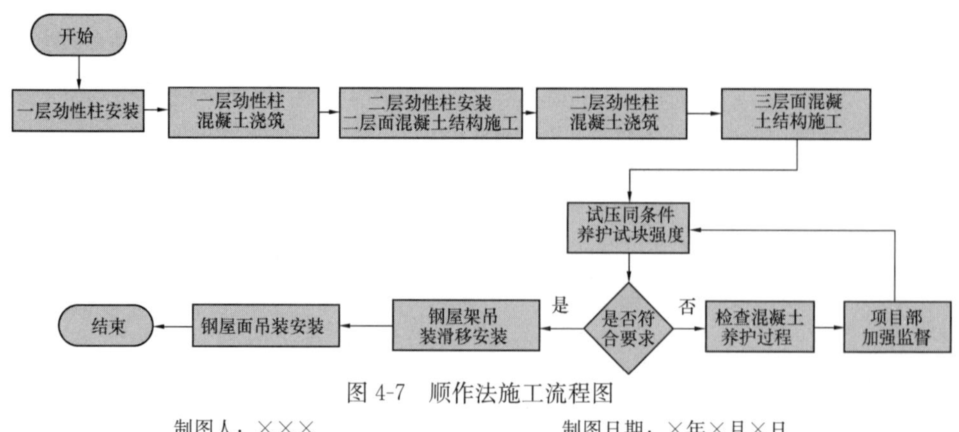

图4-7 顺作法施工流程图

制图人：××× 制图日期：×年×月×日

将建筑单层面积划分为六个区域（图 4-8），在 7、8 区三层楼面施工完成后进行钢屋架的吊装，在 3、4 区楼层施工完成后将屋架滑移至规定位置，再滑移至 5、6 区规定位置，最后安装 7、8 区钢屋架，进行屋面的施工。此方法由于主体结构施工能穿插进行，故可解决工期问题，但关键在于必须采用一种新型的滑移安装技术来保证钢屋面的安装进度，以克服主体结构施工与钢屋架吊装交叉作业带来的困难，缩短工期，确保完成甲方的进度目标。

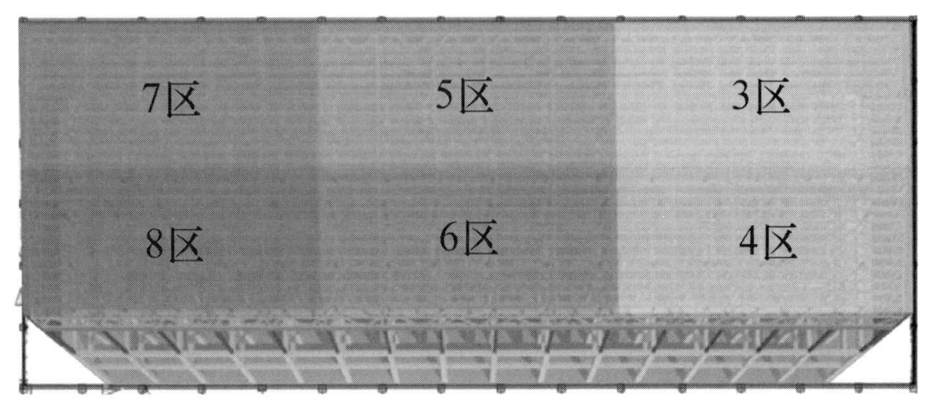

图 4-8　8 英寸厂房顺作法施工分区图

制图人：×××　　　　　　　　制图日期：×年×月×日

(4) 对新技术的借鉴和查新，并对类似项目现场查询：

小组于×年×月×日委托教育部江南大学科技查新工作站对本课题进行了查新，并通过相关网站查阅了国内有关文献，查新报告见图 4-9。

通过查新，与本工程相类似的工程信息有：

1) 中国建筑第八工程局有限公司，一种大跨度钢结构屋盖的滑移施工方法：中国，200810207756.8【P】.2009-06-10。

2) 江苏沪宁钢机股份有限公司，大跨度空间管桁架屋盖轨距变幅分块滑移的施工方法：中国，201310148983.9【P】.2013-07-24。

3) 中建八局福州香格里拉酒店项目部 QC 小组，提高大跨度钢屋架制作安装质量【EB/OL】.（2014-09-24）。

经查新，以上项目与本工程顺作法施工技术及工程特点不符。

4) 小组于×年×月×日去安徽合肥××大直径硅片厂房×项目进行实地查询。××大直径硅片厂房×项目钢屋架采用逆作法施工，但其屋面滑移施工技术与本工程钢结构安装非常类似。

(5) 借鉴点以及借鉴数据：××项目采用的屋面滑移技术的前提条件是吊装设备采用 2 台 150t 履带吊＋500t 汽车吊，并运用组合式支撑架体作为组装平台，且该项目钢结构厂房为纯钢结构，周边没有附属混凝土建筑，场地面积宽敞，无遮挡，土建与钢结构交叉施工情况也很少。而本工程 8 英寸厂房为钢筋混凝土框架结构与钢结构相结合的结构形式，厂房东西两侧均有混凝土附属楼房，场地位置有限，无法采用超大型吊装机械，且需

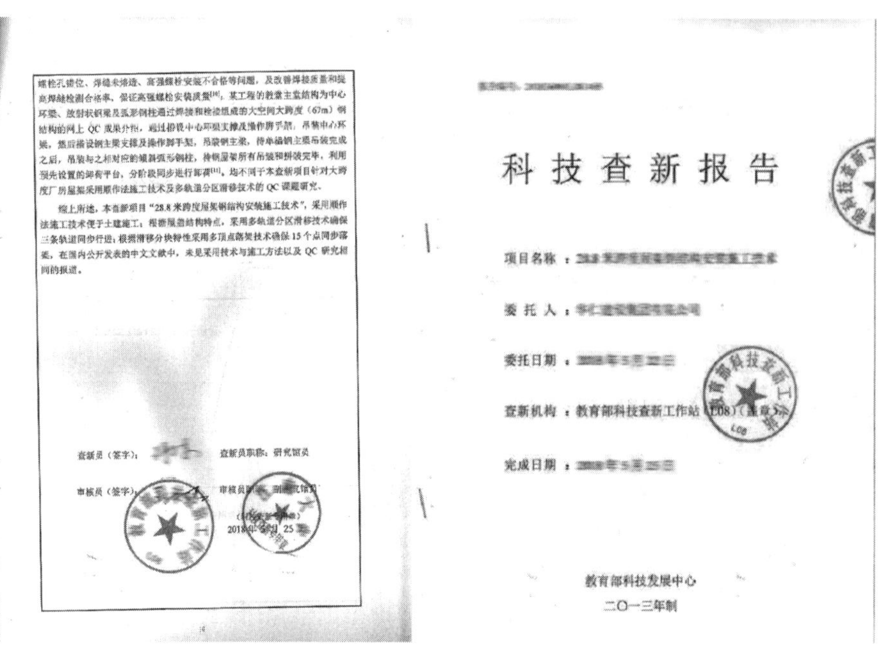

螺栓孔错位、焊缝未焊透、高强螺栓安装不合格等问题，及改善焊接质量和提高焊缝检测合格率，保证高强螺栓安装质量[10]；某工程的教堂主盖结构为中心环梁、放射状钢梁及弧形钢柱通过焊接和栓接组成的大空间大跨度（67m）钢结构的网上 QC 成果介绍，通过搭设中心环吸支撑及操作脚手架，吊装中心环梁，然后搭设钢主梁支撑及操作脚手架，吊装钢主梁，待单榀钢主梁吊装完成之后，吊装与之相对应的倾斜弧形钢柱，待钢屋架所有吊装和拼装完毕，利用预先设置的卸荷平台，分阶段同步进行卸荷[11]。均不同于本查新项目针对大跨度厂房屋架采用顺作法施工技术及多轨道分区滑移技术的 QC 课题研究。

综上所述，本查新项目“28.8 米跨度屋架钢结构安装施工技术”，采用顺作法施工技术便于土建施工；根据屋盖结构特点，采用多轨道分区滑移技术确保三条轨道同步行进；根据滑移分块特性采用多顶点落架技术确保 15 个点同步落架，在国内公开发表的中文文献中，未见采用技术与施工方法以及 QC 研究相同的报道。

查新员（签字）： 查新员职称：研究馆员

审核员（签字）： 审核员职称：副研究馆员

2018年5月25日

科技查新报告

项目名称：

委托人：

委托日期：

查新机构：教育部科技查新工作站（L08）（盖章）

完成日期：

教育部科技发展中心

二〇一三年制

图 4-9 查新报告

要土建与钢结构交叉施工，所以必须在××项目滑移技术方案的基础上改为顺作法施工并进行滑移技术的创新和优化，才能满足本工程的工期需要。具体借鉴内容见表 4-2。

借鉴内容表 **表 4-2**

序号	借鉴内容	借鉴数据
1	钢屋架滑移吊装技术	采用 2 台 150t 履带吊＋500t 汽车吊
2	钢屋架滑移施工技术	单榀吊装累积滑移技术
3	操作平台支持架体形式	高度 12.4m 组合式支撑架体

制表人：××× 制表日期：×年×月×日

（6）确定课题：

通过以上分析，我小组确定课题为《研发一种顺作法下的钢屋架分块滑移施工新技术》。

案 例 点 评

本案例从现场实际需求出发，针对原有设计方案不能满足工期需求，通过小组提出施工构想，进行借鉴和查询。通过查询，找出借鉴和借鉴数据，确定创新课题《研发一种顺作法下的钢屋架分块滑移施工新技术》。选题依据充分，图表运用正确。

4.3.4 本节统计方法运用

本节优先采用调查表、简易图表和流程图，还可以应用网络图等统计方法。

4.4 设定目标及目标可行性论证

4.4.1 编写内容

（1）创新型课题设定目标是一个全新的要求，是为小组活动指明努力的方向，也用于衡量小组课题完成的程度。目标应与课题的需求保持一致。如新方法、新工艺、新技术的创新课题，可以针对课题需求，给出一个量化的指标。

（2）对于有定性的目标，需要通过转化为间接定量的方式设定目标。如施工效率的创新课题，可以将定性的目标转化为劳动生产率或产值等定量目标。如：软件开发，需求如果是提高效率，即可将“节省多少时间”作为课题目标。不应把新产品功能参数列为课题目标。

（3）目标设定不宜多，尽可能为一个目标，如果目标有两个目标值且相互制约，可设定两个目标值。

（4）设定目标后要对目标进行可行性论证。

1）将借鉴的相关数据与设定的目标值进行对比论证；2）依据事实和数据，进行定量分析，通过计算、预测分析或判断分析目标实现的可行性。

（5）目标可行性论证的要求。依据事实和数据，对应设定的目标，进行定量的分析与判断，提供充分的论证结果，说明目标可以实现。目标可行性论证依据借鉴的相关数据从以下三个方面考虑：1）当借鉴的是原理时，可进行理论推演；2）当借鉴的是技术时，可进行模拟试验；3）当借鉴的是实物时，可参照实物的实际效果（数据）。

4.4.2 注意事项

（1）目标与课题所要实现的需求要一致。

（2）目标应可测量，且可以通过检查得到数据。

（3）目标不宜过多，相互间不宜有关联（即一个目标实现，则另一个就可以实现）。

（4）无论借鉴的是原理、技术或实物等，都要依据事实和数据，论证设定目标实现的可行性。重点关注的是借鉴的数据、理论推演的结果、试验分析的结果和实物的实际效果。

4.4.3 案例与点评

《研制新型旋挖钻机施工平台》的设定目标

1. 设定目标（表 4-3）

目标设定表　　表 4-3

项目	目标值
目标一	施工平台沉降≤5.4cm
目标二	单桩泥浆污染率＜5％ （污染率＝泥浆溢出污染面积/施工作业平台面积）

制表人：×××　　审核人：×××　　制表日期：×年×月×日

2. 目标可行性论证

（1）论证一（表 4-4）

论证一数据表　　表 4-4

<table>
<tr><td>借鉴一文献</td><td>一种装配式钢筋混凝土预制路面板及其施工方法</td></tr>
<tr><td>相应文本截选一</td><td>(54) 发明名称
一种装配式钢筋混凝土预制路面板及其施工方法
(57) 摘要
本发明涉及一种装配式钢筋混凝土预制路面板及其施工方法，预制路面板包括混凝土板体，为矩形板，矩形板上下底面的边棱上都包有金属护边；混凝土板体内设有双层双向配筋，上表面的四个角部中，至少在一条对角线上的两个角部位置分别嵌设一段竖向短管。竖向短管内设有吊钩，吊钩的底端固定在配筋上；竖向短管和吊钩的顶端与混凝土板体的上表面平齐。实现施工场地路面的施工快、方便维修、低投入、环保的目的。本发明预制路面板适用于快速铺装施工现场临时道路，①可通行 90t 重车，强度高，制作修复方便，成本低，局部更换方便，可多次周转使用，节能环保，有效地解决了传统工程建设场地路面的弊端。
8. 根据权利要求1所述的一种装配式钢筋混凝土预制路面板，其特征在于：所述混凝土板体(1)的尺寸有两种，一种为②400mm×600mm×200mm，另一种为800mm×600mm×200mm</td></tr>
<tr><td>借鉴数据</td><td>数据①：可通行 90t 重车
数据②：板体尺寸 400mm×600mm×200mm，800mm×600mm×200mm</td></tr>
<tr><td>通过借鉴数据进行理论推演</td><td>依据《城市桥梁设计规范》CJJ 11—2011，单台重车长 18m 宽 1.8m，由 135 块 400×600×200 板或 69 块 800×600×200 板组共同分摊，理论基底面积 32.4m²，当车载达到 90t 时，基底反力为：
$p = N/A = 900\text{kN}/32.4\ \text{m}^2 = 27.78\text{kPa}$
基底应力低于表层淤泥质粉质黏土的容许承载力（$f_{ak}\approx 30\sim 40\text{kPa}$），满足要求。本工程旋挖钻机重量约 90t，与专利所述重车质量相同，故作业平台基底面积不小于 32.4m²。地基表层按 9.2m 软弱土层考虑（考虑清表 80cm），压缩模量 E 约 7.5MPa，上述荷载作用下，地基沉降为：
$s = \psi_s \cdot \sum_{i=1}^{n} \frac{p_0}{E_{si}} \cdot (z_i \cdot \overline{\alpha_i} - z_{i-1} \cdot \overline{\alpha_{i-1}}) = 1.1 \cdot \frac{27.78\text{kPa}}{7.5\text{MPa}} \cdot 4 \cdot (15\text{m} \cdot 0.0935 - 0\text{m} \cdot 0.25) =$ 5.6cm
按专利所述面积要求，沉降仍不具备目标要求；当基底面积增加 5%，使基底应力降至 26.46kPa 后，地基沉降可缩小至 5.34cm</td></tr>
<tr><td>推演结果与目标值的分析</td><td>将所有板块连成整体，使基底作用面积大于 34.02m² 共同分担 90t 重车作用时，地基沉降可满足小于 5.4cm 要求</td></tr>
</table>

（2）论证二（表 4-5）

论证二数据表 **表 4-5**

借鉴二文献	一种多功能装配式路面结构
相应文本截选二	**(54)发明名称** 一种多功能装配式路面结构 **(57)摘要** 本发明涉及交通公路的路面结构领域，提出一种多功能装配式路面结构，包括若干路面预制构件，其特征在于：所述路面预制构件分为上预制构件和下预制构件，且上预制构件和下预制构件均由新型混凝土材料制成，内部均设有由若干钢架组成的支撑框，所述上预制构件左右两端均设有第一连接件，相邻上预制构件设有第二连接件，且第一连接件和第二连接件通过通孔用锚杆连接固定，所述下预制构件的结构与上预制构件相匹配，其支撑框前后两侧的钢架内设有排水通道，其余钢架内均设有通筒，其排水通道上端设有第一进水通道，且上预制构件左右两端与第一进水通道的对应处设有第二进水通道。本发明的有益效果是：集成电缆电线和雨水管道，便于路面保养和维修
借鉴原理	文献中并未涉及相关数据，则借鉴其排水通道的原理来进行泥浆导流
原理计算推演	旋挖成孔期间实测泥浆外溢流速为 0.4～0.6m/s 之间，钻杆提速峰值为 0.8m/s，提杆时累计时间为 75s，故导流管的累计理论峰值面积不小于 0.03m²，考虑到施工期间其他因素，设计截面为理论峰值面积的 4 倍，导流面积不小于 0.12m²，以满足泥浆的溢出及回流。 钻孔灌注桩旋挖成孔工艺中泥浆外溢导致的作业平台污染率遵循正态分布，当泥浆溢流通道径流量与理论流通量相同时，不污染率约在 1 倍方差 σ 范围内（68.75%）；当设计径流量为理论流通量的 4 倍时，不污染率可提高至 2 倍方差 σ 范围内，控制范围高于正态分布 95%的控制区域（偏差在 1.96 倍方差 σ 范围内）——故在该状态下，泥浆污染率≤5%可以实现

（3）论证三（表 4-6）

论证三数据表　　表 4-6

借鉴三文献	大型履带工程车辆的路基箱	
相应文本截选三	[0031] 如图 1、图 2、图 3、图 4 所示，①路基箱承重要求为 200t，设计大小为：长 6000mm、宽 2190mm②、高 200mm，④纵向加强筋 2 设置有三根，横向加强筋 3 设置有两根，箱体 1 空腔被平均分隔为十二个长 1500mm、宽 730mm、高 200mm 的填充腔。 [0032] 边框 11、加强筋均采用 20 型普通槽钢制成，加强筋由两根凹槽相对的槽钢焊接而成，箱体 1 上表面 12 和下表面 13 均采用厚度为 5.5mm 的普通花纹钢板整块焊接，内部焊接在路基箱边框及加强筋上。 [0033] 每个填充腔内用九根 580mm×200mm×140mm 和一根 580mm×200mm×90mm 的枕木 4 填实。 为了表示方便、清楚，图 2 中仅在一个填充腔内画出了枕木 4	
借鉴数据	数据①：承重 200t；数据②：箱体设计大小，长 6000mm，宽 2190mm，高 200mm	
通过借鉴数据进行理论推演	沉降推演	推演方法及过程与论证二相同，借鉴三文献所述的作业机械重量远大于实际应用需求，类比推断能够满足小于 5.4cm 沉降的需求
	泥浆推演	旋挖钻机钻杆直径为 508mm，钻孔深度按照 60m 计算，钻杆自身所需容积为 $1.885m^3$；钻头直径为 1.0m，高度约 1.5m，所需容积为 $1.18m^3$，故泥浆外溢总量为 $1.885+1.18m^3=3.065m^3$，故箱体空间大于 $3.065m^3$ 时即可满足储浆需求。 依据正态分布原理，泥浆存储量超过 4 倍外溢总量（$12.26m^3$）时，作业平台的泥浆污染率可控制在 5%以内
结论分析	上述文献路基箱的高度为 200mm，可以承载 200t 作用力。通过结构计算，以满足 90t 荷载为前提条件，调整所述路基箱的面板厚度以及内部构造的规格，加大加强筋高度，并加合理开设孔道，使得各个空腔能够连通，增加旋挖桩临时储浆量，因此设定的两个目标有望实现	

（4）论证四（表 4-7）

论证四数据表　　表 4-7

资源	小组成员所在项目部拥有一个自动化钢筋加工场地，场地内具备桁架龙门式起重机，自有材料运输平板车 2 辆和起重机 2 台，自有专业工人 10 名，能够自行完成上述两种平台的加工制作
课题难度	小组成员曾完成过获得全国市政工程科技进步三等奖的一项科研课题，课题成果包含了多项发明专利和工法，涉及结构计算分析和机械构造设计，无论从技术难度和实施难度都大大超过本次 QC 课题的研究

通过上述“借鉴数据与目标的对比论证”，小组对借鉴的数据和原理进行了理论推演，推演结果能够满足需求，且小组拥有足够的资源完成平台制作，因此目标可行性分析结论为：“目标能够实现”。

案 例 点 评

本案例课题选择的是施工平台的研制，目标是根据减少地基沉降和泥浆污染的需求进行量化，前呼后应，便于检查活动的成效；目标分析通过借鉴的数据进行理论推演；从而分析目标能否实现。

4.4.4 本节统计方法运用

本节优先采用调查表、简易图表和流程图，还可以应用网络图、水平对比法等统计方法。

4.5 提出方案并确定最佳方案

4.5.1 编写内容

(1) 本步骤是“创新型”课题活动很关键的一步，所提出的方案不仅关系到所选方案的适合性，而且要能保证最佳创新方案的确定。方案包括总体方案与分级方案，并对所有方案进行整理。

(2) 总体方案应具有创新性和相对独立性。不管提出几个总体方案，方案都应具有创新性，这是创新型课题的本质特征。如果总体方案为多个，各方案之间应相对独立，独立性指方案的核心技术或关键路径各不相同。综合评价应基于事实和数据，从有效性、可实施性、经济性、可靠性、时间性等方面进行。总体方案的数量无限定，但应该是结合所选课题和借鉴的内容确定的一个或多个总体方案。

(3) 分级方案是将选定的总体方案进行分解，其中数据和信息应具有可比性（数据可比、信息可比），以供比较和选择。分级方案应逐层展开细化，展开到可实施的具体方案。

(4) 确定最佳方案，应对所有整理后的方案，逐个进行评价和比较，确定最佳方案。

1) 在总体方案或分级方案有多个时，应用事实和数据对每个方案进行逐一分析和论证，确定最佳方案，也可将不同方案的优势整合成新的更优方案。

2) 在对各方案进行综合分析和评价时，应采用现场测量、试验和调查分析的方式。

(5) 在分级方案选定后，将末级方案列入对策表中的对策栏目。

(6) 对以上方案的对比分析进行归类，可采用系统图将选定的最佳方案绘出，过程与结论一目了然。

4.5.2 注意事项

(1) 本步骤出现最多的问题是选定的总体方案不具有创新性，或者所选的多个总体方案相互间不具有独立性。选定的总体方案一定是具有创新性、独立性。

(2) 当分解细化方案涉及材料、型号等选择会影响到整体方案的最终效果，属于方案选择，在分解方案步骤中分析。如果材料、型号等选择只是具体指标，不对方案产生影响，不属于方案选择的，可放在制定对策步骤中。

(3) 不能仅选定总体方案未进行分解就得出最佳方案，且对分级方案没有再进行对比分析或试验分析，注意不要将最佳方案的工艺流程列入对策表中。

(4) 方案评价不能只定性描述方案的优缺点给出结论，应按照现场测量、试验和调查分析确定。

(5) 本步骤中要选择适宜的统计方法。

4.5.3 案例与点评

案例一：《建筑楼层施工防护门自动开闭装置的研制》的提出方案并确定最佳方案

提出方案，并确定最佳方案：

1. 提出方案

×年×月×日在项目部会议室召开了防护门自动开闭装置安装方案专题会，业主、监理、公司技术专家参加，与会人员详细分析了国内施工电梯防护门的安装方法和材料、环境的差异，结合本工程的实际，共提出了三种自动开闭安装方法：

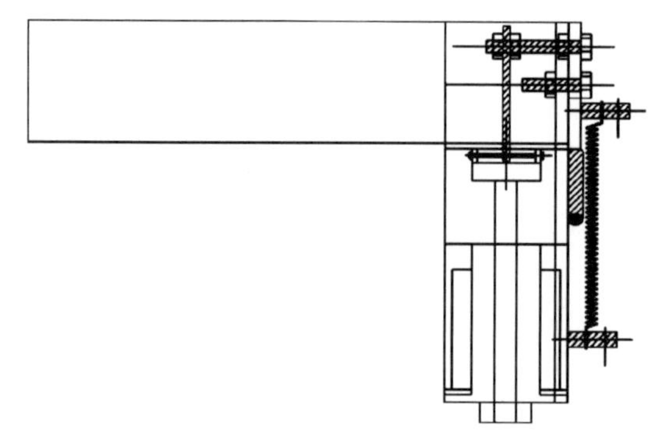

图 4-10 电控自动启闭装置安装图

方案一：采用电控来进行自动启闭

安装原理：在建筑指定某层上按楼层呼叫器传达指令给施工电梯司机，施工电梯笼到达指定楼层，停靠稳定后由司机按动按钮由楼层接收器传出指令给电磁锁门器动作。电磁开关通电启动并向下运动，瞬间打开卡片刀使施工电梯料台防护门自动开启。人员及货物进入电梯笼，电磁锁门器在设定运行 10s 后断电，弹簧复位，卡片刀回至限位位置。当关上电梯防护门时，由于惯性作用，通过自制弹簧的回力，使卡片刀沿着刀口的圆弧面卡住防护门上框边缘的钢筋插销，电梯防护门自动锁合，等待下次启动，完成一个操作过程，见图 4-10。

工艺流程见图 4-11。

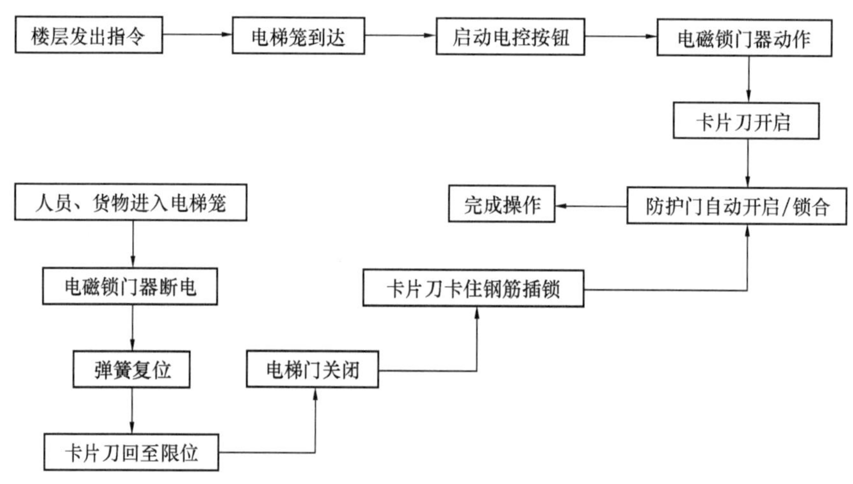

图 4-11 电控启闭装置工艺流程

方案二：利用声控来进行自动启闭

安装原理：在建筑指定某层上按楼层呼叫器传达指令给施工电梯司机，施工电梯笼到达指定楼层，停靠稳定后由司机发出声控指令给楼层接收器接收，由接收器传出指令给电磁锁门器动作。电磁开关通电启动并向下运动，瞬间打开卡片刀使施工电梯料台防护门自动开启。人员及货物进入电梯笼，电磁锁门器在设定运行 10s 后断电，弹簧复位，卡片刀回至限位位置。当关上电梯防护门时，由于惯性作用，通过自制弹簧的回力，使卡片刀沿着刀口的圆弧面卡住防护门上框边缘的钢筋插销，电梯防护门自动锁合，等待下次启动，完成一个操作过程，见图 4-12。

工艺流程见图 4-13。

方案三：利用红外线感应来进行自动启闭

安装原理：在建筑指定某层上按楼层呼叫器传达指令给施工电梯司机，施工电梯笼到达指定楼层，光学接近感应发射器发出红外线与光学接近感应接收器接收，由接收器传出指令给电磁锁门器动作。电磁开关通电启动并向下运动，瞬间打开卡片刀使施工电梯料台防护门自动开启。人员及货物进入电梯笼，电磁锁门器在设定运行 10s 后断电，弹簧复位，卡片刀回至限位位置。当关上电梯防护门时，由于惯性作用，通过自制弹簧的回力，使卡片刀沿着刀口的圆弧面卡住防护门上框边缘的钢筋插销，电梯防护门自动锁合，等待下次启动，完成一个操作过程，见图 4-14。

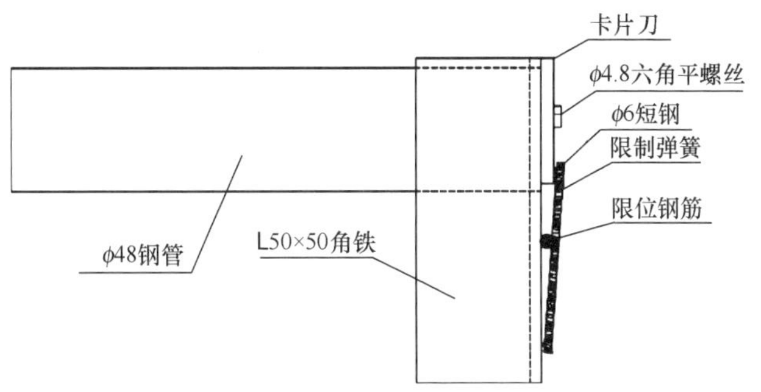

图 4-12 声控自动启闭装置安装图

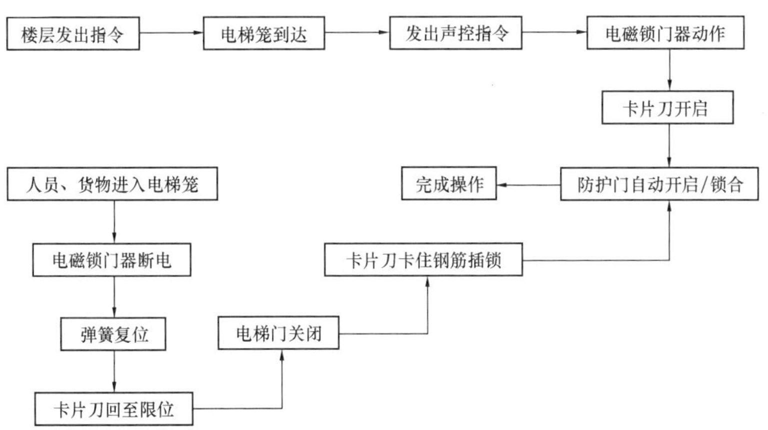

图 4-13 声控启闭装置工艺流程

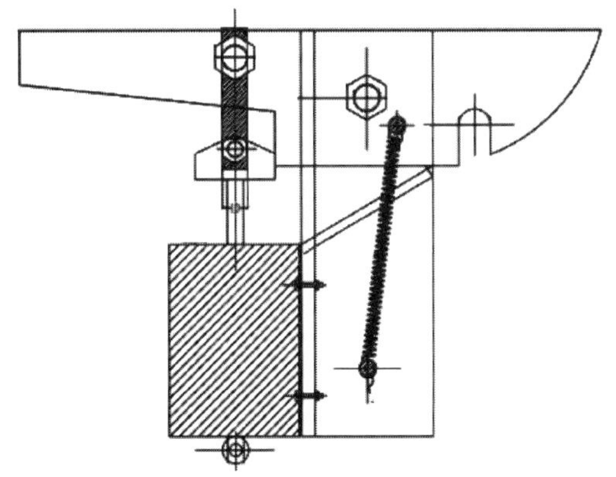

图 4-14 红外线感应启闭装置工艺流程

工艺流程见图 4-15。

2. 选定方案

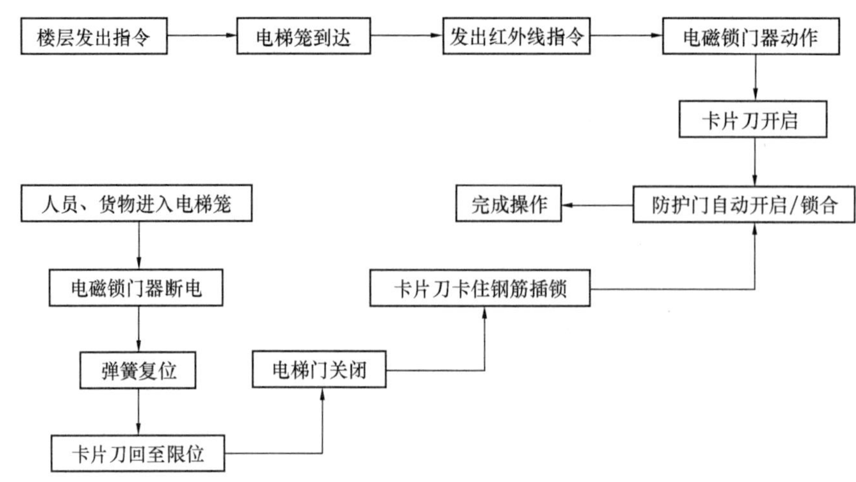

图 4-15　红外线感应自动启闭装置安装图

小组成员从多角度、多方位考虑，对以上三种方案进行对比分析，具体见表 4-8。

对比分析表　　**表 4-8**

项目	技术特点	经济合理性	工期	结论
方案一（采用电控来进行自动启闭）	1. 每个楼层门安装电控装置，控制开关集中设置在施工电梯操作室内，启闭门时采用电控按钮开关。 2. 因需布设多路电缆，线路布设较复杂，维修检查较困难。 3. 由于线路布设较多，使用过程中存在许多安全隐患，必须采取安全防护措施	每个楼层门（按 2 个门计算）安装费用：材料（1000＋800）＋人工（200）＝2000 元。 每栋楼（18 层）共增加费用为 36000 元 注：材料费为电控装置、电线电源、固定架体、活动开启装置及所用辅材	每栋楼电控设备线路安装调试需 3 天； 电梯到达楼层后，开关楼层门需要间隔时间	能实现目标，但线路复杂，维修困难，周转次数低，一次性投资较大，现场不能加工，适应性不强
方案二（采用声控来进行自动启闭）	1. 每个楼层门安装声控装置，需开启门时，由声音进行控制。 2. 由于声控装置不能完全由电梯司机单独控制，容易造成管理混乱。 3. 声控设备较敏感，对周围环境的要求较高，操作时必须保证周边安静	每个楼层门（按 2 个门计算）安装费用：材料（1300＋400）＋人工（100）＝1800 元。 每栋楼（18 层）共增加费用为 32400 元 注：材料费为声控装置、固定架体、活动开启装置及所用辅材	每栋楼声控设备线路安装调试需 2 天； 电梯到达楼层后，开关楼层门需要部分间隔时间	能实现目标，但安装难度较大，声控原件比较娇气，容易损坏，一次性投资较大，维修困难，不适应现场加工，较难推广

续表

项目	技术特点	经济合理性	工期	结论
方案三（采用红外线感应来进行自动启闭）	1. 在楼层门上安装光学感应装置，光学接近感应发射器发出红外线与光学接近感应接收器接收，由接收器传出指令给电磁锁门器动作。电磁开关通电启动并向下运动，瞬间打开卡片刀使施工电梯料台防护门自动开启。 2. 制作安装方便简单，投入较高。 3. 劳动强度相对不大	每个楼层门（按2个门计算）安装费用：材料（600 ＋ 400）＋ 人工（200）＝1200元。 每栋楼（18层）共增加费用为21600元 注：材料费为光学感应器装置、固定架体、活动开启装置及所用辅材	每栋楼光学感应装置安装调试需2天； 电梯到达楼层后，楼层门就会自动开启，大大缩短了停留时间	能实现目标，利用红外线感应，达到自动启闭的效果，原理简单，制作安装容易，但一次性投入较大

制表人：××× 审核人：××× 制表日期：×年×月×日

通过对以上三种方案的对比分析，我们认为方案三在技术可行性、安装难易程度、经济合理性等方面更具有优势，对此我们把方案三利用红外线感应来进行自动启闭作为可行方案。

3. 方案实施中必须研究解决的问题

通过上述论证，实施利用红外线感应来进行自动启闭还需要解决好活动开启装置、固定架体装置和感应接收装置的质量控制三方面工作。经过小组成员的分析讨论，提出控制方案如图4-16所示。

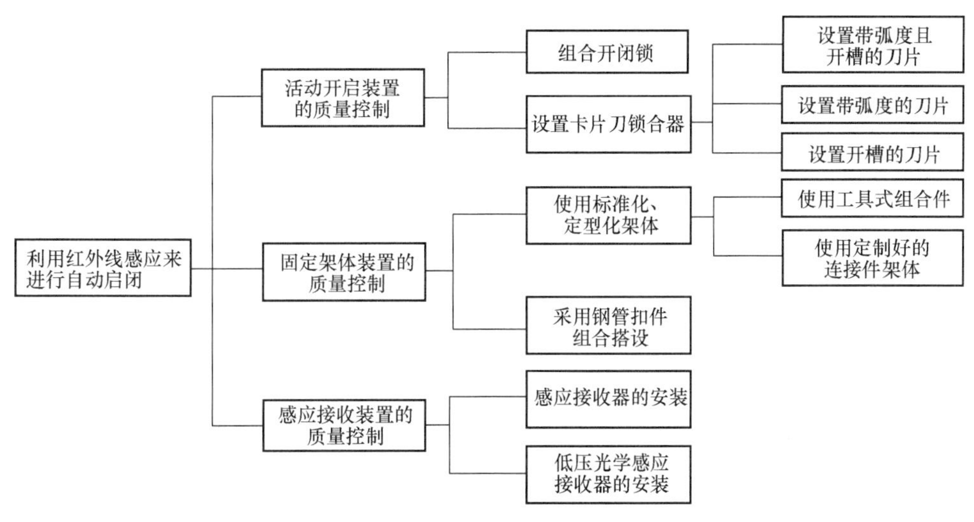

图4-16 控制方案树图

制图人：××× 审核人：××× 制图日期：×年×月×日

(1) 活动开启装置的质量控制，见表4-9。

活动开启装置的质量控制 **表 4-9**

方案选定		试验数据分析	分析结论
组合开闭锁	1. 开闭锁由锁头、锁芯、锁把组成，安装在楼层防护门上的钢筋插销上。 2. 此方案增加的费用计算（按 1 栋 18 层 2 个门）： 增加费用 18×2×200 元/组＝7200 元。 3. 工期测算： （1）安装 1 栋需要增加 1 天。 （2）因缩短开闭时间，每月可节省 2～3 天	优点： 1. 能从根本上解决防护门开闭安装问题，安全可靠。 2. 开闭时间控制准确，使上下电梯速度加快，节约施工时间。 缺点： 开闭锁为组合件，必须专业人员设计，安装要求较高	该方案安装要求较高，需增加费用
设置带弧度且开槽的刀片	1. 卡片刀锁合器由卡片刀、角钢、自制弹簧、限位钢筋组成，安装在楼层防护门的钢筋插销上。其中刀片的作用是利用弧度和开槽达到启闭效果。 2. 此方案增加的费用计算（按 1 栋 18 层 2 个门）： 增加费用 18×2×150 元/组＝5400 元。 3. 工期测算： （1）安装 1 栋需要增加 1 天。 （2）因缩短开闭时间，每月可节省 2～3 天	优点： 1. 能从根本上解决防护门开闭安装问题，安全可靠。 2. 开闭时间控制准确，使上下电梯速度加快，节约施工时间。 3. 制作安装简单，可进行现场加工。 缺点： 加工的尺寸、角度要控制准确，自制弹簧的回力要适当	该方案制作安装简单，可现场加工
设置带弧度的刀片	1. 卡片刀锁合器由卡片刀、角钢、自制弹簧、限位钢筋组成，安装在楼层防护门的钢筋插销上。其中刀片的作用是利用弧度达到启闭效果。 2. 此方案增加的费用计算（按 1 栋 18 层 2 个门）： 增加费用 18×2×130 元/组＝4680 元。 3. 工期测算： （1）安装 1 栋需要增加 1 天。 （2）因缩短开闭时间，每月可节省 2～3 天	优点： 1. 能从根本上解决防护门开闭安装问题，安全可靠。 2. 开闭时间控制较准确，使上下电梯速度加快，节约施工时间。 3. 制作安装简单，可进行现场加工，费用较少。 缺点： 1. 加工的尺寸、角度要控制准确，且只靠弧度控制开启时精确度较难把握。 2. 自制弹簧的回力要适当	该方案制作安装简单，可现场加工，但开闭控制精度难达到
设置开槽的刀片	1. 卡片刀锁合器由卡片刀、角钢、自制弹簧、限位钢筋组成，安装在楼层防护门的钢筋插销上。其中刀片的作用是利用开槽达到启闭效果。 2. 此方案增加的费用计算（按 1 栋 18 层 2 个门）： 增加费用 18×2×120 元/组＝4320 元。 3. 工期测算： （1）安装 1 栋需要增加 1 天。 （2）因缩短开闭时间，每月可节省 2～3 天	优点： 1. 能从根本上解决防护门开闭安装问题，安全可靠。 2. 开闭时间控制较准确，使上下电梯速度加快，节约施工时间。 3. 制作安装简单，可进行现场加工，费用较少。 缺点： 1. 加工的尺寸要控制准确，且只靠开槽控制开启时动作不易顺畅。 2. 自制弹簧的回力要适当	该方案制作安装简单，可现场加工，但开闭动作不易顺畅

制表人：××× 核对人：××× 制表日期：×年×月×日

经小组成员×××、×××、×××、×××于×年×月×日～×月×日在现场进行试验的效果分析，我们决定采用设置卡片刀锁合器，其中卡片刀采用设置带弧度且开槽的刀片。

（2）固定架体装置的质量控制，见表 4-10。

固定架体装置的质量控制 **表 4-10**

方案选定		现场试验数据分析	分析结论
使用工具式组合件	1. 采用工厂组合好的架体。包括纵横向转接件，在制作车间加工完成，组合安装成固定架体。 2、此方案增加的费用计算（按 1 栋 18 层，包括刷油漆）： 增加费用 18×150 元/组＝2700 元	优点： 1. 能实现固定架体标准化。 2. 定型化的架体可重复使用。 缺点： 1. 需要有加工厂制作。 2. 加工费用较高	该方案增加加工费用较高且需要加工厂制作，但可周转使用，实际成本可降低，安装方便
使用定型好的连接件架体	1. 采用钢管制作十字定型化转接件、L 字定型化转弯件、T 字定型化转弯件，根据料台的尺寸，进行钢管下料，组合安装成固定架体。 2、此方案增加的费用计算（按 1 栋 18 层，包括刷油漆）： 增加费用 18×160 元/组＝2880 元	优点： 1. 能从根本上解决固定架的标准化。 2. 能根据现场实际调整尺寸。 3. 定型化的部件可进行周转再利用。 缺点： 增加制作费用较高	该方案安装方便，虽然制作费用较高，但可周转使用，实际成本可降低
采用钢管扣件组合搭设	1. 采用钢管扣件组合搭设，取材方便。 2. 搭设质量要求较高，需专业架子工进行搭设。 3. 此方案增加的费用计算（按 1 栋 18 层钢管、扣件租赁费每米 0.009 和 0.006 元共 300 天计算，包括刷油漆）： 增加费用 18×120 元/组＝2160 元	优点： 1. 能从根本上解决固定架体的搭设。 2. 容易实现目标，安装快速。 缺点： 1. 搭设的固定架体标准化程度不够。 2. 架体的安装质量不高	该方案简便，架体的安装质量不高，标准化程度不够，但费用较少

制表人：××× 核对人：××× 制表日期：×年×月×日

经小组成员×××、××、×××于×年×月×日～×月×日进行组装并根据现场安装情况分析，我们决定采用定制好的连接件组合标准化、定型化架体，见图 4-17。

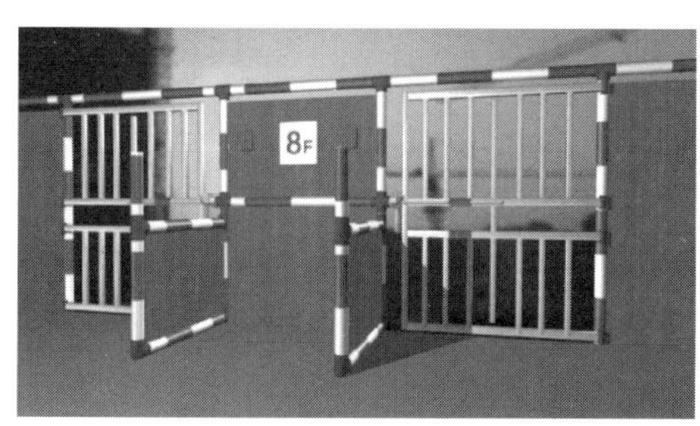

图 4-17 架体示意

（3）感应接收装置的质量控制，见表 4-11。

感应接收装置的质量控制　　表 4-11

方案选定		试验数据分析	分析结论
感应接收器的安装	1. 感应器装置由接近感应器（发射器）、接近感应器（接收器）、电磁锁门器及电线配件组成。当施工电梯笼上升至所到楼层时，发射器发出指令（红外线）与接收器接收，接收器通过与电磁锁门器的连接线传达指令，使电磁开关通电启动并向下运动，瞬间打开卡片刀使料台电梯门自动开启。 2. 使用 380V 电压与感应器连接。 3. 此方案增加的费用计算（按 1 栋 18 层 2 个门）： 增加费用 18×2×120 元/组=4320 元。 4. 工期测算： （1）安装调试 1 栋需要增加 1 天。 （2）因缩短开闭时间，每月可节省 2～3 天	优点： 1. 能快速发出指令实现目标； 2. 需提供相配套的电源。 缺点： 使用 380V 电源，安装不方便，存在安全隐患，容易发生触电事故	该方案技术有保证，但安全性不高
低压感应接收器的安装	1. 感应器装置由光学接近感应器（发射器）、光学接近感应器（接收器）、电磁锁门器及电线配件组成。当施工电梯笼上升至所到楼层时，发射器发出指令（红外线）与接收器接收，接收器通过与电磁锁门器的连接线传达指令，使电磁开关通电启动并向下运动，瞬间打开卡片刀使料台电梯门自动开启。 2. 通过变压器将 380V 转换成 36V 安全电压，每层的电磁锁门器开关接 36V 电压，电线用 PVC 绝缘穿管，沿料台敷设。 3. 此方案增加的费用计算（按 1 栋 18 层 2 个门）： 增加费用 18×2×150 元/组=5400 元。 4. 工期测算： （1）安装调试 1 栋需要增加 1 天。 （2）因缩短开闭时间，每月可节省 2～3 天	优点： 1. 能快速发出指令实现目标； 2. 安全可靠，操作有保障。 缺点： 一次性投入费用较高	该方案技术有保证，且安全可靠，可周转使用，实际成本可降低

制表人：×××　　审核人：×××　　制表日期：×年×月×日

经小组成员××、×××、××、×××于×年×月×日～×月×日进行多次试验，并根据现场调试情况分析，我们决定采用使用低压感应接收器的方案作为红外线感应接收装置。

4. 确定最佳方案

最佳方案树图如图 4-18 所示。

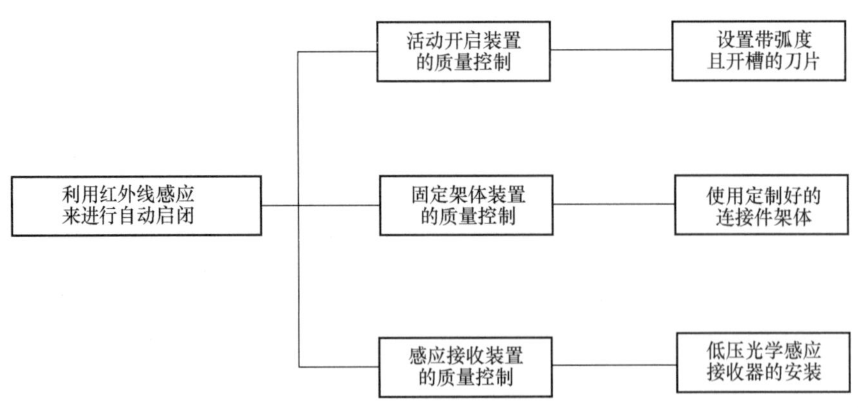

图 4-18　最佳方案树图

制图人：×××　　审核人：×××　　制图日期：×年×月×日

案例一点评

本案例是一篇非常好的创新型成果，能紧紧抓住“提出方案，并确定最佳方案”这个核心程序进行分析，对提出的3个总体方案分别展开描述，介绍了安装原理及工艺流程，并附安装装置图和工艺流程图；对3个方案从技术特点、经济合理性、工期等方面逐项分析、比较，给出结论，有数据、经济对比和技术分析；在选定可行总体方案后找出了实施中必须研究解决的问题，再按重点、难点提出了分级方案。对选定的8个分级方案从造价、工期以及方案的试验数据进行分析，给出结论；对选定出的最佳方案采用系统图进行归类，方案分析论证比较充分，引出了“自动启闭还需要解决好活动开启装置、固定架体装置和感应接收装置的质量控制”三个重点需要解决的问题和“设置带弧度且开槽的刀片、使用定制好的连接件架体、低压光学感应接收器的安装”三个对策列入对策表中。

改进建议：现场试验数据不足。应对总体方案二独立性和经济性进行分析。

案例二：《研制新型旋挖钻机施工平台》的提出方案并确定最佳方案

1. 提出方案

小组成员围绕实现课题目标对“研制旋挖钻机施工平台”召开了研究讨论会议，结合借鉴思路，运用头脑风暴法，集思广益，共提出2个总体方案，见表4-12。

总体方案　　表4-12

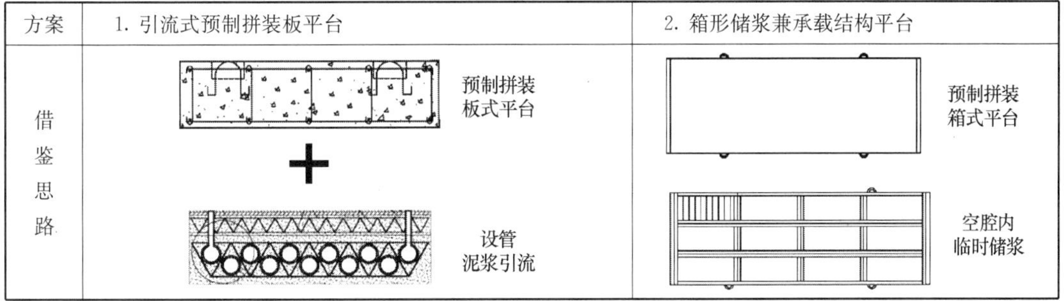

方案	1. 引流式预制拼装板平台	2. 箱形储浆兼承载结构平台
借鉴思路	预制拼装板式平台 + 设管泥浆引流	预制拼装箱式平台；空腔内临时储浆

(1) 方案创新性分析

小组成员对提出的2个总体方案在网上进行了查新（表4-13），并未发现有相关文献和专利，证明提出的2个总体方案具有较好的创新性。

查新情况统计表　　表4-13

查询路径：中国知网 CNKI、SooPAT 专利搜索		
1	查询内容：检索词为“引流式预制拼装板平台”	
	文献	（检索截图）

续表

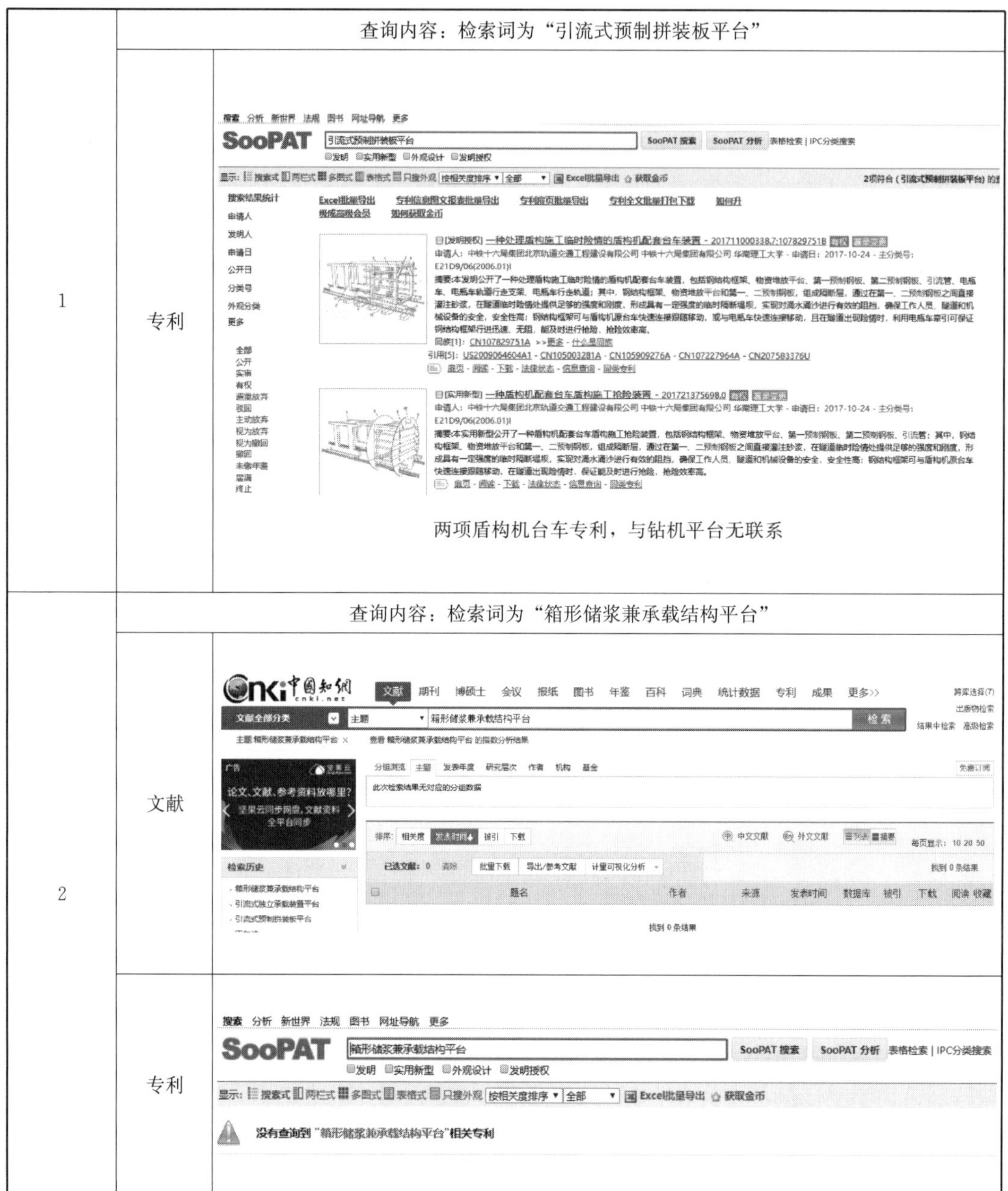

		查询内容：检索词为“引流式预制拼装板平台”
1	专利	两项盾构机台车专利，与钻机平台无联系
		查询内容：检索词为“箱形储浆兼承载结构平台”
2	文献	
	专利	没有查询到“箱形储浆兼承载结构平台”相关专利

制表人：××× 审核人：××× 制表日期：×年×月×日

（2）方案独立性分析

2 个总体方案，一是平台的结构形式不同，一个为板式，另一个为箱式。二是平台的泥浆处置方式不同，一个为管道引流，另一个为腔体临时储存，因此 2 个方案具有各自的独立性。

2. 总体方案选定

总体方案对比见表 4-14。

总体方案对比表　　表 4-14

项目		方案一：引流式预制拼装板平台	方案二：箱形储浆兼承载结构平台
初步设计模型		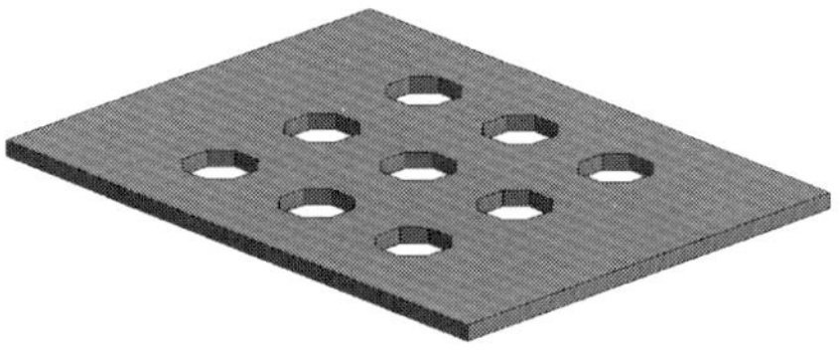	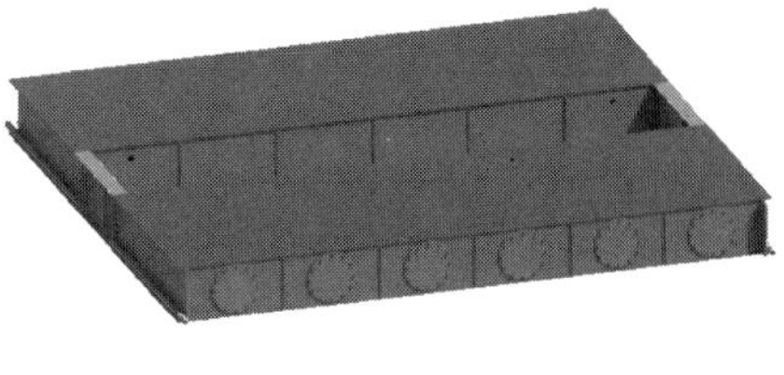
技术可行性	结构性能	midas/civil 三维分析显示，XR360 旋挖钻机作用下，混凝土作业平台峰值拉应力 1.5MPa，峰值压应力 8.2MPa，结构最大变形 18.2mm，满足规范要求	midas/civil 三维有限元分析结果显示，在 XR360 旋挖钻机作用下，钢制作业平台峰值应力 78MPa，结构最大变形 13.6mm，满足规范要求
		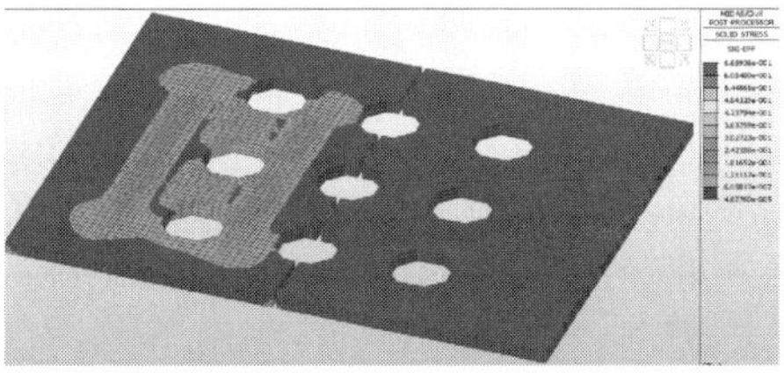 混凝土板式平台应力云图 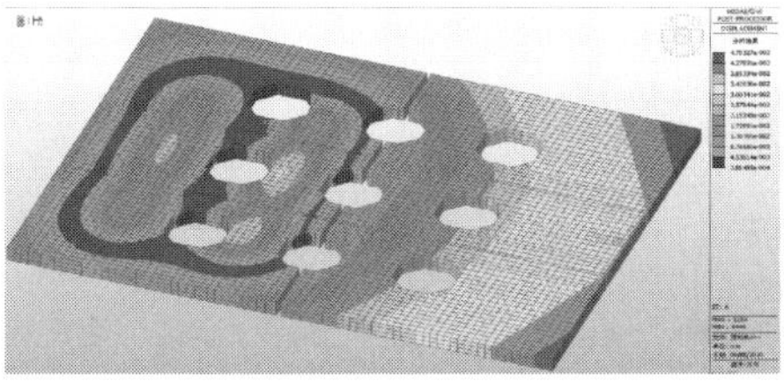 混凝土板式平台变形云图	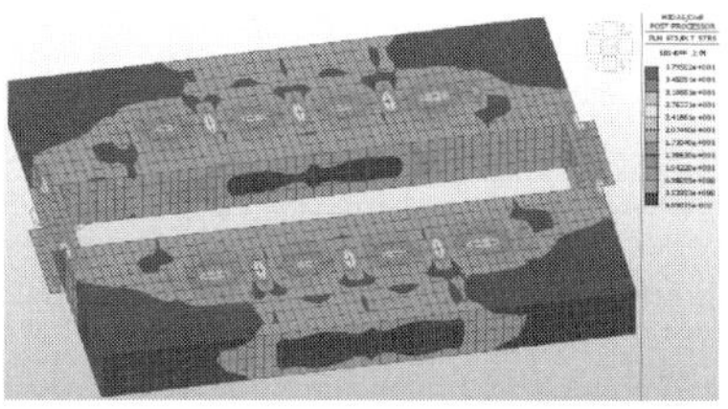 钢制箱形平台应力云图 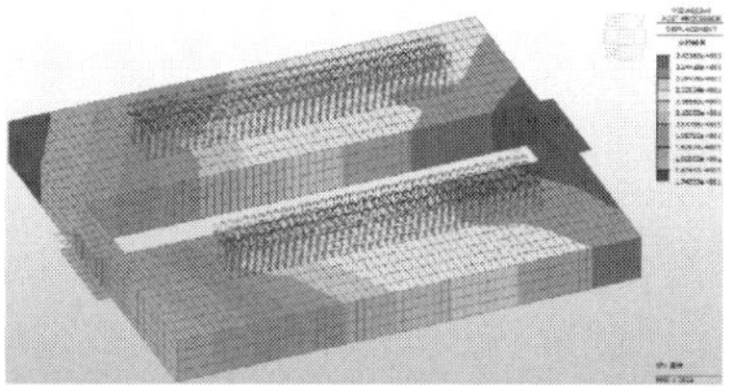 钢制平台变形云图
	加工难度	钢筋混凝土面板结构形式较常规，普通混凝土施工工艺即可满足要求，加工难度较小	受箱形结构高度限制，焊接空间狭小，工人无法在箱室内作业，箱体腹板需分块焊接，加工难度大
	小结	技术可行性较高	技术可行性一般
耗时	拟定计划	设计：2 天→垫层铺装：1 天→钢筋绑扎：2 天→模板安装：1 天→混凝土浇筑：1 天→养护：14 天	设计：12 天→钢材采购进场：7 天→钢结构单元件制造：12 天→钢结构整体拼装：4 天→防腐涂料施工及养护：10 天
	情况分析	设计简便，施工简便，但混凝土龄期较长，研制周期约21 天	需细化设计方案图纸，结构构件加工及焊接耗时大，研制周期约45 天

续表

<table>
<tr><td colspan="2">项目</td><td colspan="2">方案一：引流式预制拼装板平台</td><td colspan="2">方案二：箱形储浆兼承载结构平台</td></tr>
<tr><td rowspan="3">经济合理性评估</td><td>人工</td><td>电焊工：4个工；其他工种：18个工</td><td rowspan="3">3.5
万元</td><td>专业电焊工：25个工</td><td rowspan="3">12.8
万元</td></tr>
<tr><td>材料</td><td>HRB335钢筋：2.6t；C30混凝土：31m³5cm×5cm角钢：210m</td><td>Q235钢材：30t
（考虑回收）</td></tr>
<tr><td>机械</td><td>PC200挖机：1个台班
12m长平板车：2个台班
汽车吊：2个台班</td><td>12m长平板车：1个台班
汽车吊：7个台班</td></tr>
<tr><td colspan="2">对其他工作的影响</td><td colspan="2">使用一段时间后，需对孔道淤积的泥浆进行清理，模拟情况如下：利用清孔设备，依次在板体外侧对孔道进行清洗，清洗时间较小，周转较快，对其他工作影响较小</td><td colspan="2">使用一段时间后，需对箱式内淤积的泥浆进行清理，模拟情况如下：人工进入开设的孔洞，利用高压水枪对箱体内隔板死角进行清理，清理难度大，清洗时间约是方案一的两倍，周转间隔时间较久，对其他工作影响较大</td></tr>
<tr><td colspan="2">结论</td><td colspan="2">采用</td><td colspan="2">不采用</td></tr>
</table>

制图人：××× 审核人：×××、××× 制表日期：×年×月×日

3. 方案分解

小组成员进一步展开讨论，通过对“预制拼装板式引流平台”方案的四个主要组成部分的组成形式及应具备的使用功能进行归纳和总结，形成方案分解系统如图4-19所示。

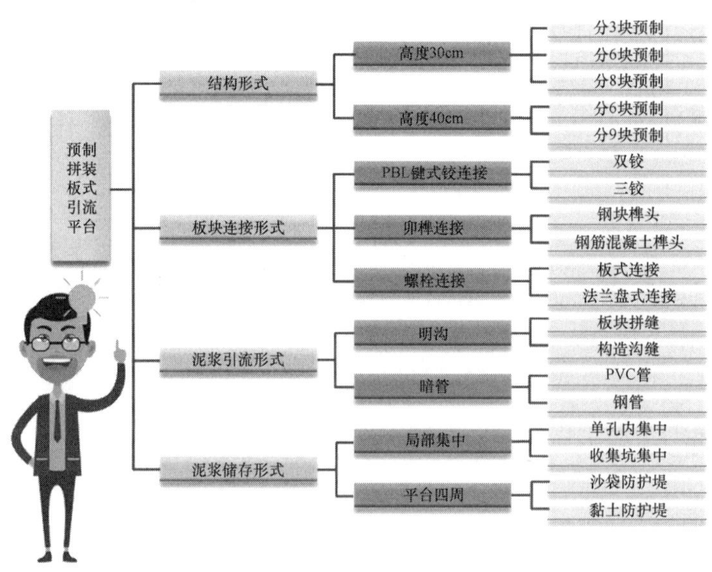

图4-19 方案分解系统图

制图人：××× 审核人：×××、××× 制图日期：×年×月×日

4. 分级方案比选

对比分析见表 4-15～表 4-22。

对比分析表 1 **表 4-15**

方案选择	结构形式：高度30cm；高度40cm		方案需求	在满足使用功能的前提下，施工更加简便，更加经济合理
比选项目	高度 30cm		高度 40cm	
方案图例				
使用功能	板厚小，整体刚度相对较低，基底峰值应力较显著，但满足预期目标要求		板厚大，整体刚度大，基底应力相对均匀，满足预定目标	
作业难度	相对整体自重较轻，合理分块后，运输及吊装难度相对较小		相对整体自重较重（较 30cm 增加 30%），分块数量增加，拼装时间增加，实施难度增加	
成本估算 直接成本	结构自身成本约 3.2 万元	单个平台费用 34300 元	结构自身成本约 4.2 万元	单个平台费用 43400 元，随着周转次数增加，经济优势会适当增加
成本估算 间接成本	相对表层土方处理费用较多，单个平台费用为 2000 元，安装人工费用 300 元		表层土方处理费用较少，单个平台费用为 1000 元，安装人工费用为 400 元	
结论	选用		不选用	

对比分析表 2 **表 4-16**

方案选择	结构形式：高度30cm（分3块预制；分6块预制；分8块预制）；高度40cm	方案需求	在满足整体性效果的情况下，分块应方便运输和拼装，安全且经济
比选项目	分 3 块	分 6 块	分 8 块
方案图例			
实现难度	最大单块构件尺寸 12m×3.4m 左右，运输及吊装难度较大	最大单块构件尺寸 6m×3.4m 左右，运输及吊装难度较小	最大单块构件尺寸 5m×3.5m 左右，运输及吊装难度较小
拼装时间	55min	60min	80min
安全性	最大单位构件重量 24t，构件尺寸较大，吊装风险较大	最大单位构件重量 12t，构件尺寸较小，吊装风险较小	构件单位重量 9t，构件尺寸较小，吊装风险较小

续表

经济成本	采用加长平板车或运梁炮车，吊机吨位为75t，费用约4000元	采用普通平板车及50t汽车吊，费用约2300元	采用普通平板车及50t汽车吊，费用约2300元
整体性	分块少，整体性最好	分块较多，整体较好	分块最多，整体性较差
结论	不选用	选用	不选用

对比分析表3 **表4-17**

方案选择	板块连接形式：PBL键式铰连接；卯榫连接；螺栓连接				方案需求	整体性效果满足要求的情况下，安装简便且经济
比选项目	卯榫连接		螺栓连接		PBL键式铰连接	
方案图例						
技术可行性：操作方式	需要吊机配合人工对准承插孔，对吊机及安装人员的要求很高，难度很大	难度很大	人工操作螺栓穿孔及拧紧，且操作空隙有限，对安装人员要求较高	难度较大	人工操作铰链钢筋的穿装，对安装人员要求较低	难度较小
技术可行性：孔位容许偏差	5mm		5mm		10mm	
总安装时间	5h		4h		2.5h	
连接后整体性效果（软件模拟实验）	不均匀沉降差为5mm，整体性较好，满足使用需求		不均匀沉降差为5mm，整体性效果较好，满足使用需求		不均匀沉降差为8mm，整体性效果良好，满足使用需求	
经济成本	1500		2000		1800	
结论	不选用		不选用		选用	

对比分析表4 **表4-18**

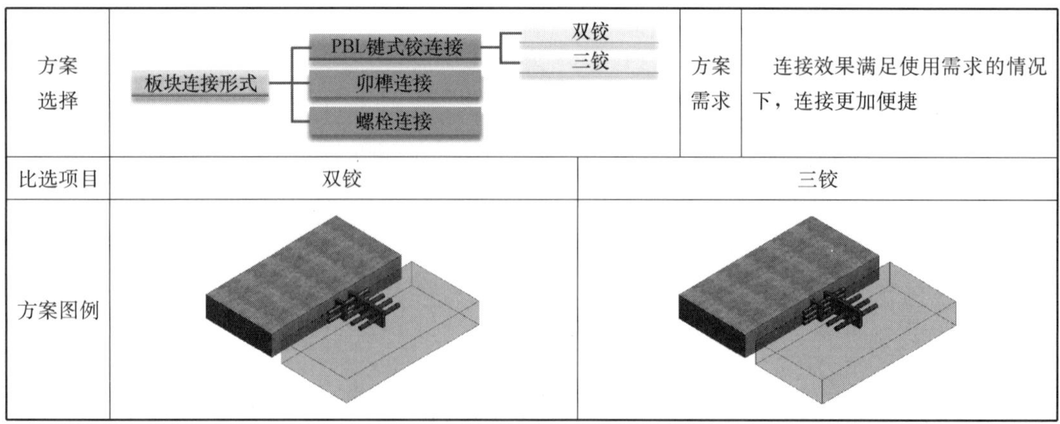

方案选择	板块连接形式：PBL键式铰连接（双铰；三铰）；卯榫连接；螺栓连接	方案需求	连接效果满足使用需求的情况下，连接更加便捷
比选项目	双铰	三铰	
方案图例			

续表

安装难度	受板块拼缝空间限制较小，安装难度较小	受板块拼缝空间限制较大，安装难度较大
安装时间	单个连接键 3min	单个连接键 4min
连接效果	连接效果良好	受空间限制，铰栓直径需减少，连接效果较好
结论	选用	不选用

对比分析表 5　　　　**表 4-19**

方案选择	泥浆引流形式：明沟、暗管	方案需求	泥浆引流不易溢出，对其他工作影响较小
比选项目	明沟		暗管
方案图例	明沟		暗管
实施效果	明沟内泥浆因机械对平台的冲击影响，溢出至平台表面概率较高		合理设置管道位置及尺寸，泥浆溢出概率较低
对其他方面的影响	明沟需设置于板缝之间，增加板缝宽度，影响平台整体性，且泥浆导流方向受限，拆除铰连接前需清理泥浆，影响周转时间		不影响平台整体性，可根据需要设置泥浆导流方向，且管道泥浆清理时间少，影响周转时间少
结论	不选用		选用

对比分析表 6　　　　**表 4-20**

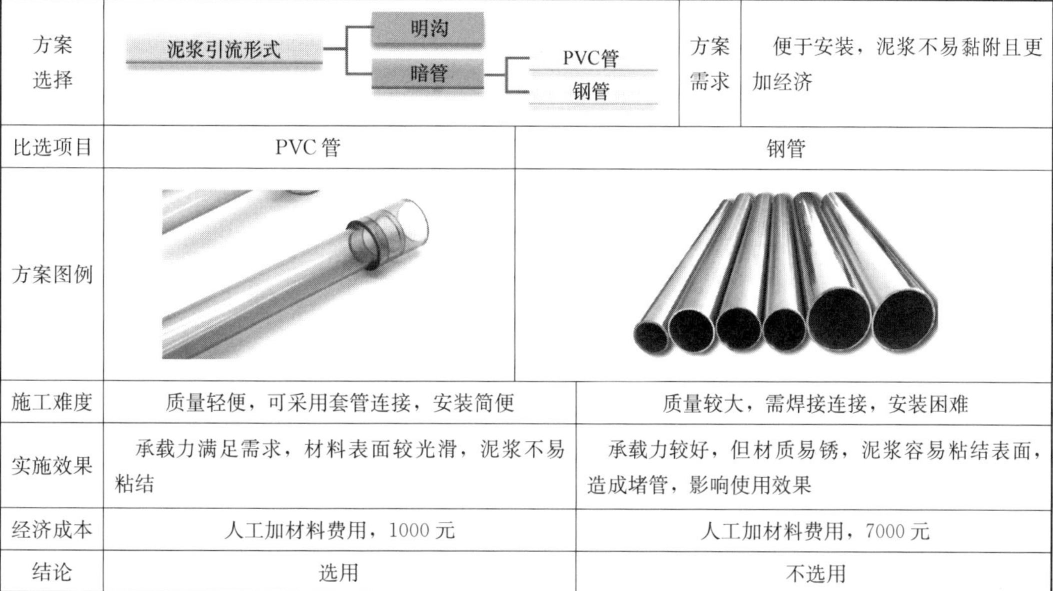

方案选择	泥浆引流形式：明沟、暗管（PVC管、钢管）	方案需求	便于安装，泥浆不易黏附且更加经济
比选项目	PVC 管		钢管
方案图例			
施工难度	质量轻便，可采用套管连接，安装简便		质量较大，需焊接连接，安装困难
实施效果	承载力满足需求，材料表面较光滑，泥浆不易粘结		承载力较好，但材质易锈，泥浆容易粘结表面，造成堵管，影响使用效果
经济成本	人工加材料费用，1000 元		人工加材料费用，7000 元
结论	选用		不选用

对比分析表 7　　　　**表 4-21**

方案选择	泥浆储存形式—局部集中；平台四周	方案需求：实施难度小，实施效果较满足要求
比选项目	局部集中	平台四周
方案图例	施工点 集中点	泥浆范围
特征描述	单孔挖深，泥浆集中于一个孔位护筒内	在平台四周一定距离筑起防护堤 平台与防护堤之间的空间储存泥浆
实施难度	施工中需派专人对泥浆储存位置进行实时抽排，以控制泥浆的溢出及回流，实施难度较大	平台四周储浆位置与暗管连通，根据泥浆液面升降，可自行完成泥浆的“溢出和回流”，实施难度较小
实施效果	泥浆泵对泥浆抽排过程中可能出现少量泥浆溢出平台	平台四周泥浆因机械冲击将有少量泥浆台溢出至平台周边，中心机械车辆行驶区域污染较少
结论	不选用	选用

对比分析表 8　　　　**表 4-22**

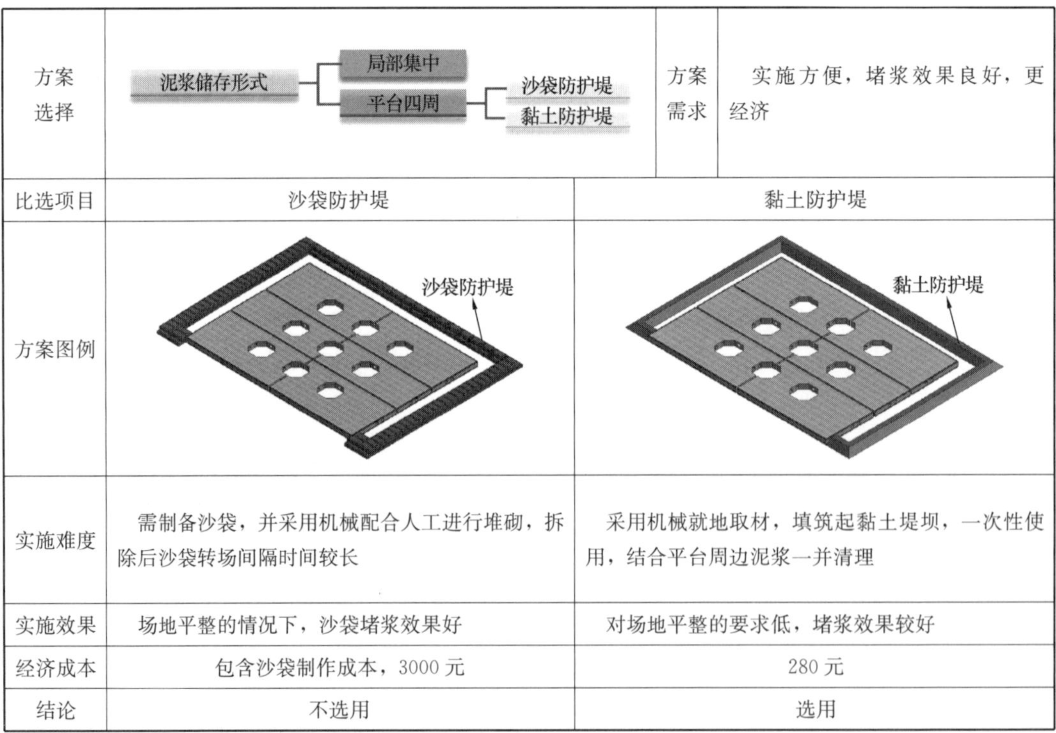

方案选择	泥浆储存形式—局部集中；平台四周—沙袋防护堤、黏土防护堤	方案需求：实施方便，堵浆效果良好，更经济
比选项目	沙袋防护堤	黏土防护堤
方案图例	沙袋防护堤	黏土防护堤
实施难度	需制备沙袋，并采用机械配合人工进行堆砌，拆除后沙袋转场间隔时间较长	采用机械就地取材，填筑起黏土堤坝，一次性使用，结合平台周边泥浆一并清理
实施效果	场地平整的情况下，沙袋堵浆效果好	对场地平整的要求低，堵浆效果较好
经济成本	包含沙袋制作成本，3000 元	280 元
结论	不选用	选用

5. 确定最佳方案

经小组成员的层层对比分析，排除不利方案，最终确认了“预制拼装板式引流平台”的最佳设计方案，并整理出最佳方案系统图，如图 4-20 所示。

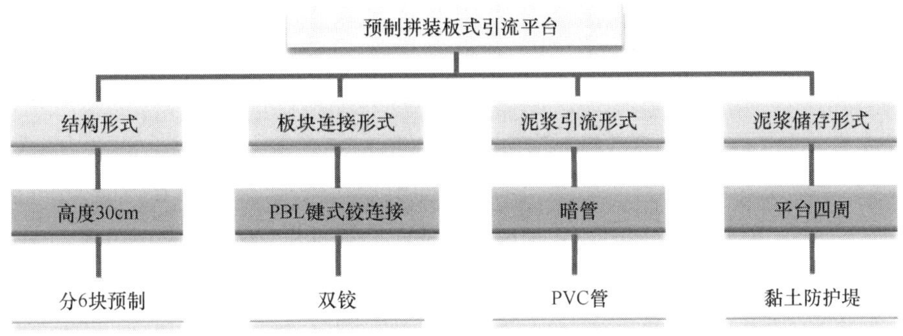

图 4-20 最佳方案系统图

制图人：×× 审核人：×××、××× 制图日期：×年×月×日

小组成员还根据“N+1”原则增加了平台试运行方案，并加入到对策表中。

案 例 二 点 评

本案例是中质协新准则出台后一篇很好地体现“提出方案并确定最佳方案”程序的创新型成果。根据借鉴的数据确定了 2 个总体方案，并进行方案独立性和创新性分析，进行了查新。对选定出的最佳方案采用系统图进行归类，方案分析论证充分，在结构形式，板块连接形式、泥浆引流形式、泥浆存储形式四个方面形成分六块预制、双铰、PVC 管和黏土防护堤四个具体方案作为对策，列入对策表中。

4.5.4 本节统计方法运用

本节优先采用系统图、正交试验、简易图表和流程图等统计方法。

4.6 制定对策

4.6.1 编写内容

制定对策表是为了指导具体的实施，因此“创新型”课题的对策表不能只针对选定的方案笼统地制定，应将选定的最佳方案分解中确定的具体分级方案逐项制定对策。

(1) 对策表须按“5W1H”的表头设计来制定。根据分解并确定的具体方案，列入“对策”栏；“目标”栏应是预计对策达到的水平，应可测量、可检查，不应是课题目标的分解。如果是定性的目标，也应该用间接定量的方法进行转化；“措施”一栏则是指每一对策要求具体怎样实现，它是对策的具体展开，做到：一是措施必须与对策相对应；二是措施要有具体的步骤，以指导实施。其他项与“问题解决型”课题的对策表要求相同。见表 4-23。

(2) 按照最佳方案分解中确定的可实施的具体方案，逐项制定对策。以“N+1”的形式增加对策表栏目，如果研制的是建筑新产品工具或新装置，增加“组装调试”对策，纳入对策表。

创新型课题对策表栏目表 表 4-23

序号	对策（What）	目标（Why）	措施（How）	地点（Where）	时间（When）	负责人（Who）
1						
2						
…						

4.6.2 注意事项

（1）要按提出方案并确定最佳方案分解的具体方案逐一制定对策。

（2）对策措施制定不得笼统，要具体；对策目标应可测量、可检查。

（3）对策表“时间”应按照年月日编制，制表时间应在完成时间之前，且应留出足够的实施时间；时间不能描述为“全过程”，是对策的完成时间。

（4）“对策、目标、措施”前三项的顺序不能改变。

4.6.3 案例与点评

案例一：《研制新型旋挖钻机施工平台》的对策表

对策表见表 4-24。

对 策 表 表 4-24

序号	对策	目标	措施	地点	时间	负责人
1	分块 6 块预制	① 无缺边掉角率 100%； ② 表面平整度 100%小于 3mm	① 采用 5cm×5cm 角钢进行边角包裹； ② 采用水准仪进行标高测量，采用定位钢筋控制混凝土浇筑的标高，并整体浇筑	加工场地	×年×月×日	×××
2	双铰	孔位偏差 100%小于 1cm	① 绘制 PBL 连接板尺寸、平面位置及节点详图； ② 采用构造钢筋连接板与结构钢筋焊接牢固	项目部加工场地	×年×月×日	×××
3	PVC 管	正常情况下，单桩孔口泥浆溢出率小于 3%	① 计算泥浆溢出流量，采用双排 PVC 管； ② PVC 管采用加强箍筋进行固定和保护	加工场地施工现场	×年×月×日	×××
4	黏土防护堤	防护堤无泥浆溢出率 100%	① 储浆量计算，得出储浆范围； ② 用挖机配合人工将清表黏土在平台周围筑起防护堤，坡脚夯实	施工现场	×年×月×日	×××
5	平台调试运行	① 各部位连接情况良好，平台沉降<5.4cm； ② 单桩泥浆溢出率小于 5%	① 场地平整情况良好，板块安装连接； ② 旋挖钻机上平台来回行驶 20 次，试打钻孔桩 1 根	施工现场	×年×月×日	×××

制表人：×××、××× 审核人：×××、××× 制表日期：×年×月×日

案例一点评

本案例对策表按照“5W1H”的表头制定，对策表目标量化、措施具体；针对研制施工平台，按照N+1的方式，增加“调试运行”作为对策。

案例二：《建筑楼层施工防护门自动开闭装置的研制》的对策表

对策表见表4-25。

对策表 **表4-25**

序号	对策	目标	措施	地点	完成时间	负责人
1	设置带弧度且开槽的刀片	1. 卡片刀与角钢垂直度偏差不大于2mm。 2. 卡片刀尺寸制作偏差不大于3mm，达到卡片刀锁合器安装要求	1. 设计卡片刀和角铁的制作图纸及大样。 2. 卡片刀的设置和防护门活动开启装置的连接。 3. 限位钢筋的安装，通过与角铁连接的自制弹簧来限制卡片刀的角度，以满足防护门自动开启的角度控制要求。 4. 焊接短钢筋，做好与弹簧连接准备。 5. 自制弹簧与短钢筋连接，保证卡片刀锁合器的安装	工地现场制作间	×年×月×日～×年×月×日	××× ×　× ××× ××× ×　×
2	使用定制好的连接件架体	1. 保证固定架体标准、美观。 2. 安装水平度偏差不大于2mm，使固定架体与防护门结合紧密，安全可靠	1. 制作防护门连接件架体的定型化转弯件（十字、L字、T字Φ50）。 2. 编制料台专项方案，安装施工电梯料台，每层与结构刚性连接。 3. 防护门固定架体及模板刷红白相间油漆。 4. 每层安装楼层呼叫器。 5. 安装防护门活动开启装置	工地现场7栋高层	×年×月×日～×年×月×日	××× ××× ××× ××× ×××
3	低压光学感应接收器的安装	1. 确保感应器的使用灵敏。 2. 开闭时间控制在10s以内（电磁锁门器在设定运行10s后断电闭合）	1. 低压光学感应器装置由光学接近感应器（发射器）、光学接近感应器（接收器）、电磁锁门器及电线配件组成。 2. 安装光学接近感应器（发射器），通过变压器将380V转换成36V安全电压与发射器连接；安装光学接近感应器（接收器），将光学接近感应器（接收器）与防护门活动开启装置的电磁锁门器连接。 3. 进行调试，达到自动开闭目标	工地现场7栋高层	×年×月×日～×年×月×日	××× ××× ××× ××× ×　×
4	产品组装调试	开闭时间10s以内	1. 对楼层产品进行安装初验收。 2. 组织人员对产品进行调试，对每扇门防护进行全检。 3. 在调试记录表签字确认	工地现场	×年×月×日～×年×月×日	××× ××× ××× ××× ×　×

制表人：××× 核对人：××× 制表日期：×年×月×日

案 例 二 点 评

本案例对策表根据确定的最佳方案，以对策栏对应末级方案中的“设置带弧度且开槽的刀片、使用定制好的连接件架体、低压光学感应接收器的安装”三个具体方案，针对装置的研制，按照N+1，增加“产品组装调试”；对策表明确目标、制定措施、落实完成时间和责任人，“5W1H”栏目齐全、符合要求。

4.6.4 本节统计方法运用

本章统计方法优先选用简易图表。

4.7 对策实施

4.7.1 编写内容

(1) 将对策中的每一项措施付诸实施是小组完成课题的主要活动内容。在实施过程中如遇到困难无法进行时，应及时由小组成员进行讨论，如果确实无法克服，可以修订措施，再按新措施实施。

(2) 每条对策实施后，要及时收集改进后的数据，与对策表中的目标进行对比，检查相应对策目标是否达到。若未达到对策目标，应对该对策的具体措施作出调整或修改，并按新的措施实施，再次确认实施效果。

(3) 必要时，验证对策实施结果在安全、质量、管理、成本、环保等方面的负面影响，由小组根据实际情况确定。如实施中由于措施涉及安全、环境的影响；成本的增减；进度的提前与滞后；质量和管理的影响等，都应该在本对策实施的阶段性验证时进行分析和已经采取的解决方案，并总结解决的效果，为效果检查的经济效益和社会效益分析提供依据。

4.7.2 注意事项

(1) 按对策表中对策所对应的措施，分步骤展开，逐项介绍实施的主要活动、实施后的效果及与预定对策目标比较的结果。

(2) 介绍实施的主要活动时，应该突出做法和创新方法。

(3) 在组织外部发表时，对涉及技术机密的内容应注意保密，不得泄露，以避免给企业造成不应有的损失。

(4) 在实施效果验证时，应与对策表中的目标进行对比，不能只是定性描述达到要求。未达到对策目标的要求，要有修正措施，再实施验证。

(5) 整理成果报告时应多用统计方法及图表，以及用文字、数据介绍，体现图文并茂。

4.7.3 案例与点评

《研制新型旋挖钻机施工平台》的对策实施

小组成员绘制确定了平台加工相应的流程图（图4-21），并结合设计图纸对加工人员进行交底，明确了各个流程对应的对策实施项目，要求加工和实施人员在作业过程中针对各项实施目标进行严格把控。

1. 实施一：分6块预制

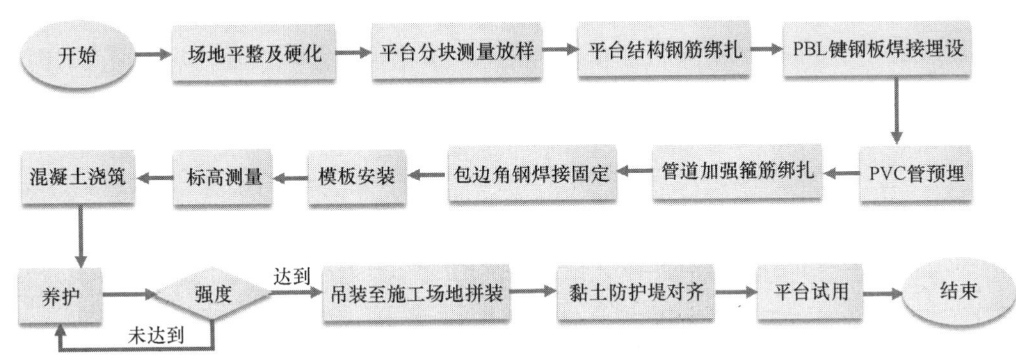

图 4-21　平台加工及实施方案流程图

制图人：×××、×××　　审核人：×××、×××　　制图日期：×年×月×日

（1）措施 1：角钢包边

采用 5cm×5cm 角钢对钢筋混凝土平台顶面及底面进行包裹，角钢采用钢筋与结构钢筋网片进行焊接固定，见图 4-22、图 4-23。

图 4-22　角钢焊接固定

图 4-23　角钢焊接点照片

措施 1 效果检查：实施后缺边掉角情况

平台制作完成后，经过吊装、运输、施工使用后，对平台缺边掉角情况进行了检查，无缺边掉角率 100%，对策实施目标实现，见图 4-24、图 4-25。

图 4-24　吊装后无缺边掉角照片

图 4-25　使用后无缺边掉角照片

(2) 措施 2：标高测量，定位钢筋控制标高，整体浇筑

采用水准仪分块分点进行标高测量，测量后采用定位钢筋焊接至结构钢筋上进行标记，控制混凝土施工时浇筑顶面与定位筋顶面齐平，6 块预制平台利用模板分隔后，整体一次性浇筑完成后进行人工抹平，见图 4-26～图 4-28。

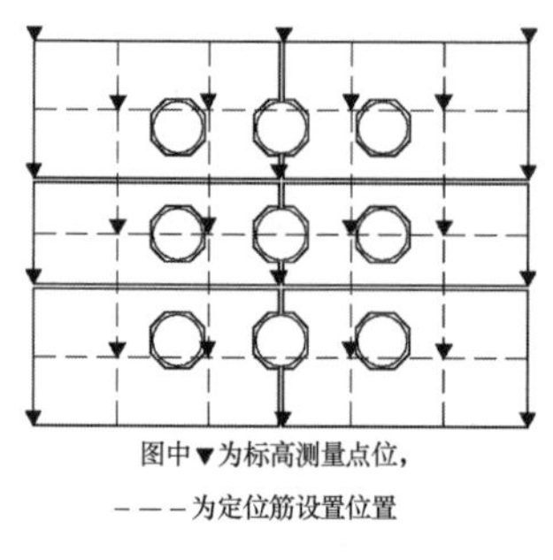

图中▼为标高测量点位，
－－－为定位筋设置位置

图 4-26　标高点位及定位筋位置平面图

图 4-27　标高定位钢筋照片

图 4-28　整体混凝土浇筑

措施 2 效果检查：实施后平整度效果

混凝土浇筑完成后，小组采用钢尺＋塞尺进行平整度检查，情况数据见表 4-26、图 4-29。

平整度效果检查统计表　　**表 4-26**

板编号	数量	检查点数	合格点数	合格率
A-1	2 块	20	20	100%
A-2	2 块	20	20	100%
B-1	1 块	10	10	100%
B-2	1 块	10	10	100%

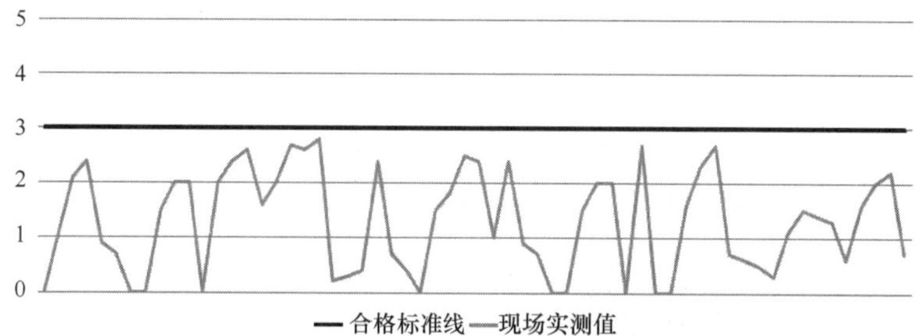

图 4-29　平整度效果检查数据折线图

制表和制图人：×××　审核人：×××　　制表和制图日期：×年×月×日

通过数据图表可以看出，平台表面平整度均<3mm，对策目标实现。

2. 实施二：双铰

(1) 措施 1：绘制 PBL 连接板尺寸、平面位置及节点详图

PBL 连接板尺寸为 60cm×20cm，板厚 2cm，其中 50cm 预埋至钢筋混凝土平台结构内，与结构钢筋紧贴密实焊接，合理布置于板块拼缝处，采用双排 $\phi28$ 钢筋穿孔连接，见

图 4-30、图 4-31。

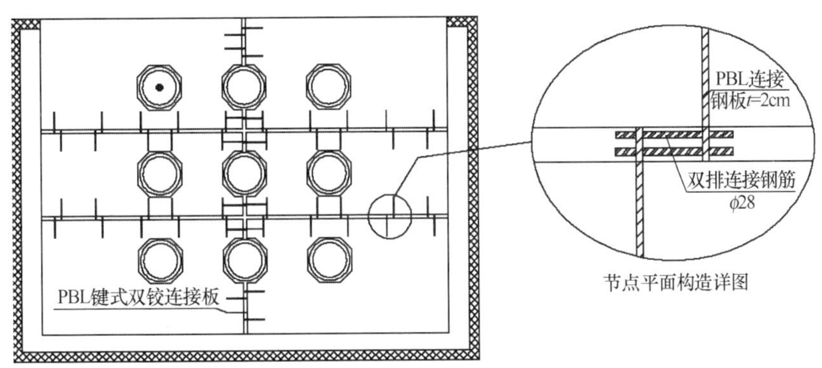

图 4-30 PBL 连接板设计平面位置及节点构造图

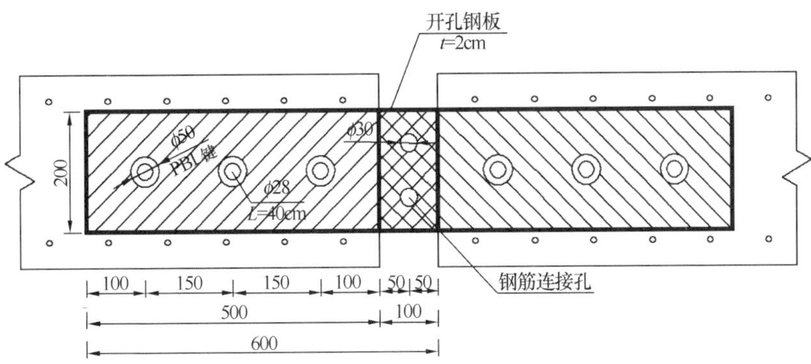

图 4-31 PBL 连接立面构造图

（2）措施 2：连接板焊接牢固

PBL 连接板尺寸为 60cm×20cm，板厚 2cm，其中 50cm 预埋至钢筋混凝土平台结构内，与结构钢筋紧贴密实焊接，合理布置于板块拼缝处，采用双排 φ28 钢筋穿孔完成双绞连接，见图 4-32、图 4-33。

图 4-32 PBL 连接板焊接加固照片

图 4-33 双铰连接照片

实施二效果检查：PBL 键式连接板孔位偏差情况

在连接板安装准确的情况下，孔位之间距离：

$$L=\sqrt{\Delta x^2+\Delta y^2+\Delta z^2}=200\text{mm}$$

平台制作完成后，小组成员采用全站仪对所有连接板孔位进行了标高及坐标的测量，并将测量计算的最终结果绘制成了图 4-34、图 4-35。综上所述，连接板孔位偏差均小于目标值，对策实施效果达标。

测量记录表

板块点编号	b1	b1'	b2	b2'	b3	b3'	b4	b4'	b5	b5'	b6	b6'
实测 X	106312.16	106312.16	106312.58	106312.94	106313.14	106313.98	106313.16	106314.35	106314.06	106314.48	106314.16	106315.16
△X	1		4		6		1		1		5	
实测 Y	595618.02	595618.12	595618.87	595619.09	595619.04	595680.24	595619.25	595681.28	595680.08	595681.49	595680.35	595681.87
△Y	4		2		5		6		7		7	
实测 Z	3.12	3.122	3.128	3.129	3.129	3.136	3.138	3.138	3.146	3.14	3.156	3.147
△Z	2		4		4		3		3		3	
误差=20-L	4.6		6		8.8		6.8		7.7		9.1	
板块点编号	b7	b7'	b8	b8'	b9	b9'	b10	b10'	b11	b11'	b12	b12'
实测 X	106312.15	106312.15	106312.43	106312.52	106313.19	106312.55	106314.21	106312.82	106314.48	106313.61	106314.77	106314.13
△X	6		4		4		3		2		1	
实测 Y	595618.02	595618.02	595619.16	595618.16	595619.7	595618.7	595680.88	595618.16	595681.52	595619.19	595682.12	595680.14
△Y	1		7		5		2		6		5	
实测 Z	3.116	3.12	3.121	3.13	3.125	3.139	3.127	3.139	3.13	3.147	3.139	3.153
△Z	4		3		2		1		4		4	
误差=20-L	7.3		8.6		6.7		3.7		7.5		6.5	
板块点编号	b13	b13'	b14	b14'	b15	b15'	b16	b16'	b17	b17'	b18	b18'
实测 X	106312.15	106312.15	106312.42	106312.81	106313.54	106313.56	106313.85	106314.62	106314.86	106315.8	106315.12	106316.15
△X	5		1		2		3		2		2	
实测 Y	595618.02	595618.03	595618.78	595618.11	595619.39	595619.1	595619.67	595680.06	595619.96	595681.16	595680.44	595681.59
△Y	5		6		2		2		3		3	
实测 Z	3.12	3.122	3.12	3.124	3.124	3.132	3.129	3.141	3.136	3.147	3.154	3.157
△Z	2		4		5		2		1		2	
误差=20-L	7.3		7.3		5.7		4.1		3.7		4.1	
板块点编号	b7	b7'	b8	b8'	b9	b9'	b10	b10'	b11	b11'	b12	b12'
实测 X	106312.15	106312.15	106312.43	106312.52	106313.19	106312.55	106314.21	106312.82	106314.48	106313.61	106314.77	106314.13
△X	6		4		4		3		2		1	
实测 Y	595618.02	595618.02	595619.16	595618.16	595619.7	595618.7	595680.88	595678.16	595681.52	595619.19	595682.12	595680.14
△Y	1		7		5		2		6		5	
实测 Z	3.116	3.12	3.121	3.13	3.125	3.139	3.127	3.139	3.13	3.147	3.139	3.153
△Z	4		3		2		1		4		4	
误差=20-L	7.3		8.6		6.7		3.7		7.5		6.5	

图 4-34　现场测量记录表图例

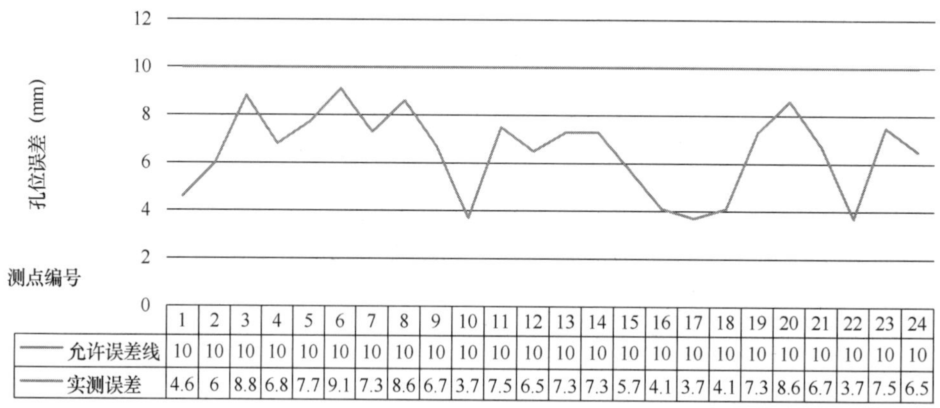

图 4-35　孔位偏差实测折线统计图

制图人：×××、×××　　审核人：×××、×××　　制图日期：×年×月×日

3. 实施三：PVC 管

（1）措施 1：计算泥浆溢出流量，采用双排 PVC 管

旋挖成孔期间实测泥浆外溢流速为 0.4～0.6m/s 之间，钻杆提速峰值为 0.8m/s，提杆时累计时间为 75s，故导流管的累计理论峰值面积不小于 0.03m^2，考虑到施工期间其他因素，设计截面为理论峰值面积的 4 倍，因此单孔周边设置至少 4 根直径 20cm 的导流管，管道双向坡度 0.5%布置，以满足泥浆的溢出及回流，见图 4-36。

（2）措施 2：PVC 管采用加强箍筋进行固定和保护。

管道安放的中心间距不小于 40cm，且在其周边设置直径 12mm 的闭口加强箍，箍筋间距 100cm 布置以保护管道，见图 4-37。

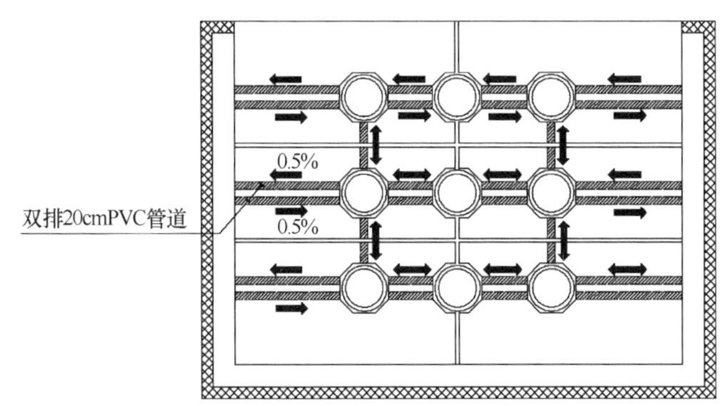

图 4-36 管道预埋设计平面图（措施 1）

图 4-37 结构预埋管道照片（措施 2）

实施三效果检查：管道泥浆溢出情况

小组领导安排了一台旋挖钻机在 1 号孔位模拟了孔深 5m 的成孔施工，泥浆溢出面积情况进行了统计，如表 4-27 所示。

泥浆污染检查统计表 **表 4-27**

溢出位置编号	1	2	3	4	5	合计
污染面积（m^2）	0.744	0.356	0.332	0.134	0.336	1.902
污染占比	0.008	0.004	0.003	0.001	0.003	1.9%

制表人：×××、××× 审核人：×××、××× 制表日期：×年×月×日

模拟结果：泥浆溢出总面积为 1.902m^2，占施工平台面积 97.83m^2 的 1.9%<3%，因此对策实施效果达标。

4. 实施四：黏土防护堤

（1）措施 1：计算泥浆溢出回流量，确定黏土防护堤范围

旋挖钻机钻杆直径为 508mm，钻孔深度按照 60m 计算，钻杆自身所需容积为 1.885m^3；钻头直径为 1.0m，高度约 1.5m，所需容积为 1.18m^3，故泥浆外溢总量为 1.885＋1.18m^3＝3.065m^3，不考虑暗埋管道内的残余储浆量，因此防护堤与平台之间的空间体积需>3.065m^3，平台尺寸为 9m×12m，因此在平台外扩 60cm 处填筑黏土防护堤，即能满足储浆需求，见图 4-38。

（2）措施2：用挖机配合人工将清表黏土在平台周围筑起防护堤，坡脚夯实

施工现场在平台拼装前，对钻孔桩施工范围进行清表，待平台安装完成后，测量出防护堤边线，利用挖机将清表产生的黏土，在测量的位置填筑成防护堤，人工进行修整，对坡脚夯实，见图4-39。

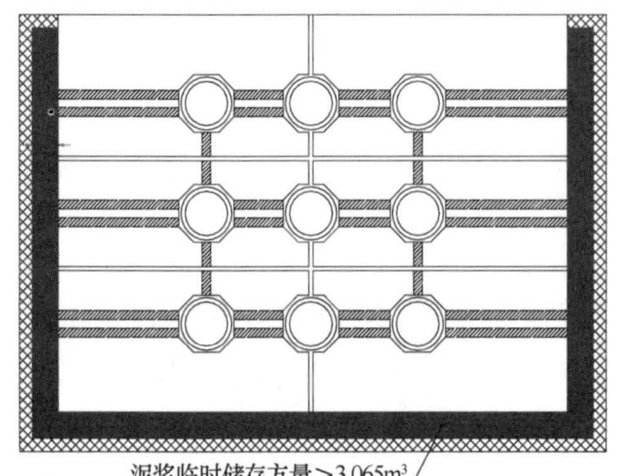

图4-38　防护堤计算范围平面图

图4-39　黏土防护堤填筑照片

实施四效果检查：防护堤泥浆情况

小组成员安排在平台与防护堤之间的蓄浆位置排放泥浆，排放泥浆量为5m³>单桩泥浆溢出量3.065m³，防护堤外无泥浆溢出，泥浆无溢出率100%，对策实施效果达标。

5．实施五：旋挖机上平台试钻

（1）场地平整情况良好，放样出板块位置边线，进行安装连接，见图4-40。

（2）旋挖钻机上平台来回行驶20次，试打钻孔桩1根，见图4-41。

图4-40　平台板块拼装照片

图4-41　旋挖钻机上下平台照片

实施五效果检查：试钻效果检查

旋挖钻机试钻完成后，小组成员对沉降数据及泥浆污染面积进行了统计计算，计算的沉降最大值为1.8cm<目标值5.4cm，泥浆污染面积为4.54m²，单桩泥浆污染率为4.6%<目标值5%，因此对策实施效果达标，见图4-42～图4-45。

图 4-42 平台标高测量照片

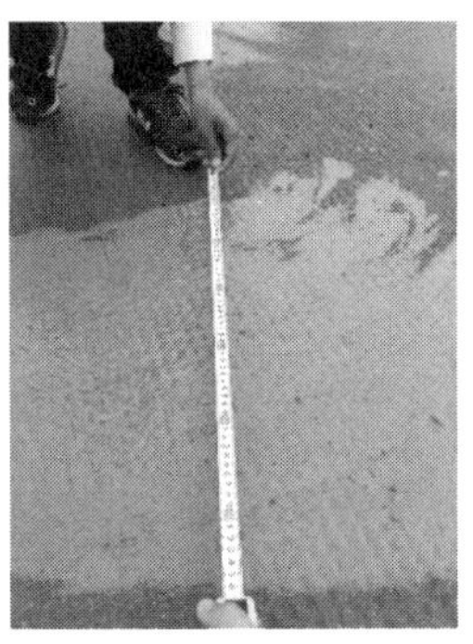

图 4-43 泥浆污染面积测量照

平台标高测量记录表

测量：林涛　　记录：邓正星

测量点位	试钻前标高	试钻后标高	沉降
1	3.02	3.019	-0.001
2	3.022	3.01	-0.012
3	3.030	3.006	-0.024
4	3.028	3.021	-0.007
5	3.023	3.031	0.008
6	3.03	3.027	-0.003
7	3.023	2.998	-0.025
8	3.022	2.998	-0.024
9	3.029	3.022	-0.027
10	3.022	3.006	-0.018
11	3.015	3.022	0.007
12	3.026	2.987	-0.039
13	3.034	3.015	-0.019
14	3.013	3.022	0.009
15	3.054	2.972	-0.082

图 4-44 平台标高测量数据

平台泥浆污染测量统计表

测量：林涛　　记录：邓正星

溢出位置编号	1	2	3	4	5	6
污染面积（m²）	1.014	0.334	1.566	0.628	0.603	0.271
污染占比	1.0%	0.3%	1.6%	0.6%	0.6%	0.3%
溢出位置编号	7	8	9	10	11	12
污染面积（m²）	0.322	0.314				
污染占比	0.3%	0.3%				
溢出位置编号	13	14	15	16	17	18
污染面积（m²）						
污染占比						
合计污染面积（m²）	4642					
合计污染占比	474%					

图 4-45 测量记录表

案　例　点　评

本案例对策实施详尽具体，把每个实施步骤描写详细，并能穿插图片，做到图文并茂。

改进建议：建议对黏土防护堤对环保的负面影响进行论证分析。

4.7.4 本节统计方法运用

本章统计方法运用优先选用 PDPC 法、头脑风暴法、网络图、流程图、简易图表及水平对比法。

4.8 效果检查

4.8.1 编写内容

对策表中所有的对策全部实施完成，所有方案都得到解决后，要从实施的结果中收集数据，并检查其取得的效果。

（1）检查对比活动前后目标的变化情况。即将对策实施后的数据与小组制定的目标值进行比较，检查设定的课题目标值是否达到。

（2）经检查实施效果，若达到了小组制定的目标则转入下一个步骤，若未达到预定的目标，说明问题没有得到彻底解决，应返回到 P 阶段程序，直到课题需求彻底解决。

（3）其他相关指标变化情况的检查，必要时进行经济效益、社会效益等分析。

4.8.2 注意事项

（1）检查效果应收集数据，与课题目标进行对比。

（2）说明效果要以实施后的数据和事实为依据。

（3）经济效益的计算要有计算依据，应取得相关部门的认可；这里请注意创新型的课题不一定都有经济效益。

（4）社会效益要有权威部门的证明。

4.8.3 案例与点评

《建筑楼层施工防护门自动开闭装置的研制》的效果检查

1. 运行效果

×年×月×日，小组成员对已安装完毕的建筑楼层施工防护门自动开闭装置进行了全面运行检查。

针对目前国内无施工防护门自动感应开闭装置安装质量验收标准，我们根据江苏省发布的《江苏省建筑工程施工机械安装质量检验规程》DGJ 32/J65、《江苏省建筑施工安全质量标准化管理标准》DGJ 32/J66 和住房城乡建设部发布的《建筑工程施工质量验收统一标准》GB 50300 制定了《建筑施工防护门自动开闭装置安装》的验收标准，见表4-28。

《建筑施工防护门自动开闭装置安装》的验收标准　　表 4-28

序号	检查项目	验收标准	检验方法
		允许偏差（不大于）	
1	安装水平度	2mm	水平仪
2	卡片刀与角钢垂直度	2mm	激光经纬仪
3	卡片刀弧度	1mm	半径规
4	卡片刀尺寸制作偏差	3mm	钢板尺
5	电磁开关安装位置偏差	1mm	钢板尺
6	弹簧弹力	1N	弹簧测力计
7	感应器安装偏差	20mm	卷尺

制表人：×××　　检测人：×××、××　　制表日期：×年×月×日

经过来回 100 次的运行检验，防护门自动启闭灵活，开启平稳，达到了设计的预定值。研制楼层自动启闭装置一次安装成功，可以投入正式使用。7 栋高层防护门自动开闭装置验收实测表见表 4-29。

7 栋高层防护门自动开闭装置验收实测表　　表 4-29

序号	检查项目	验收标准	实测数据（100 点）平均值	与标准对比
		允许偏差（不大于）		
1	安装水平度	2mm	1.87mm	满足
2	卡片刀与角钢垂直度	2mm	1.92mm	满足

续表

序号	检查项目	验收标准	实测数据（100点）平均值	与标准对比
		允许偏差（不大于）		
3	卡片刀弧度	1mm	0.99mm	满足
4	卡片刀尺寸制作偏差	3mm	2.87mm	满足
5	电磁开关安装位置偏差	1mm	1mm	满足
6	弹簧弹力	1N	1N	满足
7	感应器安装偏差	20mm	18.5mm	满足

制表人：××× 检测人：××、××× 制表日期：×年×月×日

2. 活动目标检查

在运行了半年后，×年×月×日，我们对创新研制的楼层防护门自动开闭装置使用情况进行了确认，其活动目标完成情况取得以下效果：

（1）防护门自动开闭时间：安装了自动启闭装置后，电梯到达所在楼层后，防护门能自动开启，电梯离开该楼层时，防护门能自动关闭，电梯上下经过不需停留的楼层时，防护门完全处于常闭状态。全面实现了开闭时间控制在10s以内（电磁锁门器在设定运行10s后断电闭合）目标值，见表4-30。

活动目标检查数据 **表4-30**

名称	控制标准	1栋18层	2栋18层	3栋18层	4栋18层	5栋18层	6栋18层	7栋18层	备注
开闭时间	控制在10s以内	平均9.6s	平均9.9s	平均9.3s	平均9.5s	平均10s	平均9.8s	平均9.1s	每层按2个门检测
断电闭合时间	设定运行10s	10s	10s	10s	10s	10s	10s	10s	每层按2个门检测

制表人：××× 核对人：××× 制表日期：×年×月×日

（2）我们研制的自动开闭装置，制作简单，在原有的防护门基础上增加了一套启闭装置，单扇门的费用增加不足600元，而且装拆方便可重复使用，很适合现行工地制作安装。具体成本费用如下：

1）活动开启装置卡片刀锁合器由卡片刀、角钢、自制弹簧、限位钢筋组成，此方案增加的费用为150元/组。

2）固定架体装置增加的费用计算包括刷油漆为160元/组。

3）感应接收装置增加的费用计算为150元/组。

每个楼层门(按2个门计算)安装费用：材料(300＋300＋320)＋人工(200)＝1120元＜600元/单扇门×2＝1200元

经济效益分析：因装置缩短开闭时间，每月可节省2～3天。施工电梯使用总工期为10个月，共可节约20天，提高了工作效率。经核算，减少施工人员工资费用100人×20

工日×200 元/工日×30%（工作效率）=12 万元。按装置周转三次计算，1120×18×7=14.11 万元/3=4.7 万元+损耗 2 万元=6.7 万元，节约费用：12-6.7=5.3 万元。见目标值完成情况对比图 4-46。

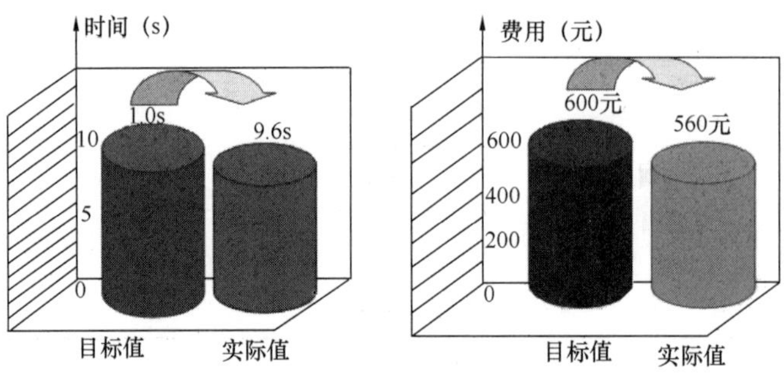

图 4-46 目标值完成情况对比柱状图

制图人：××× 制图日期：×年×月×日

（3）由于安装了自动启闭装置，楼层防护门与电梯联动，实现了防护门启闭自动化，完全不用人来操作，消除了诸多人为的不安全因素，确保了施工安全。

（4）通过小组活动，为公司及项目部培养了一批敢于创新的技术骨干，同时也培养了一支技术力量过硬的施工队伍，为本工程创建奠定了基础。

（5）社会效益：通过建筑机械设备在垂直运输中的惯性和红外感应功能，使防护门上框关闭时自动锁合，人员需要乘坐施工电梯到达楼层位置时自动开启，使用方便，安全性能好，由此解决了高楼层的货物运输一般都是通过手动开启，操作不方便，不安全的难题。主要设备装置可重复使用，符合绿色建筑发展方向，推广应用前景甚广。

×年×月本工程获得了××级安全文明工地称号。

案 例 点 评

本案例效果检查具体、详实，做到了用数据说话，用“验收标准”和“实测表”对“运行效果”阐述，用“目标检查表”对运行时间描述，用具体计算数据对经济效益分析；统计方法运用合理，并且经济、社会等项效益明显。

改进建议：应提供相应的证明文件。

4.8.4 本节统计方法运用

本节统计方法优先选用简易图表法、水平对比、流程图。

4.9 标准化

4.9.1 编写内容

（1）在小组活动达到课题目标后，对创新成果的推广应用价值进行评价。若有推广价值应进行标准化，若只是一次性应用，可将成果进行整理形成相关材料存档备案。

（2）这里所说的标准化是广义的标准，它可以是技术标准、施工工法、管理制度；可以是施工图纸、施工方案、作业指导书、工艺文件，或管理制度（办法）等技术文件或管理文件等。

4.9.2 注意事项

(1) 因是创新成果，若为研制的新产品，要注意介绍编制企业产品标准的情况。

(2) 不能把申请专利、获得专利证书、发表论文等作为标准化的具体内容。

(3) 不能将推广应用及行政手段作为标准化的内容。

(4) 不能把小组成员综合素质总结作为标准化的内容。

4.9.3 案例与点评

《研制新型旋挖钻机施工平台》的标准化

1. 推广应用评价

本次 QC 小组活动成果经集团技术中心组织的评价，该成果具有推广应用价值，如图 4-47 所示。

推广应用评价

“大智大慧”QC 小组，你们完成的《研制新型旋挖钻机施工平台》创新型 QC 课题成果采用了预制装配式技术，将预制的钢筋砼板块拼装成整体后作为旋挖钻机的施工平台，有效减少了软基地表沉降的问题，同时板块内设有管道，板块四周设有泥浆防护堤，使得泥浆能够被引流至平台四周，解决了旋挖钻机“溢出-回流”所造成的泥浆四溢的问题，减少了泥浆污染情况。经过我部门组织的评价，该成果具有推广应用价值，特此证明。

图 4-47 推广应用评价

2. 形成指导性文件

本次 QC 小组活动成果的实现，经项目部整理，形成了集团公司《基于预制装配式平台的灌注桩旋挖成孔作业指导书》(图 4-48)，并在集团公司范围内组织学习，准备在今后施工中借鉴推广应用。

3. 施工工法

编制施工工法，获得浙江省省级工法证书（编号：浙建质安函〔2019〕634 号），见图 4-49、图 4-50。

4. 形成技术图纸

将本次 QC 小组活动成果形成技术图纸，如图 4-51 所示。

5. 推广应用证明

经过此次 QC 活动，研发的新型旋挖钻机施工平台在本工程中进行了有效应用，在观摩会当中得到了各界同仁一致好评，认为该施工平台具有很好的推广价值，如图 4-52 所示。

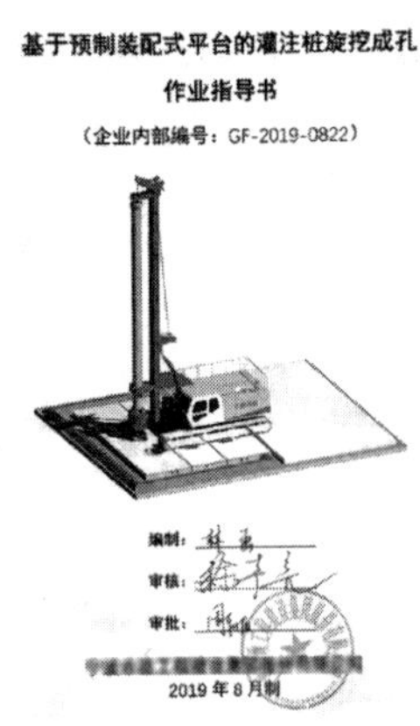
基于预制装配式平台的灌注桩旋挖成孔
作业指导书
（企业内部编号：GF-2019-0822）

编制：
审核：
审批：

2019年8月制

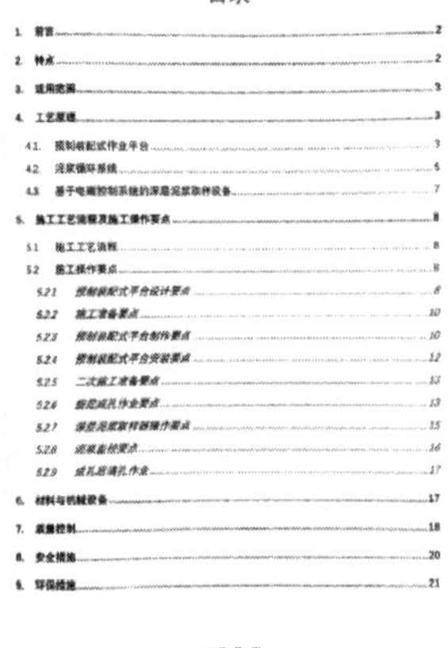
目录

共25页，第1页

图 4-48 作业指导书

省级工法证书

工法名称：基于预制装配式平台的灌注桩旋挖成孔施工工法

批准文号：浙建质安函〔2019〕634号

申报单位：

工法主要完成人：陈巨峰 徐声亮 吴康 俞冀 陆俊杰

二〇一九年十一月

图 4-49 ××省省级工法证书

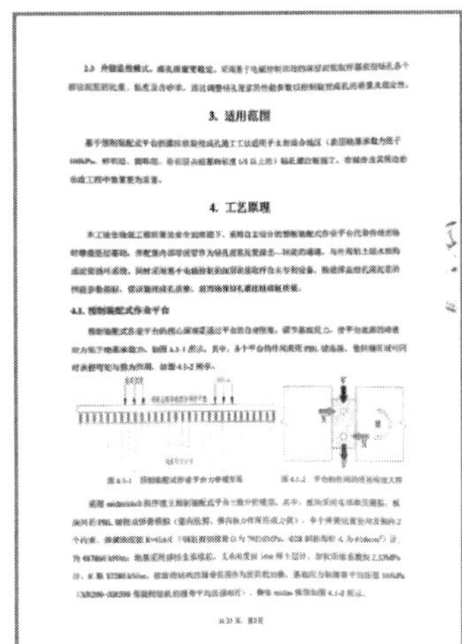

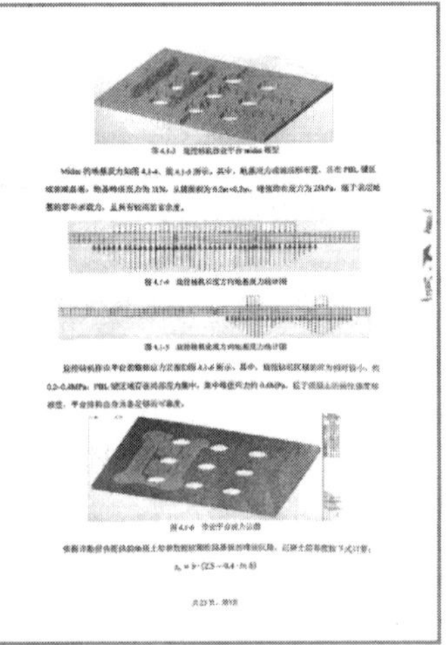

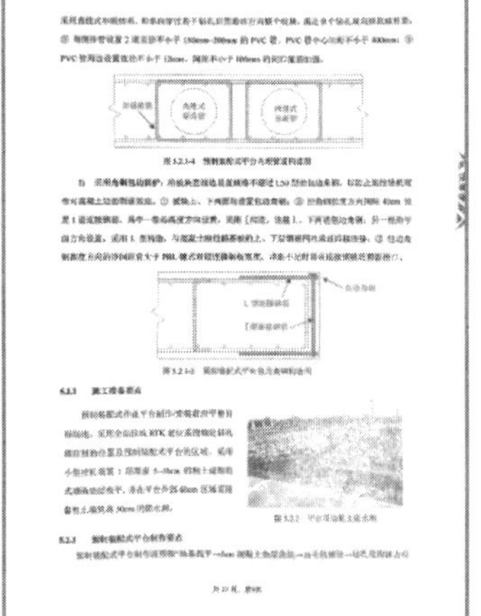

图 4-50 省级工法文本

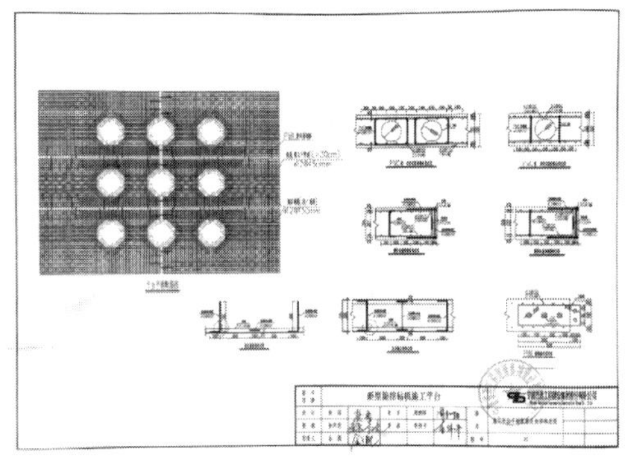

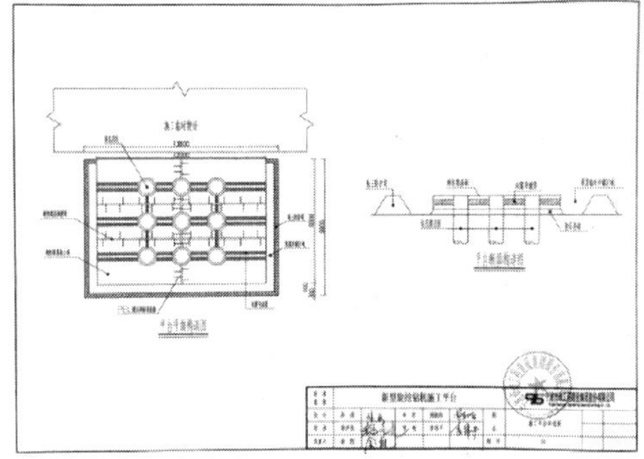

图 4-51 旋挖钻机作业平台技术图纸示例

推广应用证明

成果名称	新型旋挖钻机施工平台
应用单位	[illegible]
证明单位	[illegible]

推广应用情况说明：

该项成果已在我方投资建设的宁波市环城南路西延工程中成功应用，宁波地区塘渣、弃土环保整治要求高，该成果的应用使得旋挖钻机等大型成孔机械在地表软土条件下无需进行换填施工，在使用平台后能够有效解决地表沉降，桩机施工安全稳定的问题，同时对旋挖钻机施工产生的泥浆进行了有效导流，减少了施工场地内泥浆污染问题。

经过应用，该成果具有广阔的发展前景，特别是旋挖钻机在上软下硬的地质条件中具有非常好的实用性和推广性，特此证明。

2019 年 11 月 10 日

推广应用证明

成果名称	新型旋挖钻机施工平台
应用单位	[illegible]

推广应用情况说明：

该项成果已在我公司承建施工的宁波市环城南路西延工程和宁波市机场路南延工程中成功应用，与现有的塘渣换填方法相比，本成果可减少塘渣填筑和废弃土外运，预制平台周周转次数越多，经济效益约显著。同时减少城市建设负担，减少施工区域泥浆污染，具有卓越的社会价值。

该项成果能够有效解决旋挖钻机施工产生的地表沉降问题，在国内类似上软下硬土层的工程中具有极高的推广价值。

2019 年 11 月 10 日

图 4-52 创新成果推广应用证明

案 例 点 评

本案例成果标准化经公司技术部门确认，形成了施工作业指导书和技术图纸，获得了省级施工工法，有相关文件；标准化的形成是在评价成果有推广价值的前提下，这样才能说明该标准是由本活动成果转化而来的。

4.9.4 本节统计方法运用

本节统计方法优先选用简易图表法、网络图。

4.10 总结和下一步打算

4.10.1 编写内容

（1）总结：总结是为了更好的发展，故要对活动进行进一步的总结。认真回顾活动全过程中的是非得失：

1）从创新角度进行专业技术总结。

2）管理方法总结包括活动程序、统计方法、数据说话方面有什么成功的经验和体会。

3）小组成员综合素质总结包括精神、意识、信心、知识、能力、团结等。

（2）下一步打算：总结完成后要对下一步打算进行策划，选择新的活动方向和课题开展改进或创新活动。

4.10.2 注意事项

（1）总结内容要图文并茂、详实，真实反映专业技术、管理方法、小组成员综合素质方面的成绩和经验教训。

（2）下一步打算应重新寻找与此次活动课题无关的新的问题或需求作为下一次活动的课题。

4.10.3 案例与点评

《研制新型旋挖钻机施工平台》的总结和下一步打算

×年×月×日，小组成员组织召开了QC活动总结会议，对专业技术、管理方法、小组综合素质等方面进行了总结评价。

1. 专业技术总结

本次QC活动中，小组成员在研制施工平台的过程中，不但完成了相关图纸、作业指导和工法的编制，同时还掌握了系统分析的方法，材料的对比选择，焊接工艺和构件起吊拼装方法，特别在对策实施过程中，平台的制作安装操作技能都得到了提高。总结经验如下：

（1）钢筋混凝土预埋构件需辅助设置定位固定装置；

（2）混凝土孔洞模板可采用泡沫板按照新桩切割，大大提高了模板安装的快捷简便；

（3）PBL键式连接板在混凝土构件中的使用原理；

（4）预制拼装需对板块进行编号和按次序吊装、运输和安装，可以很大程度上节约拼装时间；

（5）泥浆的流速与泥浆密度和黏度的关系。

2. 管理方法总结

小组活动严格按照PDCA程序进行，过程中思路清晰，环环相扣，有较为严密的逻辑性，坚持以事实为依据，用数据说话，成果内容充实，图文并茂，QC知识和方法的运用能力都得到大幅度提升，见表4-31。

QC小组活动总结评价表 **表4-31**

序号	活动内容	主要优点	数据应用	统计应用	存在不足	今后努力方向
1	选择课题	需求及选题来源分析充分，现有做法与需求的对比分析明确	能够利用数据图表形式分析现有做法的不足	简易图表	无	学习QC知识，吸收其他QC小组经验
2	目标设定及可行性论证	能够对借鉴数据进行分析并进行原理推演，结合目标进行对比，目标可行性论证理由充分	能够利用推演数据与目标值进行对比分析	简易图表	借鉴数据不够丰富	加强对技术、原理的学习，加强推演能力，拓展查询渠道
3	提出方案并确定最佳方案	能够对2个总体方案进行创新性和独立性分析，总体方案内容丰富，两者对比分析细致明确	方案比对中数据内容丰富	简易图表、系统图	部分对比内容较粗	加强分析统计方法应用
4	制定对策	对策针对分级末级方案而提，增加了“N＋1”调试运行	对策目标值都能数据量化	简易图表、流程图	无	加强对策的可操作性，做好实施人交底
5	对策实施	解决措施为对策中措施的具体落实与实施	对策实施过程明确图纸数据	简易图表	缺少过程图片的收集	加强数据、影响资料等证明的收集
6	效果检查	准确有效地确认实施效果	效果进行了数据对比分析	简易图表	无	持续改进，加强数据的整理和表示
7	标准化	标准化内容丰富，专业技术强硬	重要数据指标归纳至标准化文件当中	简易图表	无	继续加强程序学习

制表人：××× 审核人：××× 制表日期：×年×月×日

3. 小组综合素质总结

本次QC小组活动，促进了项目部管理、技术水平的提高，加强了项目部人员之间的沟通配合，团队精神、质量意识、问题解决能力等方面的素质。活动前后，小组成员综合素质都有了一定的提升，见表4-32、图4-53。

4. 下一步打算

根据项目施工计划情况，小组成员运用头脑风暴法，广泛提出自己的想法和意见，由组长×××整理形成5个下一步可供选择的研究课题，并组织成员进行分析、评价、选择，具体详见表4-33。

通过对比分析，我们QC小组决定下一步将开展新的创新QC《研制悬臂盖梁施工支架平台》。

小组活动综合素质自我评价表

表 4-32

序号	评价内容	活动前（分）	活动后（分）
1	团队精神	7	9
2	质量意识	7	8
3	进取精神	8	9
4	创新意识	7	8
5	工作热情	7	8
6	改进意识	6	7

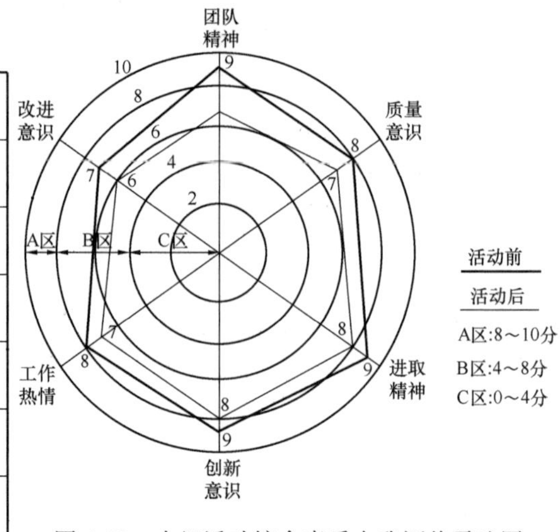

图 4-53 小组活动综合素质自我评价雷达图

制表人及制图人：××× 审核人：××× 制表日期：×年×月×日

下一步课题分析比选表 表 4-33

序号	课题	分析	评估				综合评分	选定课题
			可行性	经济性	有效性	对其他工作的影响		
1	提高软土地区承台基坑回填一次合格率	1. 承台基坑提早回填对后续高架施工工序存在一定影响； 2. 宁波等软土地区推广价值高	◎	○	◎	▲	14	不选
2	提高立柱钢筋笼整体安装一次合格率	1. 成本费用较高； 2. 立柱钢筋笼整体加工安装，缩短工期时间	○	▲	◎	○	12	不选
3	提高大型立柱外观质量一次验收合格率	1. 立柱外观效果直观，有利于提升企业形象； 2. 立柱外观检查存在一定的安全风险，可操作性不高	○	○	◎	◎	16	不选
4	研制悬臂盖梁施工支架平台	1. 无需场地硬化。一次性投入成本低，可周转次数多； 2. 现状有多种类似施工支架，且有多处可以改进的地方； 3. 不占用大面积施工便道及场地，不影响后续施工； 4. 应用前景广泛，推广价值高	○	◎	◎	◎	18	选定

续表

序号	课题	分析	评估				综合评分	选定课题
			可行性	经济性	有效性	对其他工作的影响		
5	跨内吊梁辅助装置的研制	1. 现状跨内吊梁存在斜吊不稳定风险，有待改善； 2. 跨内吊梁辅助装置目前无类似参考，可行性较低	▲	◎	◎	◎	16	不选

评分标准：◎ 5 分；○ 3 分；▲ 1 分

制表人：××× 审核人：××× 制表日期：×年×月×日

案 例 点 评

本案例能从专业技术、管理方法和小组成员综合素质方面进行总结，对小组的综合能力按照创新型的活动程序进行了评价，总结出了主要优点，发现存在的问题，提出了今后努力的方向，并对下一步选择的课题进行了评估和选定。

4.10.4 本节统计方法运用

本节统计方法优先选用简易图表法、雷达图。

5 质量管理小组成果发布要求与注意事项

5.1 PPT 制作

5.1.1 基本要求

（1）制作必须抓重点，按照小组活动程序进行制作，突出重点进行制作，因为要在15分钟范围内汇报小组活动的开展，必须抓住成果的重点进行阐述。

1）工程概况和小组概况，反映工程相貌与成果课题相关的图片，以及小组成员情况即可。可以将小组成员以照片做简要介绍。

2）选择课题，把选择课题的分析数据和统计方法进行制作。

3）现状调查，列出现状调查表和质量问题分析图表，有现场调查的视频和图片更好。

4）设定目标，只要列出目标和依据分析即可。

5）原因分析，制作时主要以图表为主，配以分析数据和图片。

6）要因确认，应按确认项一条一条的确认，给出结论。有现场确认视频和图表更能说明清楚。

7）制定对策，主要反映出对策表即行。

8）对策实施，应该把具体的实施情况用图表的形式进行介绍，要按照对策实施表中的措施逐项实施，并应进行阶段性验证，与对策表中的目标进行对比，给出结论。

9）效果检查，此步骤制作主要是要与现状调查时的数据进行对比，并按照目标要求进行分析是不是已实现目标。

10）巩固措施，要以图表和照片的形式反映巩固措施中所有形成的标准化文件材料。

11）总结和下一步打算，要以数据和图表的形式对小组活动的开展进行总结，并提出下一步的活动打算。

（2）制作质量要求：首先是保证 PPT 画面能看得清楚，这是提前。往往小组制作时只注重画面美观，而忽略了画面的清晰度，制作时尽量不要用深色的底衬。

5.1.2 注意事项

（1）PPT 制作前最好编制脚本，委托有制作能力并了解小组活动的相关技术人员进行制作，不要只将 word 版内容编入 PPT 就行了。

（2）一定要按活动程序进行制作，突出重点，体现出本次课题活动的特点是关键。应以图、表、数据为主，配以少量的文字说明来表达，做到标题化、图表化、数据化和图文并茂。所反映的数据应是必要的、有用的，与本次课题无关的数据不要列入；所反映的图表不是为了美观而增加的画面，与成果无关的漫画、插图不要放入。

5.2 成果发布

5.2.1 基本要求

（1）发布人的要求。发布人必须由质量管理小组成员进行发布，不能让其他人代替。衣服着装要正规，整洁、大方即可。发布时声音要清楚、洪亮，必须提前熟悉掌握成果内容，尽量脱稿演讲。

（2）发布的形式要求。可以以1人或多人的形式进行，发布形式不要拘泥一种模式，灵活多样，发布前要组织进行演练。发布内容尽量与现场互动，能达到事半功倍的效果。

5.2.2 注意事项

（1）不少小组PPT制作版本较高，包括有视频和配乐，演讲前一定要与组织者沟通好，确保播放效果。

（2）现场发表成果应是将成果讲给大家听，而不是念稿子，掌握好发布时间，必须提前预演，才能控制好时间要求。

（3）在发布后对评委的提问要简要，恰当地回答评委所提出的问题。

6 成果编写案例及点评

6.1 自定目标成果案例及点评

提高立管预留洞口封堵一次验收合格率

×××公司×××小组

1. 工程概况

××运营中心工程位于长三角一体化示范区苏州市吴江区，总建筑面积 40163m²，地下 1 层，主楼地上 17 层，裙楼 3 层。由三幢建筑组成（1 幢主楼，2 幢裙楼），主要功能有办公、商业展示、精品酒店等（图 6-1），使用场景多，给水、排水系统，消火栓，喷淋系统，空调冷凝水系统，立管必须穿楼板，总共约有 6234 个，管径主要有 *DN*150、*DN*100、*DN*80、*DN*70、*DN*65，封堵工程量大，孔洞必须预留精确，封堵严密（图 6-2）。项目质量目标为省优“扬子杯”。

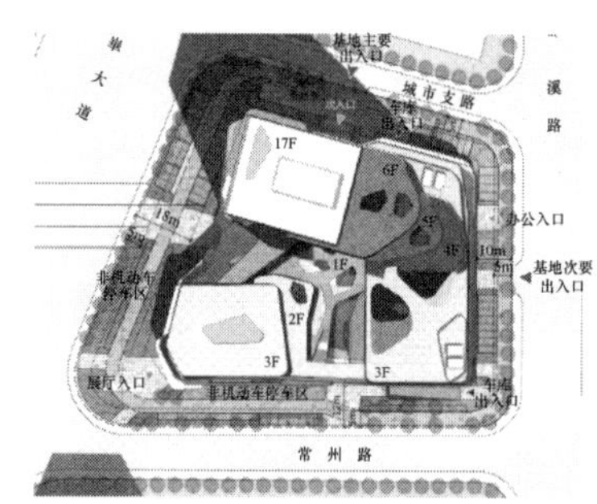

制图人：×××　　　　制图日期：×年×月×日

图 6-1　××运营中心平面布置及效果图

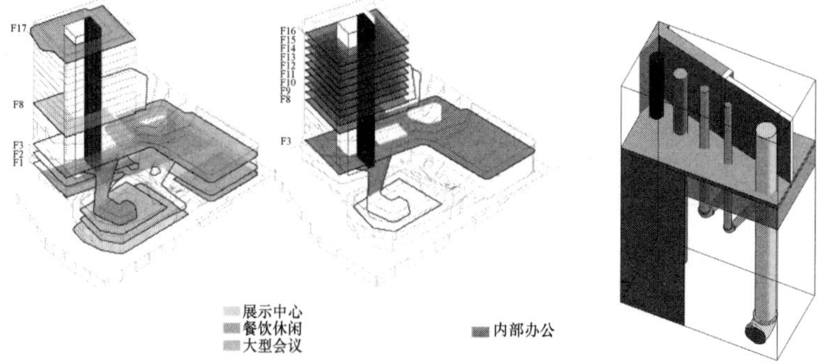

制图人：×××　　　　制图日期：×年×月×日

图 6-2　项目功能区域分布图、局部立管 BIM 图

2. 小组概况

(1) 小组活动情况介绍

本 QC 小组成立于×年×月×日，由项目经理担任组长，小组成员 10 人，成员组成合理，大学以上学历占比 80%，平均年龄 34 岁，有 2 名一线工人，活动时间×年×月×日至×年×月×日，成员活动出勤率 98%，见表 6-1、图 6-3。

QC 小组情况简介表 **表 6-1**

小组名称			××运营中心 QC 小组		课题类型		现场型
小组注册号			WJJGQC06-2019		小组注册日期		×年×月×日
课题注册号			WJJGKT06-2019		课题注册日期		×年×月×日
活动时间			×年×月×日～×年×月×日				
小组成员			10 人		QC 知识人均教育时间		50h
序号	姓名	性别	年龄	学历	职务	职称	组内分工
1	×××	男	45	本科	项目经理	高级工程师	组长/策划负责
2	×××	男	34	本科	项目工程师	工程师	副组长/实施管理
3	×××	男	26	本科	施工员	工程师	具体实施
4	×××	男	33	大学	资料员	助理工程师	绘图、资料整理
5	×××	男	25	大学	质量员	工程师	质量管理
6	×××	男	27	大学	材料员	助理工程师	材料、后勤
7	×××	男	42	中专	管道工长	工程师	具体实施
8	×××	男	42	中专	混凝土工工长	工程师	具体实施
9	×××	男	27	大学	技术主管	工程师	具体实施
10	×××	男	42	本科	副主任工程师	高级工程师	QC 活动推进、指导
说明：本小组成员平均年龄 34 岁，其中有 2 名一线工人。							

制表人：××× 制表日期：×年×月×日

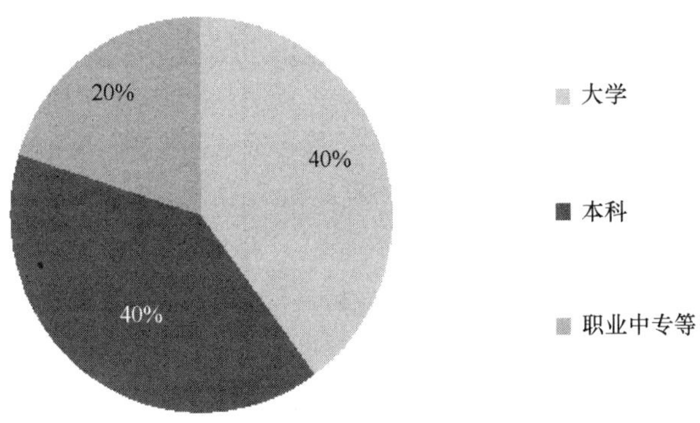

统计人：××× 统计日期：×年×月×日

图 6-3 小组成员学历组成情况

（2）QC 小组以往获成绩、荣誉

小组成员积极参与 QC 培训，多次参加优秀成果发布，小组曾获得 2018 年省级 QC 成果Ⅱ奖、2019 年全国工程建设优秀 QC 成果Ⅱ类奖，见图 6-4、表 6-2。

统计人：××× 统计日期：×年×月×日

图 6-4 小组曾获得荣誉

小组活动计划与实际进度对照表 **表 6-2**

序号	内容	4月			5月			6月			7月			8月			9月			10月			循环阶段
		上旬	中旬	下旬	上旬	中旬	下旬	上旬	中旬	下旬	上旬	中旬	下旬	上旬	中旬	下旬	上旬	中旬	下旬	上旬	中旬	下旬	
1	选择课题																						P
2	现状调查																						
3	设定目标																						
4	原因分析																						
5	要因确认																						
6	制定对策																						
7	对策实施																						D
8	效果检查																						C
9	制定巩固措施																						A
10	总结和下一步打算																						

注：计划进度以“——”标注，实际进度以“→”标注。

制表人：××× 制表日期：×年×月×日

3. 选择课题

小组成员运用头脑风暴法，初步提出了4个备选课题，按照重要性、公司要求的符合性、问题的紧迫性、课题的推广性、课题可实施性及调动成员的积极性几个方面进行综合评价，并根据选择课题的相关理由确定选用方案，“提高立管预留洞口封堵一次合格率”为本次QC小组活动的课题。课题选择理由见表6-3。

小组课题选择评价表　　表6-3

序号	课题名称	重要性	公司要求的符合性	问题的紧迫性	课题的推广性	可实施性	调动小组成员积极性	总分	是否选用
1	提高筏板基础大体积混凝土施工质量	★	★	▲	▲	▲	▲	52	否
2	提高铜胎基卷材防水施工质量	★	★	▲	▲	▲	★	54	否
3	提高立管预留洞口封堵一次合格率	★	★	▲	★	★	▲	56	是
4	提高二次结构施工质量一次验收合格率	▲	▲	●	▲	★	●	44	否

制表人：×××　　制表日期：×年×月×日

图例：★—10分，▲—8分，●—5分。

评分标准：

★—10分，施工质量对工程结构影响大，工期要求紧迫、难度大，投入小经济效益好。

▲—8分，施工质量对工程结构影响较大，工期要求较紧、难度较大，投入大经济效益较好。

●—5分，施工质量对工程结构影响不大，工期要求紧迫程度较大、难度易控制，投入大经济效益一般。

（1）合同及业主要求

根据与业主签订的合同要求，明确需严格控制预留洞口封堵质量，因封堵的质量问题造成渗漏的与处罚条款关联，扣押相关保修金。建设单位引入第三方检测单位，对主体结构进行实测实量打分，所得分数与每月进度款支付挂钩。

（2）公司要求

公司对重点项目立管预留洞口封堵一次合格率要求不低于92%，若施工达到要求，即可免去修补施工，节省建筑材料，减少返工，节省人工。

（3）现状差距

本工程为公司重点项目，小组成员对苏州及周边4个分公司在建的20个项目，结合公司在建5个项目立管预留洞口封堵一次合格率的平均值及小组成员所参建以往5个项目立管预留洞口封堵一次合格率的平均值，绘制立管预留洞口封堵一次合格率现状表，经调研，所调查项目立管预留洞口封堵一次合格率的平均值仅为87.6%。具体详见表6-4、图6-5。

立管预留洞口封堵一次验收合格率现状表 表 6-4

序号	调查项目	立管预留洞口封堵一次合格率平均值
1	A 公司承建的 5 个在建项目	88.5%
2	B 公司承建的 5 个在建项目	85.7%
3	C 公司承建的 5 个在建项目	86.5%
4	D 公司承建的 5 个在建项目	90.5%
5	本公司承建的 5 个在建项目	87.1%
6	本小组以往参建的 5 个项目	87.3%
7	平均值	87.6%

制表人：××× 制表日期：×年×月×日

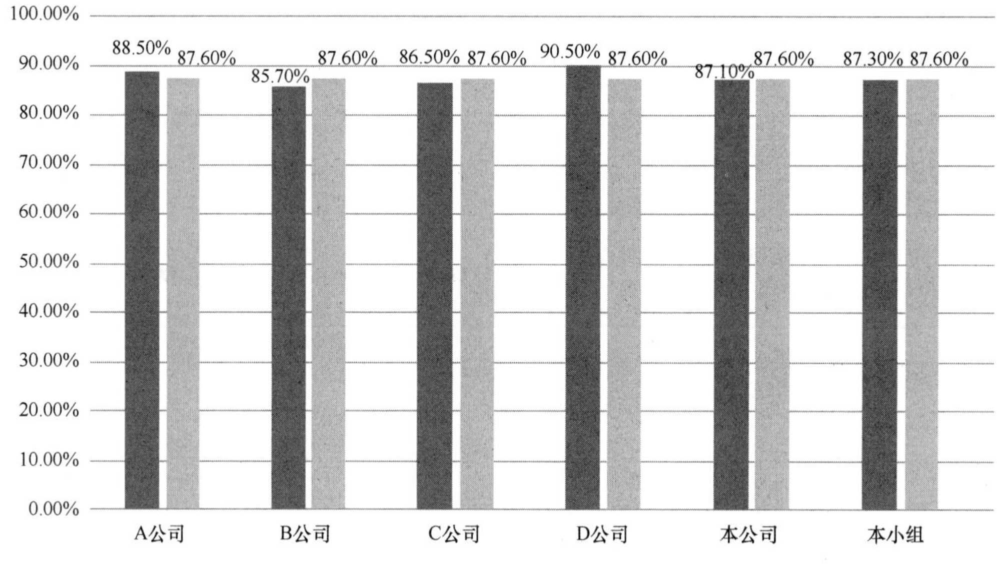

制图人：××× 制图日期：×年×月×日

图 6-5 立管预留洞口封堵一次合格率现状

从检查汇总表可知，平均合格率 87.6%达不到公司对重点项目要求，即立管预留洞口封堵一次合格率为 92%。且立管预留洞口封堵后为了保证结构表面观感及质量达到要求，后期需要额外花费人力、物力进行打磨、修补工作。为了达到合同约定及公司对重点项目的要求，减少修补工作，综上所述，小组决定以“提高立管预留洞口封堵一次验收合格率”作为本次 QC 小组活动的课题。

4. 现状调查

（1）调查过程

我们 QC 小组成员召开专题会议，邀请公司技术顾问参加，相互学习、交流，大家集思广益，认为影响立管预留洞口封堵质量的检查项目如表 6-5 所示。根据会议内容，我们小组成员编制了现状调查计划表。

现状调查计划表 **表 6-5**

序号	检查项目	调查方法	检查标准	检查内容	检查工程	地点	检查时间	调查人
1	管道根部封堵	现场检查验收记录	GB 50204、DGJ32/J16—2014第 8.4 条	局部灌水试验，目测，不得有渗漏	苏州项目	项目部资料室及施工现场	×年×月×日～×月×日	××× ×××
2	预留洞口数量遗漏	现场检查查阅资料	核对图纸	核对图纸，检查预留洞口数量是否有遗漏	苏州项目	项目部资料室及施工现场	×年×月×日～×月×日	××× ×××
3	混凝土板底成型	现场检查验收记录	GB 50204—2015第 8.1 条	尺寸偏差、观感	南通项目	项目部资料室及施工现场	×年×月×日～×月×日	××× ×××
4	预留洞口偏位	现场检查验收记录	GB 50204—2015第 8.3 条	现场实测，尺寸偏差	南通项目	项目部资料室及施工现场	×年×月×日～×月×日	××× ×××
5	其他(工艺、材料)	现场检查查阅资料	图纸、图集	原材料、验收记录	苏州项目	项目部资料室及施工现场	×年×月×日～×月×日	××× ×××

制表人：××× 制表日期：×年×月×日

按照调查计划的活动安排，×年×月×日～×月×日小组成员分别对苏州、南通地区20个在建，5个公司在建及小组成员以往参建的5个项目，合计30个项目进行调研，依据《混凝土结构工程施工质量验收规范》GB 50204—2015、《江苏省住宅工程质量通病控制标准》DGJ32/J16—2014，《给水排水管道工程施工及验收规范》GB 50268—2008进行质量检查，现场共抽取了750个点，其中不合格93点，合格率仅为87.6%，汇总检查数据对立管预留洞口的施工质量问题做出统计表，如表6-6、表6-7所示。

调查统计表 **表 6-6**

序号	检查项目	标准	检验方法	检查点数	合格点数	不合格点数	合格率	不合格率	合格率
1	管道根部封堵	无渗漏，DGJ32/J168.4 条	灌水试验检查	150	68	82	45.3%	12.4%	87.6%
2	预留洞口数量遗漏	无遗漏	核对图纸，清点数量	150	145	5	96.7%		
3	混凝土板底成型	平整度≤8mm，GB 50204	靠尺和塞尺检查，目测	150	147	3	98.0%		
4	预留洞口偏位	≤5mm，GB 50204	用卷尺测量检查	150	148	2	98.7%		
5	其他(工艺、材料)	施工工艺满足图集要求，封堵材料及辅助材料符合规范要求	核对检测报告及施工方案，查询规范图集	150	149	1	99.3%		
合计				750	657	93	87.6%		

制表人：××× 制表日期：×年×月×日

相关施工质量问题频数表 表 6-7

序号	检查项目	频数(个)	频率	累计频率	备注
1	管道根部封堵差	82	88.1%	88.1%	
2	混凝土板底成型不达标	5	5.4%	93.5%	
3	预留洞口偏位	3	3.2%	96.7%	
4	预留洞口遗漏	2	2.2%	98.9%	
5	其他(工艺、材料)	1	1.1%	100%	
	合计	93	100%		

制表人：××× 制表日期：×年×月×日

注：其他指立管洞口施工工艺错误或者落后，封堵材料不符合规范要求，管道壁未磨毛等。

(2) 调查结果及分析

小组成员根据上述质量问题频数统计表，作出如下质量问题排列图（图 6-6）。

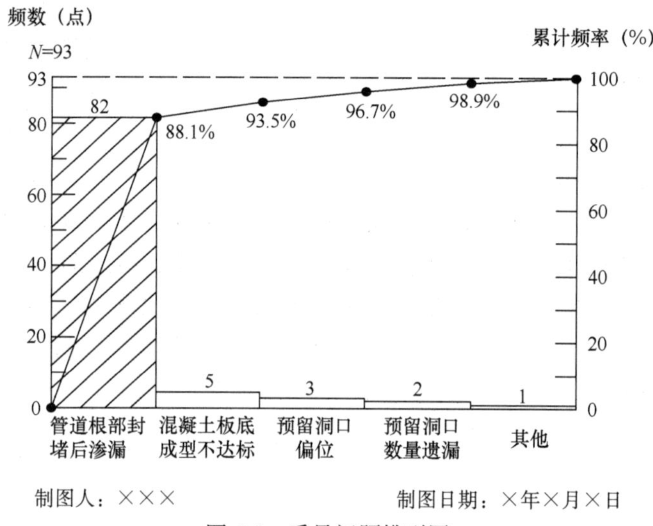

图 6-6 质量问题排列图

根据排列图分析，影响施工质量的关键问题是，“管道根部封堵差”，其累计频率已达到 88.1%，是影响质量的主要问题，但“管道根部封堵差”的问题还较宽泛，小组需继续深入分析，进一步查找课题的症结。我们小组成员对“管道根部封堵差”的质量问题进行深入调查分析并展开讨论，对质量问题细化重新归纳整理，共找出 5 类问题，并进行调查，做出如下影响质量问题频数、频率统计表（表 6-8～表 6-10）。

管道根部封堵调查统计表 表 6-8

序号	检查项目	标准	检查方法	检查点数	合格点数	不合格点数	不合格率	合格率
1	立管根部防水施工	无渗漏，DGJ32/J16—2014	局部灌水试验	150	68	37	54.7%	45.3%
2	封堵混凝土质量	混凝土密实，GB 50204	观测，回弹仪强度检测，混凝土试块检测			32		

续表

序号	检查项目	标准	检查方法	检查点数	合格点数	不合格点数	不合格率	合格率
3	立管接头质量	接缝≤0.05m，GB 50268	采用裂缝测宽仪器、塞尺进行现场检测	150	68	6	54.7%	45.3%
4	吊模安装	支撑牢固，GB 50204	观测，强度试验			4		
5	吊模铁丝	无生锈、变形	观测			3		
合计				150	68	82		

制表人：××× 制表日期：×年×月×日

问题调查分析表 **表 6-9**

名称	问题一	问题二	问题三	问题四	问题五
问题类型	立管根部防水施工不到位	封堵混凝土不密实	立管接缝差	吊模安装不牢固	吊模铁丝生锈
现场照片					

制表人：××× 制图时间：×年×月×日

质量问题频数统计表 **表 6-10**

序号	项目	频数(点)	频率	累计频率	备注
1	立管根部防水施工不到位	37	45.1%	45.1%	
2	封堵混凝土不密实	32	39.0%	84.1%	
3	立管接缝差	6	7.3%	91.4%	
4	吊模安装不牢固	4	4.9%	96.3%	
5	吊模铁丝生锈	3	3.7%	100%	
	合计	82			

制表人：××× 制表日期：×年×月×日

根据上述质量问题频数、频率统计表数据，作出如下质量问题排列图（图 6-7）。

根据排列图分析，影响施工质量的关键问题是“立管根部防水施工不到位”“封堵混凝土不密实”，其累计频率已达到 84.1%，是课题及管道根部封堵差的症结所在，是 QC 小组需主要解决的问题。

5. 设定目标

（1）目标设定依据

1）公司对重点项目关于立管预留洞口封堵一次合格率的要求不低于 92%。

2）2018 年竣工的×××人工智能产业园工程的立管预留洞口封堵一次合格率曾达到 94.6%。

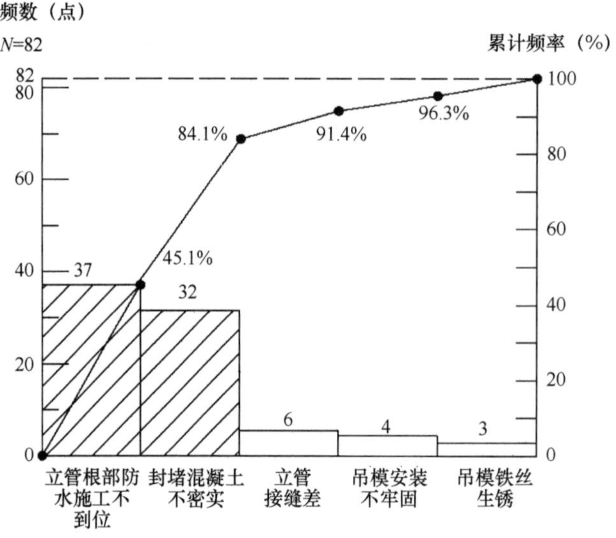

制图人：×××　　　　　　　　　　制图日期：×年×月×日

图 6-7　质量问题排列图

（2）目标分析

由现状调查可知，“管道根部封堵差”其占比为 88.1%，由“管道根部封堵差”深入调查分析后“立管根部防水施工不到位”“封堵混凝土不密实”为预留洞口封堵合格率低问题的主要症结，合计占比 84.1%。经过对问题症结的分析，小组认为现有的技术能力能够解决这两项症结。通过努力，只要解决“立管根部防水施工不到位”“封堵混凝土不密实”这两个问题症结 90%以上，同时其他问题保持现状，那么合格率可达到 1－[(37＋32)×0.1＋6＋4＋3＋5＋3＋2＋1]/750＝95.9%。

（3）设定目标

经过小组讨论决定，我们将立管预留洞口封堵一次合格率达到 94%作为本次质量管理活动的目标，见图 6-8。

综合考虑，小组最终确定活动目标为：立管预留洞口封堵一次验收合格率达到 94%以上。

6. 原因分析

我们 QC 小组成员从立管预留洞口封堵的施工工艺特点，采用头脑风暴法，对“立管根部防水施工不到位”“封堵混凝土不密实”问题产生原因进行多次讨论，大家集思广益，广泛收集现场工人、工长、各级工程技术专家意见，从“人员、机械、材料、方法、环境、测量”等方面进行原因分析，并归纳整理，绘制关联图（图 6-9）。

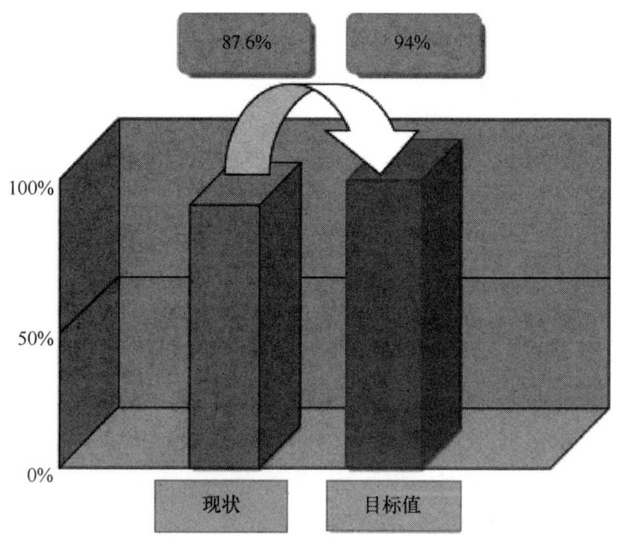

制图人：×××　　　　　　　　　　制图日期：×年×月×日

图 6-8　活动目标值柱状图

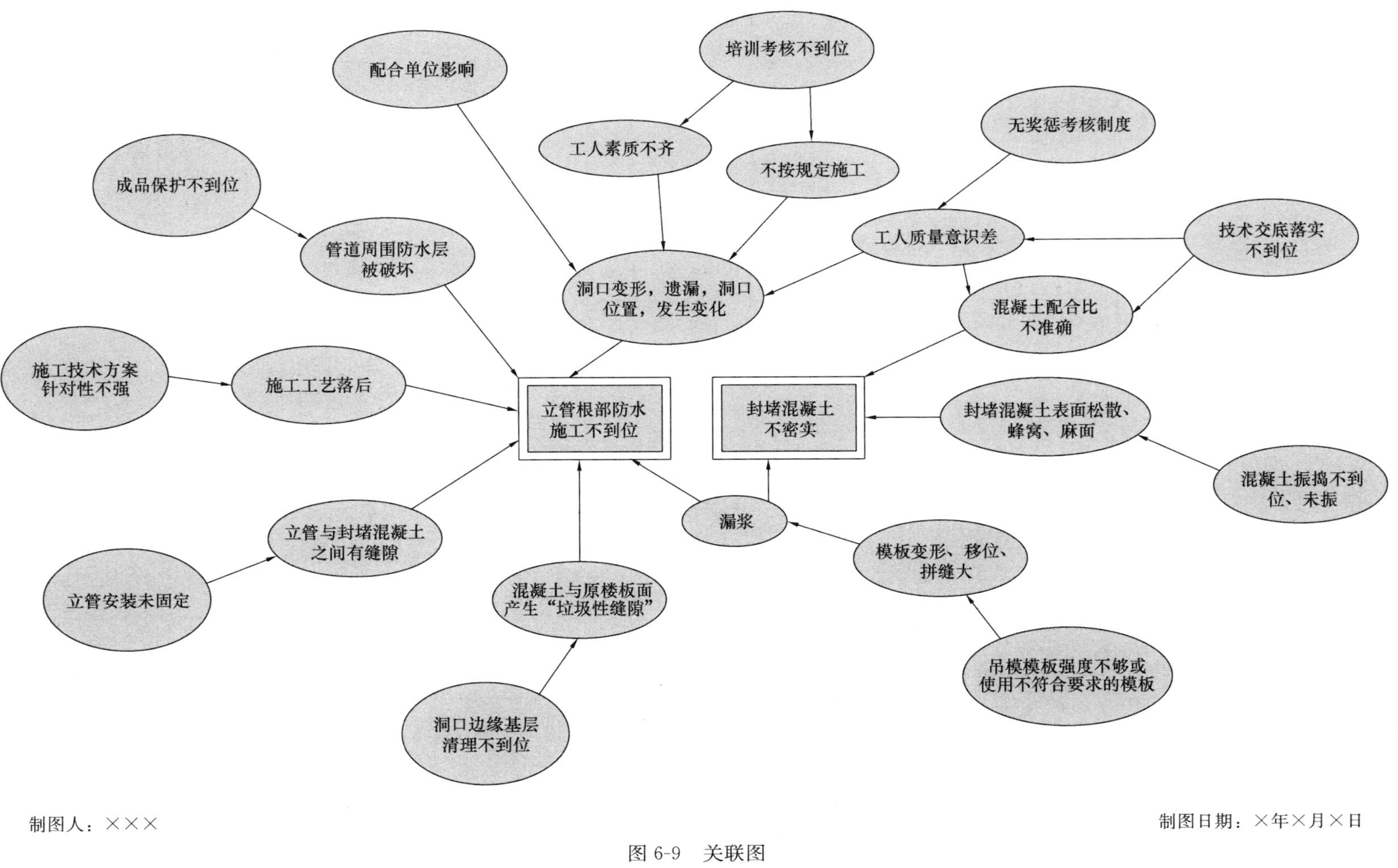
配合单位影响
培训考核不到位
工人素质不齐
不按规定施工
无奖惩考核制度
成品保护不到位
管道周围防水层被破坏
洞口变形，遗漏，洞口位置，发生变化
工人质量意识差
技术交底落实不到位
混凝土配合比不准确
施工技术方案针对性不强
施工工艺落后
立管根部防水施工不到位
封堵混凝土不密实
封堵混凝土表面松散、蜂窝、麻面
混凝土振捣不到位、未振
漏浆
立管与封堵混凝土之间有缝隙
模板变形、移位、拼缝大
立管安装未固定
混凝土与原楼板面产生“垃圾性缝隙”
吊模模板强度不够或使用不符合要求的模板
洞口边缘基层清理不到位
制图人：×××
制图日期：×年×月×日

图 6-9　关联图

通过关联图分析，共有末端原因 10 个：

①无奖惩考核制度；②培训考核不到位；③技术交底落实不到位；④混凝土振捣不到位、未振；⑤吊模模板强度不够或使用不符合要求的模板；⑥洞口边缘基层清理不到位；⑦立管安装未固定；⑧施工技术方案针对性不强；⑨成品保护不到位；⑩配合单位影响。

7. 确定要因

根据末端原因，绘制要因确认计划表，具体如表 6-11 所示。

要因确认计划表 **表 6-11**

序号	末端原因	确认内容	确认方式	影响程度判别	确认地点	责任人	确认时间
1	无奖惩考核制度	质量管理制度、措施齐全，是否有监管和奖惩考核措施	调查分析	依据末端原因对问题症结的影响程度判断，具体见每项末端原因要因确认过程	资料室	××× ×××	×年×月×日～×年×月×日
2	培训考核不到位	查项目部上一年度施工记录，有无对专业技术要点进行现场培训，培训人数和次数	调查分析		现场及会议室	××× ×××	×年×月×日～×年×月×日
3	技术交底落实不到位	检查工人技术交底培训的情况	调查分析		现场及会议室	××× ×××	×年×月×日～×年×月×日
4	混凝土振捣不到位、未振	混凝土成型合格率，振捣工具种类规格是否齐全，是否有漏振	调查分析		施工现场	××× ×××	×年×月×日～×年×月×日
5	吊模模板强度不够或使用不符合要求的模板	1. 调查进场模板质量； 2. 是否使用不符合要求的模板	现场测量		现场及资料室	××× ×××	×年×月×日～×年×月×日
6	洞口边缘基层清理不到位	洞口基层是否已凿毛，在施工前打扫及浇水湿润处理	调查分析		施工现场	××× ×××	×年×月×日～×年×月×日
7	立管安装未固定	在封堵管洞用细铁棒振捣时管根是否固定无晃动，浇筑混凝土振捣时管道是否下沉	调查分析		施工现场	××× ×××	×年×月×日～×年×月×日
8	施工技术方案针对性不强	根据施工方案结合现场对方案的针对性与可操作进行验证	调查分析		现场会议室及资料室	××× ×××	×年×月×日～×年×月×日
9	成品保护不到位	防水层是否破坏，有无防护措施	现场验证		施工现场	××× ×××	×年×月×日～×年×月×日
10	配合单位影响	调查统计因业主变更等引起的预留洞变形或位置变化情况所占比例。	调查分析		资料室	××× ×××	×年×月×日～×年×月×日

制表人：××× 制表日期：×年×月×日

我们QC小组成员对末端原因逐条进行要因确认，具体情况如表6-12～表6-22所示。

末端原因1：无奖惩考核制度　　　　表6-12

确认方法	确认内容	对问题症结的影响程度	确认人	确认地点	确认时间
调查分析	质量管理制度、措施齐全，是否有监管和奖惩考核措施	小	×××、×××	资料室	×年×月×日～×年×月×日

确认依据：奖惩考核制度是否完善，抽查考核质量管理人员、工长、一线操作人员，是否了解各自职责及奖惩制度，抽查考核合格率100%，优良率90%以上。

对应症结：立管根部防水施工不到位、封堵混凝土不密实。

确认过程：2019年5月15日小组成员×××、×××现场调查：质量管理及奖惩制度，质量管理制度，奖惩制度。调查项目质量管理人员、工长、一线操作人员对制度的了解情况及执行情况，并且分两个施工队就奖惩制度相关的条款对现场人员进行了询问，考核现场人员是否了解自己的职责及质量管理奖惩考核制度。对施工队二做了质量管理制度及奖惩考核制度岗前交底，对施工队一未进行交底。对现场检测及蓄水试验的结果进行对比。

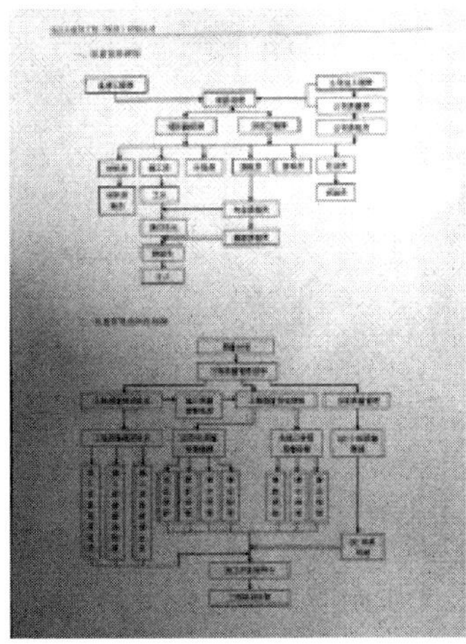

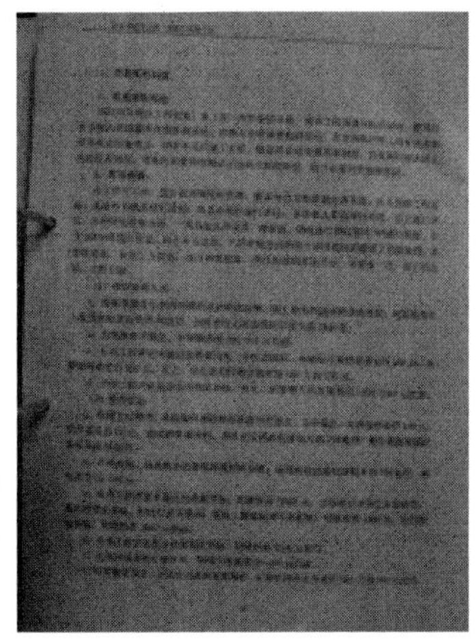

奖惩考核制度及质量管理树图

奖惩制度考核检查表

序号	施工队	合格标准	考核人数	合格人数	优良率	合格率	不合格率	对应症结合格率
1	一队	60分	50	50	92%	100%	0%	45.3%
2	二队	60分	50	50	98%	100%	0%	45.1%

制表人：×××　　　　制表日期：×年×月×日

对症结影响程度判断：项目部有完善的质量管理及奖惩制度且制度上墙。在两个施工队现场抽查人员，询问、考核项目质量管理人员、工长、一线操作人员对质量管理，奖惩考核制度的了解程度，考核合格率均为100%，优良率均>90%。两组相比，对对应症结合格率的影响几乎没有，“无奖惩考核制度”对问题症结的影响程度小，故得出结论为非要因

确认结果：非要因

末端原因 2：培训考核不到位　　表 6-13

确认方法	确认内容	对问题症结的影响程度	确认人	确认地点	确认时间
调查分析	查项目部培训记录，有无对专业技术要点进行现场培训，确认培训人数和次数，了解项目现场培训情况	小	×××、×××	现场及会议室	×年×月×日～×年×月×日

确认依据：施工现场培训考核合格率达为100%，优良率达到90%以上，考核记录齐全、完整。

对应症结：立管根部防水施工不到位、封堵混凝土不密实。

确认过程：×年×月×日～×年×月×日×××、×××查询之前现场岗前培训记录，查询结果记录显示虽有现场岗前培训，但每次岗前培训马虎，未切中技术要点，偶有遗漏岗前培训，直接施工的现象，后将作业队伍分成组，对施工队一所有人员加强岗前教育培训，并定期组织专业知识测评。对施工二队人员维持现状，未定期组织专业知识培训。

现场人员定期专业知识培训及岗前培训

施工队一专业知识测评成绩表

序号	姓名	成绩	序号	姓名	成绩
1	×××	91	11	×××	89
2	×××	95	12	×××	91
3	×××	99	13	×××	92
4	×××	96	14	×××	91
5	×××	92	15	×××	94
6	×××	93	16	×××	97
7	×××	95	17	×××	90
8	×××	94	18	×××	91
9	×××	91	19	×××	92
10	×××	92	20	×××	96

制表人：×××　　制表日期×年×月×日

续表

施工队二专业知识测评成绩表

序号	姓名	成绩	序号	姓名	成绩
1	×××	62	11	×××	98
2	×××	92	12	×××	92
3	×××	91	13	×××	92
4	×××	89	14	×××	91
5	×××	92	15	×××	72
6	×××	88	16	×××	91
7	×××	72	17	×××	90
8	×××	89	18	×××	91
9	×××	91	19	×××	92
10	×××	92	20	×××	88

制表人：××× 制表日期：×年×月×日

培训、考核记录检查统计表

施工队	检查项目	检查人数	合格人数	出勤率/合格率	优良率	对应症结合格率
施工队一	上岗培训记录	20	20	100%	95%	45.8%
	专业知识测评	20		100%		
施工队二	上岗培训记录	20	20	0%	65%	45.2%
	专业知识测评	20		100%		

制表人：××× 制表日期：×年×月×日

对症结影响程度判断：项目部有岗前培训及考核记录。施工队一在定期组织的专业知识培训及测评中考试合格率100%，优良率达95%，对应症结合格率45.8%，施工队二在维持现状，未加强专业知识培训的前提下，参加的专业知识测评中，合格率为100%，优良率仅有65%，对应症结合格率45.2%，两组相比，“培训考核不到位”对对应症结合格率的影响几乎没有，“培训考核不到位”对问题症结的影响程度小，故得出结论为非要因

确认结果：非要因

末端原因 3：技术交底落实不到位 **表 6-14**

确认方法	确认内容	对问题症结的影响程度	确认人	确认地点	确认时间
调查分析	检查工人技术交底培训的情况	小	×××、×××	现场及会议室	×年×月×日～×年×月×日

确认依据：技术交底落实到位，有详细的技术交底资料，施工要点内容详尽有针对性，并且均签字认可。交底率100%。考核合格率达90%以上。

对应症结：立管根部防水施工不到位、封堵混凝土不密实。

确认过程：×年×月×日至×年×月×日小组成员×××、×××查阅相关质量技术交底资料，确认交底内容详细，每次交底都有详细的技术交底资料并做好记录。对施工队一班组所有人员进行岗前技术交底，并签字确认。熟练掌握施工工艺，在测评中，考核合格率达96.7%，对应症结合格率46.2%。对施工队二班组负责人进行岗前技术交底，并签字确认。明确交底内容，但班组负责人并未对操作人员进行交底，在测评中，考核合格率仅有90.0%，已施工完成的洞口对应症结合格率45.8%。

技术交底现场照片

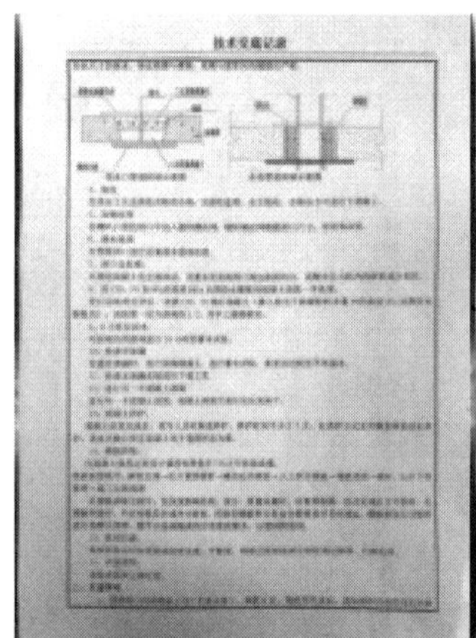

技术交底记录

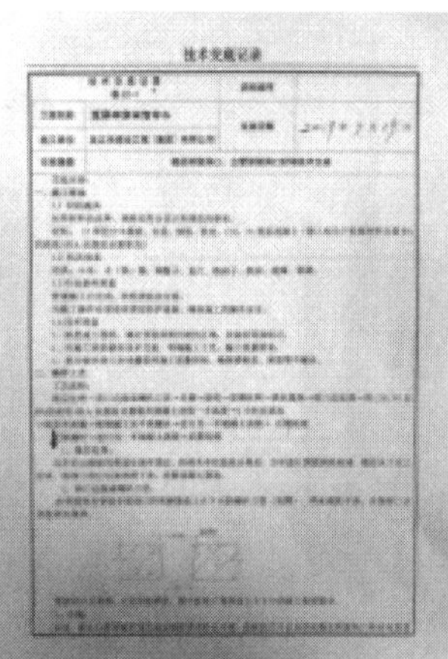

技术交底记录

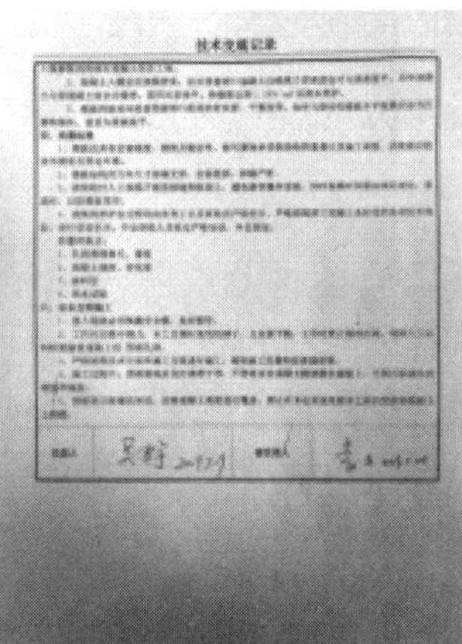

技术交底记录

技术交底记录完善

考核记录检查表

序号	施工队	考核人数	交底率	合格人数	考核合格率	不合格率	对应症结合格率
1	施工队一	30	100%	28	96.7%	3.3%	46.2%
2	施工队二	30	0%	27	90.0%	10%	45.8%

制表人：××× 制表日期：×年×月×日

对症结影响程度判断：项目部技术交底落实到位，有详细的技术交底资料，施工要点内容详尽有针对性，并且均签字认可。施工队一在测评中，考核合格率达96.7%，对应症结合格46.2%。施工队二在测评中，考核合格率仅有90.0%，已施工完成的洞口对应症结合格率45.8%。考核合格率均在90%以上。两组相比，“技术交底落实不到位”对问题症结的影响程度小，故得出结论为非要因

确认结果：非要因

末端原因 4：混凝土振捣不到位、未振　　表 6-15

确认方法	确认内容	对问题症结的影响程度	确认人	确认地点	确认时间
调查分析	混凝土成型合格率，振捣工具种类规格是否齐全，是否有漏振	大	×××、×××	施工现场	×年×月×日～×年×月×日

确认依据：混凝土成型合格率需>90%，振捣工具规格齐全无故障，无漏振。

对应症结：封堵混凝土不密实。

确认过程：×年×月×日至×年×月×日×××、×××经调查，项目部振捣工具齐全有效，且均在有效期内，主楼部分洞口混凝土在浇筑过程中，操作人员振捣不到位或者直接不振捣。随机抽取其中 100 处管道洞口，对其观感及混凝土强度进行检测，其中 56 处有蜂窝麻面现象或混凝土强度不符合要求现象。为进一步确认混凝土振捣不到位对症结是否存在影响，立管道洞口混凝土浇筑时派专人现场监督，规范使用振捣工具，全程振捣，拆模后，重新随机调查了 100 处管道孔洞，仅有 5 处不合格。

现场检查不合格情况一(蜂窝麻面，未收面)

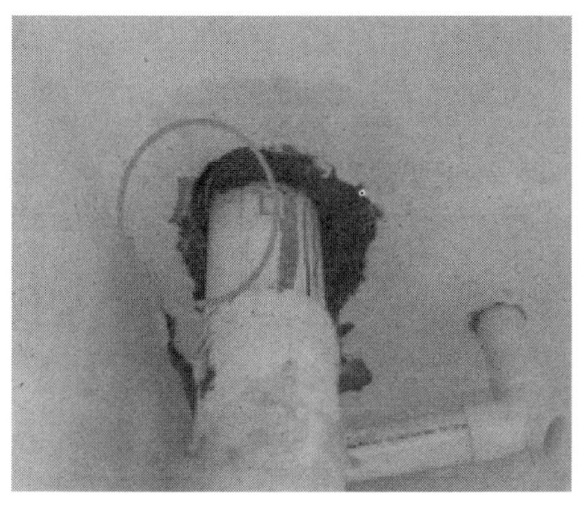
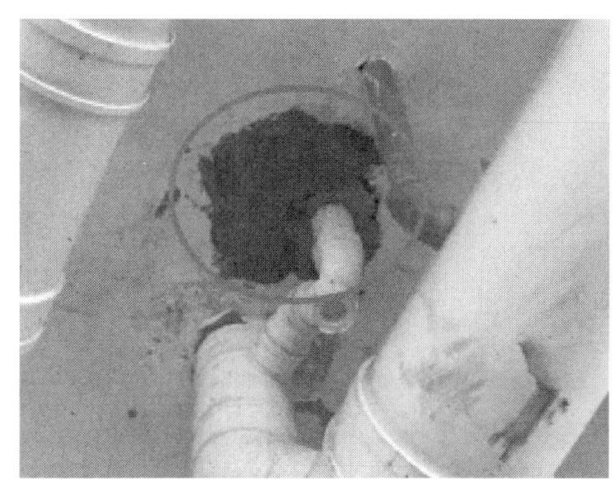

现场检查不合格情况二(蜂窝麻面，孔洞)

续表

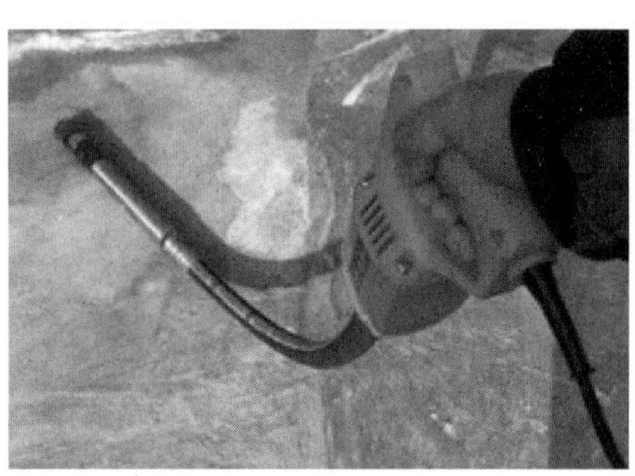

手持振捣设备齐全

监督检查统计表

序号	检查振捣情况	检查点数	合格点数	对应症结合格率
1	未监督	100	47	47.0%
2	派专人监督后	100	95	95.0%

制表人：×××　　　　　　　　　　　　　　　　　　　　　　　　制表日期：×年×月×日

对症结影响程度判断：调查发现项目部振捣工具齐全有效，未派专人监督施工前，随机抽取其中100处管道洞口，对其观感及混凝土强度进行检测，其中56处有蜂窝麻面现象或混凝土强度不符合要求现象，合格率为[(100－53)÷100]×100%＝47%。在派专人进行现场监督施工后，调查发现100处管道孔洞，仅有5处不合格，合格率为[(100－5)÷100]×100%＝95%。两组相比，“混凝土振捣不到位、未振”对问题症结的影响程度大，故得出结论为要因

确认结果：要因

末端原因5：吊模模板强度不够或使用不符合要求的模板　　　　**表6-16**

确认方法	确认内容	对问题症结的影响程度	确认人	确认地点	确认时间
现场测量	1. 调查进场模板质量； 2. 是否使用不符合要求的模板	小	×××、×××	现场及资料室	×年×月×日～×年×月×日

确认依据：模板厚度符合《混凝土模板用胶合板》GB/T 17656—2018的要求，≥15～<18mm，且模板刚度大、不变形、不起鼓，力学性能参数符合《混凝土模板用胶合板》GB/T 17656—2018的要求。

对应症结：立管根部防水施工不到位、封堵混凝土不密实。

确认过程：×年×月×至×日×××、×××调查进场新进木模板合格证书及查阅《混凝土模板用胶合板》GB/T 17656—2018，模板厚度及刚度等均符合上述要求。

模板检查

对症结影响程度判断：木模材强度经检测满足规范要求，木模板安装和混凝土浇筑、振捣，未造成铝模变形，不影响混凝土成型质量。对问题症结的影响程度小，故得出结论为非要因

确认结果：非要因

末端原因 6：洞口边缘基层清理不到位 表 6-17

<table>
<tr><th>确认方法</th><th>确认内容</th><th>对问题症结的影响程度</th><th>确认人</th><th>确认地点</th><th>确认时间</th></tr>
<tr><td>调查分析
现场测量</td><td>洞口基层是否已凿毛，在施工前打扫及浇水湿润处理</td><td>大</td><td>×××、×××</td><td>施工现场</td><td>×年×月×日～×年×月×日</td></tr>
<tr><td colspan="6">

确认依据：预留洞口边缘已凿毛且施工前已冲洗干净并做湿润处理。

对应症结：立管根部防水施工不到位。

确认过程：×年×月×日至×年×月×日×××、×××现场检查施工人员对洞口边缘基层清理情况，检查中发现，施工队伍一在主楼的施工中基层清理干净及时，并进行凿毛处理，清水冲洗，且做湿润处理。同时检查发现施工队伍二在裙楼洞口封堵时，基层清理马虎，有的未用清水冲洗，部分工人操作不规范，边缘未彻底凿毛。施工队伍一在浇筑混凝土完成后，小组成员随机取施工队伍一所施工的 100 处洞口进行检查，经 24h 蓄水试验，只有 4 处管道根部出现渗漏现象。而检查随机抽取施工队伍二封堵的 100 个洞口中，24h 蓄水试验后，有 36 处管道根部出现渗漏现象。

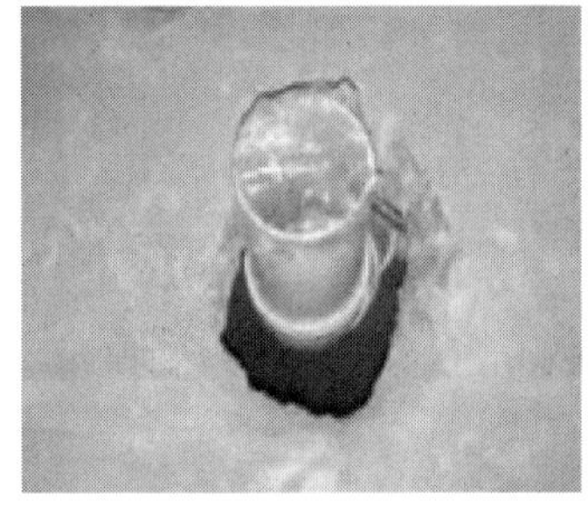

清理冲洗干净

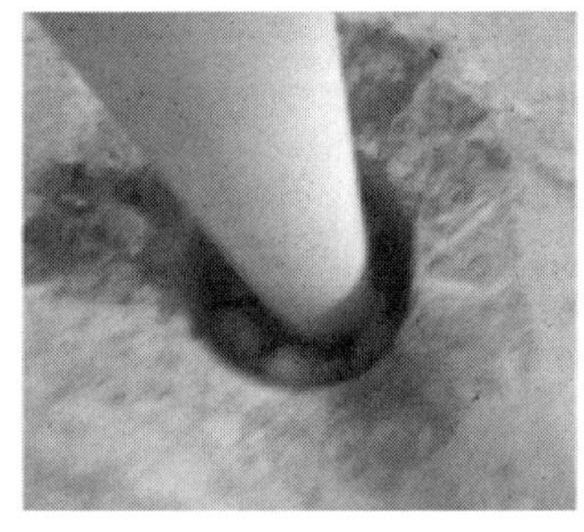

未冲洗清理彻底

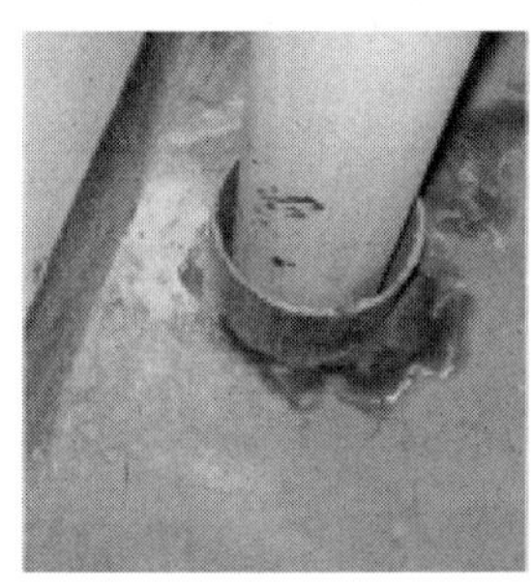

未彻底凿毛

现场基层凿毛及清理图

记录检查统计表

序号	施工队	检查点数	合格点数	合格率
1	一	100	96	96%
2	二	100	64	64%

制表人：××× 制表日期：×年×月×日

对症结影响程度判断：经过调查分析发现施工队伍一对洞口边缘基层清理到位，负责。抽取 100 个洞口检查后，仅有 4 处出现渗漏现象，合格率为[(100－4)÷100]×100%＝96%。而施工队伍二对洞口边缘基层马虎，不到位。抽取 100 个洞口检查后，有 36 处出现渗漏现象，合格率为[(100－36)÷100]×100%＝64%。两组相比，相差很大，因此“洞口边缘基层清理不到位”对问题症结的影响程度大，故得出结论为要因

</td></tr>
<tr><td colspan="6">确认结果：要因</td></tr>
</table>

末端原因 7：立管安装未固定　　　　表 6-18

<table>
<tr><td>确认方法</td><td>确认内容</td><td>对问题症结的影响程度</td><td>确认人</td><td>确认地点</td><td>确认时间</td></tr>
<tr><td>调查分析</td><td>在封堵管洞用细铁棒振捣时管根是否固定无晃动，浇筑混凝土振捣时管道是否下沉</td><td>小</td><td>×××、×××</td><td>施工现场</td><td>×年×月×日～×年×月×日</td></tr>
<tr><td colspan="6">确认依据：管根固定无晃动，浇筑混凝土振捣时管道不下沉。
对应症结：立管根部防水施工不到位。
确认过程：×年×月×日至×年×月×日×××、×××调查现场立管安装固定情况，经调查发现，主楼，施工队一安装的部分管道支架安装固定到位，立管紧固，浇筑时无松动现象。取其中 100 处管道洞口，其中仅有 4 处有管道支架个数漏装或者未固定到位情况。管道固定合格率为[(100－6)÷100]×100%＝96%。为进一步确认洞口边缘基层处理不到位对于症结是否存在影响，对经常施工马虎的施工队二安装的裙楼支架进行调查，发现裙楼安装的部分管道支架安装固定明显不到位，漏装固定支架及固定不到位的个数明显增多，管道安装固定的合格率明显下降，抽取的 100 个预留洞口附近，有 14 处管道支架个数漏装或者未固定到位的情况。管道安装固定合格率为[(100－14)÷100]×100%＝86%。
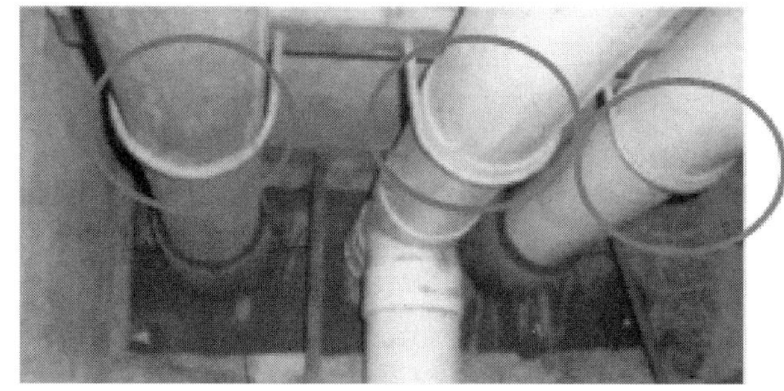 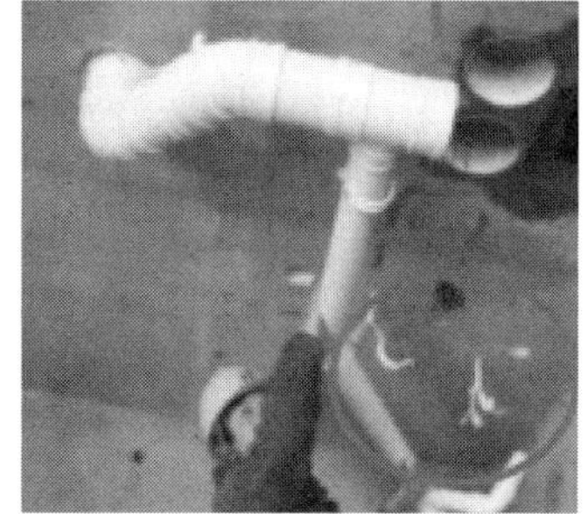
现场支架的安装及固定

记录检查统计表
<table>
<tr><td>序号</td><td>施工队</td><td>检查点数</td><td>管道固定合格点数</td><td>合格率</td><td>对应症结合格率</td></tr>
<tr><td>1</td><td>一</td><td>100</td><td>96</td><td>96%</td><td>51.1%</td></tr>
<tr><td>2</td><td>二</td><td>100</td><td>86</td><td>86%</td><td>49.9%</td></tr>
</table>
制表人：×××　　　　制表日期：×年×月×日

对症结影响程度判断：经过调查分析发现施工队伍一管道安装固定到位。抽取 100 个洞口检查后，仅有 4 处出现管道支架个数漏装或者未固定到位情况，合格率 96%，经 24h 蓄水试验后，对应症结的合格率为 51.1%。而施工队伍二卡箍紧固不到位。抽取 100 个洞口检查后，有 14 处出现管道支架个数漏装或者未固定到位情况，合格率仅为 86%。经 24h 蓄水试验后，对应症结的合格率为 49.9%，两组相比，“立管安装不固定”对“立管根部防水施工不到位”这一症结的影响几乎没有，因此“立管安装不固定”对问题症结的影响程度小，故得出结论为非要因</td></tr>
<tr><td colspan="6">确认结果：非要因</td></tr>
</table>

末端原因 8：施工技术方案针对性不强 **表 6-19**

确认方法	确认内容	对问题症结的影响程度	确认人	确认地点	确认时间
调查分析	根据施工方案结合现场对方案的针对性与可操作进行验证	大	×××、×××	现场会议室及资料室	×年×月×日～×年×月×日

确认依据：1. 施工技术方案是否有预留洞口封堵的技术要点；

2. 施工方案的可操作性及对预留孔洞封堵针对性处理方法是否合理，交底率 100%。

对应症结：立管根部防水施工不到位。

确认过程：×年×月×日至×年×月×日×××、×××查阅施工技术方案及施工组织设计，发现有针对预留孔洞封堵技术要点，有预留孔洞封堵的施工方案。对施工方案的交底率为 100%。经过调研、咨询，借鉴采用针对性的新工艺、新方法来处理预留洞口的封堵问题。小组成员立即召开专题会议，邀请专家参与，结合市场及专家意见，重新编制了新的施工方案。对现场施工作业人员重新交底后实施。同时，项目随机抽查按旧方案施工时的预留洞口点数 100 个及新方案实施后的点数 100 个。经 24h 蓄水试验。按原方案施工时，出现渗漏 26 处，按新方案施工时，渗漏点数明显减少，仅有 2 处。

查阅原方案资料

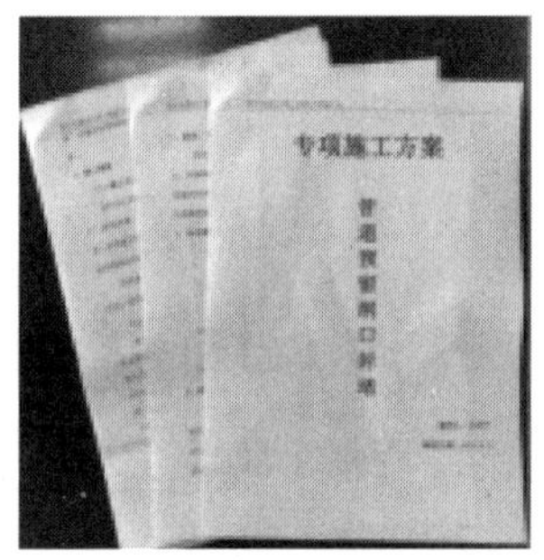

重新编制方案

记录检查统计表

序号	方案	交底率	检查点数	合格点数	合格率
1	旧方案	100%	100	74	74%
2	新方案	100%	100	98	98%

制表人：××× 制表日期：×年×月×日

对症结影响程度判断：经过调查分析，发现按原方案施工时，抽取 100 个洞口检查后，经 24h 蓄水试验后，有 26 处出现预留洞口封堵渗漏的情况，合格率 74%。而采用新方案施工后。抽取 100 个洞口检查后，经 24h 蓄水试验后，仅有 2 处出现预留洞口封堵渗漏的情况，合格率为 98%。两组相比，结果相差较大，因此"施工技术方案针对性不强"对"立管根部防水施工不到位"这一症结的影响很大，故得出结论为要因

确认结果：要因

末端原因 9：成品保护不到位 **表 6-20**

确认方法	确认内容	对问题症结的影响程度	确认人	确认地点	确认时间
调查分析	防水层是否破坏，有无防护措施	小	×××、×××	施工现场	×年×月×日～×年×月×日

确认依据：防水层合格率100%，未被破坏，防护同步跟进，防渗合格率<90%为要因。

对应症结：立管根部防水施工不到位。

确认过程：×年×月×日至×年×月×日×××、×××调查现场成品保护情况，经调查裙楼部分管道洞口混凝土封堵浇筑完成后及防水层施工完成后，施工人员及时进行了有效防护，一段时间后抽取100处管道洞口，其中7处出现管道根部缝渗漏现象。为进一步确认成品保护不到位对于症结是否存在影响，经现场调查，主楼由于工期紧，又恰逢农忙，缺少人手，较多管道洞口在封堵混凝土浇筑完及防水层施工完毕后未及时有效防护，检查100处洞口，其中9处管道根部缝出现渗漏现象。

成品保护临时封堵及管道根部防水施工

记录检查统计表

序号	成品保护情况	调查数量	渗漏数量	合格点数	合格率
1	落实到位	100	7	93	93%
2	未落实到位	100	9	91	91%

制表人：××× 制表日期：×年×月×日

对症结影响程度判断：经过调查分析发现裙楼部分管道封堵，防水层施工后，有有效的成品保护措施，抽查结果渗漏合格率达[(100－4)÷100]×100%＝93%；而主楼部分，由于各种原因，未采取或者未及时采取有效的成品保护措施，抽查结果渗漏合格率达[(100－6)÷100]×100%＝91%，两组相比，相差不大，因此"成品保护不到位"对"立管根部防水施工不到位"这一症结的影响几乎没有，且渗漏合格率均大于90%，因此"成品保护不到位"对问题症结的影响程度小，故得出结论为非要因

确认结果：非要因

末端原因 10：配合单位的影响　　表 6-21

确认方法	确认内容	对问题症结的影响程度	确认人	确认地点	确认时间
调查分析	调查统计因业主变更等引起的预留洞变形或位置变化情况所占比例。	小	×××、×××	资料室	×年×月×日～×年×月×日

确认依据：因业主等各方面原因，造成预留洞口变形或者位置变更所发生的数量占预留洞口数量的比例<10%为非要因。

对应症结：立管根部防水施工不到位。

确认过程：×年×月×日至×年×月×日×××、×××在资料室调查现场预留洞口变形及位置变化情况的设计变更情况，经调查本项目涉及立管预留洞口变形或者位置变化的设计变更文件仅 1 份，由于业主要求的变更，其中涉及变更移位预留洞口 506 个。总计预留洞口 6234 个，占 8.12%。为进一步确认配合单位的影响对于症结是否存在影响，小组成员调查随机抽取了涉及设计变更的洞口 100 个，进行 24h 蓄水试验，经检查，发生渗水的洞口有 5 个。同时，另外在裙楼 A、B 中随机抽取了未涉及设计变更的洞口 100 个，经检查，发生渗水的洞口个数为 7 个。

调查统计表

序号	预留洞口涉及设计变更情况	变更洞口（个）	合计洞口（个）	占比	确认标准
1	涉及变更	506	6234	8. 12%	<10%

制表人：×××　　制表日期：×年×月×日

记录检查统计表

序号	预留洞口涉及设计变更情况	调查洞口数	渗水个数	合格点数	合格率
1	涉及变更	100	5	95	95%
2	未设计变更	100	7	93	93%

制表人：×××　　制表日期：×年×月×日

对症结影响程度判断：经过调查分析，预留洞口变形及位置变化情况的设计变更总计 1 份，设计变更洞口总数 506 个，总立管预留洞口数 6234 个，占 8.12%，且小于 10%，小组成员调查随机抽取的涉及设计变更的 100 个洞口，合格率为 95%，未涉及设计变更的预留洞口 100 个，合格率为 93%。两组相比，几乎没有差别，预留洞口的封堵质量是否涉及设计变更对合格率影响不大，"配合单位的影响"对"立管根部防水施工不到位"症结的影响程度小，故得出结论为非要因

确认结果：非要因

要因确认结果汇总表 表6-22

序号	末端原因	确认方法	负责人	是否要因
1	无奖惩考核制度	调查分析	××× ×××	否
2	培训考核不到位	调查分析	××× ×××	否
3	技术交底落实不到位	调查分析	××× ×××	否
4	混凝土振捣不到位、未振	调查分析	××× ×××	是
5	吊模模板强度不够或使用不符合要求的模板	现场测量	××× ×××	否
6	洞口边缘基层清理不到位	调查分析	××× ×××	是
7	立管安装未固定	现场验证	××× ×××	否
8	施工技术方案针对性不强	调查分析	××× ×××	是
9	成品保护不到位	现场验证	××× ×××	否
10	配合单位影响	调查分析	××× ×××	否

制表人：××× 制表日期：×年×月×日

针对以上10条末端原因逐一确认，确定了3个要因：

（1）混凝土振捣不到位、未振；

（2）洞口边缘基层清理不到位；

（3）施工技术方案针对性不强。

8. 制定对策

小组成员针对以上3个要因，经过讨论、分析，于×年×月×日在××项目部邀请甲方、监理、项目部人员、现场安装班组等人员现场召开QC讨论会，运用头脑风暴法进行了讨论和分析，从多角度提出对策方案，并互相完善补充。根据提出的对策，小组成员对每一条对策从有效性、可行性、经济性、可靠性和时间性进行了综合评价分析，制定了对策分析评价表（表6-23）。

对策分析评价表 **表 6-23**

要因	对策方案	评估					结论
		有效性	可行性	经济性	可靠性	时间性	
混凝土振捣不到位、未振	(1) 分层浇筑，钢钎振捣浇筑后用手持振动棒均匀振捣	分层振捣可以使混凝土与吊模接触更加充分，密实性和板底成型率得以有效提高	分层振捣只在一次振捣的基础上，间隔时间后振捣，对可行性影响不大	采用分层振捣，有效减少了由于封堵成型质量差后的返工及维修费用。经测算节省模板费用每个洞口 1.2 元。增加人工费用 0.5 元/个	分层振捣浇筑后，混凝土成型质量可靠稳定	考虑未分层振捣的返工、维修工期，经测实际分层浇筑工期算比一次浇筑长 15%，但不影响总工期	2 个对策方案经过从有效性、可操作性、经济性、可靠性等方面对比分析，对策方案（1）评估符合要求，因此采用对策方案（1）
	(2) 一次性浇筑振捣成型	一次振捣成型方便，操作简单，但对封堵混凝土的成型质量控制效果一般	使用手持振动设备，振捣方便，一次振捣完毕，可行	采用一次浇筑成型，返工及后期维修会增加人工及维修材料费用，经测算增加人工费用 3 元/个	一次振捣浇筑后，混凝土成型质量一般	一次振捣浇筑，经测算，每 200 个吊模洞口提前 1 天	
洞口边缘基层清理不到位	(1) 将预留洞口凿成喇叭口形，上大下小，清水冲净，湿润，专人检查负责	此对策可以增大现浇面的面积，更方便将洞口内的边缘杂物清理干净。更利于新浇混凝土与原楼板面的密合	用电锤将洞口凿成喇叭口，操作方便简单。可行	开凿成喇叭口的方法，有效减少了由于封堵成型不到位造成渗漏的返工及修补。经测算节省人工及材料费用每个洞口 2.3 元。增加开凿人工费用每个洞口 1.2 元	开凿喇叭口，清理干净后。封堵混凝土与楼板接触面接触密实，无缝隙。防水效果好，可靠稳定	开凿喇叭口，此对策会适当增加工期，0.5 天/500 个，但不影响总工期	2 个对策方案经过从有效性、可操作性、经济性、可靠性等方面对比分析，对策方案（1）评估均符合要求，因此采用对策方案（1）
	(2) 按设计洞口尺寸进行剔凿清水冲净，湿润，专人检查负责	此对策现浇面接触面积小，混凝土与楼板接触面光滑，容易产生缝隙，对立管根部防水施工解决效果一般	直接用电锤开凿洞口，或通过预埋套管的方式预留洞口，操作方便简单，可行	此措施施工简单，采用直接预埋套管预留洞口的办法。经测算节省了大量洞口开凿喇叭口的人工费用约每个洞口 1.2 元	按设计洞口尺寸进行剔凿清水冲净，封堵混凝土与楼板接触面接触密实程度一般，可靠一般	按设计洞口剔凿，预埋套管，此对策对原工期几乎无影响	

续表

要因	对策方案	评估					结论
		有效性	可行性	经济性	可靠性	时间性	
施工技术方案针对性不强	（1）优化原施工方案。	按原方案施工，优化细节工艺，有效性一般	按原方案施工，只对细节及工艺上对原方案优化，可行性一般	优化原方案施工对原施工过程影响不大，原成本变化不大	按优化后的原方案施工对问题症结的结果影响不大，可靠性一般	按优化后的原方案施工，适当提高了施工效率，经测算，每200个洞口节省工期0.5天	2个对策方案经过从有效性、可操作性、经济性、可靠性等方面对比分析，对策方案（2）评估均符合要求，因此采用对策方案（2）
	（2）重新编制专项施工方案，采用管道吊模新工艺	重新编制施工方案，采用新工艺，新方法，有效地提高了工作效率。效果显著	新吊模工艺及新止水节施工工艺操作简单施工方便，减少返工次数，节省了大量的人力和物力，着实可行	采用新施工方案后，新吊模工艺，经测算，每个洞口节省人工及材料费用18.7元/个。新止水节工艺，每个材料及人工费用节省17元/个	经新方案施工后，立管封堵质量明显提高，效果显著，可靠性高	按新方案施工后，大大提高了工作效率，提高工人的积极性，减少返工次数。经测算，每100个洞口节省工期0.9天	

制表人：×××　　　　制表日期：×年×月×日

小组成员通过以上方案根据选出的3条合理可行方案，运用“5W1H”的方法从有效性、可行性、经济性、可靠性、时间性方面对比分析，我们选出了合理可行的对策，针对要因制定了对策和措施，并落实了责任人和完成时间。

我们小组成员运用头脑风暴法进行了讨论和分析，针对每项对策提出相应的措施，制定对策计划表，见表6-24。

对策表　　　　表6-24

序号	要因	对策	目标	措施	责任人	地点	完成时间
1	施工技术方案针对性不强	重新编制专项施工方案，采用管道吊模新工艺	保证方案重新交底率达100%，对方案掌握情况达到95%以上。管道吊模加固效率提高50%，新工艺应用率100%	1. 召开全体小组成员专题会议，重新编制新工艺专项施工方案； 2. 对班组所有人员重新交底，并组织考核测评；确保其熟练掌握新工艺的操作流程及施工规范； 3. 交底考核合格后，按新工艺进行施工	××× ××× ××× ×××	工地会议室、现场	×年×月×日

续表

序号	要因	对策	目标	措施	责任人	地点	完成时间
2	洞口边缘基层清理不到位	将预留洞口凿成喇叭口形，上大下小，清水冲净，湿润，专人检查负责	技术交底100%，保证基层清理100%干净，凿毛100%到位，表面无松散，增大与原混凝土楼板交接面积。立管洞口封堵无渗漏	1. 对班组所有人员重新交底，并定期考核测评； 2. 将预留洞口凿成喇叭口，上大下小，比楼板上表面低约2cm，清水冲洗干净，浇筑前湿润； 3. 对由于未严格按照技术交底及方案施工的，造成立管洞口封堵一次合格率降低的将根据奖惩措施对班组和相关责任人进行经济处罚	××× ××× ××× ×××	工地会议室、现场	×年×月×日
3	混凝土振捣不到位、未振	分层浇筑，钢钎振捣浇筑后用手持振动棒均匀振捣	技术交底100%，保证分层浇筑，每处洞口浇筑时振捣到位充分，混凝土成型合格率提高至95%	1. 对现场浇筑工人进行技术交底，并现场监督指导； 2. 第一次浇筑楼板厚度的1/2，钢钎振捣密实，用手持振动棒振捣，待初凝后进行二次浇筑，捣实抹平收面，并由内向外做找坡； 3. 对由于未严格按照技术交底及方案施工的，造成立管洞口封堵一次合格率降低的将根据奖惩措施对班组和相关责任人进行经济处罚	××× ××× ××× ×××	工地会议室、现场	×年×月×日

制表人：×××　　　　制表日期：×年×月×日

9. 实施对策

实施一：针对施工技术方案针对性不强的对策。

对策：重新编制专项施工方案，采用管道吊模新工艺。

措施 1：召开全体小组成员专题会议，重新编制新工艺专项施工方案。

×年×月×日至×日由项目经理×××经调查市场及咨询专家后，发现市场上有更好及更有针对性的新工艺、新方法来处理预留洞口的封堵问题。小组成员立即邀请公司总工、监理、专家及相关班组成员召开专题会议（图 6-10），结合市场及专家意见，进行讨论并编制更详细，更有针对性的立管预留洞口封堵施工方案。

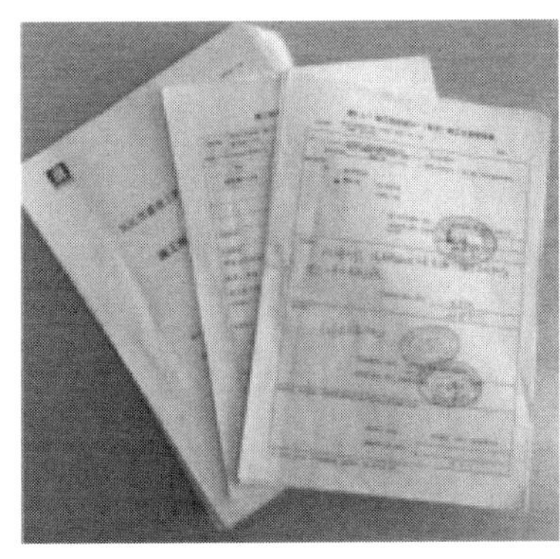

图 6-10　立管预留洞口封堵专项施工方案及专题会议现场

措施 2：对班组所有人员重新交底，并组织考核测评；确保其熟练掌握新工艺的操作流程及施工规范。

方案讨论编制完成经监理审批后，立即对各施工班组重新进行技术交底（图 6-11）。需交底人员全部到齐，交底率达到既定目标 100%，并确保技术交底齐全、及时、有效。组织人员现场检查方案实施效果，发现问题，及时纠正。同时加强培训，手把手对现场人员进行系统培训，对于不能掌握操作技巧的班组长，进行长期的定期的理论指导学习，未掌握扎实技术前，不准从事现场领班工作。

图 6-11　施工方案技术交底及班前交底现场

措施 3：交底考核合格后，按新工艺进行施工。

根据市场调查结果及专家意见后，重新编制了立管预留洞口封堵专项施工方案，采用了新的施工工艺，具体实施如下：

(1) 主体楼面未浇筑的楼层

采用止水节预埋套管新工艺。止水节预埋套主要由管件主体、止水翼环、底部双层内插式承口、固定支座以及管帽等组成。多层带沟槽止水翼环能够大大增加排水预埋件与混凝土之间的接触长度和接触面，较为粗糙的表面使之更加紧密结合，杜绝积水渗漏；底部双层内插式承口用于下部排水管与之相连接，形成排水系统；固定支座上有用于将预埋件固定在大模板上的孔；管帽则能够保护预埋件中不被撒入污物和建渣，防止管道堵塞和污染。

施工工艺如下：

1）工艺流程

定位→固定止水节→浇捣板面→拆除模板→砌体、粉刷→立管安装→支管安装（直接插入止水节）→卡件固定→闭水试验→办理工序验收手续→土建防水。

2）操作要点

① 根据支模轴线，在楼面模板完成后弹出地漏、大便器等有立管管道的定位十字线。

② 用2寸钉将“止水节”按十字线在四角固定。

③ 固定“止水节”后，用木屑或黄砂垫满“止水节”管身，避免浇捣时混凝土浆流入管身。

④ 浇捣混凝土时应注意观察“止水节”有无位移变形或堵塞情况，发现问题应立即停止浇捣进行整改，见图6-12。

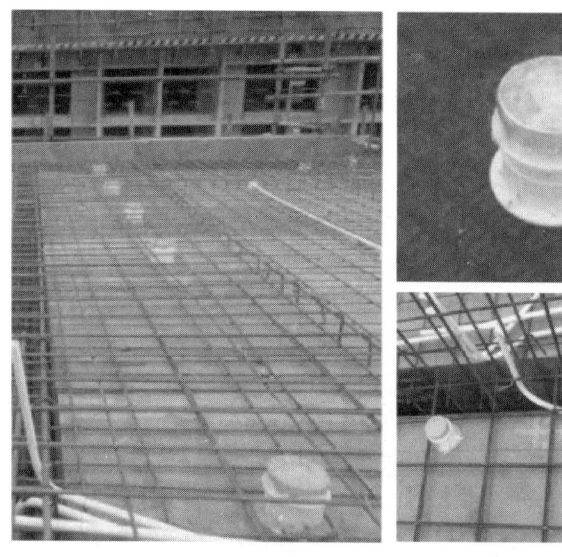

图6-12 止水节套管现场预埋固定

(2) 裙楼楼板面已完成浇筑的楼层

采用管道吊模新工艺，施工工艺如下：

第一步：把模板两半平面向上紧贴楼板下表面卡在管子上，再用螺丝（产品携带）将其紧固在管子上。

第二步：从楼板上表面向预留洞的空隙里放入混凝土并压实抹平。

第三步：由于模板与混凝土之间无铁丝预埋，混凝土稍凝固即可拆模（加快施工进度），把螺丝松掉，取下封堵模板，再重复利用即可，见图6-13、图6-14。

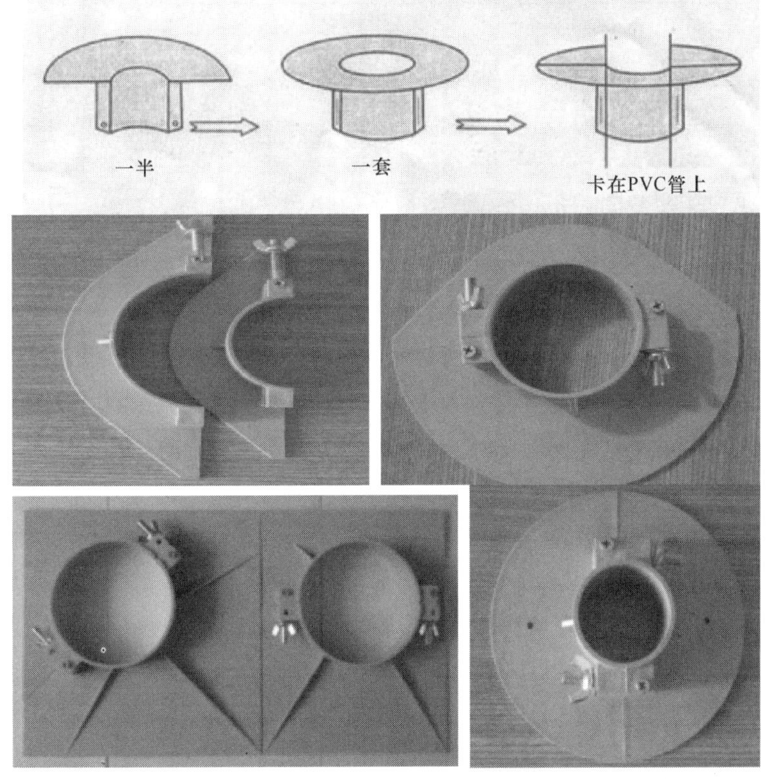

图 6-13　吊模封堵模板图

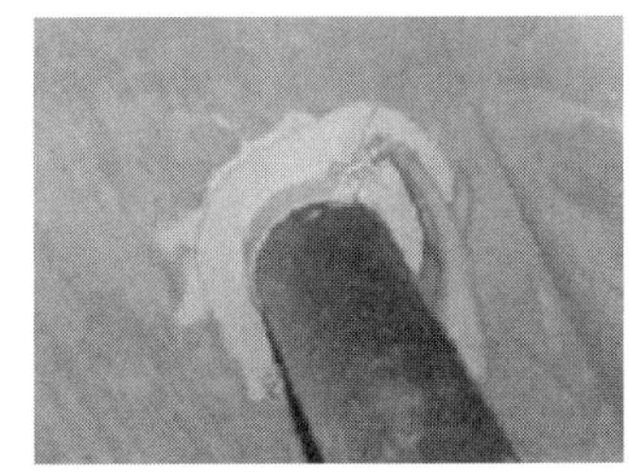

图 6-14　现场吊模安装图

实施效果验证：

针对专项施工方案新工艺的交底情况对管理人员及施工班组人员进行培训考核；通过考核和奖罚措施的落实，管理队伍和施工班组的工作积极性逐渐提高，各项工作秩序井然，成效明显，管理制度得到有效执行。

考核结果见表 6-25、图 6-26。

新施工方案施工工艺专项培训考核成绩表　　　　**表 6-25**

序号	姓名	成绩	序号	姓名	成绩
1	×××	92	3	×××	93
2	×××	92	4	×××	95

续表

序号	姓名	成绩	序号	姓名	成绩
5	×××	93	23	×××	96
6	×××	95	24	×××	94
7	×××	95	25	×××	93
8	×××	96	26	×××	92
9	×××	92	27	×××	95
10	×××	93	28	×××	96
11	×××	91	29	×××	92
12	×××	96	30	×××	93
13	×××	95	31	×××	88
14	×××	94	32	×××	92
15	×××	93	33	×××	93
16	×××	94	34	×××	93
17	×××	93	35	×××	94
18	×××	92	36	×××	95
19	×××	91	37	×××	94
20	×××	97	38	×××	92
21	×××	96	39	×××	96
22	×××	94	40	×××	94

制表人：××× 制表日期：×年×月×日

培训、考核记录统计表 **表 6-26**

序号	检查项目	考核培训人数	合格人数	优良率	出勤率/合格率
1	上岗培训记录	40	40	97.5%	100%
2	操作技能考试	40	40		100%

制表人：××× 制表日期：×年×月×日

通过以上对策，操作工人熟练地掌握了新的施工工艺和操作规范，保证了预留洞口封堵的质量，提高了封堵后的混凝土成型效果及防渗漏效果。在采用新施工方案后，我们小组对立管预留洞口封堵后的渗漏情况及外观质量情况进行调查，共随机抽查裙房 A、B，主楼共计 300 个洞口，通过 24h 渗水试验，渗漏现象明显减少，合格率 100%。拆模后外观成型质量有了质的提高。检查情况见表 6-27、表 6-28 及图 6-15～图 6-17。

蓄水试验渗漏情况调查统计表 **表 6-27**

序号	项目单体	部位	检查点数	无渗漏合格点数	渗漏点数	合格率	平均合格率
1	主楼	9 层	50	50	0	100%	100%
2		12 层	50	50	0	100%	
3		15 层	50	50	0	100%	
4	裙房 A、B	2 层	50	50	0	100%	100%
5		3 层	50	50	0	100%	
6		4 层	50	50	0	100%	
合计			300	300	0	100%	

制表人：××× 制表日期：×年×月×日

管道吊模新工艺拆模后平整度偏差表 表 6-28

部位	检查内容	检查标准（mm）	检查点数									
			1	2	3	4	5	6	7	8	9	10
主楼 10 层	洞口平整度	≤3mm	+2	−2	+1	+2	−2	+1	−1	+2	+3	−3
主楼 13 层	洞口平整度	≤3mm	−1	−2	−3	+3	+1	−2	−3	−3	+3	+3
主楼 16 层	洞口平整度	≤3mm	+1	+2	−2	+3	+2	−3	−2	−3	−2	+2
主楼 17 层	.洞口平整度	≤3mm	+1	−1	+2	−2	+2	−3	−3	−1	−2	+3

制表人：××× 制表日期：×年×月×日

建 工 社
重磅福利
购买我社
正版图书
扫码关注
一键兑换
标准会员服务
－兑换方式－
刮开纸质图书
所贴增值贴涂层
（增值贴示意图见下）
扫码关注

点击
［会员服务］
选择
［兑换增值服务］
进行兑换
新人礼包
免 费 领
75元优惠券礼包
全场通用半年有效

中国建筑出版传媒有限公司
中国建筑工业出版社

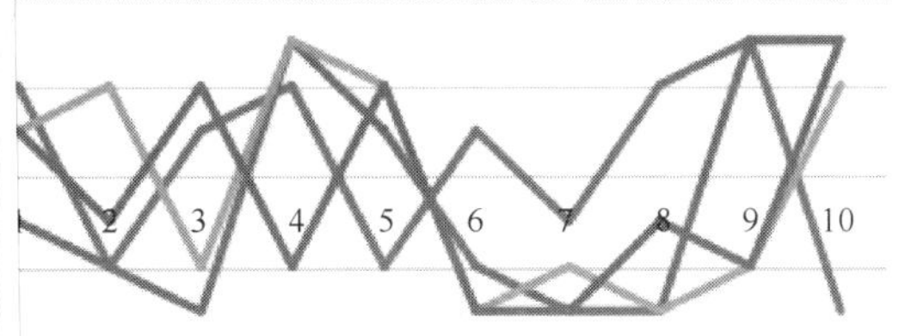

图 6-15 止水节预埋套管效果图

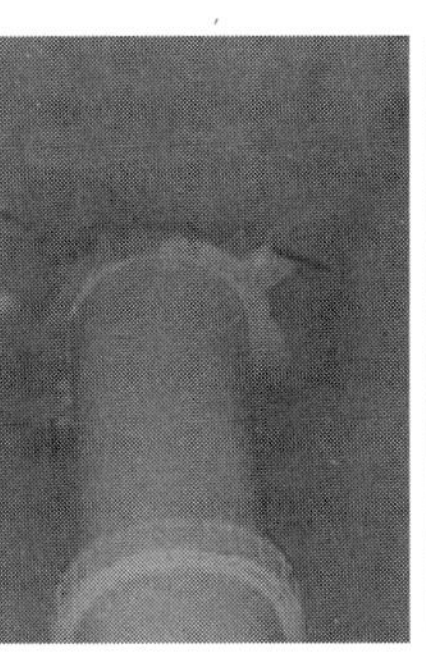
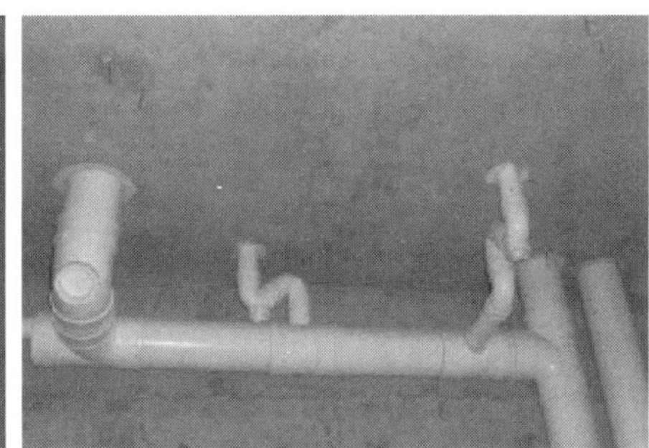
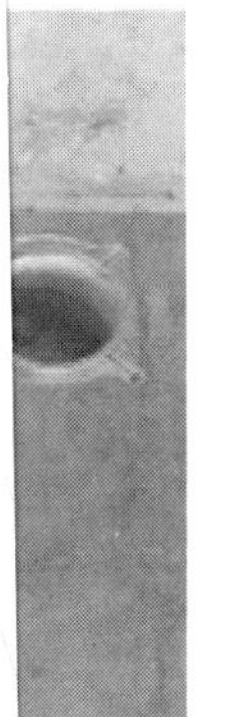
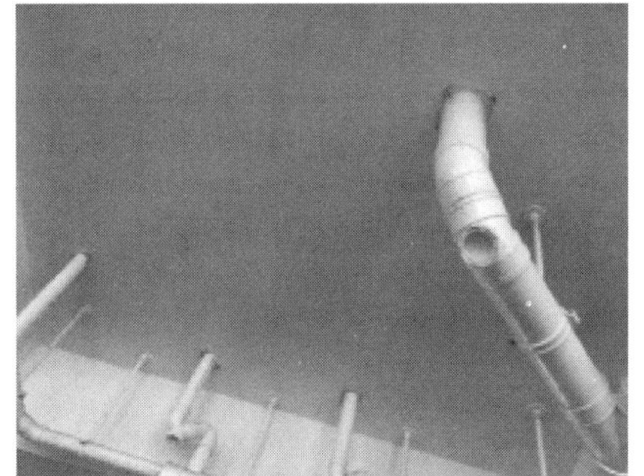

图 6-16 止水节预埋套管图

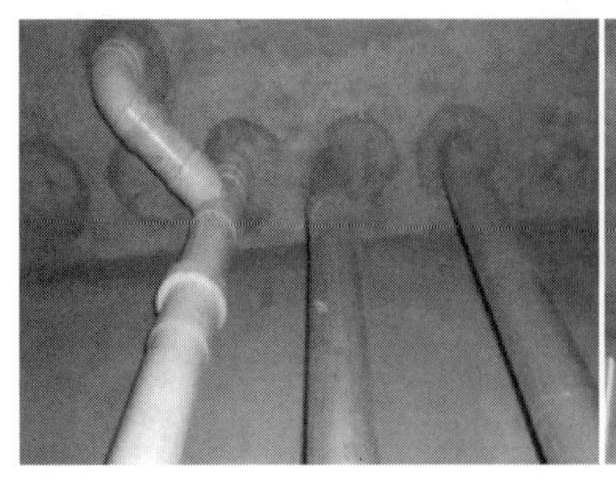

图 6-17 管道吊模新工艺拆模图

由以上图表可以看出，按新方案新工艺实施后，渗漏现象明显减少，抽检合格率100%。拆模后外观成型质量抽查了 40 个点，表面平整度均符合要求。定型吊模工具的使用有效解决传统封堵方式人工制模制作粗糙，施工面凹凸不平、混凝土错台（突出楼板平面）、漏浆、污染管道墙壁，上下层间以铁丝连接，拆模时机把握不好会引起铁丝松动，造成渗水隐患等问题。采用此方法后安装施工速度快、封堵材料可重复使用、施工质量得到保证、降低人工成本。采用止水节预埋套管新工艺后甚至减少了预留洞口封堵时间，施工效率明显提高，成本大大降低。

综上所述，执行改善新专项方案后，技术交底率 100%，立管预留封堵成型效果明显改善，经蓄水试验后渗漏现象明显减少，合格率提升至 100%。封堵拆模后的成型质量也有质的提高，管道吊模加固效率也有了相应提高，新工艺应用率 100%，对策目标已实现。

实施二：针对洞口边缘基层清理不到位的对策。

对策：将预留洞口凿成喇叭口形，上大下小，清水冲净，湿润，专人检查负责。

措施 1：对班组所有人员重新交底，并定期考核测评。

×年×月×日至×年×月×日由小组成员×××、×××配合项目部技术人员按编制的施工作业指导书及技术交底对现场班组技术人员及操作工人进行重新交底，并定期组织测评考核。建立完善的质量管理体系和岗位责任制，制定详尽的奖罚制度（图 6-18）。

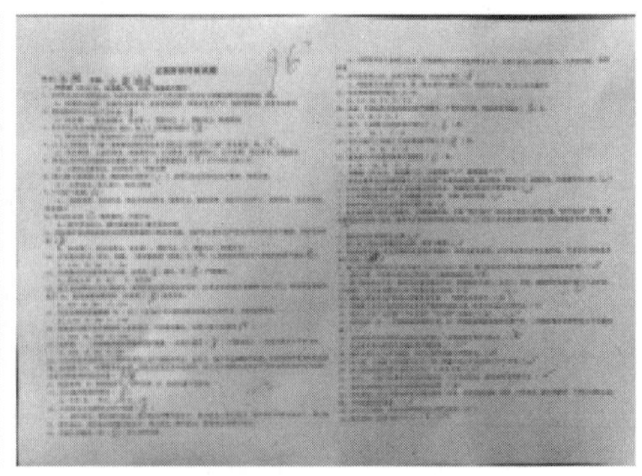

图 6-18 班前技术交底及定期测评考核

措施 2：将预留洞口凿成喇叭口，上大下小，比楼板上表面低约 2cm，清水冲洗干净，浇筑前湿润。

施工工艺：清理预留洞口，将贴在洞口混凝土上的木屑、模板、套管等剔除干净，凿除洞口松散的混凝土，然后对洞口侧面混凝土凿毛处理，将光滑的侧表面用錾子剔成凹凸不平的毛面，凿毛时将预留洞口凿成喇叭口，上大下小，楼板上表面低约 2cm，上部最少要求比管道大 4～6cm，下部最少要求每边比管道大 2～3cm，并且要冲洗干净后才能吊模。最后将洞口用清水洗刷干净。见图 6-19～图 6-21。

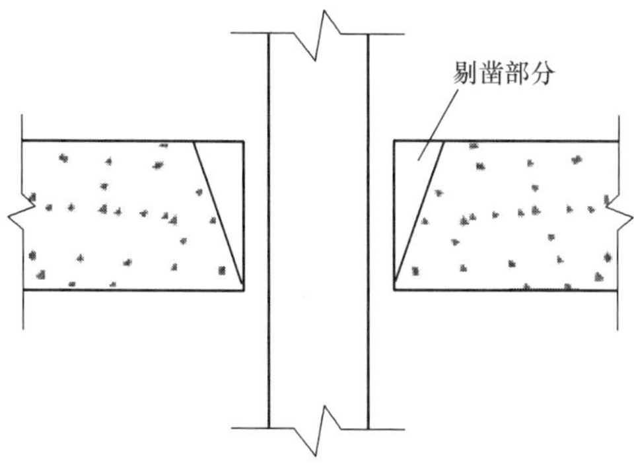

制图人：×××　　制图日期：×年×月×日

图 6-19　立管预留洞口剔凿示意图

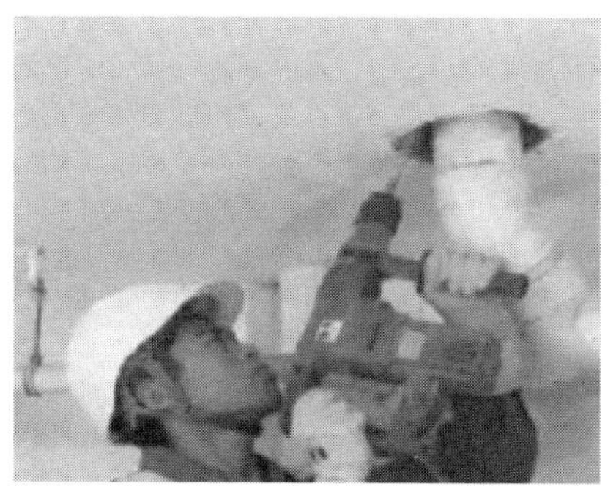

图 6-20　预留洞口底部剔凿

图 6-21　预留洞口剔凿效果图

×年×月×日至×年×月×日由小组成员×××带领自己班组，按照上述施工工艺及技术交底的要求，对预留洞口基层进行施工封堵，并派小组成员×××对现场进行监督检查。

措施 3：对由于未严格按照技术交底及方案施工的，造成立管洞口封堵一次合格率降低的将根据奖惩措施对班组和相关责任人进行经济处罚。

×年×月×日至×年×月×日由小组成员×××负责跟踪立管预留洞口封堵技术文件的实际落实情况，了解洞口边缘基层清理情况是否合格，是否按照技术交底及方案的要求进行施工。各负责班组签署责任状，并交底至每个一线施工人员（图 6-22）。同时小组成员

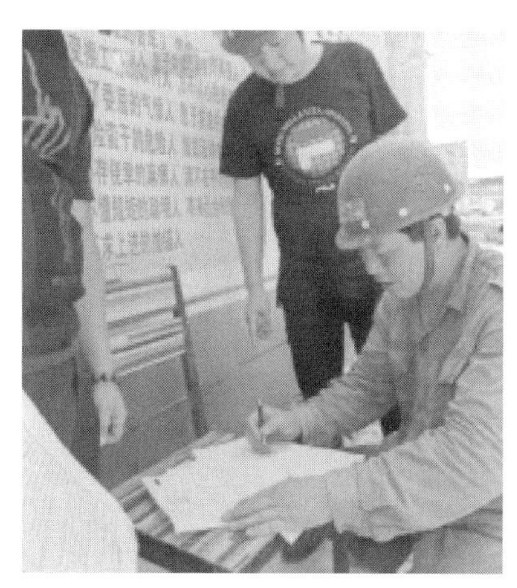

图 6-22　各班组长签署责任状

根据现场合格率情况配合项目负责人对各施工班组实施奖惩措施。

实施效果验证：

针对施工方案及技术交底培训情况对管理人员及施工班组人员进行考核；通过考核和奖罚措施的落实，管理队伍和施工班组的工作积极性逐渐提高，至主体八层施工时，各项工作秩序井然，成效明显，管理制度得到有效执行，见表 6-29、图 6-23、表 6-30。

基层清理技术要点专项培训考核成绩表 **表 6-29**

序号	姓名	活动前成绩	活动后成绩	序号	姓名	活动前成绩	活动后成绩
1	×××	88	87	21	×××	91	97
2	×××	92	94	22	×××	89	92
3	×××	91	94	23	×××	88	92
4	×××	88	93	24	×××	87	91
5	×××	87	92	25	×××	90	88
6	×××	81	84	26	×××	89	91
7	×××	83	85	27	×××	86	90
8	×××	93	95	28	×××	90	91
9	×××	91	91	29	×××	91	92
10	×××	93	92	30	×××	90	92
11	×××	92	91	31	×××	93	98
12	×××	88	95	32	×××	89	91
13	×××	89	99	33	×××	88	92
14	×××	93	96	34	×××	87	92
15	×××	86	92	35	×××	87	93
16	×××	88	96	36	×××	91	96
17	×××	91	94	37	×××	88	95
18	×××	90	94	38	×××	87	91
19	×××	91	92	39	×××	90	93
20	×××	91	98	40	×××	90	94

制表人：××× 制表日期：×年×月×日

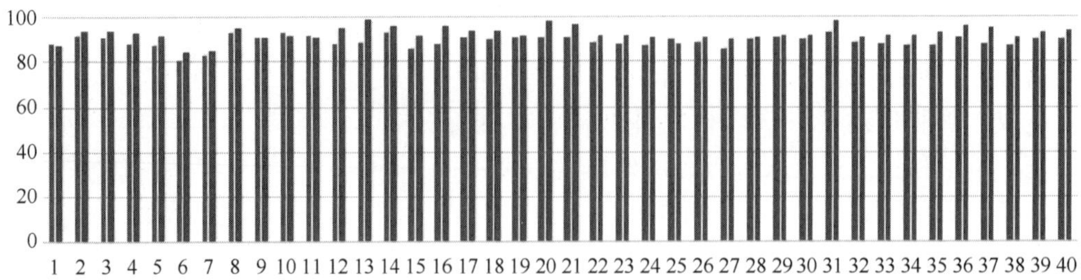

制图人：××× 制图日期：×年×月×日

图 6-23 活动前后成绩柱状图

活动后培训、考核记录统计表 表 6-30

序号	检查项目	考核培训人数	合格人数	优良率	出勤率/合格率
1	上岗培训记录	40	40	95%	100%
2	操作技能考试	40	40		100%

制表人：××× 制表日期：×年×月×日

通过以上对策，操作工人熟练地掌握了施工工艺和操作规范，保证洞口边缘基层清理干净，增大了与原混凝土楼板接触面积，保证了封堵混凝土与基层的结合程度，提高了立管预留洞口封堵的质量。混凝土浇筑完成后，我们 QC 小组对立管预留洞口封堵后的渗漏情况进行调查，共随机抽查裙房 A，裙房 B 及主楼共计 600 个洞口，通过 24h 渗水试验，渗漏现象明显减少，抽查情况见图 6-24、图 6-25 及表 6-31。

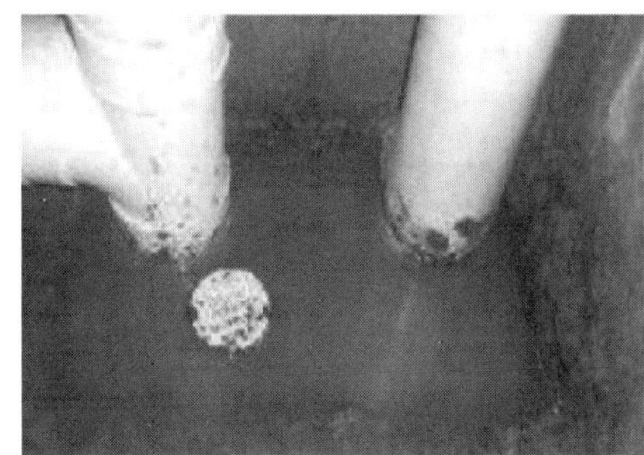

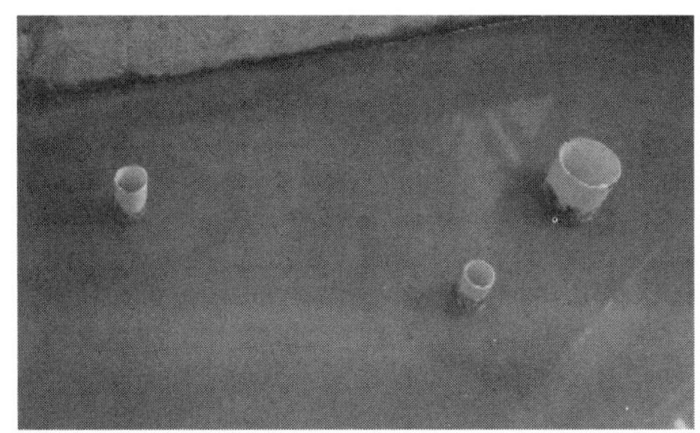

图 6-24 预留洞口蓄水试验

蓄水试验渗漏情况调查统计表 表 6-31

序号	项目单体	部位	检查点数	无渗漏合格点数	渗漏点数	合格率	平均合格率
1	裙房 A	1 层	50	50	0	100%	100%
2		2 层	50	50	0	100%	
3		3 层	50	50	0	100%	
4		4 层	50	50	0	100%	

续表

序号	项目单体	部位	检查点数	无渗漏合格点数	渗漏点数	合格率	平均合格率
5	裙房 B	1 层	50	50	0	100%	100%
6		2 层	50	50	0	100%	
7		3 层	50	50	0	100%	
8		4 层	50	50	0	100%	
9	主楼	7 层	50	50	0	100%	100%
10		8 层	50	50	0	100%	
11		9 层	50	50	0	100%	
12		10 层	50	50	0	100%	
合计			600	600	0	100%	

制表人：××× 制表日期：×年×月×日

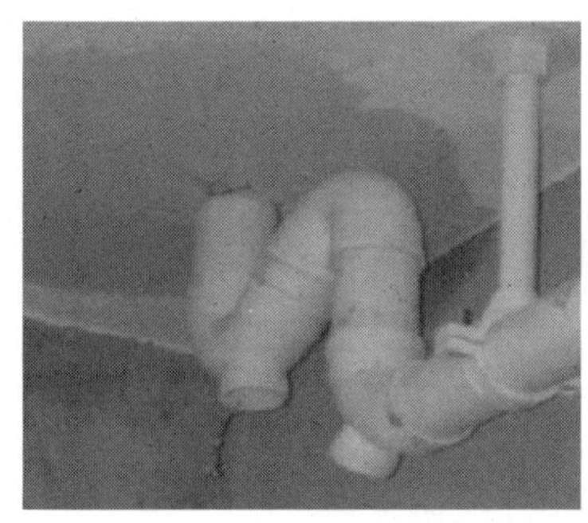
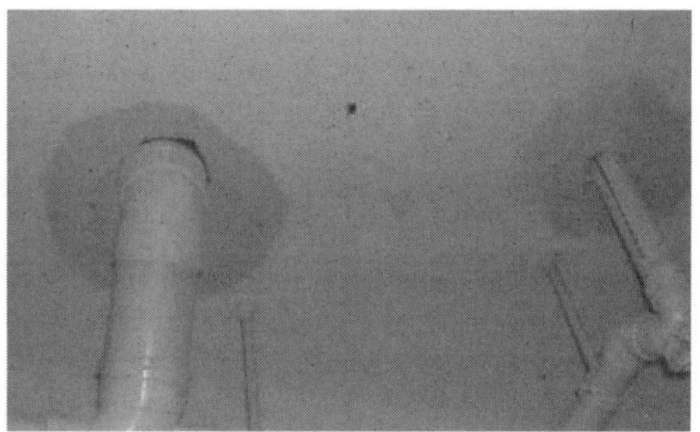

对策实施前：基层清理不到位，蓄水试验后渗漏

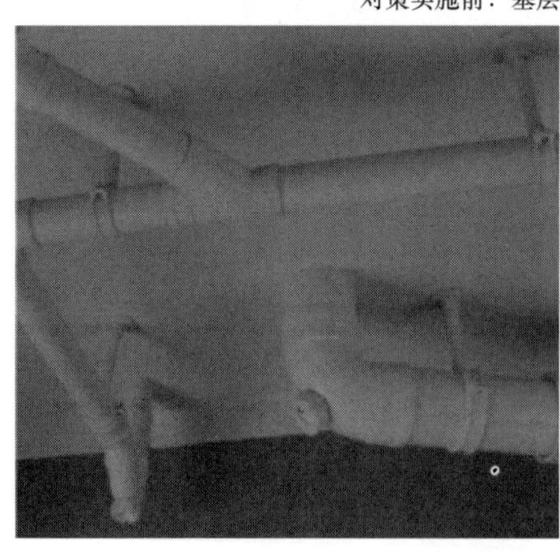
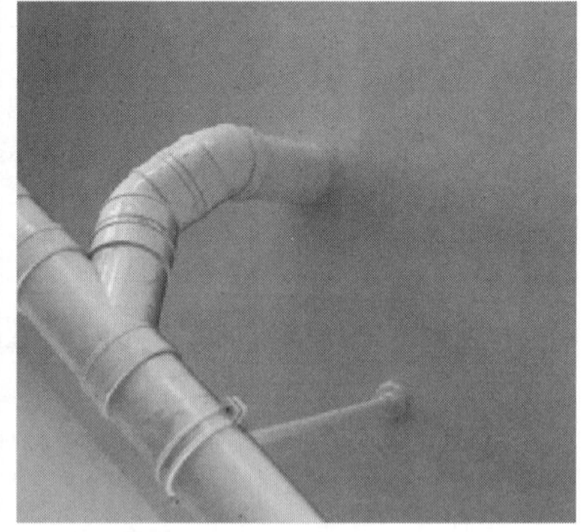

对策实施后：基层清理到位，蓄水试验无渗漏

图 6-25 对策实施前后效果图对比

综上所述，经过小组成员及项目部所有员工的共同努力，立管预留洞口基层清理效果明显改善，技术交底 100%，经蓄水试验后渗漏现象明显减少，合格率提升至 100%。洞口边缘基层清理控制结果取得了理想的效果，对策目标已实现。

实施三：针对混凝土振捣不到位、未振的对策。

对策：分层浇筑，钢钎振捣浇筑后用手持振动棒均匀振捣。

措施 1：对现场浇筑工人进行技术交底，并现场监督指导。

×年×月×日由小组成员×××、×××重新组织相关作业人员组长进行技术交底，交底成员全部到场，交底率达 100%（图 6-26）。

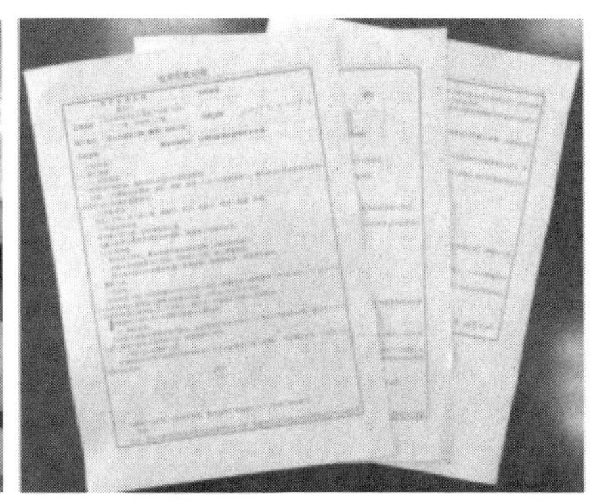

图 6-26 技术交底会议及资料照片

措施 2：第一次浇筑楼板厚度的 1/2，钢钎振捣密实，用手持振动棒振捣待初凝后进行二次浇筑，捣实抹平收面，并由内向外做找坡。

×年×月×日至×日由小组成员×××负责跟踪立管预留洞口封堵的方案编制及技术交底的文件编制。后由小组成员×××负责跟踪技术负责人对各班组及现场所有施工人员的技术交底情况，并签字记录，保证方案及技术要求交底率 100%。

具体实施：

（1）管道洞口封堵施工流程：预留孔洞→凿毛清洗→吊模→刷素水泥浆→浇细石混凝土→第二次浇细石混凝土→养护→蓄水试验→办理工序交接验收手续→土建防水施工。管道洞口封堵示意见图 6-27。

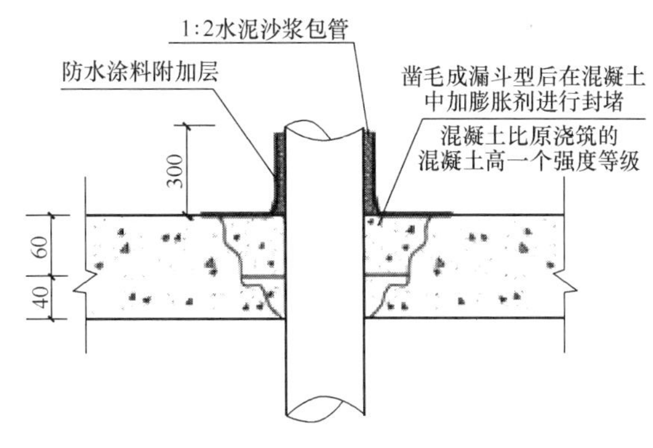

图 6-27 管道洞口封堵示意图

（2）立管预留洞口封堵前，编制封堵混凝土浇筑方案及技术交底文件，明确立管预留洞口封堵方法及技术要点。对现场操作工人进行技术交底，并在浇筑过程中监督指导。

（3）立管预留洞口封堵混凝土分层浇筑，分两次浇筑。

① 第一次浇筑楼板厚度的 1/2，并用钢钎均匀振捣，再用手持振动棒振捣，检查模板底部是否出浆。

② 待混凝土初凝后用毛刷沾水将混凝土表面及洞口周边清理干净，并进行二次浇筑。

③ 捣实抹平收面，并由管边向外做适当找坡。

措施 3：对由于未严格按照技术交底及方案施工的，造成立管洞口封堵一次合格率降低的将根据奖惩措施对班组和相关责任人进行经济处罚。

×年×月×日至×年×月×日由小组成员×××及×××负责跟踪立管预留洞口封堵技术文件的实际落实情况，并根据现场合格率情况对各施工班组实施奖惩措施，见图 6-28、图 6-29。

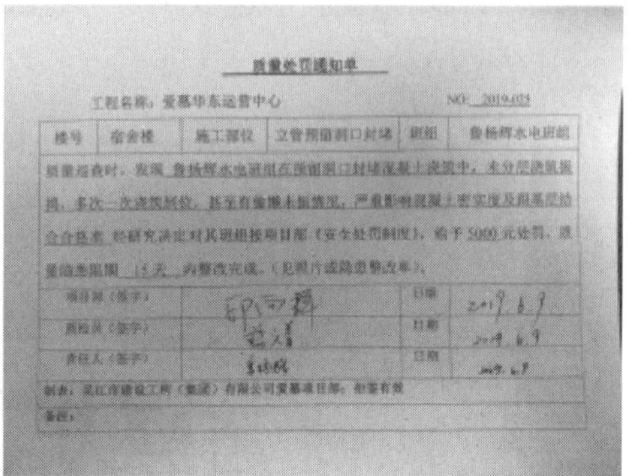

质量处罚通知单

工程名称：爱慕华东运营中心

楼号	宿舍楼	施工部位	立管预留洞口封堵	班组	鲁杨辉水电班组

图 6-28　奖惩现场及处罚单

图 6-29　班组长责任落实签字

实施效果验证：

(1) 小组成员对交底会效果做了不记名问卷调查。从问卷调查统计表中可以看出，受交底人员达到“掌握”和“熟悉”层次的人员达 88.44%+8.09%=96.53%，达到预期目的。交底率 100%。同时组织专人对仅为“了解”层次的施工人员重新组织培训，直至考核合格才能继续上岗作业，见表 6-32。

对方案熟悉情况调查表　　**表 6-32**

受教育部门	人数	“掌握”层次（人）	“熟悉”层次（人）	“了解”层次（人）
工程部	19	18	1	0
质量部	6	6	0	0
技术部	10	9	1	0
水电班组 A	40	35	3	2
水电班组 B	52	45	5	2

续表

受教育部门	人数	"掌握"层次（人）	"熟悉"层次（人）	"了解"层次（人）
水电班组 C	46	40	4	2
合计	173	153	14	6
百分比		88.44%	8.09%	3.47%

制表人：××× 制表日期：×年×月×日

（2）分层浇筑振捣后，对现场立管预留洞口浇筑情况进行检查，混凝土与原洞口基层接触更加充分，密实性得以提高，见图 6-30。立管预留洞口封堵合格率明显提升。×月×日至×日，小组成员×××、×××对现场 300 处管道洞口调查发现，管道四周混凝土密实合格率达 95%以上，混凝土成型质量合格率达 96.3%，见表 6-33。

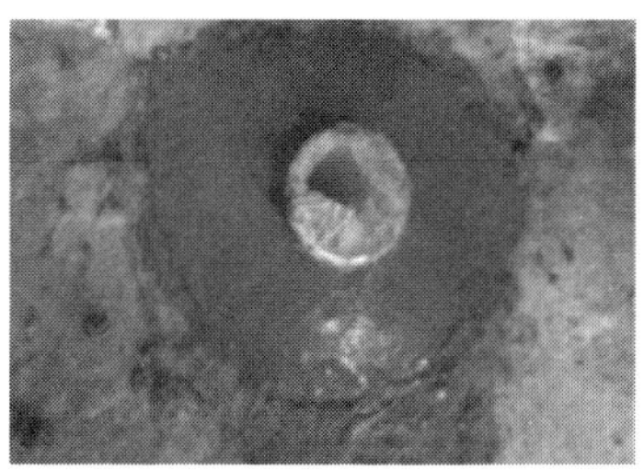

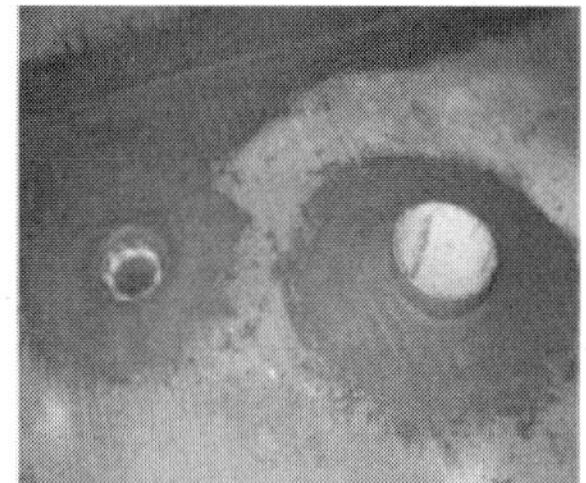

图 6-30 封堵面层混凝土成型效果图

混凝土外观密实度成型质量调查统计表 **表 6-33**

序号	部位	楼层	检查点数	合格点数	不合格点数	合格率	平均合格率
1	裙楼 A	二层	100	98	2	98%	96.3%
2	裙楼 B	二层	100	94	6	94%	
3	主楼	三层	100	97	3	97%	

制表人：××× 制表日期：×年×月×日

综上所述，立管预留洞口封堵混凝土成型明显改善，技术交底 100%，保证分层浇筑，每处洞口浇筑时振捣到位充分，混凝土成型合格率提高至 96.3%。进而可知我们小组活动的改进措施有效，实现了小组活动目标。

10. 效果检查

通过 QC 小组的多次活动，精心组织实施，×年×月×日小组成员会同监理一起对本工程立管预留洞口封堵进行质量抽查并进行了统计。

现场共随机抽取了 750 个点进行检查，其中不合格 30 点，合格率为 96.0%，超过了活动目标 94%，汇总抽查数据对立管预留洞口封堵的施工质量问题做出统计表，见表 6-34。

立管预留洞口封堵质量问题检查表 **表 6-34**

项目	对策实施前			对策实施后		
	抽检数量	合格点数	合格率	抽检数量	合格点数	合格率
管道根部封堵差	150	68	45.3%	150	144	96.00%

续表

项目	对策实施前			对策实施后		
	抽检数量	合格点数	合格率	抽检数量	合格点数	合格率
预留洞口数量遗漏	150	145	96.7%	150	146	97.50%
混凝土板底成型不达标	150	147	98.0%	150	144	96.50%
管道安装偏位	150	148	98.7%	150	141	97.00%
其他(工艺、材料)	150	149	99.3%	150	145	98.50%
合计	750	657	87.6%	750	720	96.0%

制表人：×××　　　　制表日期：×年×月×日

质量员×××、监理工程师对立管预留洞口封堵的质量进行检查，其检验批检查结果达到立管预留洞口封堵施工质量要求。

由表 6-34 可知，立管预留洞口封堵的质量一次合格率 96.0%，大于 94%，说明小组活动制定的目标实现了，另外我们小组成员也对管道根部封堵差的质量差这个主要问题也进行了归纳整理，绘制了表 6-35。

立管预留洞口分层质量问题检查表　　表 6-35

项目	对策实施前			对策实施后		
	抽检数量	不合格点数	合格率	抽检数量	不合格点数	合格率
立管根部防水	150	37	45.3%	150	0	96.5%
封堵混凝土		32			1	
立管接缝		6			3	
吊模安装		4			2	
吊模铁丝		3			0	
合计	150	82		150	144	

制表人：×××　　　　制表日期：×年×月×日

根据以上检查表，我们小组成员绘制了质量问题频数统计表，见表 6-36。

质量问题频数统计表　　表 6-36

序号	项目	频数(点)	频率	累计频率	备注
1	立管接缝差	3	50.0%	50.0%	
2	吊模安装不牢固	2	33.3%	83.3%	
3	封堵混凝土不密实	1	16.7%	100%	
4	立管根部防水施工不到位	0	0%	100%	
5	吊模铁丝生锈	0	0%	100%	
	合计	6	100%		

制表人：×××　　　　制表日期：×年×月×日

通过 QC 小组活动，组织实施后，之前的两个主要问题频率下降，变为次要问题，见图 6-31、图 6-32。

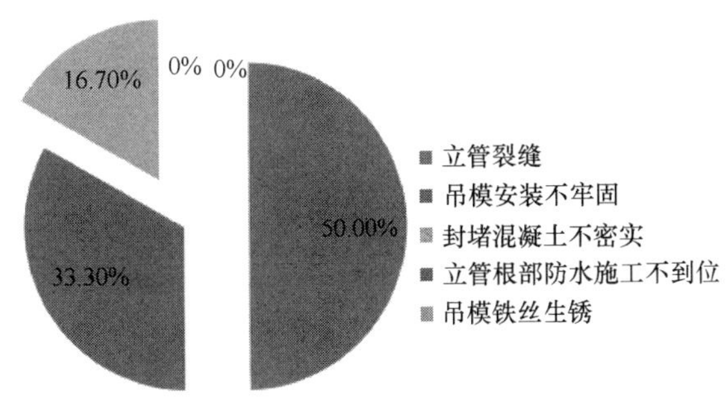

制图人：×××　　　　制图日期：×年×月×日

图 6-31　实施后质量问题饼分图

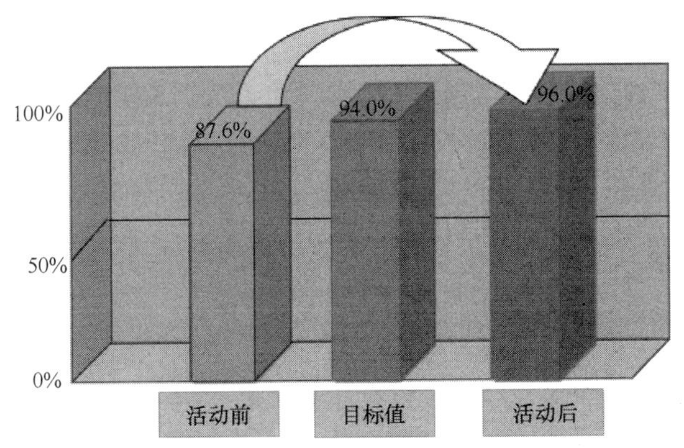

制图人：×××　　　　制图日期：×年×月×日

图 6-32　活动前后合格率对比柱状图

（1）效果实施后与实施前的区别

通过 QC 小组活动，精心组织，注重过程控制，施工一次合格率达到 96.0%，高于活动前制定的目标值 94%。

对比实施前后质量问题排列图（图 6-33）可知，“立管接缝”“吊模安装不牢固”已从实施前的“关键少数”，成为实施后的“次要多数”，说明小组活动的改进措施有效。活

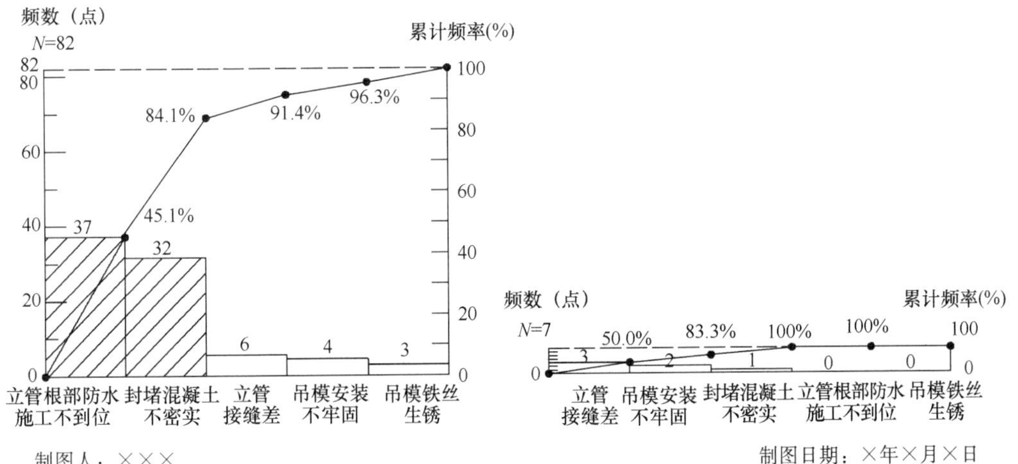

制图人：×××　　　　制图日期：×年×月×日

图 6-33　活动前后质量问题排列图对比

动后合格率达到 96.0%，高于活动目标值 94%，达到了活动的预期目标，现状得到了很大的改善。

（2）本课题取得的效益

1）经济效益

通过 QC 小组活动，实现了课题目标，使立管预留洞口封堵一次合格率大幅度提高，有效地避免了工程因质量问题而进行的返工，减少了材料的浪费和工期的延误，取得了较好的经济效益，返工率明显下降，工作效率明显提升。

通过本次 QC 小组活动，减少洞口封堵的返工及维修，立管预留洞口封堵工期提前 29 天，加快工程施工进度，同时混凝土表面平整度好，可达到清水效果，免去装饰抹灰工序，节省原材料和抹灰人工，同时杜绝抹灰空鼓、渗漏等通病。活动期内总计完成 3200 个洞口，其中 2000 个吊模管洞口，1200 个止水节预埋套管洞口。活动前每人每天平均完成 6 个，新吊模工艺，新工艺模板约 6 元/个，可重复利用平均每个可浇筑 5 个洞口。活动后平均每人每天完成 10 个；止水节预埋套管，活动后平均每人每天 30 个，与主体同步浇筑无需另行封堵。按平均每天 10 个人施工，同时可以节约模板 100 块（1.82m×0.92m×0.15m），经济效益计算如表 6-37、图 6-34 所示。

资金工期节约计算表　　**表 6-37**

项目	计算方式	合计	备注
节约工期	(3200/6－2000/10－1200/30)/10	29 天	现场吊模新工艺先施工，与止水节预埋套管工艺施工无交叉
节约人工费	200 元/人/天×29 天×10 人	58000 元	人工费按每天每人 200 元
节约材料费	58×100－2000/5×6	3400 元	模板按 58 元/块计算，止水节预埋套管预埋及材料费用开支几乎与之前相同
投入费	投入材料、培训费	－2330 元	培训及资料费用
活动经费	6000 元	－6000 元	投入费用
合计节约		53070 元	

制表人：×××　　制表日期：×年×月×日

QC 小组活动成果财务证明

通过 QC 小组活动，实现了课题目标，使得我项目立管预留洞口封堵一次合格率大幅度提高，有效的避免了工程因质量问题而进行的返工，减少了材料的浪费和工期的延误。取得了较好的经济效益，返工率由明显下降，工作效率明显提升。通过本次 QC 小组活动，减少洞口封堵的返工及维修，立管预留洞口封堵提前 29 天工期，加快工程施工进度，同时混凝土表面平整度好，可达到清水效果，免去装饰抹灰工序，节省原材料和抹灰人工，同时杜绝抹灰空鼓质量通病等。活动期内总计完成 3200 个洞口，其中 2000 个吊模管道洞口，1200 个止水节预埋套管洞口。活动前每人每天平均完成 6 个，新吊模工艺，新工艺模板约 6 元/个，可重复利用平均每个可浇筑 5 个洞口。活动后平均每人每天完成 10 个；止水节预埋套管，活动后平均每人每天 30 个，与主体同步浇筑无需另行封堵。按平均每天 10 个人施工，同时可以节约模板 100 块（1.82m*0.92m*0.15），实际测算，分析效益如下：

项　目	计算方式	合计	备　注
节约工期	(3200/6-2000/10-1200/30)/10	29 天	现场吊模新工艺先施工，与止水节预埋套管工艺施工无交叉。
人工费	200 元/人/天×29 天×10 人	58000 元	人工费按每天每人 200 元。
材料费	58×100-2000/5×6	3400 元	模板按 58 元/块计算，止水节预埋套管预埋及材料费用开支几乎与之前相同
投入费	投入材料、培训费	-2330 元	培训及资料费用
活动经费	3000 元	-6000 元	投入费用
合计节约		53070 元，29 天	

总计节约费用 53070 元，节约工期 20 天。

特此证明

公司财务部门意见

二零二零年二月五日

图 6-34　经济效益证明

2）社会效益

通过 QC 小组活动，积累了施工测放的经验，加强技术措施、严格把关、提高施工质量，机电安装施工提前工期 20 天，确保装修质量的全面提升，受到建设、监理单位、主管部门的认可和表扬。本工程作为样板工程，多次举行现场观摩会，提升我公司企业形象。同时提高了公司的声誉，提升了我公司品牌的含金量，在日后承接同类工程提供了强有力的技术保证。

3）质量效果

通过本次 QC 活动，我们有效地解决了施工难题，施工现场管理人员及作业工人掌握了施工工艺，积累了施工经验。各栋楼的立管预留洞口封堵质量达到 QC 课题目标，得到质监局、公司及其他单位领导的好评，为项目最终的创优奠定了良好的基础。

11. 巩固措施

通过计划及实施，经验收表明：小组活动取得了成功，并为整个工程的创优打下了坚实的基础。为了巩固本次 QC 小组活动取得的成果，采取了以下措施：

将本次活动的预留洞口封堵的施工方法以及本次活动开展的情况记录成册，汇总整理归档，以供今后大家参考；对本次专项课题活动过程中暴露出的技术及管理问题，例如封堵混凝土的振捣，基层清理，方案工艺等问题及时进行了统计分析，将汇总资料上报公司；在此基础上积极开展实测实量活动，为今后的施工工作创造有利条件。

为巩固和推广 QC 小组活动成果，小组成员对本次活动中对策措施进行总结，并将有效措施编入《立管预留洞口封堵施工作业指导书》（WJJG-QSH006—2019），经过公司技术部门评审批准后于×年×月×日发布实施，见图 6-35、表 6-38。

图 6-35 施工作业指导书封面

施工作业指导书 表 6-38

作业指导书			
形成时间	×年×月	收录时间	×年×月×日
编号	WJJG-QSH006—2019		
主要内容及措施			
序号	对策措施	作业指导书对应措施	
1	分层浇筑，钢钎振捣浇筑后用手持振动棒均匀振捣	1. 对现场浇筑工人进行技术交底，并现场监督指导； 2. 第一次浇筑楼板厚度的 1/2，钢钎振捣密实，用手持振动棒振捣，待初凝后进行二次浇筑，捣实抹平收面，并由内向外做找坡； 3. 对未严格按照技术交底及方案施工，造成立管洞口封堵一次合格率降低的将根据奖惩措施对班组和相关责任人进行经济处罚	
2	将预留洞口凿成喇叭口形，上大下小，清水冲净，湿润，专人检查负责	1. 对班组所有人员重新交底，并定期考核测评； 2. 将预留洞口凿成喇叭口，上大下小，比楼板上表面低约 2cm，清水冲洗干净，浇筑前湿润； 3. 对未严格按照技术交底及方案施工，造成立管洞口封堵一次合格率降低的将根据奖惩措施对班组和相关责任人进行经济处罚	
3	重新编制专项施工方案，采用管道吊模新工艺	1. 编制专项施工方案； 2. 对班组所有人员重新交底，并组织考核测评；确保其熟练掌握新工艺的操作流程及施工规范； 3. 交底考核合格后，按新工艺进行施工	

制表人：××× 制表日期：×年×月×日

为保证项目未施工立管洞口封堵的施工质量，贯彻PDCA的活动理念，本小组成员专门对工程后续立管预留洞口封堵施工进行跟踪调查，并做好检查验收记录，见表6-39、图6-36。

立管预留洞口质量问题检查统计表 **表6-39**

检查项目	巩固期1			巩固期2			总合格率
	抽检数量	合格点数	合格率	抽检数量	合格点数	合格率	
立管管缝渗漏	100	97	98.0%	100	96	96.0%	—
吊模安装不牢固	100	98	98.5%	100	97	97.0%	—
封堵混凝土不密实	100	99	98.0%	100	99	99.0%	—
立管根部防水施工不到位	100	97	98.0%	100	97	97.0%	—
吊模铁丝生锈	100	96	98.0%	100	96	96.0%	—
合计	500	487	97.4%	500	485	97.0%	97.2%

制表人：××× 制表日期：×年×月×日

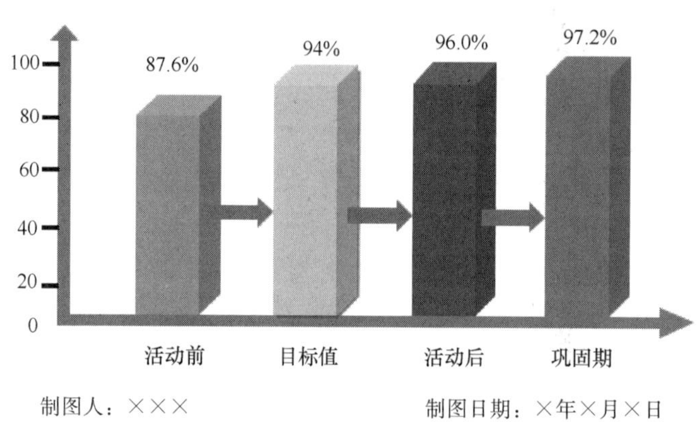

制图人：××× 制图日期：×年×月×日

图6-36 措施巩固合格率前后对比图

为掌握本次小组活动效果的持续性，小组巩固期验证成员×××、×××、×××、×××于×年×月×日至×年×月×日在××项目现场对后期工程项目进行跟踪调查，根据实施的反馈情况，巩固期的施工质量合格率平均为97.2%，质量水平保持良好，高于活动前及活动后的一次施工合格率。

12. 总结与下一步打算

（1）总结

综合本次质量管理活动，我们从专业技术、管理技术、综合素质等方面对此次活动进行总结。

1）专业技术方面。遇到技术困难小组成员根据实际情况制定了相应的措施，有效提高了立管预留洞口封堵的质量，在解决技术困难，实现目标的同时降低了经济投入。活动后进行总结并编写了《立管预留洞口封堵施工作业指导书》，将相关的专业技术规范化、标准化，并应用到类似的工程中去。

2）管理技术方面。

小组通过应用PDCA程序分析和解决影响立管预留洞口封堵的一次合格率的症结，掌握了质量管理活动的一般程序和步骤，为今后开展质量管理活动打下了良好的基础。

3）综合素质方面。

本次质量管理小组活动，各组员按程序开展工作，达到预定目标，小组成员利用质量管理的管理模式，创新意识大大得到提升，调动了小组的积极性，凝聚了团队的协作力；响应了公司的创优方针，加强了经营管理，提高公司的竞争力。根据活动前后综合素质对比制定出综合素质测试题和评价表，如表 6-40 所示。

小组活动后综合素质评价表 **表 6-40**

项目	改进意识	团队精神	质量意识	进取精神	QC 工具运用技巧	工作热情和干劲
活动前	7	8	6	7	6	7
活动后	9	10	10	9	9	9

制表人：××× 制表日期：×年×月×日

根据小组活动前后的考核统计绘制出雷达图（图 6-37），从图中可知，质量管理小组在改进意识、团队精神、质量意识、进取精神、QC 工具运用技巧、工作热情和干劲各方面的能力都有所上升，其中团队精神、质量意识尤为显著。QC 小组活动总结表见表 6-41。

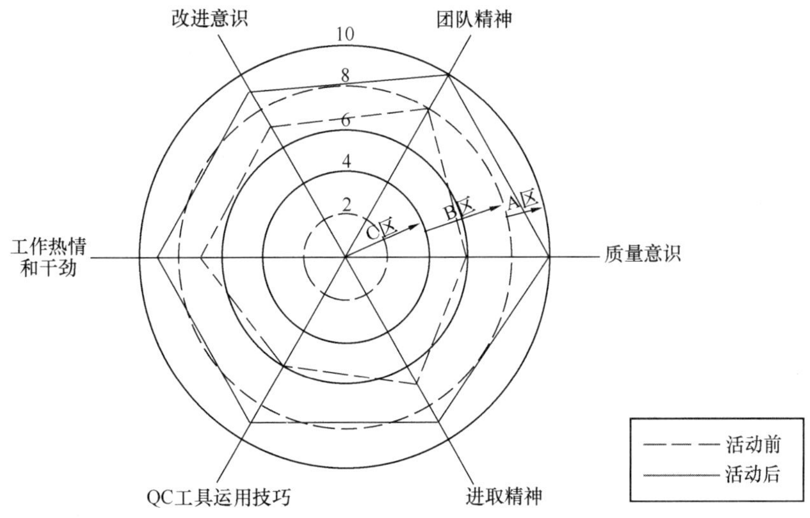

制图人：××× 制图日期：×年×月×日

图 6-37 活动前后综合素质评价雷达图

QC 小组活动总结表 **表 6-41**

序号	活动内容	主要优点	存在不足	今后努力方向
1	选择课题	选择理由充分，多方面分析	选题范围不广泛	学习 QC 知识，吸收其他 QC 小组经验，扩大选题范围
2	现状调查	用调查表，对现状进行调查，坚持以数据说话，找出问题症结所在，最后以排列图得出主要质量问题	调查分层不够深入	加强学习调查方法
3	设定目标及依据分析	运用目标对比柱状图得出量化目标，目标具体、量化	需要用数据说话	加强统计技术的学习，熟练掌握统计工具，注意统计技术的正确应用
4	原因分析	小组成员召开原因分析会选用头脑风暴法，进行原因分析，并绘制关联图	多角度分析，个别原因分析较粗	对制作好的原因分析图应进一步分析和确认，看看是否都分析到末端，如果没有，则应进一步分析，直到能直接采取对策

续表

序号	活动内容	主要优点	存在不足	今后努力方向
5	确定要因	对末端因素进行逐一确认	确认过程中统计工具应用偏少	统计工具的灵活运用
6	制定对策	对策是针对主要原因而提出的，有具体量化，解决措施具体化	统计工具应用不丰富	每条对策实施后，进行比较确认实施的效果，突出数据说话，统计工具运用
7	对策实施	按对策表，逐条实施。针对性强，能直接控制施工中出现的主要问题	实施力度还需深入、细化	进一步加强对策实施的力度，深入、细化的加强实施的过程
8	效果检查	确认实施效果，并跟踪，绘制图表，体现效果稳定	注意检查资料分析	不断学习，持续改进，应用统计工具
9	巩固措施总结	将有效的对策措施汇编入施工企业作业指导书，对活动进行总结	总结提炼不够深入	注意巩固期数据的收集，检验巩固措施是否有效

制表人：××× 制表日期：×年×月×日

(2)下一步打算

通过此次活动，我们深刻地认识到开展QC活动的重要性和必要性，在今后的工作中我们将继续开展QC活动，不断提高施工质量和技术水平。

QC小组成员在原有筛选课题经过比选，其中外墙外保温结构一体化施工为新技术、新工艺，省去抹灰、外保温施工工序，将大幅提高施工效率，提高建筑工程的整体工期。因此选择此课题“提高外墙保温现浇混凝土一体化施工一次性验收合格率”作为下一个开展的QC小组活动的选题方向，见表6-42。

小组课题选择评价表 **表6-42**

序号	课题名称	重要性	公司要求的符合性	问题的紧迫性	课题的推广性	可实施性	调动小组成员积极性	总分	是否选用
1	提高外墙保温现浇混凝土一体化施工一次性验收合格率	★	★	★	▲	▲	★	56	是
2	提高铜胎基卷材防水施工质量	▲	★	▲	▲	▲	▲	50	否
4	提高清水混凝土装饰柱一次验收合格率	▲	▲	●	●	★	▲	44	否

制表人：××× 制表日期：×年×月×日

图例：★—10分，▲—8分，●—5分。

评分标准：

★—10分，施工质量对工程结构影响大，工期要求紧迫、难度大，投入小经济效益好。

▲—8分，施工质量对工程结构影响较大，工期要求较紧、难度较大，投入大经济效益较好。

●—5分，施工质量对工程结构影响不大，工期要求紧迫程度较大、难度易控制，投入大经济效益一般

案例综合点评

1. 总体评价

该成果为问题解决型课题，课题依托某运营中心工程，小组针对立管预留洞口封堵一

次验收合格率低的问题，选定了本课题开展活动。活动遵循 PDCA 循环，选题理由较充分，现状调查后找到 2 个主要症结，利用关联图进行原因分析找到 10 个末端因素，通过现场验证和调查分析确认要因，过程图文并茂。制定的对策表 5W1H 栏目齐全，实施过程叙述详细，经过全体小组成员努力，实现了课题目标。

2. 不足之处

现状调查分析的是过程原因而非现象；文字表述上欠合理，逻辑关系欠完善，且前后存在不一致情况。

（1）程序方面

1）选题理由不推荐打分方式，建议具体尽量量化说明，以便于进行对比；

2）课题是预留洞口封堵，与现状调查中的洞口遗漏和偏位不一致；

3）现状调查应调查现在施工项目，非曾经完工的多个项目；

4）现状调查中其他的频数不能是 1；

5）现状调查中第二层中的部分问题非现象，而是过程原因，例如防水施工不到位、吊模安装；

6）原因分析中部分未分析到末端，且个别原因表述欠合理，例如施工技术方案针对性不强非末端原因；

7）要因确认一和三中未交底现象欠合理，确认四中未振捣施工不合理；

8）对策实施一的目标“保证方案重新交底率达 100%，对方案掌握情况达到 95%以上。管道吊模加固效率提高 50%，新工艺应用率 100”与该项要因不对应；

9）巩固措施应为制定巩固措施。

（2）方法方面

活动后的排列图可以调整 Y 轴单位，使排列图便于查看。

6.2 指令性目标成果案例及点评

提高裙摆式曲面钢网格屋面钢结构安装一次合格率

×××公司×××小组

1. 工程概况

×××项目，位于上海市徐汇区龙耀路与云锦路交叉口，由 W-1B、X-1A、X-1B 三栋建筑组成。总占地面积×m^2，总建筑面积为×m^2。

X-1A 为航材供应中心，地上 7 层，地下 3 层，建筑高 54.5m，地上建筑面积 47024.12m^2，占地面积 8028.22m^2。

X-1B 为高层建筑，建筑使用功能是通用航空业务配套用房，由裙楼及塔楼组成；塔楼地上 39 层，地下 3 层，建筑总高度 199.9m。

W-1B 也为高层建筑，为通用航空业务配套用房，地上 52 层，地下 3 层，建筑总高度 230.9m。

裙摆式曲面钢网格屋面位于主塔楼东、西、北三侧及裙楼上方，主楼的桁架与裙楼屋面桁架为一个封闭的整体，呈竖向立体的环形状，犹如一件飘动的裙摆。结构采用曲面四边形空间网格体系，空间结构复杂，裙摆的钢桁架结构通过支撑杆件体系与塔楼框架结构连接，下部由具有空间多向扩展状枝杆支撑的树形柱支撑在裙楼屋顶，组成一个巨大的装饰结构。整个网格结构总长约为176m，宽度为12～50m，裙摆最大结构安装高度约为79.25m，总投影面积约为5604m^2。主要包括树形柱、弧形柱、上部空腹桁架梁、主梁、联系次梁、边梁等结构体系。

本工程是公司的重点项目，合同开工时间×年×月×日，×年×月×日完工，质量目标“中国钢结构金奖”，确保上海市建筑工程“白玉兰”奖，争创“鲁班奖”，裙摆式曲面钢网格屋面是本工程的亮点、难点，是创优夺杯的关键。见图6-38、图6-39。

图6-38 裙摆式曲面钢网格屋面总体效果图

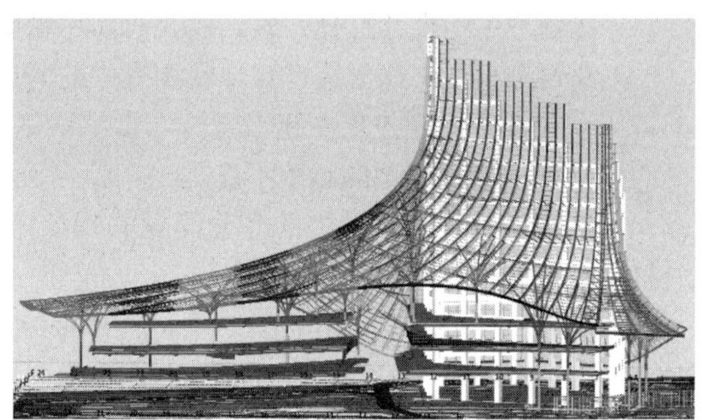

图6-39 裙摆式曲面钢网格屋面三维图

2. 质量管理活动小组简介

质量管理活动小组成员情况见表6-43、图6-40～图6-42。

小组成员简介 **表6-43**

小组名称		×××		小组注册号		×××		
小组成立注册时间		×××		小组检注册号		×××		
课题类型		问题解决型（指令性目标）		课题注册号		×××		
出勤率		96%		课题注册时间		×年×月×日		
小组成员QC教育时间		人均64小时		小组成员平均年龄		39		
计划活动时间		×年×月×日～×年×月×日		小组人员		12人	活动次数	10
活动课题		提高裙摆式曲面钢网格屋面钢结构安装一次合格率						
序号	姓名	性别	年龄	文化程度	职务	职称	组内分工	学习时间
1	×××	女	39	研究生	项目总工	高级工程师	组长	72
2	×××	男	42	本科	技术科科长	高级工程师	副组长	72
3	×××	男	43	大专	项目经理	高级工程师	组员	72
4	×××	男	36	本科	项目工程师	工程师	组员	64
5	×××	男	32	本科	项目工程师	工程师	组员	56

续表

序号	姓名	性别	年龄	文化程度	职务	职称	组内分工	学习时间
6	×××	男	32	本科	质量员	工程师	组员	56
7	×××	男	39	大专	材料科长	工程师	组员	56
8	×××	男	36	大专	项目工程师	工程师	组员	56
9	×××	男	55	高中	测量员	工程师	组员	56
10	×××	男	54	中专	测量员	工程师	组员	72
11	×××	男	31	高中	焊工	技术员	组员	67
12	×××	男	31	本科	QC推进者	工程师	QC活动推进指导	72

制表人：×××　　　　制表日期：×年×月×日

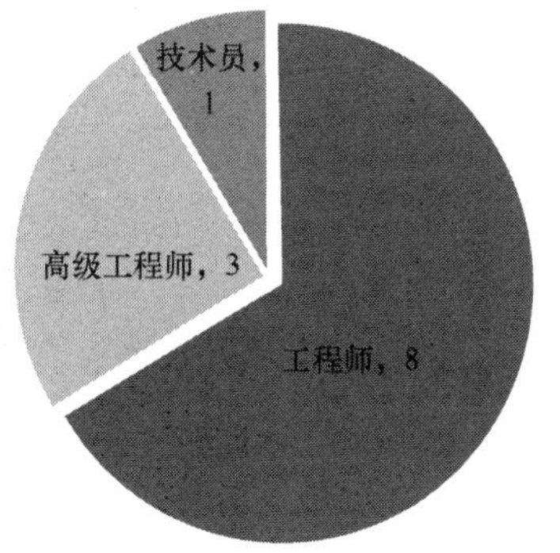

图 6-40　QC小组成员职称分布图

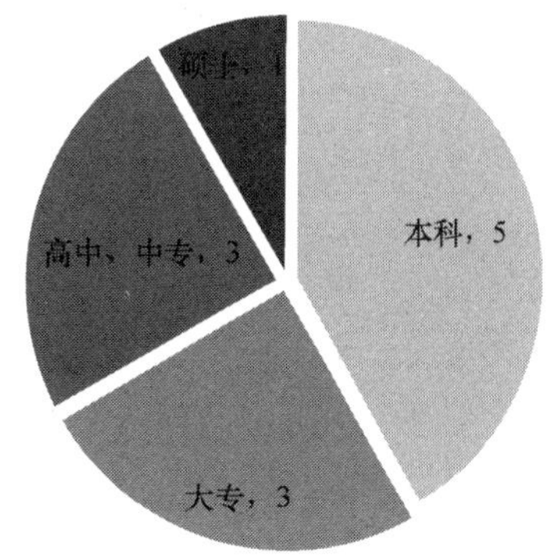

图 6-41　QC小组成员文化程度分布图

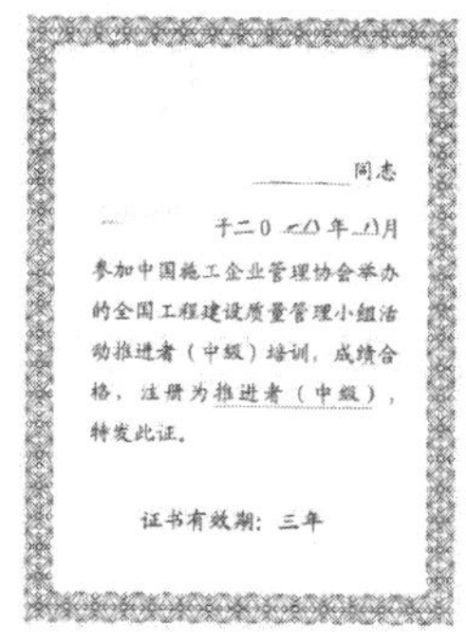

______同志

于二0 ×× 年 × 月参加中国施工企业管理协会举办的全国工程建设质量管理小组活动推进者（中级）培训，成绩合格，注册为推进者（中级），特发此证。

证书有效期：三年

发证单位

20××年×月×日

证书编号：

图 6-42　相关证明

本小组由中施协中级推进者全程辅导、推进，小组成员经过多次QC知识培训。

3. 选择课题

公司下达的指令目标是：裙摆式曲面钢网格屋面钢结构的安装合格率达到95%。确保达到“上海优质结构”，确保上海市建筑工程“白玉兰”奖，争创“中国钢结构金奖”，配合总包争创“鲁班奖”。

鉴于本项目结构的复杂性，无论是高空散装还是分块安装以及工厂的加工制作都给我们施工带来了很大的难度，小组对本项目的结构进行分析，对施工质量的难点、关键点提出了三个课题：

（1）提高裙摆式曲面钢网格屋面钢结构安装质量一次合格率；

（2）提高摆裙式曲面钢网格屋面钢结构制作加工一次合格率；

（3）提高摆裙式曲面钢网格屋面现场拼装一次合格率。

我们全体组员对这三个课题进行了调查、对比、分析（表6-44、表6-45）。

工程质量难点、关键点对比表 **表6-44**

序号	项目名称	组员项目	×××	×××	×××	×××	×××	×××	×××	×××	综合得分
1	现场安装	重要性	★	★	●	★	●	★	★	●	110
		难易性	●	●	●	●	●	●	●	★	
		时间性	▲	●	▲	●	▲	▲	▲	●	
		预期效果	★	★	●	★	★	●	★	★	
2	工厂制作	重要性	●	●	★	●	★	★	●	●	80
		难易性	●	▲	▲	●	▲	▲	▲	●	
		时间性	▲	●	●	▲	▲	●	●	▲	
		预期效果	●	●	▲	●	●	●	▲	●	
3	现场拼装	重要性	●	●	★	▲	★	●	●	▲	60
		难易性	▲	▲	▲	▲	▲	▲	▲	●	
		时间性	▲	▲	▲	▲	▲	▲	●	▲	
		预期效果	▲	▲	●	▲	●	●	▲	●	

制表人：××× 制表日期：×年×月×日

评分标准：★——5分，工程创优的影响程度大、工期要求紧是关键线路、施工难度大、投入小且经济效益好。

●——3分，施工质量对工程创优的影响程度中、工期要求紧迫程度中、施工难度中、投入对经济效益影响一般。

▲——1分，施工质量对工程创优的影响程度小、工期要求紧迫程度小、施工难度小、投入对经济效益影响小。

曲面钢网格现场安装调查检查表 **表6-45**

摆裙式曲面钢网格安装质量一次合格率	苏州中心	传媒广场	尹山湖水街
合格点	126	125	127
不合格点	27	28	26
合格率（%）	82.14	81.70	83.16
平均合格率（%）	82.33		

制表人：××× 制表日期：×年×月×日

经过以上评价分析，目前公司曲面钢网格现场安装一次合格率约为 82.33%，且距建设工程优质评定还有较大差距，据调查分析，上海地区类似结构合格率约 90%。最终小组确认选择“提高摆裙式曲面钢网格屋面现场安装一次合格率”作为本次活动的攻关课题。

4. 设定目标

按照公司下达的目标要求，QC 小组确定本次活动的课题目标为：保证裙摆式曲面钢网格屋面钢结构安装质量一次合格率达到 95%（图 6-43）。

5. 目标可行性论证

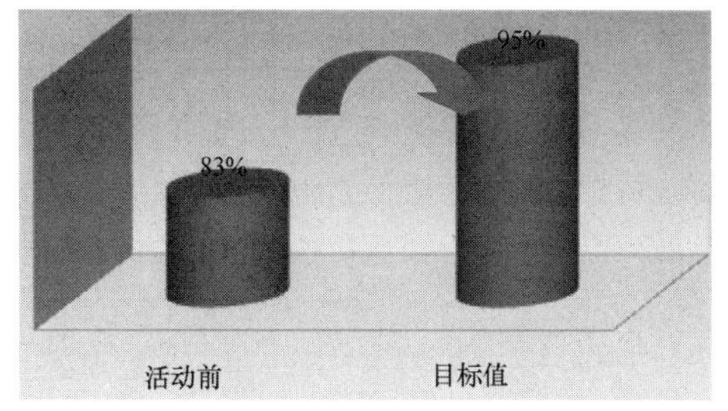

图 6-43 现状值与目标值对比图

制图人：××× 制图日期：×年×月×日

（1）国内同行业先进水平：经小组调查分析，上海市同行业在曲面钢结构网格屋面安装合格率方面均能达到 90%以上。

（2）针对现状，找出症结，预计症结解决的程度，测算小组将达到的水平：

×年×月×日～×年×月×日，本小组对近 5 年做过的曲面钢网格结构屋面在现场施工中出现的质量问题进行分析，参照《钢结构工程施工质量验收标准》《建筑工程施工质量验收统一标准》等，对以下 3 个施工项目的质量随机抽查了 600 点，统计见表 6-46、图 6-44。

曲面钢网格屋面现场安装施工缺陷检查表 **表 6-46**

序号	检查项目	抽查点数	合格点数	不合格点数	合格率（%）
1	苏州中心	200	164	36	82
2	传媒广场	200	160	40	80
3	尹山湖水街	200	164	36	82
4	合计	600	488	112	81.3

制表人：××× 制表日期：×年×月×日

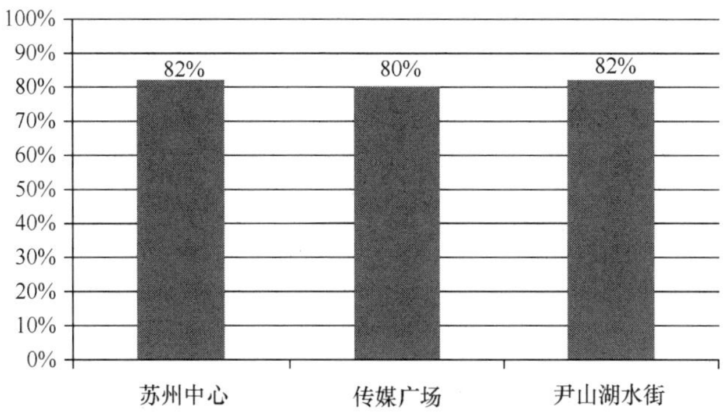

图 6-44 以往项目一次安装质量合格率柱状图

制图人：××× 制图日期：×年×月×日

从上述图表中看出，曲面钢网格现场安装施工质量合格点数为 488 点，其合格率仅为 81.3%。

我们小组立马对以往项目展开了再次调查，并制定了调查计划表（表 6-47）。

现状调查计划表　　表 6-47

序号	调查项目	调查方法	调查内容	地点	活动时间	调查人
1	尹山湖水街	现场查看	查看工程实体情况	公司会议室、尹山湖水街	×年×月×日	××× ××× ××× ×××
		查阅工程资料	施工记录、检查记录、验收记录等			
		咨询项目管理人员	施工过程中遇到的问题			
2	苏州中心	现场查看	查看工程实体情况	公司会议室、苏州中心	×年×月×日	××× ××× ××× ×××
		查阅工程资料	施工记录、检查记录、验收记录等			
		咨询项目管理人员	施工过程中遇到的问题			
3	传媒广场	现场查看	查看工程实体情况	公司会议室、传媒广场	×年×月×日	××× ××× ××× ×××
		查阅工程资料	施工记录、检查记录、验收记录等			
		咨询项目管理人员	施工过程中遇到的问题			

制表人：×××　　制表日期：×年×月×日

通过调查，我们结合规范对影响曲面钢网格屋面安装质量的问题进行了分析（表 6-48）。

曲面钢网格屋面质量问题分析表　　表 6-48

	标高偏差过大	对接处焊缝错位	侧向弯曲过大	定位轴线偏移过大	生锈
曲面钢网格屋面安装的质量问题	依据 GB 50205，标高偏差范围 −8～5mm	依据 GB 50205，d<0.15t，且小于 2mm	依据 GB 50205，不应大于 10mm	依据 GB 50205，偏差不大于 5mm	依据 GB 50205，不应有漏涂、误涂、返修等
分析得出的质量问题	构件出现各种变形	焊缝检测不合格	单元网格尺寸有偏差	结构位置有偏差	涂层破坏

制表人：×××　　制表日期：×年×月×日

据此分析得出影响曲面钢网格结构屋面的质量问题是“结构位置有偏差”“构件出现各种变形”“焊缝检测不合格”“涂层破坏”“单元网格尺寸有偏差”这几大类问题。小组成员按照这几类问题对收集到的数据进行整理归纳，并制作了合格率统计分析表和饼分图（表 6-49、表 6-50、图 6-45）。

曲面钢网格结构屋面现场安装质量合格率统计分析表　　表 6-49

序号	检查项目	验收标准	统计点数	不合格（点）	合格（点）	合格率（%）
1	构件出现各种变形	GB 50205	200	90	110	55
2	焊缝检测不合格	GB 50205	200	54	146	73

续表

序号	检查项目	验收标准	统计点数	不合格（点）	合格（点）	合格率（%）
3	单元网格尺寸有偏差	GB 50205	200	12	188	94
4	结构位置有偏差	GB 50205	200	7	193	97
5	涂层破坏	GB 50205	200	7	193	97
6	合计		1000	170	830	83

制表人：×××　　　　制表日期：×年×月×日

不合格频率表　　表 6-50

序号	检查项目	频数（点）	累计频数（点）	频率（%）	累计频率（%）
1	构件出现各种变形	90	90	53	53
2	焊缝检测不合格	54	144	32	85
3	单元网格尺寸有偏差	12	156	7	92
4	结构位置有偏差	7	163	4	96
5	涂层破坏	7	170	4	100
6	合计	170		100	100
备注：共检查 1000 点，不合格 170 点，合格率为 83%					

制表人：×××　　　　制表日期：×年×月×日

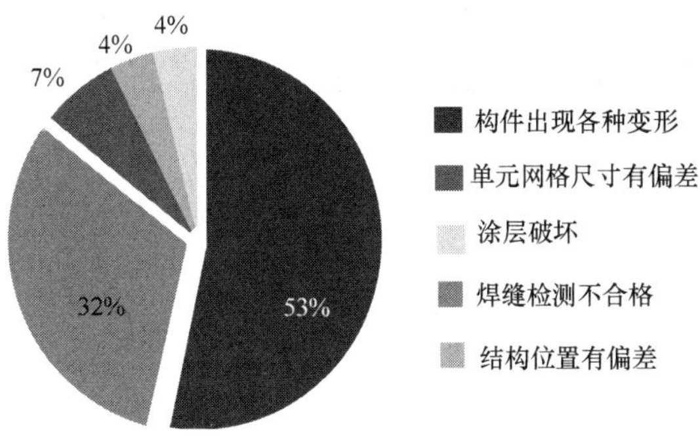

图 6-45　项目整体质量缺陷饼分图

制图人：×××　　制图日期：×年×月×日

从饼分图上可以看出，影响曲面钢网格结构屋面安装质量的症结是“构件出现各种变形”“焊缝检测不合格”，这两个症结的累计频率达到了 85%。

为进一步弄清症结，小组全体成员对“构件出现各种变形”和“焊缝检测不合格”这两个症结进行了二次分层分析，并绘制了症结调查表及频数分析表（表 6-51）。

“构件出现各种变形”和“焊缝检测不合格”症结调查频数表　　表 6-51

序号	检查项目	频数（点）	频率（%）	累计频率（%）
1	整体变形差	63	44	44
2	焊接质量有缺陷	58	40	84

续表

序号	检查项目	频数（点）	频率（%）	累计频率（%）
3	柱轴线定位有偏差	10	7	91
4	构件尺寸有偏差	8	6	97
5	标高偏差	5	3	100
合计		144	100	100

制表人：××× 制表日期：×年×月×日

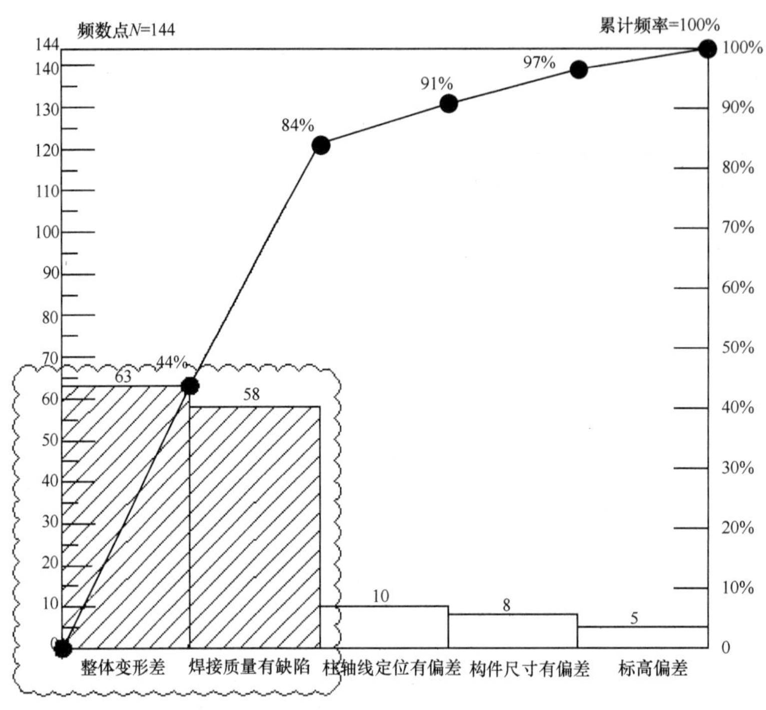

图 6-46 统计排列图

制图人：××× 制图日期：×年×月×日

从排列图（图 6-46）可以看出，“整体变形差”和“焊接质量有缺陷”累计频率达到 84%，因此可以得出，“整体变形差”和“焊接质量有缺陷”是影响钢网格屋面钢结构安装一次合格率的症结。

通过调查分析，曲面钢网格屋面现场安装质量的合格率为 83%。从排列图中可以看出，影响裙摆式曲面钢网格屋面现场安装质量的两个症结占 84%，如果我们将 2 个症结解决 95%，(1−83%)×84%×95%＝13.57%，83%＋13.57%≈96.57%，则预期合格率能提高到 96.57%。

而我们公司已通过 ISO 9001：2000 质量管理体系认证，可为目标的完成提供组织管理保证；小组中不论技术人员或安装工人，均具有 5 年以上施工经验，技术理论水平高，实践、施工经验丰富，项目管理组织能力强，所以小组设定的 95%的目标一定能实现。

6. 原因分析

质量管理小组所有成员在×年×月×日在施工现场会议室召开了原因分析会，对存在的问题进行了集中讨论，大家集思广益，将影响摆裙式曲面钢网格屋面的两个症结进行了原因分析，并进行了归纳整理，绘制了关联图，见图 6-47。

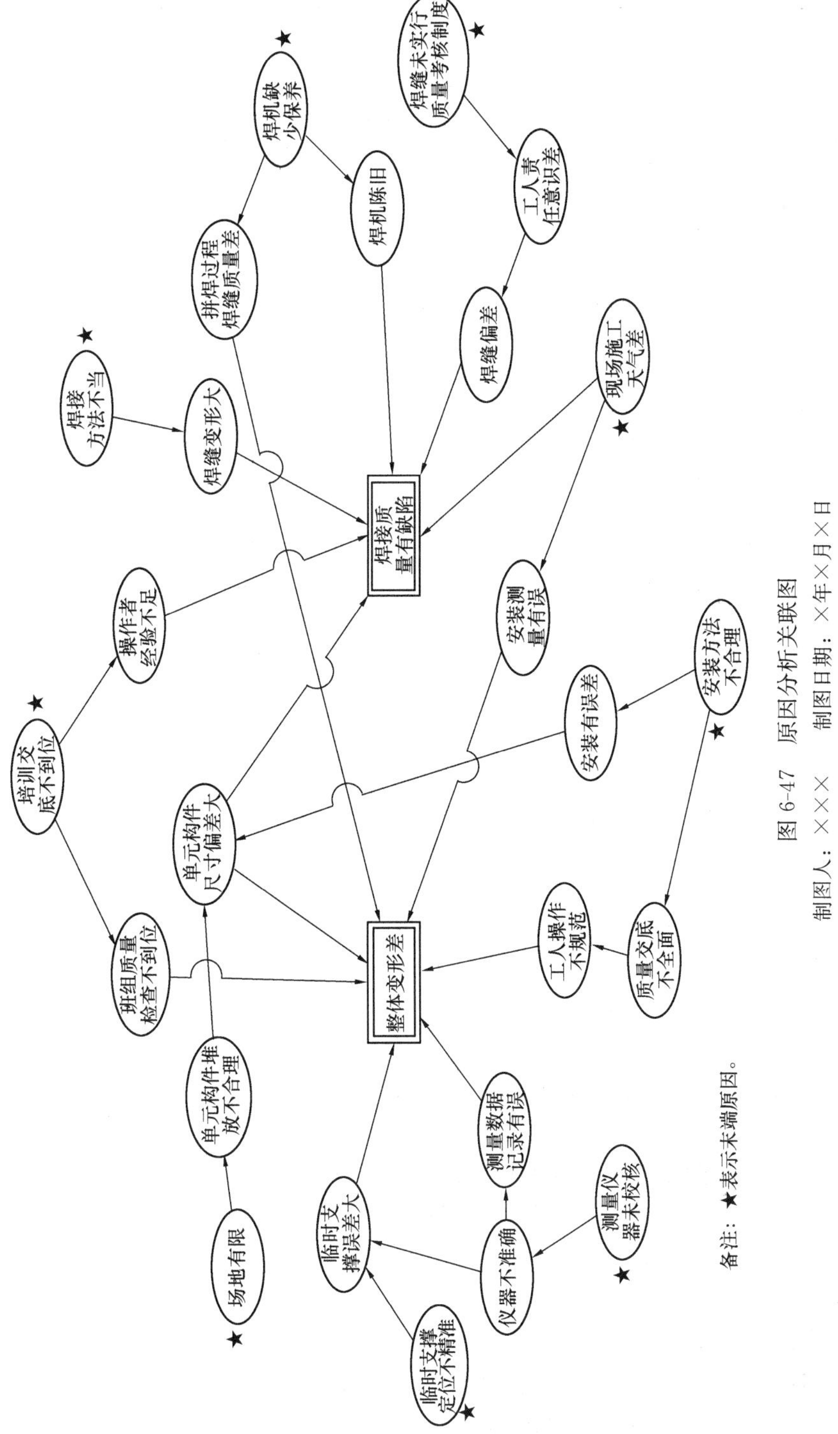

图 6-47 原因分析关联图

制图人：××× 制图日期：×年×月×日

7. 确定主要原因

要因确认：通过原因分析，我们找出了影响裙摆式曲面钢网格屋面安装质量的末端原因，为了找出末端原因中的要因我们制定了要因确认计划，并安排责任人对 9 个末端原因分别进行了确认（表 6-52）。

要因确认　　**表 6-52**

序号	末端原因	确认内容	确认方法	判别依据	负责人	完成时间
1	现场施工天气差	现场测量风力、分析对结构安装影响情况	调查分析	1. 根据末端原因对症结的影响程度进行判断。 2. 具体详见每项末端原因的确认过程	××× ×××	×年×月×日
2	测量仪器未校核	检查测量仪器的校正记录及现场测量闭合误差记录	调查分析		××× ×××	×年×月×日
3	焊机缺少保养	查看机械保养记录、电流、电压稳定性	调查分析、试验		××× ×××	×年×月×日
4	培训交底不到位	员工进场培训，作业交底	调查分析、试验		××× ×××	×年×月×日
5	焊接方法不当	焊接方式是否引起构件变形，焊接后是否在规范允许范围内，是否按照焊接作业工艺要求	试验、调查分析		××× ×××	×年×月×日
6	未实行质量考核制度	质量管理制度是否有监管和考核制度	调查分析		××× ×××	×年×月×日
7	场地有限	现场查看构件堆放是否规范	调查分析		××× ×××	×年×月×日
8	临时支撑定位不精准	临时支撑坐标点	现场调查		××× ×××	×年×月×日
9	安装方法不合理	是否按施工方案执行	现场调查分析		××× ×××	×年×月×日

制表人：×××　　　　日期：×年×月×日

末端原因一：现场施工天气差确认过程

确认时间：×年×月×日～×年×月×日。

负责人：×××、×××。

确认地点：工地现场。

确认方式：调查分析。

确认内容：在不同天气状况下，通过单元块自由状态的摆幅以及就位后是否有振动，分析对整体变形差，焊缝存在缺陷的影响。

对应症结：整体变形差和焊接质量有缺陷。

验证情况：

由×××、×××负责，在×年×月×日～×年×月×日间，对每天的温度、风速以及天气变化情况进行记录，对构件进行自由悬空观察其摆动情况，以及安装就位后是否因风力影响发生构件的振动，继而对整体变形、焊接质量产生影响，并进行统计分析如图6-48、表6-53所示。

图6-48 监测在不同天气情况下的安装情况

天气状态调查表 表6-53

日期	天气状况	气温	风力风向	风速	构件受风力的摆动、振动情况
×年×月×日	阴/多云	15℃/7℃	西北风3～4级/西北风3～4级	1.7m/s	无摆动、振动
×年×月×日	晴/多云	12℃/5℃	西北风<3级/西风<3级	0.8m/s	无摆动、振动
×年×月×日	晴/多云	14℃/7℃	西风<3级/西南风<3级	1.1m/s	无摆动、振动
×年×月×日	多云/多云	15℃/9℃	南风<3级/西风<3级	0.9m/s	无摆动、振动
×年×月×日	晴/晴	17℃/9℃	北风<3级/东北风<3级	0.9m/s	无摆动、振动

制表人：××× 制表日期：×年×月×日

影响程度确认：

经分析不同天气状况下，风力影响对单元块自由状态的摆幅以及就位后无明显摆动、振动，且天气属于不可抗力，予以排除。因此，现场施工天气差对症结“整体变形差”“焊接质量有缺陷”影响程度很小。

结论：“现场施工天气差”为非要因。

末端原因二：测量仪器未校核确认过程

确认时间：×年×月×日。

负责人：×××、×××。

确认地点：工地现场。

确认方式：调查分析。

确认内容：检查班组及施工员所使用的测量仪器是否校核。

对应症结：整体变形差。

验证情况：

由×××、×××负责，对现场钢结构安装班组以及施工员、测量员所使用的测量仪器进行检查，分析测量仪器效验与否对症结的影响程度。见图6-49、表6-54。

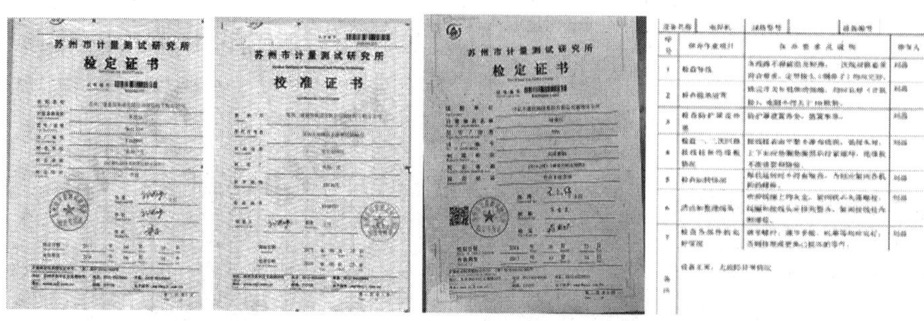

图 6-49 测量仪器的校准证书、自查合格记录

测量仪器合格记录登记表 表 6-54

检查内容 \ 量具设备	水准仪	全站仪	卷尺	备注
出厂检修合格证和使用说明书	√	√	√	—
年检记录	√	√	√	—
自查记录	√	√	√	—
备注	说明：√=合格 ×=不合格 标准：具有合格证，使用说明书和年检记录及自检记录。 合格率：100%			

制表人：××× 制表日期：×年×月×日

为了进一步确认测量仪器是否定期检测对症结的影响大小，我们小组找到正准备送去标定的全站仪、水准仪以及卷尺与本项目上通过定期检测的测量工具分别进行测量，数据如表 6-55、表 6-56 所示。

测量仪器误差标准值汇总表 表 6-55

序号	仪器种类	仪器型号	误差标准值
1	水准仪	DS1	±1.5mm
2	全站仪	leica TPS1200	角度：1°，距离±5mm
3	卷尺	10m	毫米分度示值误差：±0.2mm；厘米分度示值误差：±0.4mm

制表人：××× 制表日期：×年×月×日

测量仪器检测情况对比表 表 6-56

序号	仪器种类	仪器是否经过检测	检测误差	是否合格
1	水准仪 1	是	0.5mm	是
2	水准仪 2	否	0.9mm	是
3	全站仪 1	是	角度 0°，距离 1mm	是

续表

序号	仪器种类	仪器是否经过检测	检测误差	是否合格
4	全站仪 2	否	角度 0°，距离－3mm	是
5	卷尺 1	是	毫米分度示值误差：0.1mm 厘米分度示值误差：0.1mm	是
6	卷尺 2	否	毫米分度示值误差：0.1mm 厘米分度示值误差：0.3mm	是

制表人：×××　　　　制表日期：×年×月×日

影响程度确认：通过未复检的与正常标定合格的测量工具分别测量得到的现场钢结构整体变形结果数据分析，检验结果均达到 100％合格；因此，末端原因“测量仪器未核校”，对症结“整体变形差”影响程度很小。

结论：“测量仪器未核校”为非要因。

末端原因三：焊机缺少保养确认过程

确认时间：2018 年 11 月 27 日

负责人：×××、×××。

确认地点：工地现场。

确认方式：调查分析、试验。

确认内容：检查焊机保养记录、焊机电流、电压的稳定性。

对应症结：焊接质量差。

验证情况：

首先由×××、×××负责，对现场钢结构安装班组的所有焊机进行检查，是否每台焊机上均有检查记录，焊机的电流、电压在工作时是否稳定。见图 6-50、表 6-57。

图 6-50　焊机检查记录

电焊设备电流、电压测试表　　**表 6-57**

焊机编号	设置电流（A）	工作时电流（A）	设置电压（V）	工作时电压（V）
1	240	241	29	30
2	242	240	29	28

续表

焊机编号	设置电流（A）	工作时电流（A）	设置电压（V）	工作时电压（V）
3	241	242	28	29
4	244	246	29	29
5	245	241	28	28
6	243	240	29	28
7	244	241	29	28
备注：电流工作时与设置电流偏差<5 为合格；>5 为不合格；设置电压与工作电压偏差<3 为合格；>3 为不合格				

制表人：×××　　制表时间：×年×月×日

为了进一步确认焊机缺少保养对症结的影响，我们小组让班组对保养差的焊机与正常保养的焊机分别进行测电流工作时与设置电流偏差。见表 6-58、图 6-51。

二组焊机的焊机电流、电压测试表　　**表 6-58**

焊机编号	设置电流（A）	工作时电流（A）	设置电压（V）	工作时电压（V）
保养焊机	240	228	29	22
未保养焊机	225	211	30	21

制表人：×××　　制表日期：×年×月×日

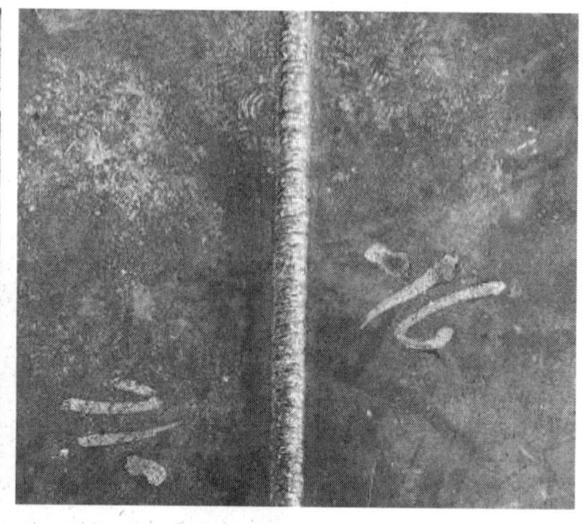

图 6-51　采用准备淘汰焊机焊接的试块照片

影响程度确认：通过对比分析，测电流工作时与设置电流偏差<5，合格；设置电压与工作电压偏差<3，合格；焊接出的试件焊缝质量经检测均合格，因此，焊机缺少保养对症结“焊接质量有缺陷”影响很小。

结论：“焊机缺少保养”为非要因。

末端原因四：培训交底不到位确认过程

确认时间：×年×月×日。

负责人：×××、×××。

确认地点：工地现场。

确认方式：调查分析、试验。

确认内容：检查安装班组工人及项目部施工员是否有做培训及作业交底，对其进行考核。确认其考核情况对症结的影响程度。

对应症结：整体变形差，焊接质量有缺陷。

验证情况：

首先由×××、×××负责，对作业班组及项目部管理人员进行方案熟悉程度、质量意识、基本理论知识、操作技能进行考核。并检查是否有交底、培训记录。见图 6-52。

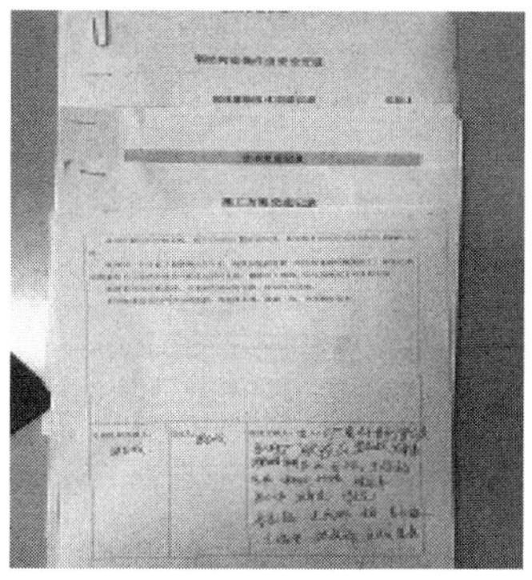

图 6-52　交底、培训照片

为了进一步确认培训交底对症结的影响大小，小组对后期进场的工人进行了施工顺序、安装方法以及构件规格的选用上对交底的工人和未交底的工人分别进行了考试。见表 6-59、表 6-60、图 6-53。

考核成绩统计表　　**表 6-59**

考核项目	优	良	中	差
方案熟悉程度	21	1	0	0
质量意识	20	2	0	0
理论知识	19	3	0	0
操作技能	20	2	0	0

制表人：×××　　制表日期：×年×月×日

未培训交底人员考核成绩统计表　　**表 6-60**

考核项目	优	良	中	差
安装顺序	8	1	0	0
安装方法	7	2	0	0
构件规格选用	9	0	0	0

影响程度确认：通过对培训交底合格人员和培训交底不合格人员的考试测试，结果均符合要求，并从中抽取各 5 人分别做安装试验，经检测两组数据相差不大，因此，“培训交底不到位”对症结“整体变形差”“焊接质量有缺陷”影响很小。

结论：“培训交底不到位”为非要因。

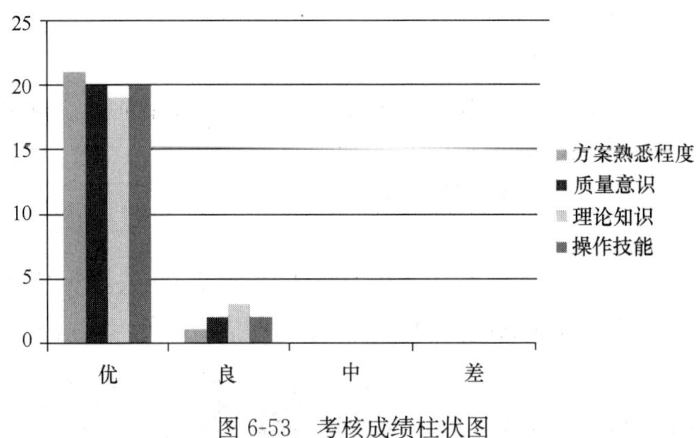

图 6-53　考核成绩柱状图

末端原因五：焊接方法不当确认过程

确认时间：×年×月×日～×年×月×日。

负责人：×××、×××。

确认地点：工地现场。

确认方式：试验、调查分析。

确认内容：焊接方式不当是否引起构件整体变形、焊接质量缺陷。

对应症结：整体变形差，焊接质量有缺陷。

验证情况：

由×××、×××负责，对单元块因焊接方法不当对结构的变形、焊接质量，允许偏差和合格率情况进行调查分析，见表 6-61。

焊接前后监测点坐标统计表　　**表 6-61**

X 楼裙摆焊接前后监控点									
区域	编号	焊接前实测坐标（mm）			编号	焊接后复测坐标（mm）			偏差（mm）
		X	*Y*	*Z*		*X*	*Y*	*Z*	
A1 区	1	5052	53313	5191	1	5058	53305	5188	10
	2	7814	65044	5051	2	7810	65036	5047	10
	3	10335	74331	5300	3	10328	74320	5297	13
	4	16976	85058	6834	4	16968	85052	6836	10
	5	21113	80228	24706	5	21118	80226	24709	6
A4 区	6	61795	17987	25198	6	61788	17997	25225	30
	7	53566	19645	22618	7	53557	19647	22615	10
	8	45874	20462	18665	8	45866	20465	18664	9
	9	36564	22983	19091	9	36556	22979	19091	9
	10	90772	20278	18609	10	90772	20280	18602	7
	11	86550	10390	18027	11	86534	10398	18004	29
	12	73042	4189	18116	12	73037	4203	18095	26

续表

X楼裙摆焊接前后监控点									
区域	编号	焊接前实测坐标（mm）			编号	焊接后复测坐标（mm）			偏差（mm）
		X	Y	Z		X	Y	Z	
A4区	13	60613	8113	15358	13	60613	8120	15358	7
	14	45112	15283	11302	14	45107	15294	11301	12
	15	35460	19734	8671	15	35453	19747	8672	15
	16	66884	49226	36381	16	66879	49224	36381	5
	17	74912	25648	29875	17	74910	25644	29872	5
	18	71757	18306	24652	18	71763	18300	24646	10
	19	69181	14009	23321	19	69172	14014	23320	10
	20	69279	36774	35356	20	69275	36767	35389	34
	21	76411	23262	25298	21	76410	23265	25300	4
A5区	22	5575	49160	5246	22	5585	49157	5242	11
	23	13557	40175	5337	23	13564	40177	5332	9
	24	23240	29549	5864	24	23248	29551	5860	9

制表人：×××　　　　制表日期：×年×月×日

现场对A1区、A4区、A5区安装的单元进行监测，共监测了24个点，其中有4个点变形较大，不符合要求；合格率20/24×%=83.3%；见图6-54、图6-55。

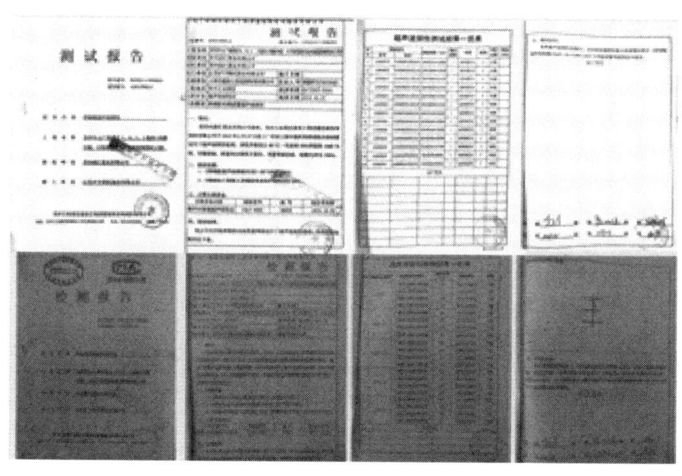

图6-54　焊缝检测报告

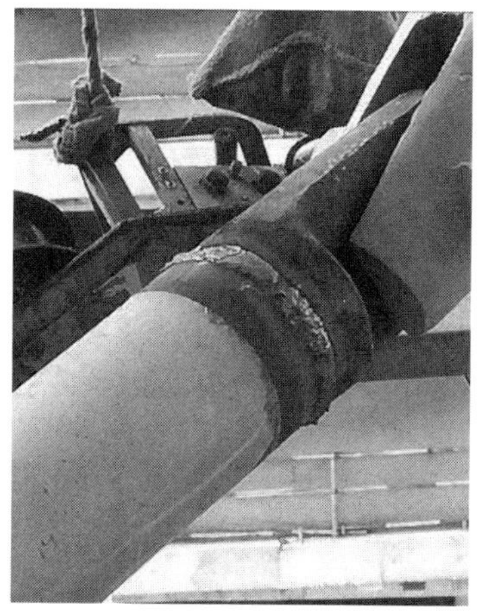

图6-55　焊缝照片

对结构变形后焊缝进行超声波及焊缝表观质量检查，统计见表6-62。

统　计　表　　　　表 6-62

缺陷合格率	A1 区			A4 区			A5 区		
	熔深不够	对接焊缝错边	对接焊缝余高	熔深不够	对接焊缝错边	对接焊缝余高	熔深不够	对接焊缝错边	对接焊缝余高
检测数量	10	10	10	28	28	28	6	6	6
合格数量	9	9	9	20	20	22	6	6	6
合格率	90.0%	90.0%	90.0%	71.4%	71.4%	78.6%	100%	100%	100%
平均合格率	合格率＝（27＋61＋19）/（30＋84＋18）＝81.1%								

制表人：×××　　　　制表日期：×年×月×日

影响程度确认：从上述表中可以看出，焊接方法不当导致结构变形的合格率为 83.3%，结构的变形导致对接焊缝的合格率仅为 81.1%，低于 95%，因此，对症结“整体变形差”以及“焊接质量有缺陷”影响很大。

结论：“焊接方法不当”为要因

末端原因六：无实行质量考核制度确认过程

确认时间：×年×月×日。

负责人：×××、×××。

确认地点：工地现场。

确认方式：调查分析。

确认内容：质量管理制度是否有监管和考核制度，对症结的影响程度。

对应症结：焊接质量有缺陷。

验证情况：由×××、×××负责对项目部的管理制度以及考核制度进行检查。以及考核制度的落实情况进行验证。

实现考核制度的班组，经对现场安装质量进行检查，焊接质量符合要求；未进行考核制度的班组，经检查焊接质量也符合要求，见图 6-56。

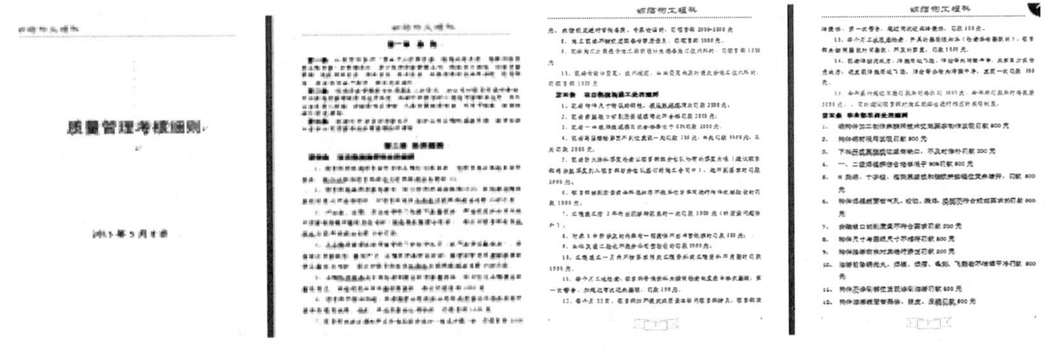

图 6-56　质量管理考核制度

影响程度确认：经检查有无考核制度，工人的焊接质量率均符合要求，末端原因未实行质量考核制度对症结“整体变形差”和“焊接质量有缺陷”影响较小。

结论：“无实行质量考核制度”为非要因。

末端原因七：场地有限确认过程

确认时间：×年×月×日。

负责人：×××、×××。

确认地点：工地现场。

确认方式：调查分析。

确认内容：现场的场地布置情况对症结的影响程度。

对应症结：整体变形差、焊接质量有缺陷。

验证情况：现场场地较小，但工人焊接均在整平且符合要求的较小场地焊接作业，调查发现，部分工人利用场地构件堆场进行作业，经检查焊接质量符合要求，见图 6-57。

图 6-57 构件堆放情况

对症结影响程度确认：通过检查发现，场地虽小，但工人在有限的空间里选择的作业场地均符合要求，未出现场地有限工人违规操作现象，且安装质量符合要求，因此，场地有限对症结“整体变形差”和“焊接质量有缺陷”影响程度较小。

结论：“场地有限”为非要因。

末端原因八：临时支撑定位不精准确认过程

确认时间：×年×月×日～×年×月×日。

负责人：×××、×××。

确认地点：工地现场。

确认方式：调查分析。

确认内容：临时支撑点坐标、垂直度对症结的影响程度。

对应症结：整体变形差、焊接质量有缺陷。

验证情况：由×××、×××负责对现场临时支撑的定位以及垂直度进行检查。检查数据见表 6-63。

检查数据 **表 6-63**

临时支撑检查情况									
支撑编号	设计坐标（mm）			支撑编号	临时支撑实测坐标（mm）			定位偏差（mm）	垂直度偏差（mm）
	X	*Y*	*Z*		*X*	*Y*	*Z*		
1	59305	117713	29546	1	59503	117715	29543	198	9
2	65113	136336	25760	2	65113	136438	25849	135	57

续表

临时支撑检查情况									
支撑编号	设计坐标（mm）			支撑编号	临时支撑实测坐标（mm）			定位偏差（mm）	垂直度偏差（mm）
	X	*Y*	*Z*		*X*	*Y*	*Z*		
3	70113	152432	23552	3	70112	152456	23551	24	10
4	69409	116401	30449	4	69419	116404	30447	11	9
5	76340	134114	27151	5	76328	134116	27152	12	8
6	82225	149178	25121	6	82233	149177	25120	8	9
7	87511	162702	23720	7	87510	162721	23718	19	5
8	83796	166159	24232	8	83794	166170	24230	11	49
9	78388	120637	26531	9	78386	120648	26529	11	5
10	76984	147068	26081	10	76983	147269	26079	9	7
11	70848	130044	28521	11	70840	130040	28520	9	7
12	71384	105323	30042	12	71389	105326	30041	6	9
13	66555	118089	30865	13	66553	118092	30864	4	10
14	62040	105543	34082	14	62030	105540	34089	13	8
15	75254	113798	27980	15	75257	113790	27978	9	6
16	71827	114198	29563	16	71825	114191	29562	7	9
17	59390	107112	33653	17	59379	107119	33652	13	8
18	63611	119731	30327	18	63610	119743	30326	12	6
19	69012	135920	27298	19	69029	135923	27297	17	8
20	73940	128076	28119	20	73939	128095	28117	19	62
21	75018	154011	24944	21	75039	154213	24948	203	9
22	67786	112327	31384	22	67797	112329	31381	12	10

制表人：×××　　　　　　　　　　　　　　　　　　　　　制表日期：×年×月×日

共抽测 22 个支撑，不合格支撑 5 个，合格率 17/22×100%=77.3%。

影响程度确认：经进场对临时支撑合格率检查，发现合格率仅为 77.3%，且偏差很大，出现了支撑部位构件变形、拼装单元块出现不能有效对接的情况，直接影响了焊接整体变形大和焊接质量缺陷。

结论："临时支撑定位不准确"为要因。

末端原因九：安装方法不合理确认过程

确认时间：×年×月×日～×年×月×日。

负责人：×××、×××。

确认地点：工地现场。

确认方式：调查分析。

确认内容：检查各区域分别安装的质量对症结的影响程度。

对应症结：整体变形差、焊接质量有缺陷。

现场临时支撑照片见图6-58。

图6-58 现场临时支撑照片

验证情况：小组对安装顺序不合理进行调查，发现安装顺序不合理出现焊缝、构件变形，进一步对合格率进行检查统计，见表6-64。

焊缝及变形情况统计表 表6-64

检查区域	A1区				A4区				B3区			
检查点合格数量	139				101				146			
缺陷	变形	对接错缝	焊缝熔深不够	焊缝尺寸太大	变形	对接错缝	焊缝熔深不够	焊缝尺寸太大	变形	对接错缝	焊缝熔深不够	焊缝尺寸太大
不合格点数	5	10	10	6	4	1	9	6	3	8	11	9
检查点总数	170				121				177			
合格率（%）	81.76				83.47				82.49			
平均合格率（%）	(139+101+146)÷(170+121+177) =82.5											

制表人：××× 制表日期：×年×月×日

影响程度确认：单元块应安装顺序不合理，出现在拼接位置不能有效对接，出现变形难以控制，对接处错边大，导致焊缝质量不合格，其平均合格率仅82.5%，对症结“整体变形大”和“焊接质量有缺陷”影响很大。

结论：“安装顺序不合理”为要因。

通过以上的要因确认，我们得出了影响单层曲面钢网格安装的质量的主要原因是：

（1）安装方法不合理；

（2）临时支撑定位不精准；

（3）焊接方法不当。

8. 制定对策

（1）×年×月×日，小组全员在现场办公室对针对以上影响钢网格安装质量的3个主要原因进行了专项的分析研究，组员们分别提出了对策，根据提出对策的特点，我们从有效性、可实施性、可靠性和经济性四个方面对所提出的对策进行测评（表 6-65）。

对策测评表 **表 6-65**

序号	主要原因	对策	分析				结论
			有效性	可实施性	可靠性	经济性	
1	安装方法不合理	1. 采用 PKPM 常规设计软件对钢桁架内力计算，分析受力情况	能通过有限元计算出各杆件的内力数据	通过计算出各杆件的内力情况，合理确定支撑位置及卸载顺序	PKPM 为设计软件，其计算结果可靠	难以模拟现场动态变化，加设的临时支撑较多	经过有效性、可行性、可靠性及经济性等方面进行综合分析，(2) 更符合要求。因此采用对策（2）
		2. 对整个安装过程采用 Midas 模拟分析，制定合理的安装顺序	能通过有限元计算出各杆件的受力数据	可以将计算分析结果与实际检测结果进行对比分析	Midas 常用于大型项目结构受力模拟，可靠	便于模拟动态变化的结构受力、变形数据	
2	临时支撑定位不精准	1. 满堂脚手架临时支撑	满堂脚手架便于作业人员操作，支撑处仍需加设强支撑	由于构件重量大，局部支撑处需加设硬支撑	能提供较为安全的操作平台，便于工人操作	脚手架作为承重支撑，搭设很密，成本很高	经过有效性、可行性、可靠性及经济性等方面进行综合分析，(2) 更符合要求。因此采用对策（2）
		2. 设置合理的临时支撑体系，采用可调装置	临时支撑体系支撑能力较强	支撑能力较强，能有效对结构进行支撑	需在上部搭设平台，以及支撑间搭设通道	仅在单元块平衡受力点进行布置，经测算，相对较为经济	
3	焊接方法不当	1. 针对工程特征及材料特性评定合理的焊接工艺	能控制局部变形	能有效降低结构的变形，难以对整个结构的变形控制	通过科学的焊接顺序，能降低结构变形	对局部变形控制较好，后续难以保证整个裙摆的变形情况	经过有效性、可行性、可靠性及经济性等方面进行综合分析，(2) 更符合要求。因此采用对策（2）
		2. 对整个钢网格屋面确定合理的焊接顺序	能对整个结构的变形进行控制	能有效控制并降低结构的变形	能控制整个裙摆屋面的变形趋势，降低整个结构的变形	后期整改会相对较少，工期会有所缩短，用工减少	

制表人：×××　　　　制表日期：×年×月×日

（2）根据对策测评表中选定的方案，小组成员们又对方案进行细化，制定出具体实施措施及目标，将每个任务分配到每个成员（表 6-66）。

具体实施措施及目标　　表 6-66

序号	要因	对策	目标	措施	地点	负责人	完成时间
1	安装方法不合理	对整个安装过程模拟分析，制定合理的施工顺序	钢网格安装模拟出各工况受力特点，确定合理安装顺序。结构卸载前后偏差值控制在20mm以内	1. 采用 Midas 建立屋面钢网格整个施工模型，分析各工况受力情况 2. 对安装过程进行监测	工地办公室	××× ××× ××× ×××	×年×月×日
2	临时支撑定位不精准	设置合理的临时支撑体系，采用可调装置	临时支撑定位控制在±2mm以内	1. 设置合理的临时支撑体系 2. 采用可调装置随时调整定位标高	工地现场	××× ××× ××× ×××	×年×月×日
3	焊接方法不当	对整个裙摆屋面确定合理的焊接顺序	确定适合本工程的焊接工艺，焊接顺序，保证焊缝质量。第三方焊缝检测合格率必须达到100%	1. 根据本工程主要材料及板厚进行焊接工艺评定，确定在现场各工况的焊接参数，指导现场焊接作业。 2. 收集类似工程的整体焊接顺序，采用软件分析得出合理的焊接顺序	工地现场	××× ××× ×××	×年×月×日

制表人：×××　　制表日期：×年×月×日

9. 对策实施

实施过程一：对整个安装过程进行分析模拟，制定合理的施工顺序。

×年×月×日～×年×月×日，由×××负责安装过程模拟分析和制定合理的安装方法。经过 QC 小组全体人员的讨论，我们针对本工程，采用了分区分块的安装的施工方法，在中庭位置设置合拢线，安装完成后采用分区同步卸载，且在卸载过程中进行监测，最后对计算结果和实际监测结果进行分析。具体实施如下：

本工程安装的基本思路：对整体结构进行区域划分，再对区域进行吊装单元的划分，然后分块吊装，最后安装合拢。根据塔楼裙摆及裙楼屋盖钢桁架结构及现场的施工情况，将结构整体分为三个大区，分别为 A 区塔楼裙摆钢桁架、B 区裙楼屋盖钢桁架以及结构合拢区，施工顺序先施工 A 区塔楼裙摆桁架部分，以及 B 区裙楼屋盖桁架部分，最后进行塔楼与裙楼间合拢段桁架结构的安装。

区域越小，施工越灵活，为了便于吊装单元块的划分以及施工顺序的灵活安排，将 A 区塔楼周边裙摆区域分为 A1～A5 五个小区，施工顺序为先顺时针方向进行 A1 区域→A2 区域→A3 区域，A3 区域作业完成后，再进行 A4 区域的桁架结构安装，在塔楼 A5 区域施工电梯的拆除作业完成后，进行塔楼 A5 区域桁架结构的安装；B 区裙楼屋盖钢桁架分为 B1～B5 五个小区，安装顺序为由 B1→B5 区域；最后进行合拢段的安装（图 6-59、图 6-60）。

（1）曲面钢网格安装流程

1）主塔楼及裙房主结构施工完成后，先进行主楼上部裙摆桁架的安装，采用型钢悬挑脚手架作为临时支撑体系，为施工提供作业面，临时支撑搭设完成后，利于塔吊等起重

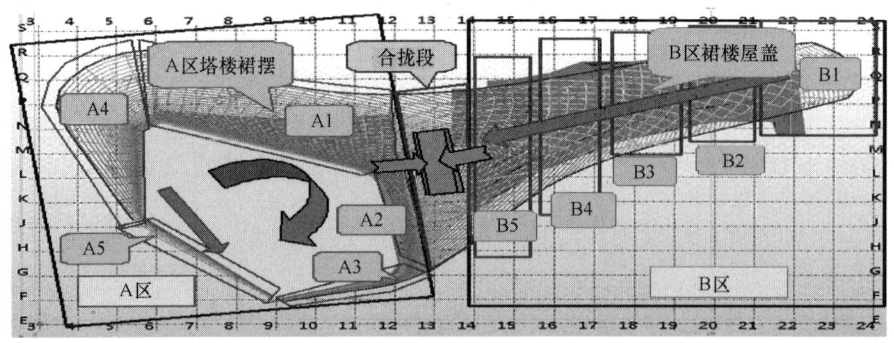

图 6-59 裙摆钢桁架分区示意图

制图人：××× 制图日期：×年×月×日

设备对A区的上部桁架进行分块安装，然后进行下部桁架的施工，采用的是格构式临时支撑体系。

图 6-60 主塔楼裙摆钢桁架安装图

制图人：××× 制图日期：×年×月×日

2）主塔楼裙摆桁架安装完成后，然后进行裙房桁架的安装，在合适的位置搭设格构式临时支撑体系，先安装主桁架，然后安装桁架及中间的嵌补杆件。

3）待A区主塔楼下班及B区裙房屋面的桁架安装完成后，进行合拢区域桁架结构的安装。由于飘架结构为大跨度异形钢结构，温度变化将在结构中引起很大的内力和变形，对结构的安全性将产生显著的影响，为保证结构使用过程中的安全，必须选择合适的合拢温度。见图6-61、图6-62。

（2）分区同步卸载，并对卸载过程进行监测。

1）根据屋面网格结构和支撑体系的特点，本工程临时支撑卸载遵循卸载过程中结构构件的受力与变形协调、均衡、变化过程缓和、结构多次循环微量下降并便于现场施工操作，即“分区、分节、等量，均衡、缓慢”的原则来实现，并遵循结构最终变形最大位置先卸载的原则。合拢段的A2区、B5区最后卸载，塔楼部分顺序为：A2区域验收完成后，进行A1区的结构卸载，A1卸载时保留塔楼A4区域桁架结构连接的树形柱Tree _ Z17范围的贝雷支撑。卸载顺序从上至下，由中间往两边卸载，见图6-63。

图 6-61　裙房裙摆钢桁架安装示意图

图 6-62　合拢段安装照片

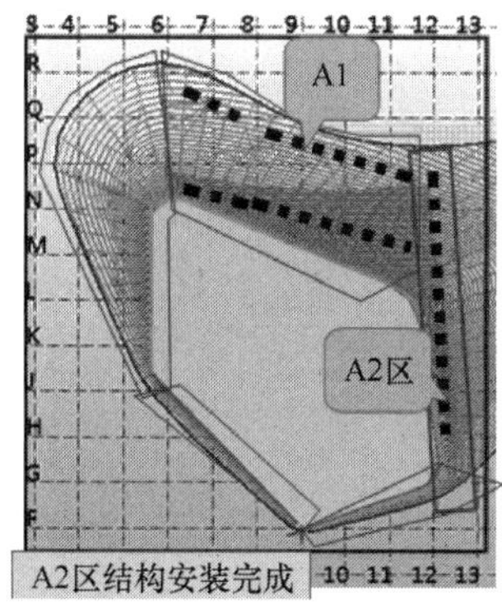

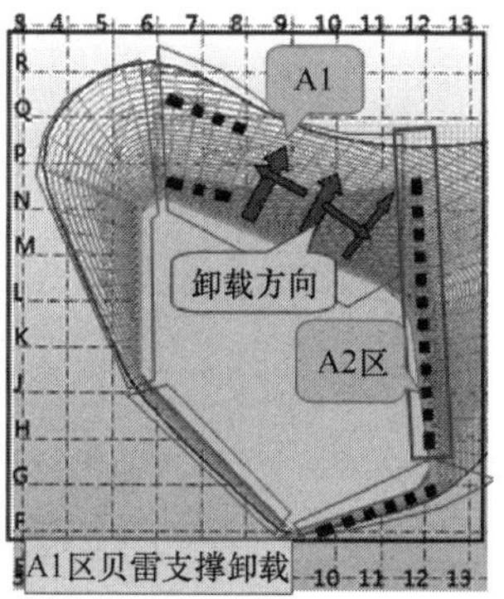

图 6-63　A1 区卸载顺序

进行 A3 区的支撑卸载；在 A5 区验收完成后卸载塔楼 A4 区域贝雷支撑卸载及 A1 区域树形柱 Tree _ Z17 范围的贝雷支撑卸载。卸载顺序从上至下，由中间往两边进行，见图 6-64。

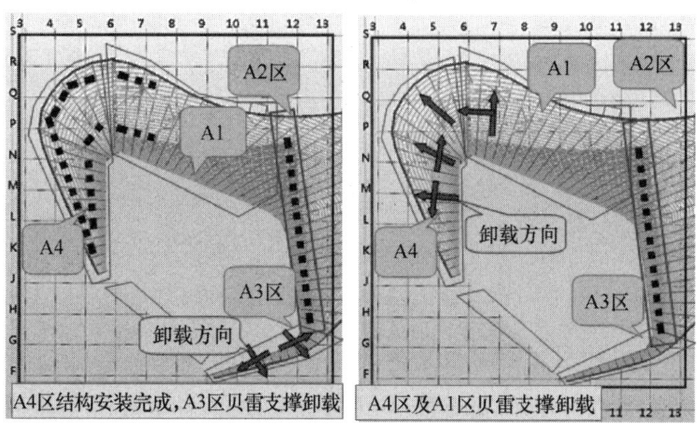

图 6-64　A3、A4 区卸载顺序

最后进行 A5 区的卸载，卸载完成后进行 B 区裙楼的卸载，卸载顺序为：B3、B4 区验收完成后卸载B1、B2区，B5区验收完成后卸载B3、B4区。卸载顺序由中间向两边进行，见图6-65、图6-66。

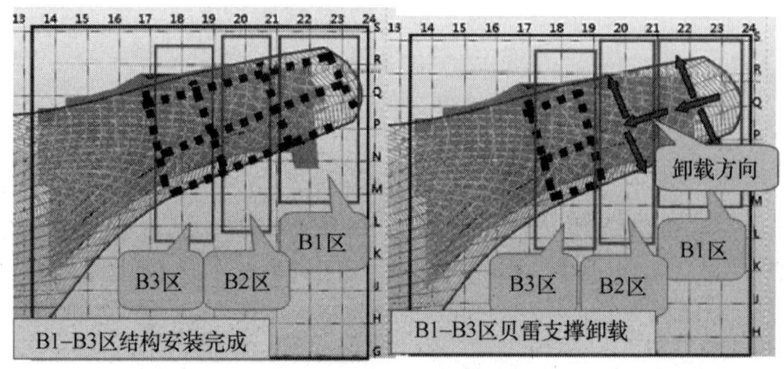

图6-65 B1、B2区卸载顺序

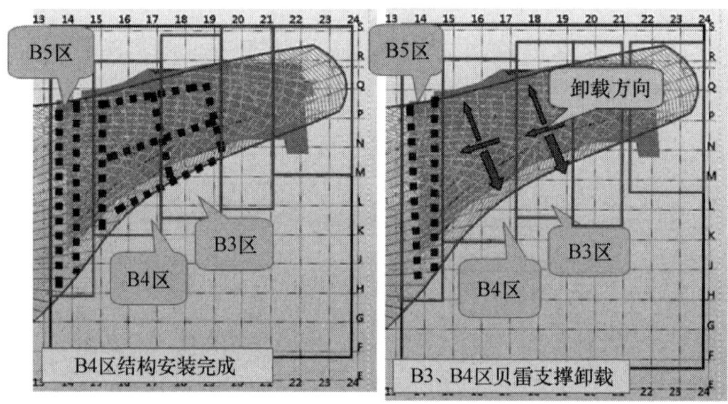

图6-66 B3、B4区卸载顺序

最后进行合拢段A2、B5区的卸载，见图6-67。

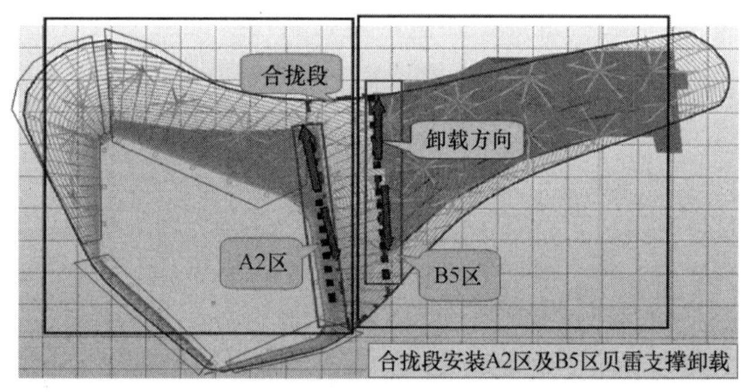

图6-67 合拢段A2区、B5区卸载顺序

2）屋面网格安装完成后进行分区同步卸载，在卸载过程主要对以下两方面进行监测。

① 卸载过程中配备安全员和安全监控员对临时支撑系统进行全过程的监测，尤其应监测门式支撑胎架和支撑立杆的垂直度，在监测过程中一旦发现异常情况及时报告，采取措施进行调控。

② 卸载时，我们选择了46个控制点进行监测，监测的结果记录备案。

3）拆除B区出封边梁位置外其余支撑，包括三角桁架支撑。支撑拆除后，最大应力值为91.8MPa，满足强度要求；结构最大竖向变形值为9.25mm，因为三角桁架结构自重大、跨度大，在跨中位置形成纵横向大跨度无支撑区域，最大位移出现在三角桁架跨中位置。

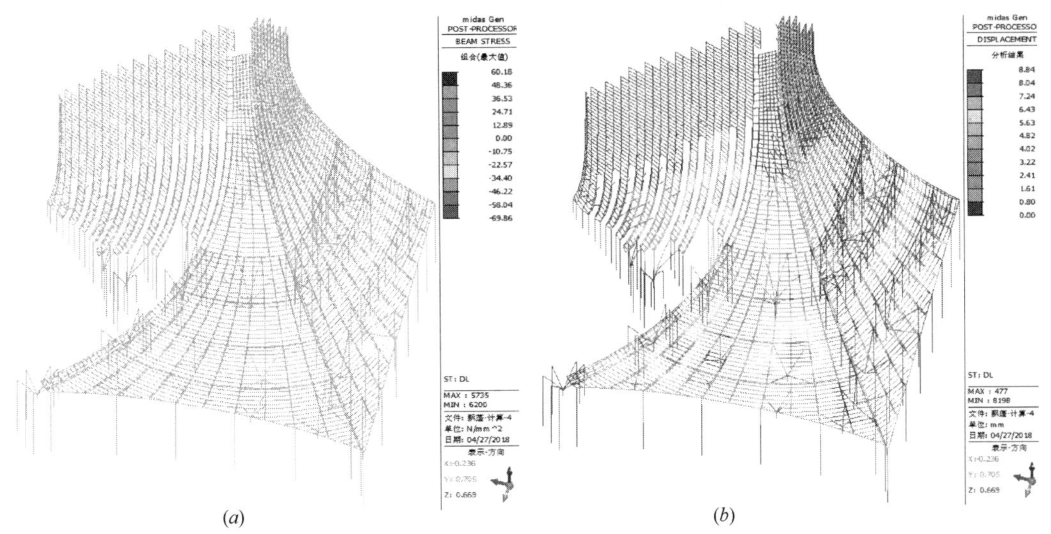

图6-68 工况一应力、位移分布图

（a）工况一应力分布图（σ_{max}=69.9MPa）；（b）工况一位移分布图（δ_z=8.8mm）

制图人：×××　　　　　　制图日期：×年×月×日

4）拆除所有临时支撑，结构最大应力值为99.3MPa，满足强度要求；结构最大竖向变形值为21mm，最大位移出现在A区封边梁横向跨中位置。因为封闭梁横向跨度大，结

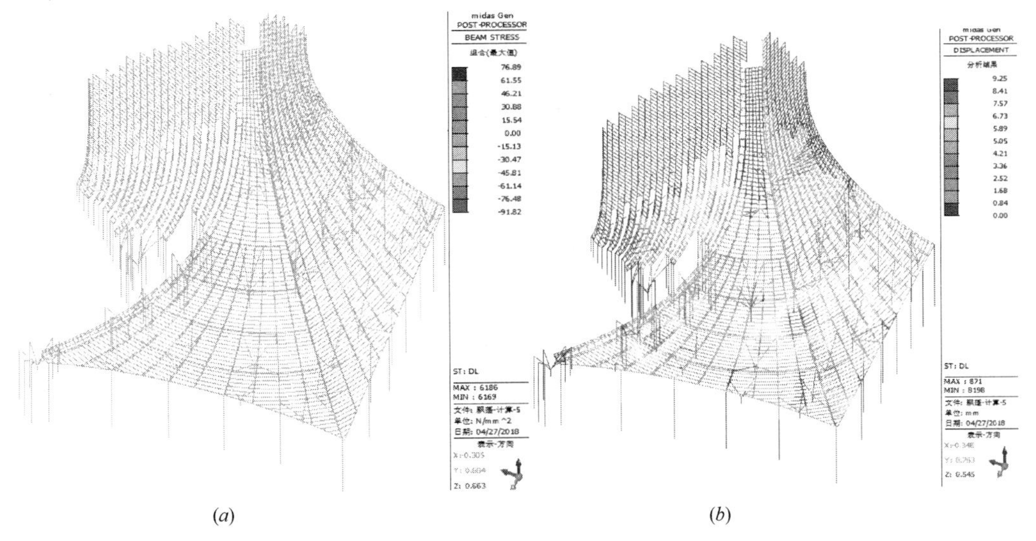

图6-69 工况二应力、位移分布图

（a）工况二应力分布图（σ_{max}=91.8MPa）；（b）工况二位移分布图（δ_z=9.25mm）

制图人：×××　　　　　　制图日期：×年×月×日

构在纵向末端刚度小。见图 6-68～图 6-70。

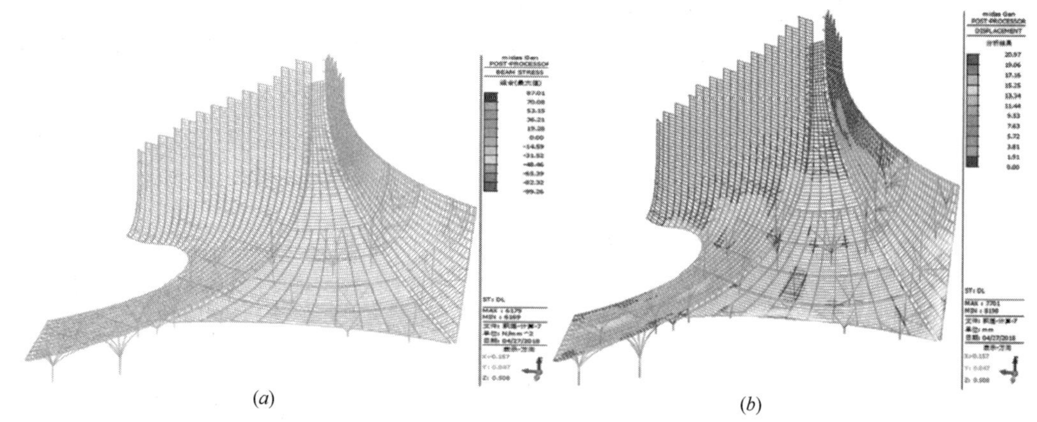
(a)　(b)

图 6-70　工况三应力、位移分布图

(a) 工况三应力分布图 (σ_{max}=99.3MPa)；(b) 工况三位移分布图 (δ_z=21mm)

制图人：×××　　制图日期：×年×月×日

(3) 实施效果检查

经小组讨论决定，×年×月×日由×××负责带领小组成员对现场胎架、桁架主体进行变形检查。

胎架架体的观测点设在顶部平台的角点，桁架结构观测点布置在变形较大区域的上弦节点外侧，观测点的具体做法是根据选定的观测点位置，在组合桁架单元拼装完成后在观测点打上样冲标记，然后在标记位置贴上反射贴片，见图 6-71。

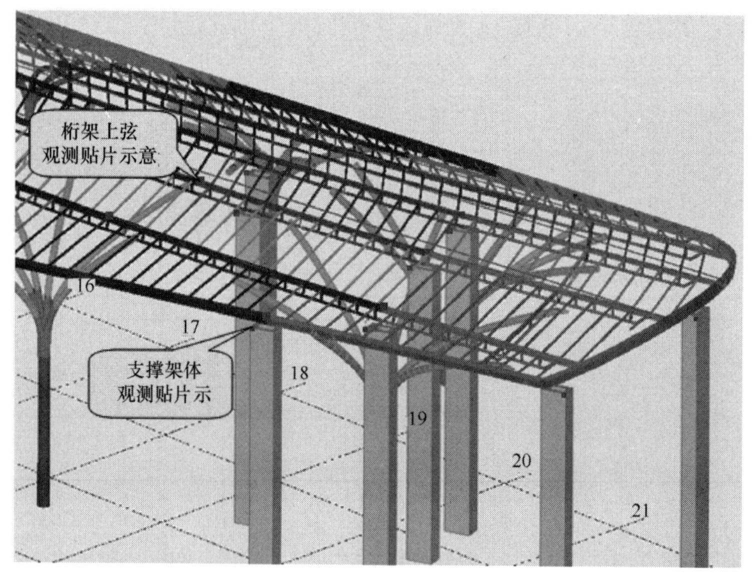

图 6-71　观测点设置示意图

由于监测数据比较多，只选择了部分监测点进行对比分析，其结果见表 6-67。

监测点卸载前后结果对比 表 6-67

编号	卸载前实测坐标（mm）			卸载后复测坐标（mm）			备注	位移偏差（mm）
	X	Y	Z	X	Y	Z		
2	59303	117705	29533	59303	117700	29523	B 区	11
3	65113	136338	25759	65106	136328	25757	B 区	12
4	70112	152434	23551	70107	152429	23552	B 区	7
6	69409	116404	30447	69402	116401	30438	B 区	12
7	76338	134116	27152	76334	134117	27138	B 区	15
8	82223	149177	25120	82225	149183	25123	B 区	7
30	87510	162705	23718	87521	162714	23713	B 区	15
31	83794	166159	24230	83806	166172	24225	B 区	18
32	78386	120638	26529	78385	120641	26523	B 区	7
33	76983	147069	26079	76977	147071	26076	B 区	7
61	63235	70913	37537	63240	70905	37535	A 区	10
62	65452	64516	36110	65469	64509	36109	A 区	18
63	68222	58761	34013	68238	58753	34015	A 区	18
64	69858	51822	33118	69866	51815	33113	A 区	12
65	70784	44564	30761	70793	44558	30758	A 区	11
66	76027	35596	28943	76043	35590	28945	A 区	17
67	80754	36825	25932	80767	36822	25941	A 区	16
161	76842	68169	27680	76840	68163	27663	A 区	18
162	79573	54517	26400	79570	54509	26390	A 区	13
163	85033	42560	23824	85048	42557	23818	A 区	16

监测人：××× 监测地点：工地 监测日期：×年×月×日

由表 6-67、图 6-72 可知，结构卸载前后偏差值在 20mm 以内，结构处于安全可控的状态。对策目标实现。

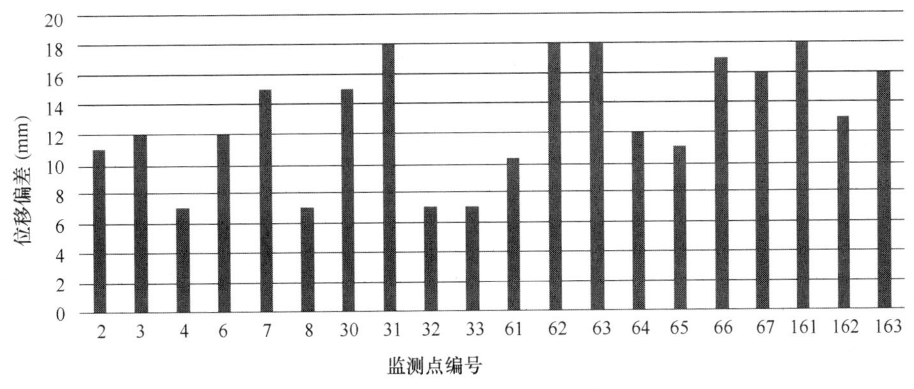

图 6-72 卸载前后监测点位移偏差柱状图

制图人：××× 制图日期：×年×月×日

负面影响评估：

在对策实施过程中，主要利用软件来模拟安装过程中的应力变化以及位移变形情况，来制定及编排施工顺序，由此，对策实施过程中，对项目的成本以及对现场的安全文明施工、进度几乎无不良影响。

实施过程二：设置合理的临时支撑体系。

×年×月×日～×年×月×日，由×××负责，全体小组成员一起讨论，针对本工程的特点，根据飘架结构设计特点，主桁架间距为 2～5m 不等，整体由上向下呈现空间曲面扩展造型，飘架安装采用支撑架体与悬挑架体相结合的方式，裙楼范围及主楼周边桁架结构安装时具备落地条件部分使用支撑架体，贴近主塔楼位置的上部桁架结构安装采用悬挑脚手架。进行飘架整体结构施工时，在主桁架下部搭设的临时支撑胎架体系，分为主受力架体及施工辅助架体，主受力架体为上部主结构在卸载之前结构的受力体系，辅助架体为主、次结构安装及施工人员行走焊接及油漆修补等提供足够作业面，见图 6-73。

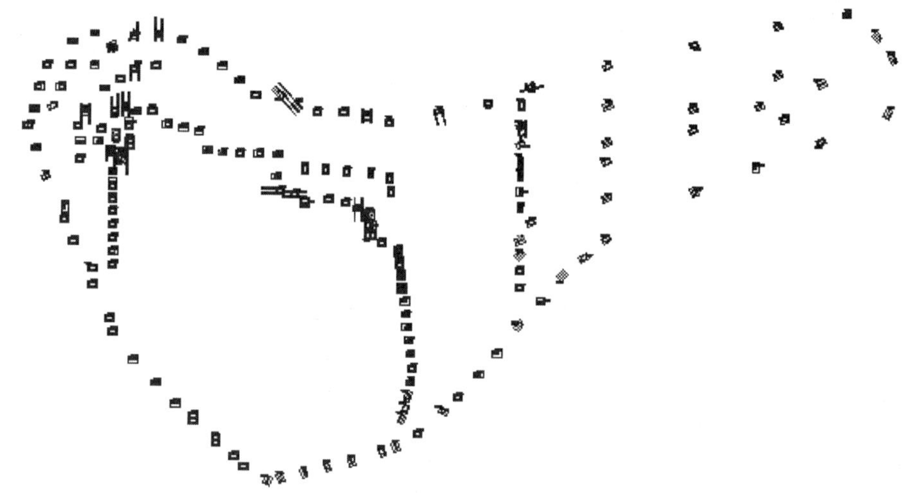

图 6-73 支撑平面布置图

制图人：××× 制图日期：×年×月×日

(1) 悬挑脚手架支撑体系

设置悬挑脚手架时需要使用到悬挑型钢，悬挑型钢的一端通过锚栓与楼面固定，悬挑型钢的截面和锚固经计算确认，经计算悬挑型钢采用的是 16 号工字钢，间距 1.2m。塔楼悬挑脚手架采用的是扣件式钢管脚手架，规格选用 ϕ48.3×3.6 钢管，脚手架搭设时按照 JGJ 130—2011 及 DG/TJ08—2011 标准执行，见图 6-74。

(2) 格构式支撑体系

裙楼范围及主楼周边桁架结构安装时具备落地条件部分使用格构式支撑体系，格构式支撑采用的是标准节为 3m×1.4m 贝雷片支撑架，贝雷支撑柱下部采用植筋与楼板相连，顶部设置可以调节高度的转换支托装置，以满足实际工程中对不同转换高度的要求，在安装时使用千斤顶对组合桁架位置进行微调，见图 6-75～图 6-77。

实施效果检查：在临时支撑搭设完成后，由×××、×××负责，×年×月×日对现场临时支撑的定位标高进行测量，测量的结果见表 6-68、图 6-78。

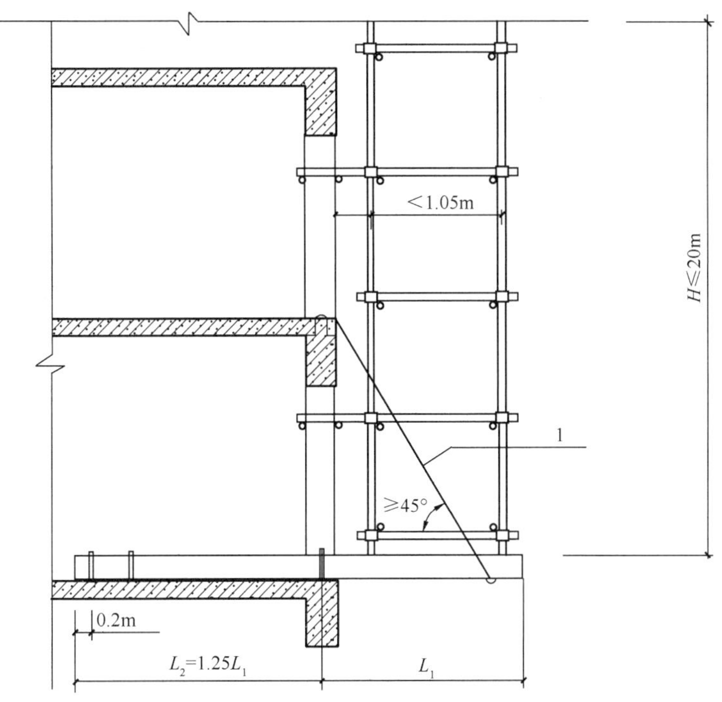

图 6-74 悬挑脚手架示意图

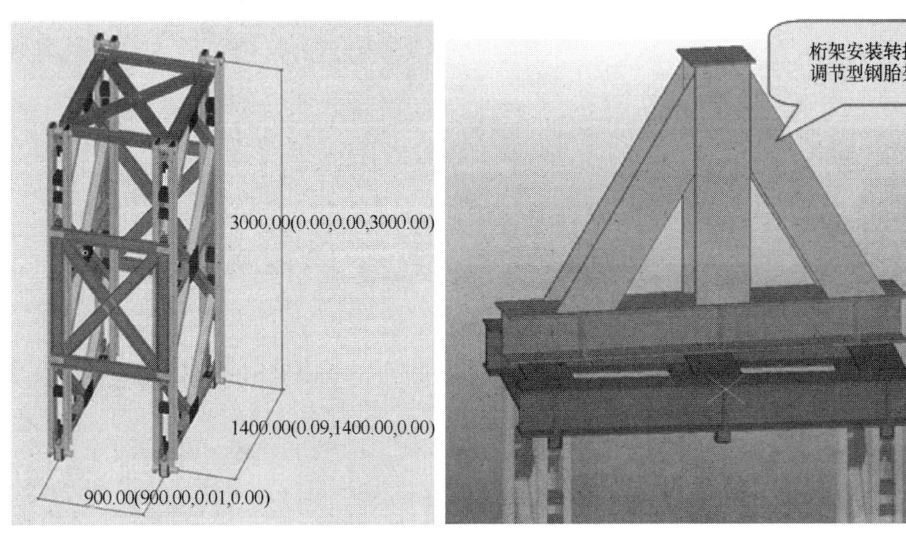

图 6-75 格构式支撑示意图

制图人：×××　　制图日期：×年×月×日

图 6-76 支撑胎架与桁架的支撑设置示意图

制图人：××× 制图日期：×年×月×日

图 6-77 格构式支撑体系

制图人：××× 制图日期：×年×月×日

目标允许值与实测值对比 **表 6-68**

序号	支撑 1	支撑 2	支撑 3	支撑 4	支撑 5	支撑 6	支撑 7	支撑 8	支撑 9	支撑 10
目标允许偏差（mm）	±2	±2	±2	±2	±2	±2	±2	±2	±2	±2
实测偏差（mm）	1	1.5	−1	1	0	−1.5	−1	0	0.5	1

制表人：××× 制图日期：×年×月×日

由以上图表可知，临时支撑标高定位的误差控制在 2mm 范围内，完成了既定目标。

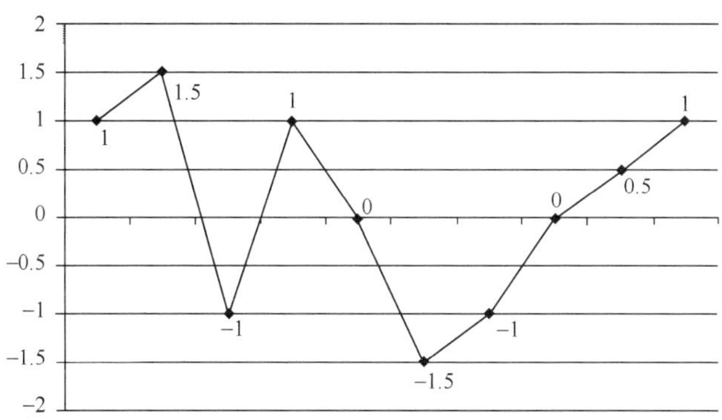

图 6-78 实测偏差控制图

制图人：×××　　　　制图日期：×年×月×日

实施过程三：制定整个裙摆屋面的焊接顺序、焊接方法、确定合理的焊接参数。

×年×月×日由×××、×××负责针对本工程的特点，对摆裙式钢网格屋面的安装顺序进行合理化分析，×××负责制作焊接工艺评定指导书，经过试验检测和全体 QC 小组成员讨论，得到了一致认可，并报单位总工审批。安装顺序、焊接参数由现场×××、×××、×××交底到每个管理人员及各班组长，再由班组长交底到每个工人，确保工人熟悉与掌握内容及方法。小组安排×××、×××、×××三位组员全过程跟踪参与。

（1）首先选择合理的焊接顺序，减少焊接变形

1）由于本工程构件受外形尺寸和安装重量的限制，均需分区、分块进行吊装，造成现场高空焊接工作量较大，易产生焊接变形。由于高空焊接难度和安全系数高，整个屋面由若干个单元块组成，每个单元块均在地面进行拼装焊接，单元块焊接完成后进行整体安装。减少了高空焊接，减少了仰焊，从而保证焊接质量，也减少了焊接变形。见图 6-79、图 6-80。

图 6-79 单元块地面组装焊接

图 6-80 单元块进行安装焊接

2）本工程现场焊接必须遵循以下总体原则：统一对称、分区分块进行；自内而外、隔块焊接。两人对称焊，要求保证焊接速度一致，焊接电流、电压参数一致。嵌补杆件的两道焊缝，采取先焊接一端，待焊缝温度冷却至常温方可进行另一端的焊接。

摆裙式钢网格屋面杆件分块焊接顺序：

① 整体焊接顺序

根据焊接原则和现场安装方案，主桁架间连接杆件两端同时施焊，从中部开始向四周逐单元逐杆件焊接。

② 分块间焊接顺序

选取屋面部分单元及杆件进行说明分块安装及散件焊接顺序。

第一步：先进行安装 A1 和 A2 以及临时固定 a 处散件；

第二步：安装 B1 和 B2 以及临时固定 b1 和 b2 处散件，并对 a 处散件进行焊接，a 处焊接顺序见图 6-81；

第三步：安装 C1 和 C2 以及临时固定 c1 和 c2 处散件，并对 b1 和 b2 处散件进行焊接；

第四步：安装 D1 和 D2 以及临时固定 d1 和 d2 处散件，并对 c1 和 c2 处散件进行焊接；以此类推，每个分块遵循自内而外，隔块焊接的原则。A1、A2-D1、D2 为分块编号，a-d1 为分块间所有散件编号 6、8、9、11、13、15 进行施焊，然后同时对 1、3、5、7、10、12、14、16 进行施焊。见图 6-82、图 6-83。

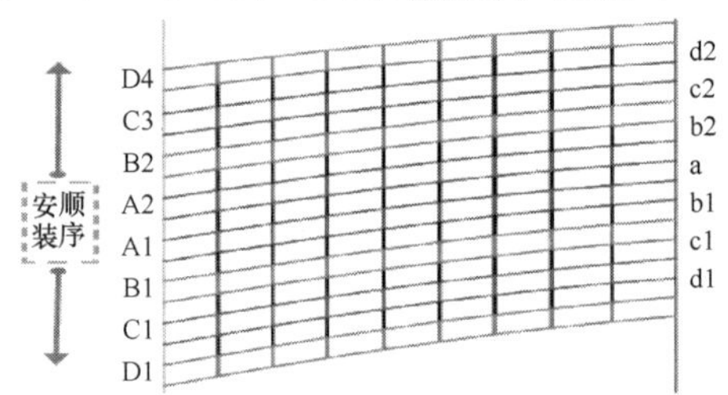

图 6-81　摆裙式屋面局部安装、焊接顺序示意图

制图人：×××　　　　制图日期：×年×月×日

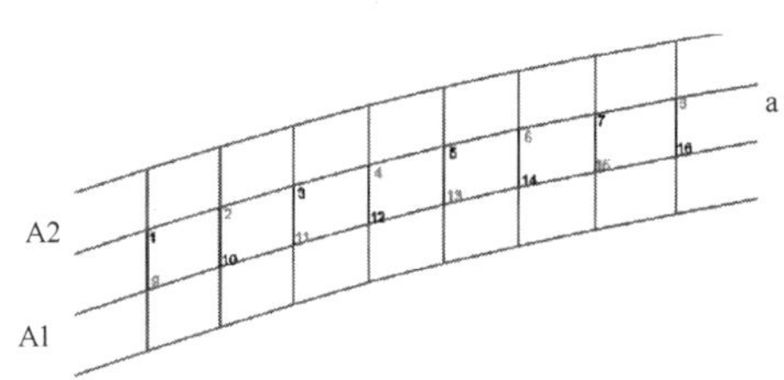

图 6-82　分块间散件焊接顺序示意图

制图人：×××　　　　制图日期：×年×月×日

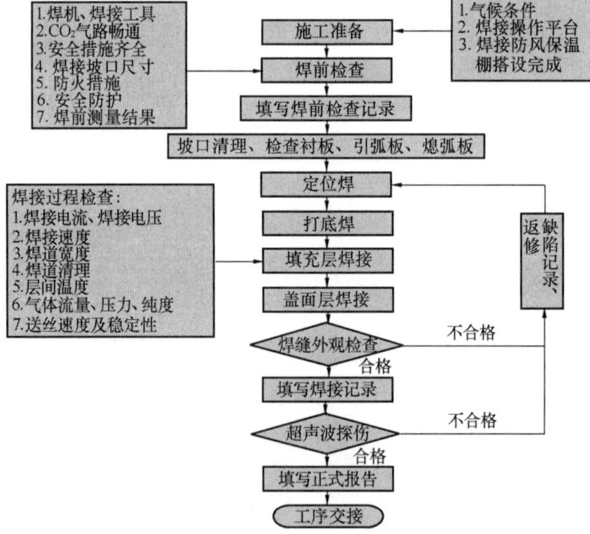

图 6-83　现场焊接的流程图

制图人：×××　　　　制图日期：×年×月×日

（2）制定焊接工艺评定指导书（表6-69～表6-71）

手工电弧焊参数 **表6-69**

位置	电弧电压（V）		焊接电流（A）		焊条极性	层厚（mm）	层间温度（℃）	焊条型号
	平焊	其他	平焊	其他				
首层	24～26	23～25	105～115	105～160	阳	3～4	—	E43、E5015、E6015、E6016、ϕ3.2mm、ϕ4.0mm
中间层	29～33	29～30	150～180	150～160	阳	3～4	85～150	
面层	25～27	25～27	130～150	130～150	阳	3～4	85～150	

CO_2 气体保护焊（平焊）参数 **表6-70**

位置	电弧电压（V）	焊接电流（A）	焊丝伸出长度		气体流量（L/min）	焊丝极性	层厚（mm）	层间温度（℃）	焊丝型号
			≤40	＞40					
首层	22～24	180～200	20～25	30～35	45～50	阳	6～7	—	ER50-6 ER55-2D ϕ1.2mm
中间层	25～27	230～250	20	25～30	40～45	阳	5～6	100～150	
面层	24～24	200～230	20	20	35～40	阳	5～6	100～150	
送丝速度：5～5.5mm/s，气体有效保护面积：1000mm^2									

CO_2 气体保护焊（横、立焊）参数 **表6-71**

位置	电弧电压（V）	焊接电流（A）	焊丝伸出长度		气体流量（L/min）	焊丝极性	层厚（mm）	层间温度（℃）	焊丝型号
			≤40	＞40					
首层	22～24	180～200	20～25	30～35	50～55	阳	6～7	—	ER50-6 ER55-2D ϕ1.2mm
中间层	25～27	230～250	20	25～30	45～50	阳	5～6	100～150	
面层	24～24	200～230	20	20	40～45	阳	5～6	100～150	
送丝速度：5～5.5mm/s，气体有效保护面积：1000mm^2									

焊接完成后，焊缝两侧100mm范围用角向打磨机打磨干净，以备自检、第三方探伤。焊工在焊缝旁边做有记号。在焊接过程中做好防风措施（图6-84）。

实施效果验证：

我们制定的焊接顺序、焊接方式、经过焊接评定，确定焊接工艺。经过组织实施，×年×月×日由×××负责带领小组成员一起对所有焊缝进行检查，检查合格率达到99%，对不合格的焊缝全部整改，第三方探伤检测合格率达到100%。对策目标得以实现。

负面影响评估：

在对策实施过程中，选择了贝雷架支撑体系，相对满樘脚手架，其布置灵活，占用现场面积小，成本也远远小于满樘脚手架支撑。焊接顺序的改变，本质上并未额外增加成本以及增加工作量。因此，本对策实施过程中，对项目的成本以及对现场的安全文明施工、进度几乎无不良影响。

10. 效果检查

×年×月×日由×××组织小组成员对施工过程中结构的变形进行测量，并与计算机模拟的理论结果进行对比分析，见表6-72。

图 6-84 防风措施

图 6-85 测试报告

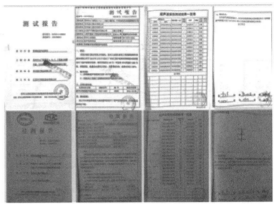

安装过程中的计算理论值和实际测量值对比 **表 6-72**

工况	模拟计算结构最大变形 U_z（mm）	实际测量结构最大变形 U_z（mm）	偏差
安装工况 CS1	17	18	−1
安装工况 CS2	21	20	1
安装工况 CS3	21	19	2
安装工况 CS4	25	28	−3
安装工况 CS5	138	141	−3
卸载工况 xz1	25	22	3
卸载工况 xz2	71	67	4
卸载工况 xz3	139	136	3
卸载工况 xz4	139	141	−2
卸载工况 xz5	148	152	−4

制表人：××× 制图日期：×年×月×日

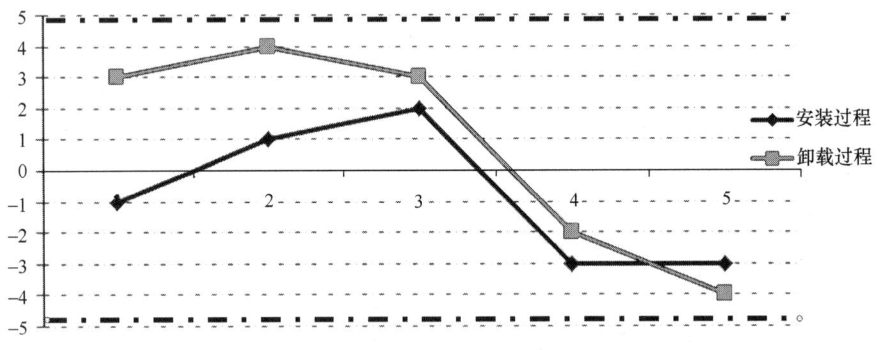

图 6-86 计算值与实测值偏差控制图

制表人：××× 制图日期：×年×月×日

由图 6-85、图 6-86 及表 6-72 可见，摆裙式钢网格屋面安装过程中计算值和实际测量值相差 4mm，在允许范围内，因此钢网格在安装过程和卸载过程中处于正常状态。

（1）效果检查

活动前第一次对原类似项目的平均合格率为 81.3%，第二次调查合格率为 83%。为了检验小组活动后的变化情况，小组对对策实施后的项目质量进行检查。与活动后的合格率来进行对比，验证活动效果。

通过 PDCA 循环的实施，我们 QC 小组在整个施工过程中进行了深入细致的效果检查，针对影响本工程安装质量的主要问题，我们×年×月×日对 A1 区、A4 区、合拢区、B1 区、B2 区、B3 区、B4 区对实施后进行了检查验收，检查结果见表 6-73、表 6-74。

单层曲面钢网格屋面安装质量检查效果表 **表 6-73**

序号	检查项目	检查点（个）	不合格（点）	合格（点）	合格率（%）
1	标高偏差	100	3	97	97%
2	整体变形差	100	2	98	98%
3	构件尺寸有偏差	100	3	97	98%
4	柱轴线定位有偏差	100	1	99	99%
5	焊接质量有缺陷	100	0	100	100%
合计		500	9	491	98%

制表人：××× 制表日期：×年×月×日

"构件出现各种变形"和"焊缝检测不合格"症结调查频数表 **表 6-74**

序号	检查项目	频数（点）	频率（%）	累计频率（%）
1	标高偏差	3	33%	33%
2	构件尺寸有偏差	3	33%	66%
3	整体变形差	2	22%	88%
4	柱轴线定位有偏差	1	12%	100%
5	焊接质量有缺陷	0	0%	100%
合计		9	100%	—
备注：本次共检查 500 个点，合格 491 个点，合格率为 98%				

制表人：××× 制表日期：×年×月×日

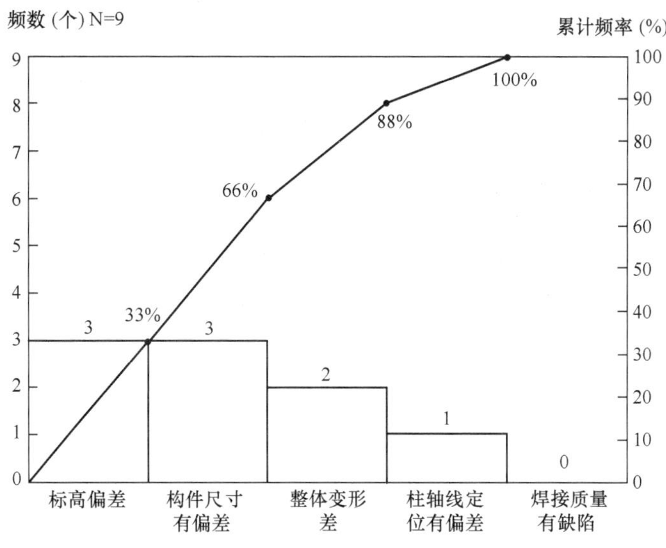

图 6-87 活动后"整体变形差""焊接质量有缺陷"累计频率排列图

通过图 6-46、图 6-87 对比可以看出，影响裙摆式曲面钢网格屋面安装质量的症结"整体变形差"以及"焊接质量有缺陷"，其累计频率从 79%下降到了 22%。对比实施前后，"整体变形差"和"焊缝质量有缺陷"两个症结已经成了次要问题，说明这次质量管理小组活动的改进措施有效，取得良好的效果，见图 6-88。

由图 6-88 可以看出，通过本次活动的措施和对策，摆裙式曲面钢网格屋面现场安装质量合格率达到了 98%，高于活动目标值，达到了活动预期目标，见图 6-89。

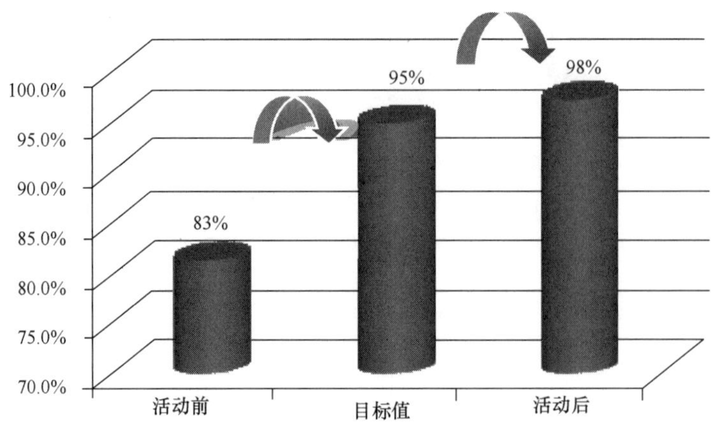

图 6-88 目标完成情况柱状图

制图人：××× 制图日期：×年×月×日

图 6-89 单层曲面钢网格完成的局部照片

(2) 经济效益

通过小组活动，实现了本次活动的目标，也取得了一定的经济效益，提高了施工效率，缩短了工期 14 天。节省了人工费：23(人)×300 元/工日×14 工日＝96600 元；机械台班：8000 元/台班×14×工日＝112000 元；小组开展活动经费：25000 元。本次 QC 活动共节约了成本：183600 元，见图 6-90。

(3) 社会效益

本工程作为单位今年的重点工程，我们取得了单层曲面钢网格结构安装的宝贵经验。得到了业主、监理和建设主管部门的一致好评，为企业赢得了声誉。

经过本工程既有施工的成功经验，为以后类似项目的实施提供了宝贵的经验。

本工程的成功施工，提升了企业的形象，树立了良好的口碑，为企业进一步开拓市场提供了技术保证，在企业多元化发展的道路上起到了里程碑的作用。

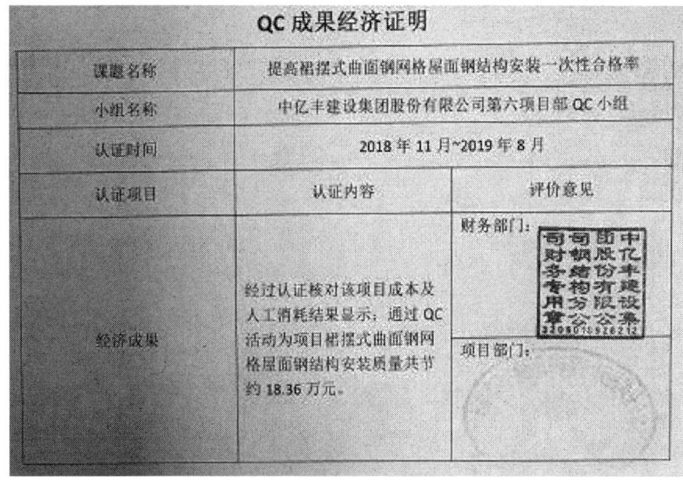

QC 成果经济证明

课题名称	提高裙摆式曲面钢网格屋面钢结构安装一次性合格率	
小组名称	中亿丰建设集团股份有限公司第六项目部 QC 小组	
认证时间	2018 年 11 月~2019 年 8 月	
认证项目	认证内容	评价意见
经济成果	经过认证核对该项目成本及人工消耗结果显示：通过 QC 活动为项目裙摆式曲面钢网格屋面钢结构安装质量共节约 18.36 万元。	财务部门： 项目部门：

图 6-90 QC 成果经济证明

11. 巩固措施

小组成员通过 PDCA 循环，实现并超越了制定的目标。在获得初步成功后，小组成员坚持现场技术指导，并在×年×月×日，小组所有成员在现场会议室对本次活动中的有效措施进行了总结，见表 6-75。

有效措施总结 **表 6-75**

统一对类似跨度大、下部永久支撑少、结构面积大、异形等结构的安装思想。以及着重抓好过程中的重要控制点。具体步骤如下：
一、施工前准备工作
1. 对整体结构根据现场情况进行分区
2. 采用 MIDAS 软件对整体结构进行受力分析
3. 根据每个区域结构的受力情况设置临时支撑
4. 根据临时支撑的分布，对每个区域进行吊装单元块的划分
5. 模拟每个区域结构、下部临时支撑、吊装单元的施工时的力学情况
6. 调整临时支撑、吊装单元块的设置
7. 完成临时支撑体系的设置以及整个结构的划分工作
8. 根据最终确定的区域、安装单元制定焊接方案
9. 安装结束后，通过 Midas 来模拟卸载结构的受力及变形情况，确定支撑卸载顺序以及卸载方案
二、施工过程控制点的把控
1. 完善项目的管理考核、检查、培训制度
2. 做好技术、方案交底
3. 施工测量器具、施工机械检查
4. 设置专人对支撑以及安装好的结构进行动态监测，并记录数据，确保支撑偏差在规定范围内，结构变形在规范允许的范围
5. 检查焊接顺序、工艺、安装方法是否按方案执行

为了进一步巩固小组本次的活动成果，我们将成果编制成《单层曲面钢网格屋面钢结构安装作业指导书》（×××），×年×月×日经总工办批准后，形成标准化文件，在公司内部推广实施。

在形成作业指导书后（图 6-91），同年 9 月编制了《单层曲面钢网格屋面施工工法》

图 6-91 公司作业指导书照片

(×××)，由集团下发并在各分公司公布，为后续工程推广实施打下了良好的基础。

12. 总结和下一步打算

(1) 专业技术方面

在以后遇到复杂的大跨度空间结构时，小组成员思路清晰，从前期方案策划，安装方案的模拟，支撑体系的布置原则、在施工时需要必须注意的质量控制点以及控制方法，都有了清晰的认识。积累了类似结构的施工经验，为以后类似的安装提供了好的施工方法。通过这个项目的实施，小组成员在方案的编制、成本策划、全站仪的应用技术上都有了很大的提升，并且还能对一些简单结构进行独立的计算，分析其受力情况。

(2) 管理技术方面

在 QC 活动中，小组成员通过 PDCA 循环，以事实和数据说话，并运用一系列对策和措施使单层曲面钢网格结构安装质量得到了保证，实现了既定目标。并且通过本项目，学会解决问题的思路与方法，通过对“人、机、料、法、环”的分析与讨论，对问题的认识与思考更加科学、严谨和清晰。在课题中小组成员还学会了通过各种图表来统计并分析问题的本质。这对今后从事施工管理工作有了很大的帮助。

表 6-76 为本次活动的基本步骤，每个步骤间逻辑合理，分析问题方式、解决问题的措施以及对策的实施后的效果检查到总结并制定巩固措施，管理技术方面有了很大的提升。

基本步骤 **表 6-76**

序号	项目		总结
1	活动程序	选择课题	根据上级目标及现场施工存在的问题等进行课题的选择，以数据为基础，采用图标进行分析，选题理由较为合理充分
2		设定目标	作为指令性目标，公司下达的要求就是小组活动的目标
3		可行性论证	通过采用柱状图、饼分图以及排列图对调查项目进行分层分析，找到症结，并综合考虑到小组拥有的资源和小组曾经接近过的最好水平进行目标的设定，并针对症结预计问题解决程度，测算出小组将达到的水平，目标设定依据充分，目标可量化可实施
4		原因分析	小组成员针对症结使用关联图对“人、机、料、法、环”进行原因分析，找到末端原因，因果关系明确，逻辑关系紧密
5		确定主要原因	小组制定了要因确认表，逐条确认，依据末端原因对症结的影响程度进行要因的判定，小组成员能够依据数据和事实，针对末端原因客观的确定主要原因
6		制定对策	小组成员针对要因，逐一制定了对策，并提出了解决方案，梳理施工流程，对策明确，对策目标可测量，具体
7		对策实施	按照对策表逐条实施，并与对策目标进行比较，同时也验证了对策的实施效果
8		效果检查	有效而科学地对活动目标进行检查，并且对问题症结的改善程度进行了检查，确认了经济和社会效益，检查全面
9		制定巩固措施	能够将对策表中有效的措施纳入企业标准中
10	数据运用		能有效地收集整理数据，利用图表法，来对数据进行分析，有效地运用数据进行影响程度的判定
11	统计方法		统计方法应用得当，各个步骤中都能够有效、清晰地反映出问题的症结所在

制表人：××× 制表日期：×年×月×日

（3）小组成员综合素质方面

通过本次质量管理活动，小组成员一致认为，在活动中，小组成员学习了全面质量的管理，通过 PDCA 循环，以事实和数据说话，找到了解决问题的方法，使个人能力得到进一步提高，增强了小组成员的团队意识、质量意识、问题意识、改进意识、参与意识和责任意识等。见表 6-77、图 6-92。

综合素质评价表 **表 6-77**

序号	评价内容	活动前（分）	活动后（分）
1	质量意识	8	9.5
2	技术水平	7	9
3	QC 知识	7	9
4	解决问题能力	6.5	8.5
5	团队精神	7	9
6	个人能力	8	9.5

制表人：×××　　制表日期：×年×月×日

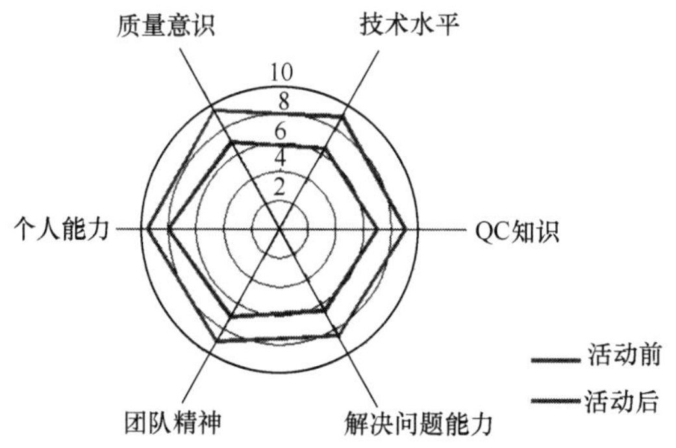

图 6-92　综合素质评价雷达图

制图人：×××　　制图日期：×年×月×日

（4）下一步打算

QC 小组根据安装项目部现阶段在建工程实际情况又选定了 3 个课题进行综合评分，经小组评估确定“提高异形装饰拱的制作质量”作为小组活动下一个攻关课题，见表 6-78。

攻关课题 **表 6-78**

序号	课题名称	重要性	紧迫性	难度系数	经济性	综合得分	选择
1	提高屋面幕墙安装质量	◎	★	★	△	12	×
2	提高异形装饰拱的制作质量	◎	◎	★	◎	18	√
3	提高多曲面屋面钢桁架的制作质量	◎	★	△	◎	14	×

制表人：×××　　审核人：×××　　制表日期：×年×月×日

评分标准：◎——5 分表示施工质量对工程创优的影响程度大、工期要求紧迫是关键线路、施工难度大、投入小且经济效益好。

★——3 分表示施工质量对工程创优的影响程度较大、工期要求紧迫程度较大是关键线路、施工难度较大、投入大且经济效益较好。

△——1 分表示施工质量对工程创优的影响程度不大、工期要求紧迫程度较大为非关键线路、施工难度易控制、投入大且经济效益一般。

√表示选择；×表示不选择。

QC 小组原始活动记录：略。

案 例 综 合 点 评

1. 总体评价

这是一篇指令性目标的质量管理小组活动成果，该小组能围绕裙摆式曲面钢网格屋面钢结构安装质量选择活动课题，课题简洁明确，符合住房城乡建设部提倡的“小、实、活、新”的要求，活动程序完整。选题理由充分，设定目标量化，可行性论证分析较完整，统计方法运用基本正确。

在目标可行性论证中，通过收集数据进行分类分层和整理，运用排列图分析，找出了影响裙摆式曲面钢网格屋面钢结构安装质量的症结是“整体变形差”和“焊接质量有缺陷”。针对找出的两个症结运用关联图从“人、机、料、法、环、测”六个方面进行原因分析。制定确认计划对 9 条末端原因采用调查分析、现场试验等方法进行要因确认，有数据有图表。

针对选定的 3 个主要原因，提出多种解决方案从有效性、可实施性、可靠性、经济性等方面进行分析论证，对策表 5W1H 栏目齐全，目标量化，措施较得力。实施过程逐项展开叙述，有过程照片，描述清晰，每个对策实施后都有阶段性实施验证，达到了对策表中确定的目标。

效果检查与现状调查数据进行分析，前后呼应，较好地完成了设定的目标，创造了良好的经济效益和社会效益。

巩固措施将对策表中通过实施证明是有效的措施经公司批准形成了《单层曲面钢网格屋面钢结构安装作业指导书》（ZYFZYZDS05-2019）和《单层曲面钢网格屋面施工工法》（ZYFGJGGF05-2019）。总结和下一步打算在专业技术、管理方法和综合素质方面得到了全面提高，并提出了小组下一步的活动方向。

2. 不足之处

（1）工程概况中缺少对裙摆式曲面钢网格屋面钢结构安装施工进度的描述，与成果的活动时间应对应。

（2）目标可行性论证中缺少小组或组织曾经达到的最好水平的分析数据。二次分层调查中的项目缺少总点数、合格点数和合格率的统计表，否则与效果检查时无法对比。部分调查项目建议按规范中的一般控制项来确定，且调查的项目是出现的问题，是表象，不是原因。检查方法可以采用现场实地测量或记录资料、试验与调查分析的方法，而不只是现场检查与查询资料，这样才能全面地反映数据的客观性、可比性、时效性和全面性。

（3）确认主要原因中对每条末端原因应先分析对问题症结是否有影响，再用对比法分析对两个症结或一个症结产生影响的程度来判定是否是要因，成果提供依据不充分。

（4）在制定对策程序中进行方案论证时，应增加时间性的论证，且经济性应有费用对比。建议对方案采用试验、分析的方法进行，其分析应有说服力的数据作支撑。

（5）巩固措施中对形成的每条有效措施转化成标准化的名称应明确。

6.3 创新型成果案例及点评

研制一种顺作法下钢屋架分块滑移施工新技术

×××厂房配套工程项目部 QC 小组

1. 工程概况

×××厂房配套项目位于×××市东北角，项目一期总建筑面积 133300m²，其中钢结构施工面积 8294m²。项目建设总工期 14 个月。本工程大硅片×××主厂房共计三层，总长度 169.6m，总宽度 81.6m，其中钢结构部分长度 144m，宽度 57.6m。见图 6-93～图 6-95。

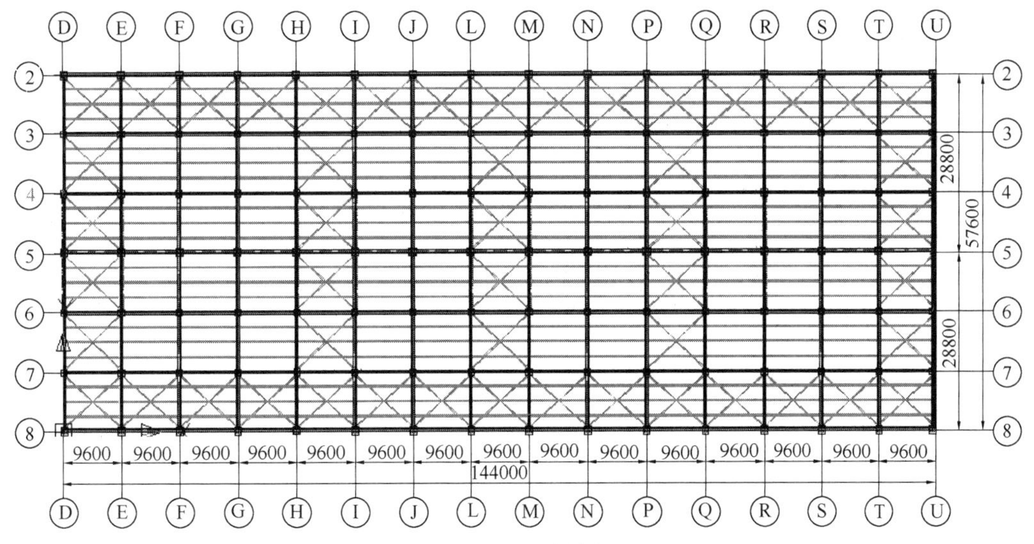

图 6-93 ×××厂房结构平面图

制图人：××× 制图日期：×年×月×日

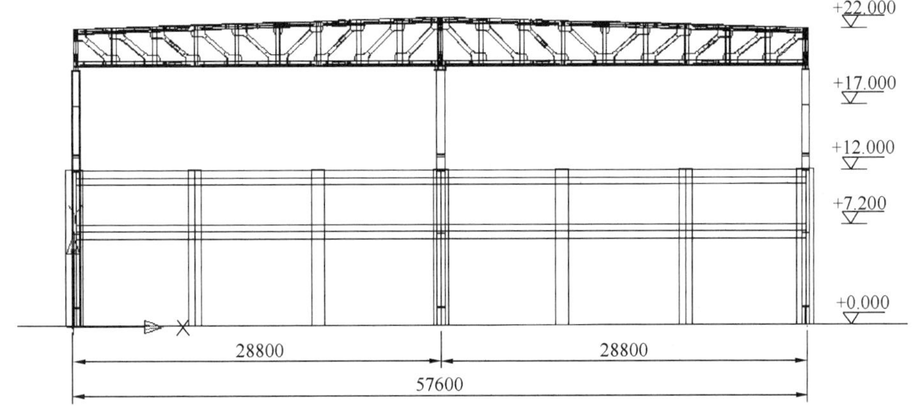

图 6-94 ×××厂房结构横剖面图

制图人：××× 制图日期：×年×月×日

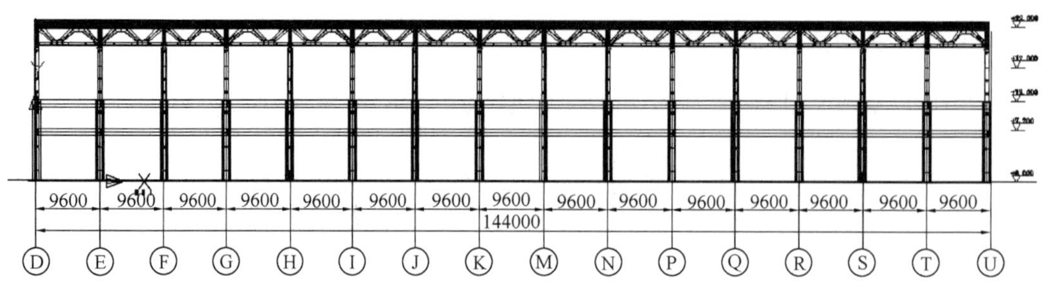

图 6-95 ×××厂房结构纵剖面图

制图人：××× 制图日期：×年×月×日

该厂房原设计方案要求采用逆作法进行主体结构施工，施工流程见图 6-96。

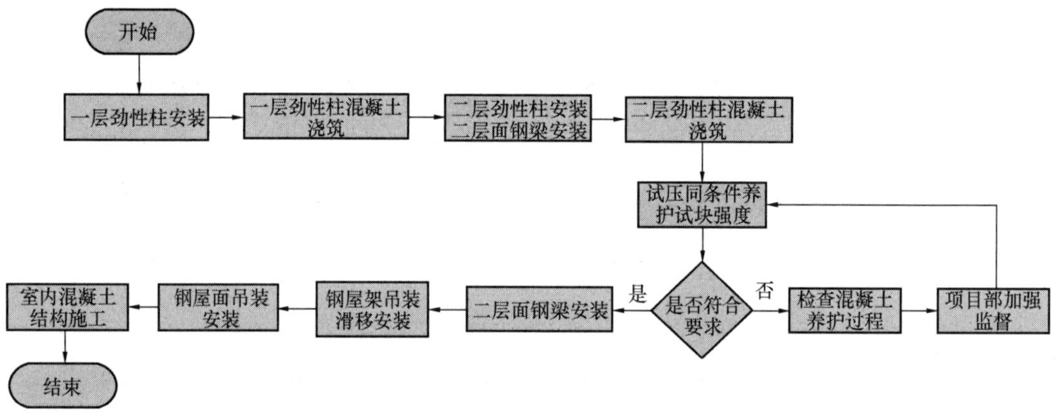

图 6-96 ×××厂房逆作法施工流程图

制图人：××× 制图日期：×年×月×日

本工程大硅片×××厂房施工进度计划为×年×月×日开始基础施工至×年×月×日完成合同约定内容。该工程质量目标为确保江苏省“扬子杯”优质工程。

2. 小组简介

为实现本工程的质量目标，项目部于×年×月×日组建了 QC 小组并进行了注册，由项目经理×××担任组长，项目副经理×××担任副组长，对×××钢结构厂房的施工进行技术创新。小组具体概括见表 6-79。

QC 小组概况表 **表 6-79**

<table>
<tr><td>小组名称</td><td colspan="5">×××配套项目部 QC 小组</td></tr>
<tr><td>成立时间</td><td>×年×月×日</td><td>小组注册号</td><td colspan="3">HRJT/QCXZ-2018—001</td></tr>
<tr><td>小组注册时间</td><td>×年×月×日</td><td>课题注册号</td><td colspan="3">HRJT/QC-2018—001</td></tr>
<tr><td>课题类型</td><td>创新型</td><td>课题注册时间</td><td colspan="3">×年×月×日</td></tr>
<tr><td>小组成员 QC 教育时间</td><td>人均 35h</td><td>小组成员平均年龄</td><td colspan="3">38</td></tr>
<tr><td>计划活动时间</td><td>×年×月×日～×年×月×日</td><td>小组人员</td><td>15 人</td><td>活动次数</td><td>12 次</td></tr>
<tr><td>活动课题</td><td colspan="5">研制一种顺作法下钢屋架分块滑移施工新技术</td></tr>
</table>

续表

序号	姓名	性别	年龄	文化程度	职务	职称	组内分工	学习时间
1	×××	男	53	本科	技术顾问	正高工程师	技术指导	36
2	×××	女	48	本科	项目经理	高级工程师	组长(全面统筹)	30
3	×××	男	41	大专	项目负责人	工程师	副组长（全面实施）	30
4	×××	男	32	本科	技术副总工	工程师	具体实施	36
5	×××	男	43	大专	技术负责人	工程师	方案编制	35
6	×××	男	48	大专	钢构负责人	工程师	施工指导	36
7	×××	男	48	大专	施工负责人	工程师	具体实施	36
8	×××	男	51	大专	施工员	助理工程师	具体实施	36
9	×××	男	32	本科	施工员	助理工程师	具体实施	36
10	×××	男	38	本科	钢结构技术负责人	高级工程师	技术指导	36
11	×××	男	30	本科	质量员	助理工程师	具体实施	36
12	×××	男	31	本科	技术员	助理工程师	具体实施	36
13	×××	男	28	本科	技术员	助理工程师	具体实施	36
14	×××	男	25	本科	资料员	助理工程师	资料整理	36
15	×××	男	36	本科	设计负责人	高级工程师	设计指导	36
活动方式	小组从2018年5月18日至2018年12月30日共组织开展活动12次，每次不少于12人，出勤率95%							

制表人：×××　　　　制表时间：×年×月×日

3. 选择课题

(1) 明确需求：×××项目是我公司承接的第一个28.8m大跨度钢构、22m高的劲性柱大直径硅片洁净工业厂房项目，该工程×××厂房为混凝土框架与钢屋盖相结合的结构形式。

原设计工期分析见图6-97。

(2) 是否满足需求：按照原设计逆作法施工的进度计划安排，从劲性柱施工开始至主体结构封顶屋面完成时间需要177天，而甲方要求的工期是140天，不能按时完成。为了确保本工程甲方提出的工期目标要求，且保证工程质量，必须对钢结构厂房的施工技术进行创新。

(3) 小组成员运用头脑风暴法，提出构想：将施工流程改为顺作法施工，其施工流程见图6-98。

将建筑单层面积16588m^{2}划分为六个区域（图6-99），在7、8区三层楼面施工完成后进行钢屋架的吊装，待3、4区楼层施工完成后将屋架滑移至规定位置，再滑移至5、6区规定位置，最后安装7、8区钢屋架，再进行屋面的施工。经分析，此方法由于主体结构施工能穿插进行可解决工期问题，但关键在于需采用一种滑移安装技术来保证钢屋面的安装进度，以克服主体结构施工与钢屋架吊装交叉作业带来的困难，以达到缩短工期，确保

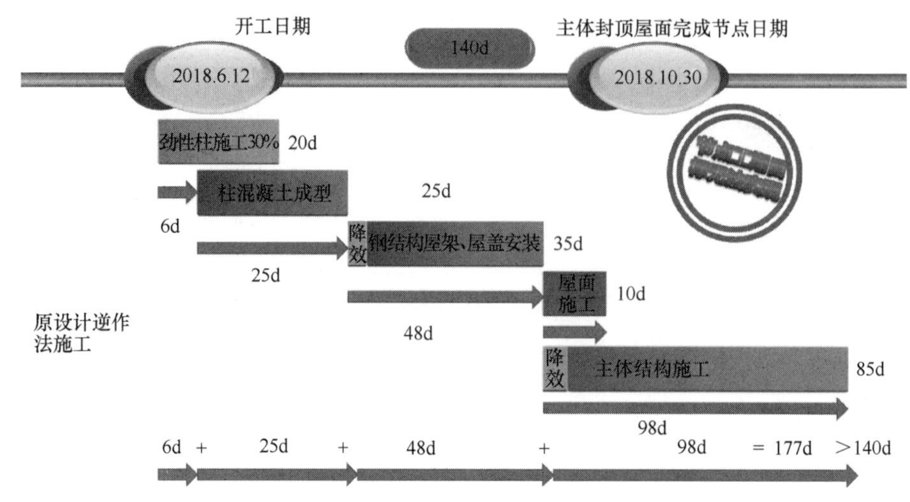

图 6-97 逆作法施工进度分析

制图人：××× 制图日期：×年×月×日

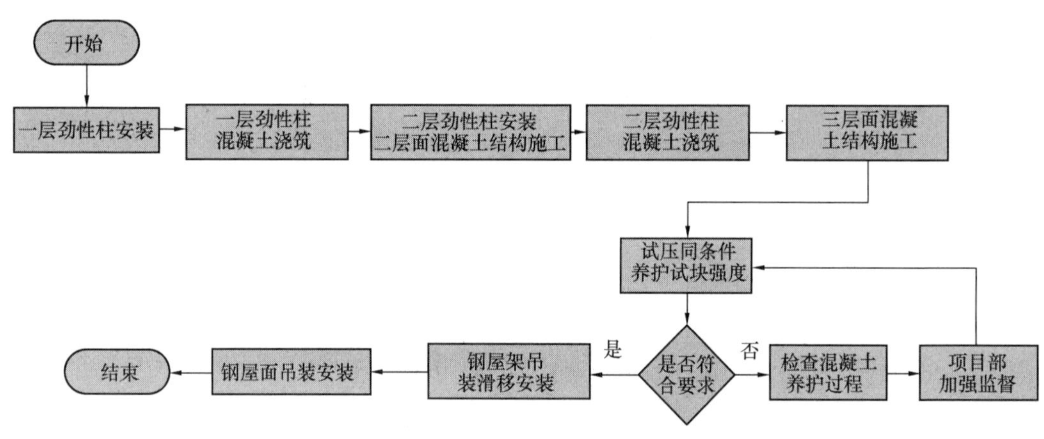

图 6-98 顺作法施工流程图

制图人：××× 制图日期：×年×月×日

甲方的进度目标完成的目的。

（4）借鉴和查新，并对类似项目现场查询：

QC 小组于×年×月×日委托教育部×××大学科技查新工作站对本课题进行了查新，并通过相关网站查阅了国内有关文献，主要网站见图 6-100。

通过查新，与本工程钢屋架滑移技术相类似的工程信息有：

1）中国建筑第八工程局有限公司，一种大跨度钢结构屋盖的滑移施工方法：中国，200810207756.8【P】.2009-06-10。

2）江苏沪宁杭钢机股份有限公司，大跨度空间管桁架屋盖轨距变幅分块滑移的施工方法：中国，201310148983.9【P】.2013-07-24。

3）中建八局福州香格里拉酒店项目部 QC 小组，提高大跨度钢屋架制作安装质量

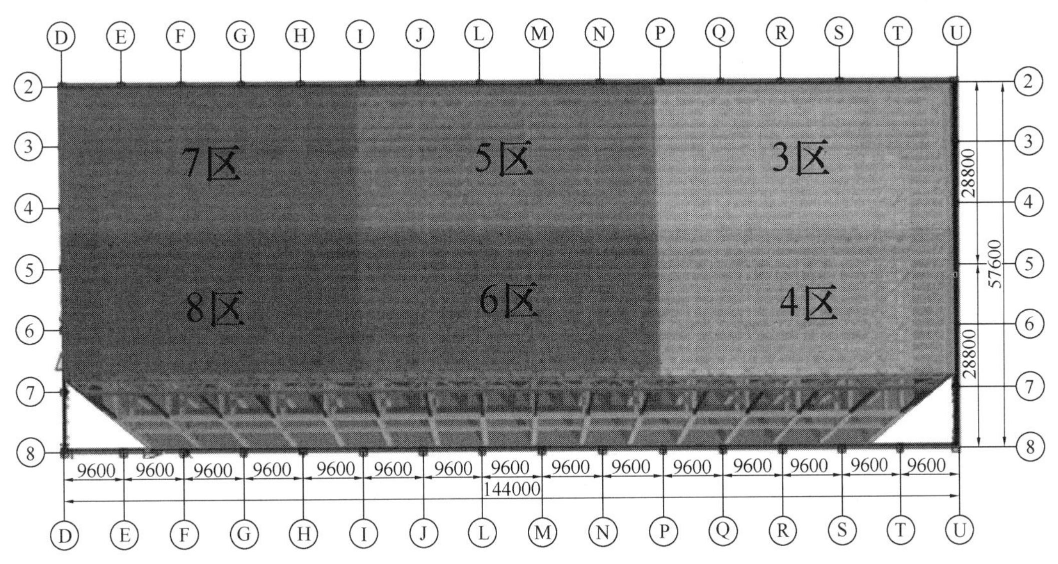

图 6-99 ×××厂房顺作法施工分区图

制图人：××× 制图日期：×年×月×日

科技查新报告

项目名称：28.8米跨度屋架钢结构安装施工技术

委托人：华仁建设集团有限公司

委托日期：2018年5月22日

完成日期：2018年5月25日

教育部科技发展中心

二〇一三年制

图 6-100 查新报告

【EB/OL】. 2014-09-24。

经查新，以上项目与本工程顺作法施工技术及工程特点不符。

4）小组于×年×月×日去×××厂房12英寸项目进行实地查询。×××厂房12英寸项目钢屋架采用逆作法施工，但其屋面滑移施工技术与本工程钢结构安装非常类似。

（5）借鉴点以及借鉴数据：×××采用的屋面滑移技术的前提条件是吊装设备采用2台150t履带吊+500t汽车吊，并运用组合式支撑架体作为组装平台，且该项目钢结构厂房为纯钢结构，周边没有附属混凝土建筑，场地面积宽敞，无遮挡，土建与钢结构交叉施工情况也很少。而本工程×××厂房为钢筋混凝土框架结构与钢结构相结合的结构形式，厂房东西两侧均有混凝土附属楼房，场地位置有限，无法采用超大型吊装机械，且需要土建与钢结构交叉施工，所以必须在×××项目滑移技术方案的基础上改为顺作法施工并进行滑移技术的创新和优化，才能满足本工程的工期需要。具体借鉴内容见表6-80。

借鉴内容表 **表6-80**

序号	借鉴点	借鉴数据
1	钢屋架滑移吊装	采用2台150t履带吊+500t汽车吊
2	钢屋架滑移施工技术	单榀吊装累积滑移技术
3	操作平台支持架体形式	高度12.4m组合式支撑架体

制表人：××× 制表日期：×年×月×日

（6）引出课题：通过以上分析，我小组确定课题为："研制一种顺作法下的钢屋架分块滑移施工新技术"。

4. 设定目标及目标可行性论证

（1）确定目标

×年×月×日，我QC小组经与业主、监理及管理公司共同讨论研究，确定目标为：采用顺作法施工，即在混凝土柱完成后先进行主体混凝土施工，再采用钢屋架分块滑移技术施工。在逆作法的基础上工期提前37天，确保完成甲方要求的工期目标，见图6-101。

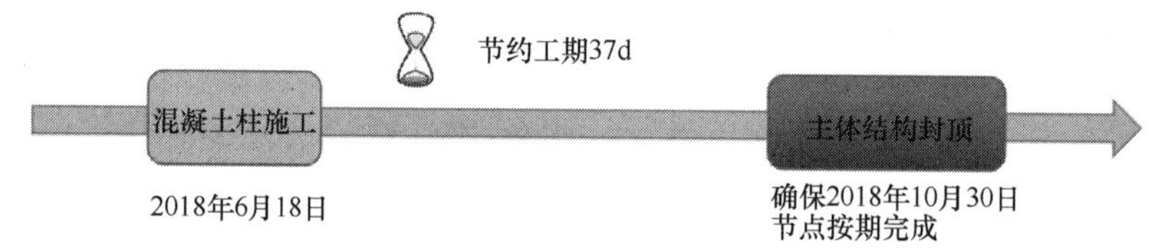

图6-101 顺作法下工期目标

制图人：××× 制图日期：×年×月×日

（2）目标可行性论证

应用借鉴的数据进行对比论证，并分析小组所拥有的内外部环境资源保障条件。

1）施工工期分析（保障条件分析）

采用顺作法下的钢结构屋架滑移施工方法，在劲性柱安装完成后进行混凝土柱施工时，提前进入主体结构施工，再进行后续钢屋架分块滑移安装，相比原设计逆作法方案理论上总共可节约48天，见图6-102。

2）借鉴（用借鉴数据对比分析）

×××钢结构整体滑移（单榀吊装累积滑移）技术改为分块滑移施工方案。本工程共16榀桁架，将整体钢桁架划分为若干个滑移单元。滑移时组装滑移单元，且在场地北侧布置吊车配合吊装。待每个单元滑移完毕后，用塔吊进行单元之间的散装钢架安装。图6-103为×××钢结构整体滑移方案图。所以，只要将借鉴的整体滑移技术创新设计为

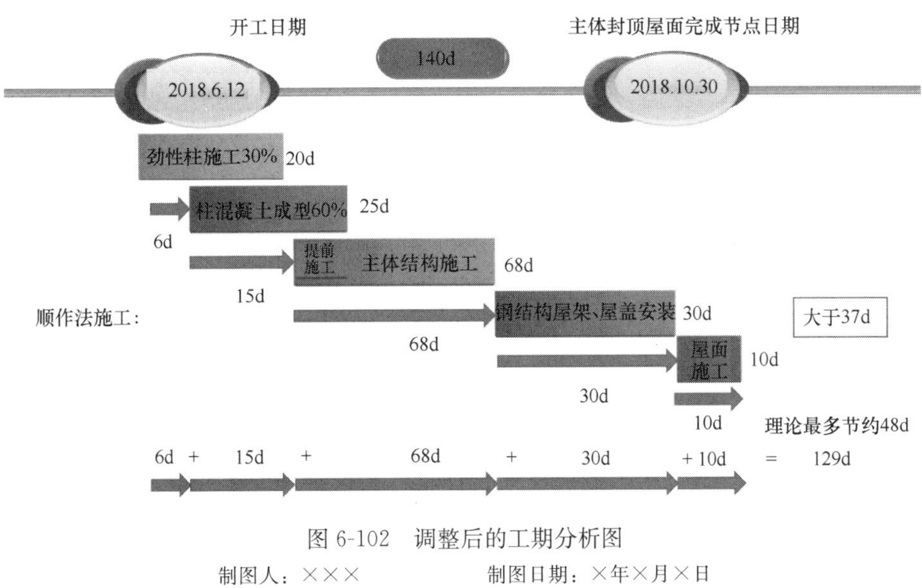

图 6-102 调整后的工期分析图

制图人：××× 制图日期：×年×月×日

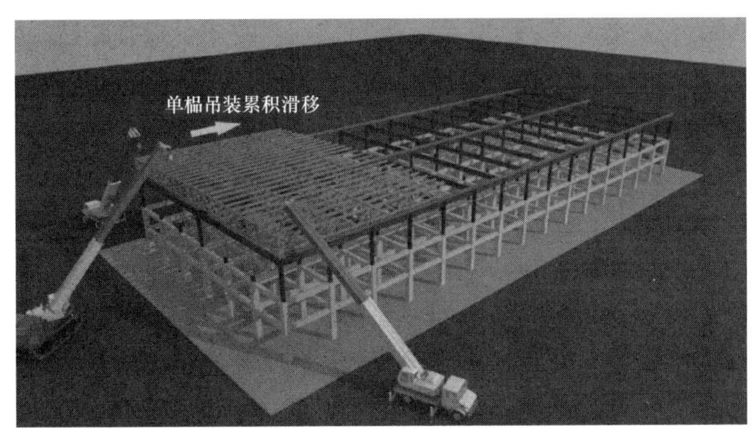

图 6-103 整体滑移模型图（单榀吊装累积滑移）

制图人：××× 制图日期：×年×月×日

分块滑移技术即可解决钢屋架安装与主体结构交叉施工的难题，以满足进度要求。具体借鉴内容见表 6-81。

借鉴内容表 **表 6-81**

序号	借鉴点	借鉴长鑫项目数据	本项目拟借鉴数据
1	钢屋架滑移吊装	采用 2 台 150t 履带吊＋500t 汽车吊	拟采用汽车吊的方式
2	钢屋架滑移施工技术	单榀吊装累积滑移技术	拟采用分块滑移技术
3	操作平台支持架体形式	12.4m 高度组合式支撑架体	在首跨搭设 19.6m 高度满堂脚手架支撑架体

制表人：××× 制表日期：×年×月×日

3）人力资源分析

本小组团队成员思维活跃，富有创新精神，已完成了多项技术创新，包括宜兴八佰伴劲性柱、预应力梁施工创新技术；中山神湾会所大圆弧异型梁测量定位技术等。活动中邀请原×××项目的设计专家×××担任本项目的设计负责人，全过程参与本小组的活动，对钢结构滑移及吊装方案给予技术支撑，通过设计验算，确保屋架安装的安全性、稳定性、科学性。本小组成员学历都在大专以上水平，本科占 66.7%，高级工程师及以上职称人数占 27%，以确保小组活动开展的高效性，见图 6-104、图 6-105。

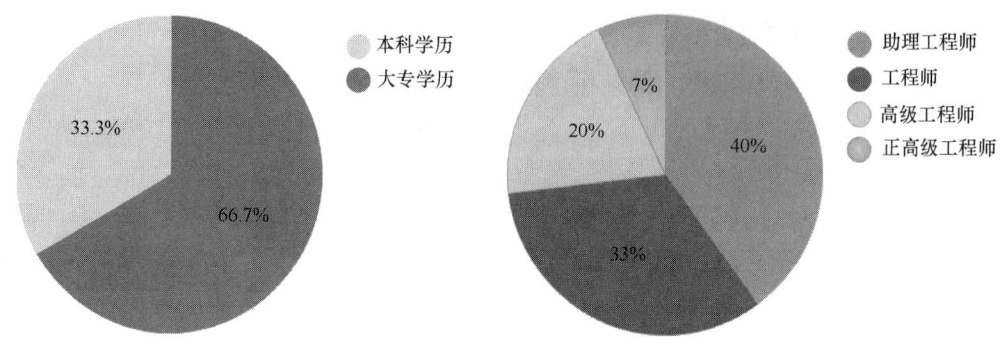

图 6-104　小组成员学历饼分图　　　　图 6-105　小组成员职称饼分图

制图人：×××　　　　制图日期：×年×月×日

4）公司资源保障条件分析

公司给予本项目最大的技术支撑，由公司总经理亲自挂帅，担任项目总指挥，协调现场施工；集团技术总工×××主抓钢结构吊装方案和滑移技术的审核工作（图 6-106）。同时集团在资金上采用专款专用（具体费用见图 6-107），以确保施工的连续性。施工班组通过内部投标，优选信誉好、能力强、能打硬仗的 A 级分包商施工，以确保本项目的施工进度和工程质量。

图 6-106　集团组织方案讨论会图

中环8英寸厂房钢结构付款计划

单位：万元

序号	合同金额	日期	付款要求	付款金额	备注
1	4,000.00	2018年4月	预付款20%	800.00	
2		2018年6月	进度款10%	400.00	
3		2018年7月	进度款10%	400.00	
4		2018年8月	进度款10%	400.00	
5		2018年9月	进度款10%	400.00	
6		2018年10月	封顶20%	800.00	
7		2018年11月	验收10%	400.00	
8	合计			3,600.00	

制表人：　　　　审核人：

图 6-107　专款专用资金计划表

（3）分析结论

综合以上分析，通过顺作法施工，同时研制一种新的钢屋架分块滑移技术，有内部资源和外部资源的保证，小组设定的目标值和×年×月×日前主体封顶屋面完成节点的目标一定能实现。

5. 提出方案，并确定最佳方案

（1）提出方案

1）针对课题目标提出总体方案。

×年×月×日，QC小组成员针对课题目标，提出总体方案。在项目部会议室召开了“×××厂房屋架钢结构分片区滑移安装施工技术讨论”专题会，业主、监理、设计、管理公司和公司技术专家参加，大家集思广益，在屋架钢结构安装施工方案的基础上进行了细化，得出总体方案如下：

总体方案：顺作法下钢屋架分块滑移技术

在厂房最北侧7、8区一跨区域设置满堂脚手架，根据设计高度要求调整滑移轨道高度，将组装好的单榀钢屋架吊装至滑移轨道上，组对、安装连成一小滑移单元并固定于滑移轨道上的滑靴上；将滑靴与滑移单元通过顶推器和同步控制装置往前滑移一跨距离，再将后面相邻一跨的钢屋架及对应次构件安装完毕，直至每个小单元钢屋架全部连成一个滑移单元，将滑移单元滑移至设计安装位置。对滑移到位的滑移单元进行固定安装。同理按顺序施工后续滑移分块。最后将滑移分块之间的次构件安装就位。滑移流程和滑移BIM方案见图6-108、图6-109。

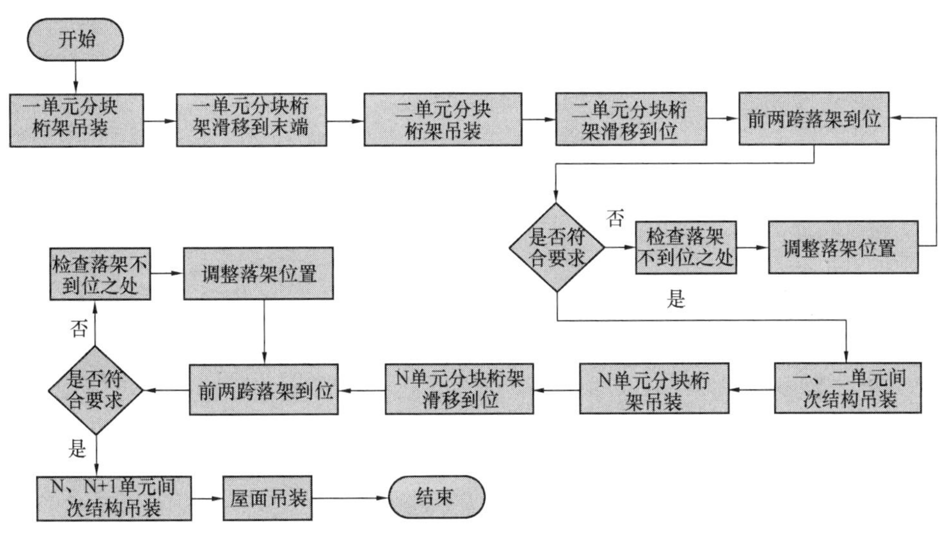

图6-108 滑移流程图

制图人：××× 制图日期：×年×月×日

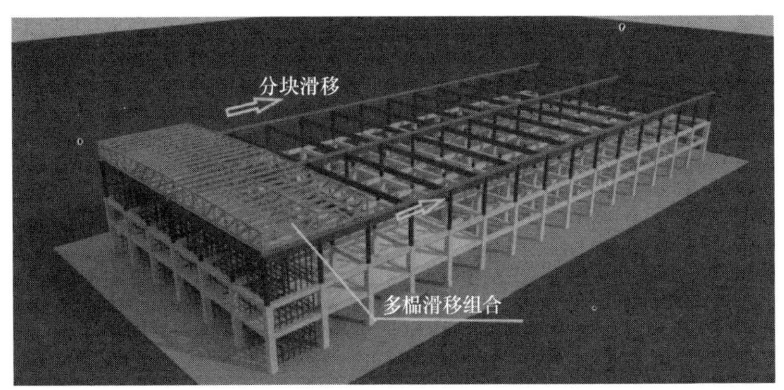

图6-109 分块滑移BIM模型图

制图人：××× 制图日期：×年×月×日

2）QC小组于×年×月×日委托教育部×××大学科技查新工作站对总体方案进行了查新：

通过查新，其总体方案“顺作法下钢屋架分块滑移技术”未见与本技术以及QC研究相同的报道，见图6-110。

（2）方案实施中必须研究解决的问题

通过细化总体方案，采用顺作法和分块滑移能在混凝土柱施工中提前进入主体结构施工并进行交叉施工，相对于逆作法能大大减小水平运输的投入量，减小劳动强度，降低施工难度和成本，加快工程进度；同时分块滑移施工也能在确保施工质量的同时，有效安排分块滑移工作，最终缩短工期。但需要重点解决滑移轨道设计、单榀钢桁架组装及吊装方案、滑移单元分块设计共三方面的问题。经过小组成员的分析讨论，提出分级方案如图6-111所示。

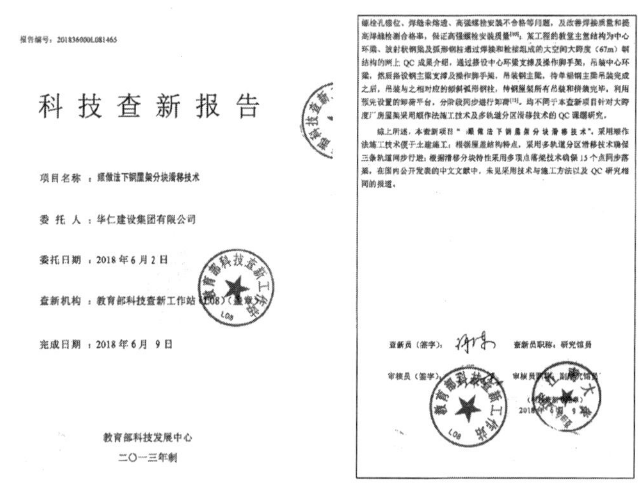

报告编号：201836000L081465

科技查新报告

项目名称：顺作法下钢屋架分块滑移技术

委托人：华仁建设集团有限公司

委托日期：2018年6月2日

查新机构：教育部科技查新工作站（L08）（盖章）

完成日期：2018年6月9日

教育部科技发展中心

二〇一三年制

螺栓孔错位、焊缝未熔透、高强螺栓安装不合格等问题，及改善焊接质量和提高焊缝检测合格率，保证高强螺栓安装质量[10]；某工程的教堂主要结构为中心环梁、放射状钢梁及弧形钢柱通过焊接和栓接组成的大空间大跨度（67m）钢结构的网上QC成果介绍，通过搭设中心环梁支撑及操作脚手架，吊装中心环梁，然后搭设钢主梁支撑及操作脚手架，吊装钢主梁，待单榀钢主梁吊装完成之后，吊装与之相对应的倾斜弧形钢柱，待钢屋架所有吊装和拼装完毕，利用预先设置的卸荷平台，分阶段同步进行卸荷[11]。均不同于本查新项目针对大跨度厂房屋架采用顺作法施工技术及多轨道分区滑移技术的QC课题研究。

综上所述，本查新项目“顺作法下钢屋架分块滑移技术”，采用顺作法施工技术便于土建施工；根据屋盖结构特点，采用多轨道分区滑移技术确保三条轨道同步行进；根据滑移分块特性采用多顶点落架技术确保15个点同步落架。在国内公开发表的中文文献中，未见采用技术与施工方法以及QC研究相同的报道。

查新员（签字）：　　查新员职称：研究馆员

审核员（签字）：　　审核员职称：副研究馆员

图6-110 查新报告

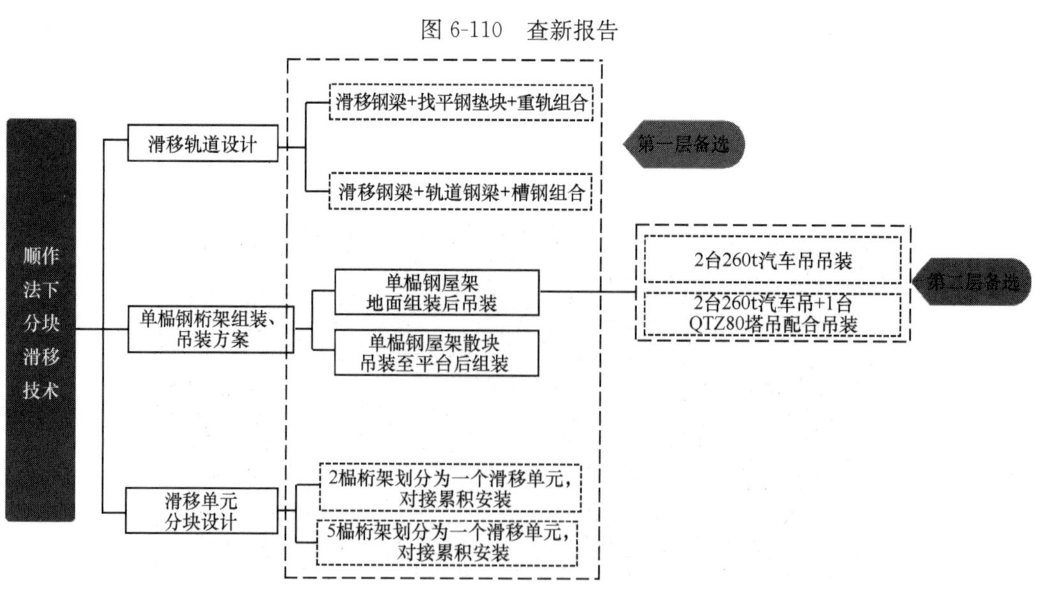

图6-111 分级方案系统图

制图人：××× 制图日期：×年×月×日

1）第一级备选方案分析：

① 滑移轨道设计

小组运用 BIM 技术对滑移轨道设计进行了试验，方案对比见表 6-82。

滑移轨道设计方案分析表 表 6-82

序号	方案	BIM 示意图	试验结果分析	工期	结论
方案一	滑移钢梁＋找平钢垫块＋重轨组合		1. 钢轨圆滑平顺滑移效果很好，滑靴与滑轨间隙恰当，不容易卡轨； 2. 滑靴对停推和顶推的工况频繁变换适应性能好； 3. 专用轨道夹轨器设计，机械性能高、滑移工效高；耐候耐久性好； 4. 滑移连续性较好，加快滑移施工	钢梁安装时间为 4 天，找平钢垫块安装需 2 天；安装重轨需 3 天，共计 9 天	设计滑移方案合理，工期节约，采用
方案二	滑移钢梁＋轨道钢梁＋槽钢组合		1. 槽钢圆滑平顺滑移效果较好，但容易卡轨，容易造成间歇损耗； 2. 滑靴对停推和顶推的工况频繁变换适应性能较差； 3. 轨道挡板定位难控制，机械性能差、滑移工效低； 4. 偏差控制、调整较复杂； 5. 滑移连续性较差，调整轨道时间损耗较多	钢梁安装时间为 4 天，轨道钢梁安装需 4 天；安装槽钢需 3 天，共计 11 天	滑移技术不稳定，工期较长，不采用

制表人：××× 制表日期：×年×月×日

经对以上方案的分析，我们决定采用方案一：滑移钢梁＋找平钢垫块＋重轨的组合设计。

②单榀钢桁架组装、吊装方案

单榀钢桁架设计方案分析表 表 6-83

序号		BIM 示意图	试验结果分析	结论
方案一	单榀钢屋架地面组装后吊装		利用北侧场地，将预制好的分块桁架在地面上拼装后吊装，适用单榀桁架流水组装，需要工期 23d	适用流水施工，节约工期，采用此方案
方案二	单榀钢屋架散块吊装至平台组装		单榀桁架分块吊装至平台后组装，高空作业量大，且占用空间平台，无法进行单榀屋架流水作业，需要工期 27d，且安全要求高	占用时间较多，高空作业安全要求高，无法流水作业，不采纳

制表人：××× 制表日期：×年×月×日

通过 BIM 技术，经对以上方案分析（表 6-83），实验表明采用方案一“单榀钢屋架地面散装后整体吊装”方法，可以利用北侧场地，将每榀桁架分块组装，适用单榀桁架流水作业，节约工期。具体滑移单元分块设计如下：

项目部编制了滑移分块进度计划对比表，对比 2 榀桁架分块滑移与 5 榀桁架分块滑移所占用工期对比如图 6-112、图 6-113 所示（同步骤理论计划安排，未考虑其他不利情况，实际计划需要在确定方案后制定对策时调整实施）。

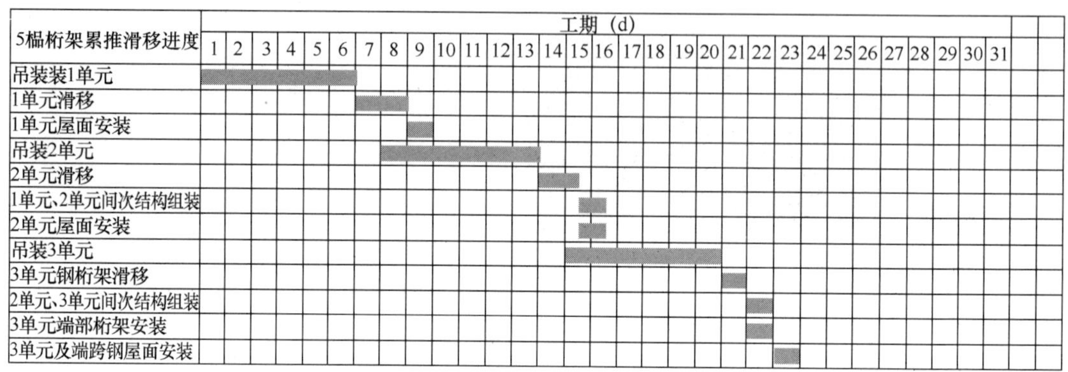

图 6-112　5 榀桁架分块累推滑移进度表

制图人：×××　　　　　　　　　　制图日期：×年×月×日

2榀桁架累推滑移进度	工期 (d)																																
	1	2	3	4	5	6	7	8	9	10	11	12	13	14	15	16	17	18	19	20	21	22	23	24	25	26	27	28	29	30	31		
吊装1单元	■	■																															
1单元滑移			■	■																													
1单元钢屋面安装					■																												
吊装2单元				■	■																												
2单元滑移						■	■																										
1单元、2单元间次结构组装								■																									
2单元钢屋面安装									■																								
吊装3单元							■	■																									
3单元钢桁架滑移									■	■																							
2单元、3单元间次结构组装											■																						
3单元钢屋面安装												■																					
吊装4单元										■	■																						
4单元钢桁架滑移												■	■																				
4单元、5单元间次结构组装														■																			
4单元钢屋面安装															■																		
吊装5单元													■	■																			
5单元钢桁架滑移															■	■																	
5单元、6单元间次结构组装																	■																
5单元钢屋面安装																		■															
吊装6单元																■	■																
6单元钢桁架滑移																		■	■														
6单元、7单元间次结构组装																				■													
6单元钢屋面安装																					■												
吊装7单元																			■	■													
7单元钢桁架滑移																					■	■											
7单元、8单元间次结构组装																							■										
7单元钢屋面安装																								■									
吊装8单元																							■	■									
8单元钢桁架滑移																									■	■							
8单元钢屋面安装																											■						

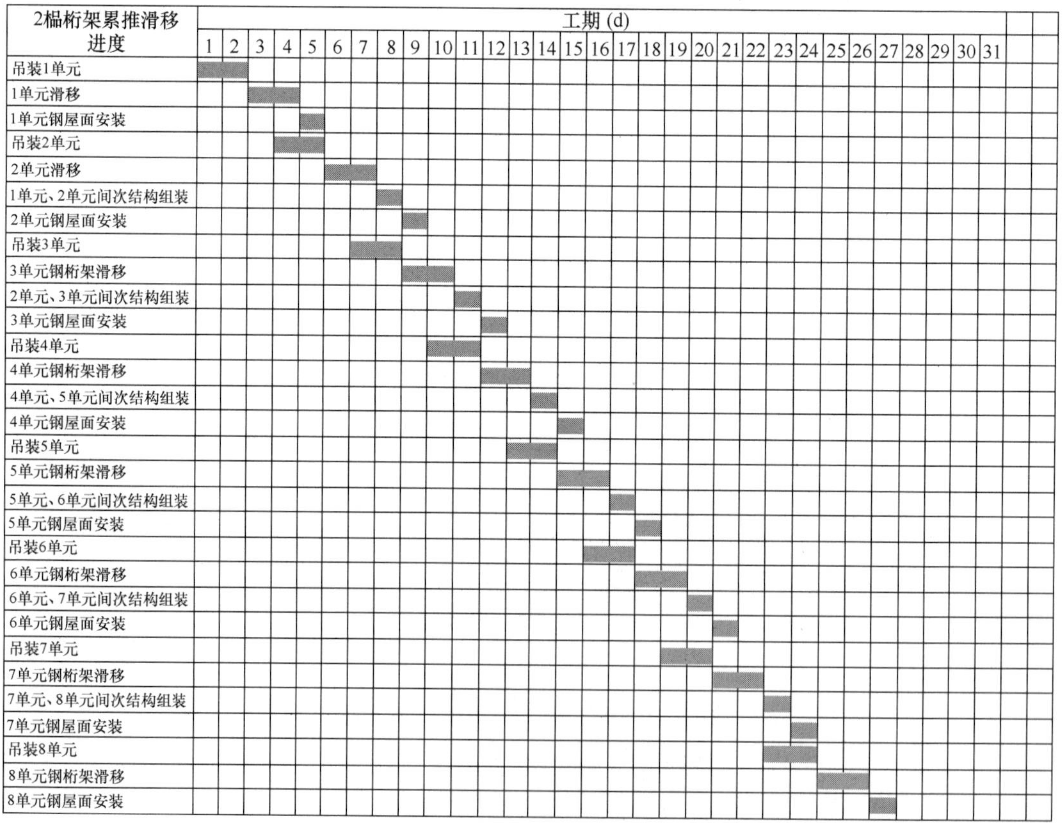

图 6-113　榀桁架分块累推滑移进度表

制图人：×××　　　　　　　　　　制图日期：×年×月×日

③ 滑移单元分块设计

滑移单元分块设计分析表 **表 6-84**

序号	方案	BIM 示意图	试验结果分析	工期	结论
方案一	2 榀桁架划分为一个滑移单元，对接累积安装	2榀为一个滑移单元	1. 设计简单，技术成熟； 2. 嵌补跨次构件有 7 跨。次构件安装量较大，次构件高空拼接作业频繁； 3. 滑移分块过多，落架次数较多	理论工期 27 天	整体工期划分层次较细，但实际施工较为繁琐，不利因素多，工期把控不适宜，不采用此方案
方案二	5 榀桁架划分为一个滑移单元，对接累积安装	5榀为一个滑移单元	1. 嵌补跨次构件量少仅 2 跨，其余跨次构件均在操作平台上进行安装，确保了安全性； 2. 且少数跨次构件高空作业，需加强安全控制； 3. 总计 3 次落架	理论工期 23 天	划分层次较少，从施工难易度安排上和工期控制方面较简单，采用此方案

制表人：××× 制表日期：×年×月×日

从两个方案进度对比可以看出（表 6-84），若采用 2 榀桁架划分为一个滑移单元，总体进度理论需要 27 天完成，共分 7 次滑移，每两次滑移后要拼装一次次结构，共需拼装 6 次，次构件安装量较大，高空拼接作业频繁；整体工期划分层次较细，但实际施工分层较为繁琐，不利因素较多且会频繁发生，不利工期把控。采用 5 榀桁架划分为一个滑移单元，总体进度理论需要 23 天完成，共分 3 次滑移，每两次滑移后要拼装一次次结构，共需拼装 2 次，次构件安装量较小，高空拼接作业少。综合两种方案工期对比，方案二整体划分简单明了，滑移期间不利因素相对较少。

经对以上方案的分析，我们决定采用方案二："5 榀桁架划分为一个滑移单元，对接累积安装方法"，来加快工程进度。

通过对以上第一层备选方案的分析，小组一致明确了第一层方案。一级方案如图 6-114 所示。

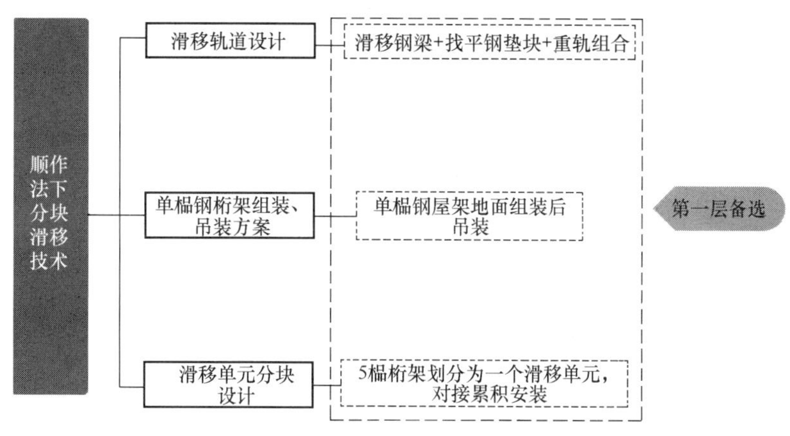

图 6-114 一级方案系统图

制图人：××× 制图日期：×年×月×日

2）第二级备选方案分析见图 6-115。

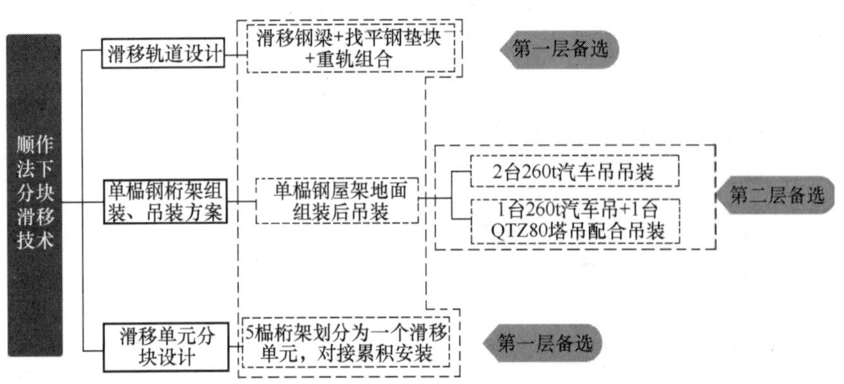

图 6-115　二级方案系统备选图

制图人：×××　　　　　　　　　　制图日期：×年×月×日

单榀钢桁架吊装方案见表 6-85。

单榀钢桁架吊装方案分析表　　　　　**表 6-85**

序号	方案	BIM 示意图	试验结果分析	结论
方案一	2 台 260t 汽车吊吊装		2 台 260t 汽车吊机动性较好，可以满足场地构件吊装、堆放、移位等操作，且同类型机械吊装技术协调性能较好	技术有保证且工期合理，采用
方案二	1 台 260t 汽车吊＋1 台 QTZ80 塔吊配合吊装		由于现场吊装量较大，塔吊吊装的同时要兼顾钢构件吊装以及其余非钢结构施工，使用过于频繁，无法完全投入到钢结构施工中，且两台不同类型机械的协调性较差	安全协调量大，工期难保证，不采用

通过分析，方案一更具合理性，小组最终选定“2 台 260t 汽车吊组合吊装”为单榀钢桁架吊装方案。

（3）确定最终顺作法下分块滑移技术最佳方案

最佳方案系统如图 6-116 所示。

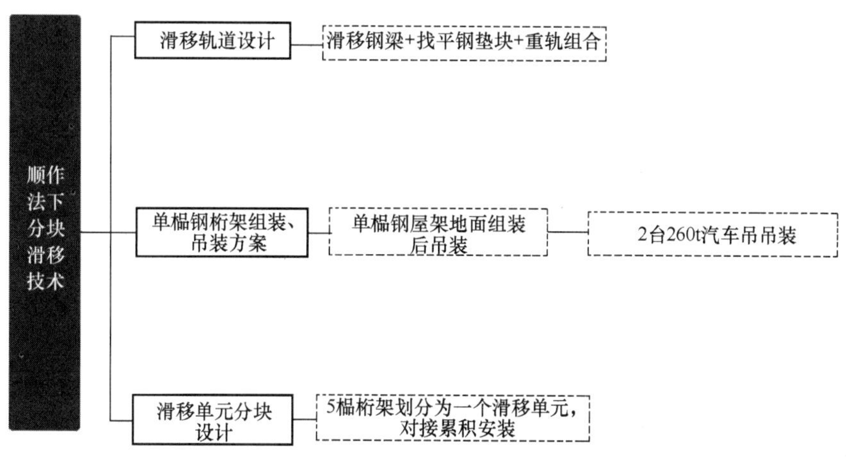

图 6-116 最佳方案系统图

制图人：×××　　　　制图日期：×年×月×日

6. 制定对策（表 6-86）

对 策 表 **表 6-86**

序号	对策（What）	目标（Why）	措施（How）	地点（Where）	完成时间（When）	负责人（Who）
1	滑移钢梁＋找平钢垫块＋重轨组合的滑移轨道	1. 三条轨道平行值控制在＋3mm以内； 2. 轨道的接头高差≤1mm	1. 进行重轨受力分析，设置调平垫块，尺寸为ϕ294mm×12mm，@400mm间距均匀布置； 2. 安装重轨，重轨两侧设置侧向压块，固定轨道以加强稳定性； 3. 现场测量放线，制定控制线控制轨道平行值和轨道的接头高差，要求前轨道比后轨道高，且控制在 1mm 以内	×××施工现场	×年×月×日	××× ××× ××× ××× ××× ××× ××× ×××
2	2 台 260t 汽车吊吊装	1. 确保现场安装高强度螺栓对孔率 95%； 2. 确保每日完成吊装 2 榀钢桁架	1. 编制吊装方案和双机抬吊人力资源方案，合理利用现场场地，布置约 2700m² 场地； 2. 采用现场预拼装技术，确保现场钢桁架拼装精度和进度； 3. 实施吊车行走路线道路施工； 4. 进行吊装前的各项准备工作； 5. 检查验收预拼装质量，组织进行钢桁架的吊装	办公室和现场拼装场	×年×月×日	××× ××× ××× ××× ××× ×××

续表

序号	对策（What）	目标（Why）	措施（How）	地点（Where）	完成时间（When）	负责人（Who）
3	5 榀桁架划分为一个滑移单元，对接累积安装	1. 桁架竖向位移控制在 5mm 以内；平面位移控制在 3mm 以内； 2. 满堂脚手架搭设合格率达 92%； 3. 三次吊装滑移时间分别为 8、7、6 天	1. 组织 5 榀滑移方案专家论证，主要控制点如下： ① 采用计算机控制、液压同步系统，确保各个顶推器作用下同步滑移，有效保证整个安装的稳定性和安全性； ② 通过软件计算，模型分析，设置合理临时支撑系统，在结构受力和变形最大处设置观测点，以便对滑移过程进行监控，及时了解该工艺对结构受力及变形的影响，在第一时间做出调整。 2. 滑移全过程采用全站仪测量技术对滑移分块进行监测，控制偏差值在目标范围以内。 3. 在北侧端跨搭设满堂脚手架作为操作平台，方案组织专家论证。在施工前进行技术交底，验收合格后使用，施工过程中，进行现场同步检查。 4. 按 5 榀为一滑移单元，编制钢结构滑移进度计划，施工时 5 榀桁架组成一滑移单元，共分 3 个滑移单元，两滑移单元到位后安装之间的次结构，同时每单元滑移到位后吊装屋面板。层层穿插施工，确保整体滑移安装进度达到目标值	×××施工现场	×年×月×日	××× ××× ××× ××× ××× ××× ××× ××× ××× ××× ×××
4	次结构拼装调试	每个节点临时螺栓安装数量不少于总数的 40%； 高强度螺栓丝扣外露 1 扣或 4 扣控制在 10% 以内	1. 高强度螺栓进场时要进行进场初验、送检查中心复验，确保高强度螺栓存放到位； 2. 在次结构拼装时，检查验收拼装时各个节点临时螺栓的设置符合数量不得少于安装总数的 1/3，且不得少于两个临时螺栓的规范要求； 3. 螺栓使用时要分清螺栓使用部位，保证螺栓终拧后外露螺纹不少于 2～3 个螺距，其中允许 10%螺栓丝扣外露 1 扣或 4 扣	×××施工现场	×年×月×日	××× ××× ××× ××× ××× ××× ×××
5	工艺技术培训	考试通过率 100%	1. 由公司技术部组织编制培训课件，报总工审批； 2. 将屋架滑移施工重点和注意事项形成试卷； 3. 组织考试，成绩合格者上岗作业	会议室	×年×月×日	××× ××× ××× ××× ×××

制表人：×××　　　　制表日期：×年×月×日

7. 对策实施

(1) 实施一：针对“滑移钢梁＋找平钢垫块＋重轨组合”的对策

1) ×年×月×日 QC 小组成员×××、×××进行滑移轨道深化设计，确定在中间 5 轴线混凝土梁口上设置滑移轨道，该处轨道梁滑移完成后不拆除，作为钢骨梁内的钢骨，即在滑移施工时作为滑移梁，滑移完成后拆除上部的重轨并在上翼缘焊接栓钉后浇筑混凝土形成型钢混凝土梁，同时确定 2 轴、8 轴为边柱滑移轨道。

① 进行重轨受力分析，经软件计算在钢梁上设置调平垫块，垫块尺寸为直径 ϕ294mm×12mm，高 400mm，@400mm 间距均匀布置。见图 6-117。

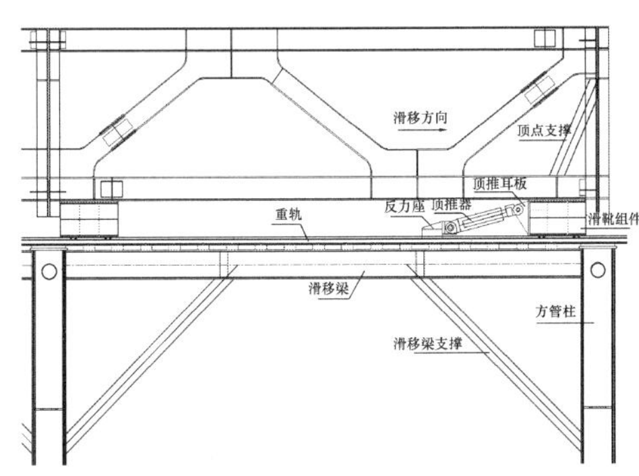

图 6-117 滑移钢梁深化图

制图人：××× 制图日期：×年×月×日

② ×年×月×日由技术负责人×××将方案分别报送集团公司总工、监理公司总监和管理公司现场负责人审核通过。设计方案通过设计院和设计负责人×××的审批。

2) ×年×月×日由钢结构施工班组开始安装重轨，将滑移轨道中心线与支座中心线重合。轨道由 43kg 重轨及侧向压块组成。43kg 重轨与滑移梁上垫块焊接固定，滑移过程中起到承重及导向作用。侧向压块规格为 20mm×50mm×150mm (材质 Q235B)，焊接在轨道两侧，起到固定轨道的作用。侧向压块与轨道下部压块焊接连接。侧向压块焊缝采用双面角焊缝，焊脚高度不小于 10mm。见图 6-118。

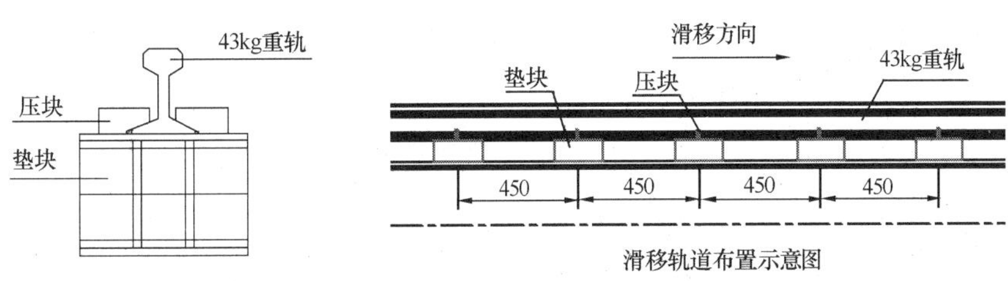

图 6-118 滑移重轨与侧向压块布置

制图人：××× 制图日期：×年×月×日

3) 由×××、×××为测量技术员，根据建设方提供的基准点，引出＋1.00m 的水准线至不易沉降的固定物上。根据现场需要设置一个四等水准网，按规范要求进行复测，精度达到国家规范四等水准要求。三条轨道的标高，在引测水准点的过程中进行闭合验算，平差报验，再经复测，数据符合要求后，用水准仪将标高引测至滑移轨道上。

阶段性实施效果验证：

1）×年×月×日，项目部完成了所有轨道安装，小组成员对完成后的轨道进行抽查，共抽查30个点，其抽查结果见表6-87。整体轨道圆滑平顺效果很好，滑靴与滑轨间隙恰当，未出现卡轨现象，滑移重轨平稳顺畅，三条轨道平行值控制在+3mm以内，轨道的接头高差≤1mm，均符合对策表中目标值的要求，并满足了钢屋架×月×日开始吊装的进度节点要求。

实施效果检查表　　**表6-87**

抽查项	1	2	3	4	5	6	7	8	9	10
轨道平行值（mm）	+1.8	+1.1	−1.1	+2.7	+2.3	+1.9	−0.8	−0.2	−2.9	1.8
轨道接头高差值（mm）	0.3	0.2	0.2	0.9	0.2	0.8	0.7	0.3	0.6	0.9
抽查项	11	12	13	14	15	16	17	18	19	20
轨道平行值（mm）	−2.0	+2.3	+1.5	−1.1	−1.9	−0.3	+0.4	+2.4	+2.1	−2.7
轨道接头高差值（mm）	0.2	0.6	0.5	0.3	0.8	0.9	0.4	0.9	0.4	0.6
抽查项	21	22	23	24	25	26	27	28	29	30
轨道平行值（mm）	−1.8	−1.2	+0.6	+1.3	+2.5	+0.9	+0.4	+1.3	+2.7	−1.4
轨道接头高差值（mm）	0.3	0.1	0.8	0.2	0.7	0.6	0.3	0.9	0.4	0.2

制表人：×××　　制表日期：×年×月×日

2）由于轨道梁滑移完成后不拆除，作为钢骨梁内的钢骨，即在滑移施工时作为滑移梁，滑移完成后拆除上部的重轨并在上翼缘焊接栓钉后浇筑混凝土形成型钢混凝土梁，所以减少了拆除轨道梁的费用。见图6-119、图6-120。

图6-119　滑移钢梁图

图6-120　滑移轨道及压块图

（2）实施二：针对“2台260t汽车吊吊装”的对策

1）×年×月×日项目部由×××根据滑移施工方案中设备、场地等要求编制了匹配的专项吊装方案和双机抬吊人力资源方案。见图6-121、图6-122。

① 组织项目所有相关管理人员、班组进行技术交底。见图 6-123、图 6-124。

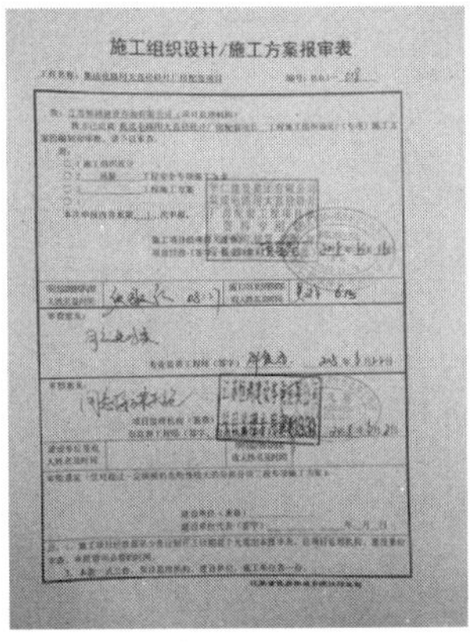
施工组织设计/施工方案报审表

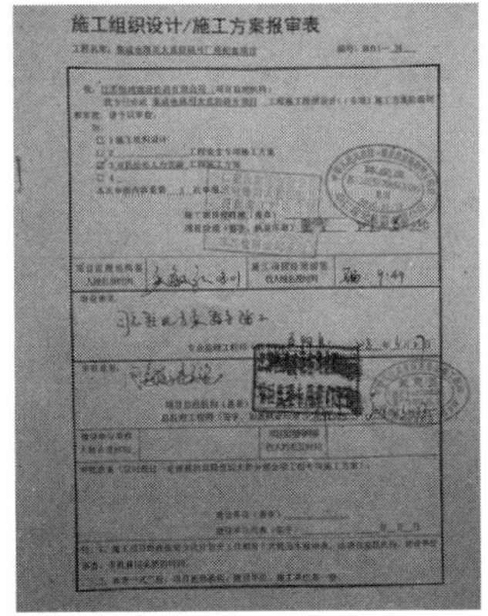
施工组织设计/施工方案报审表

图 6-121 专项吊装方案　　图 6-122 双机抬吊人力资源方案

图 6-123 项目部管理人员技术交底

图 6-124 相关班组人员交底

② 根据吊装场地需求及周边环境，在厂房北侧场地布置 2700m^2 的钢结构现场拼装与钢构件堆放场地，堆场铺设 100mm 厚碎石铺底，履带吊机压实，浇筑 150mm 厚 C25 混凝土面层，在所有构件下安置一定数量的垫木，禁止构件直接与地面接触，并放置止滑块防止滑动和滚动措施，构件与构件需要重叠放置的时候，构件间放置垫木或橡胶垫以防止构件间碰撞。

③ 散装构件与成品构件放置好后，四周放置警示标志，防止吊装作业时碰伤本工程构件。

④ 平面布置位置如图 6-125 所示。

2）考虑到现场钢桁架的拼装精度和进度要求，采用在加工厂预拼装技术（图 6-126）。每榀钢桁架在工厂内进行预拼装，对每个轴线、每个分段和每个节点板进行单独编号，再根据现场进度计划安排发运。项目部由×××和×××负责工厂预拼装的质量检查和验收。

3）项目部由×××、×××负责，根据现场吊装、拼装、钢桁架材料堆场要求合理布置场地以及吊车行走路线。所有散装构件布置在堆场最北侧，散件按同类型集中堆放，并用钢框架、垫木和钢丝绳进行绑扎固定，杆件与绑扎用钢丝绳之间放置橡胶垫之类的缓冲物。成品堆放区设置在场地南侧，拼装区布置在材料堆放区与成品堆放区中间，吊装道

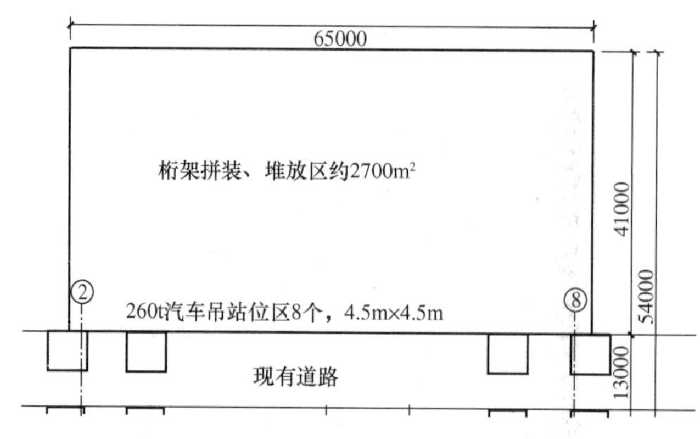

图 6-125　现场场地平面布置图

制图人：×××　　　　　　　　　　　　　　　　　　　　制图日期：×年×月×日

图 6-126　钢桁架在工厂内预拼装照片

路按照堆场环形布置。吊装路线布置见图 6-127。

4）组织吊装前的各项准备工作：

① 吊装作业所有人员必须持有效的《特种作业操作证》，按 2 人/台配置，二班作业，并设置 2 名起重指挥人员。

② 作业前进行安全技术交底，了解现场具体情况后方可进行吊装作业指挥和操作。

③ 吊装前检查起重机械的各种部件是否完好，焊缝、螺栓等是否固定可靠。对起重机械进行试吊，并进行静荷载及动荷载试验，试吊合格后才能进行吊装作业。先将工件吊离地面 50～100mm，检查机械以及各受力部位，确认无误后正式起吊。

5）钢桁架共有 16 榀，每榀按 5 个分段组成（图 6-128）。各分片从加工厂运输到现场后进行高强度螺栓拼接，用两台 260t 汽车吊作为主吊合抬整体吊装。

桁架上下弦、斜腹杆处杆件截面均为 H 型钢，在 H 型钢上下翼缘和腹板均设置连接板用高强度螺栓连接，其下弦螺栓拼接节点详图见图 6-129。

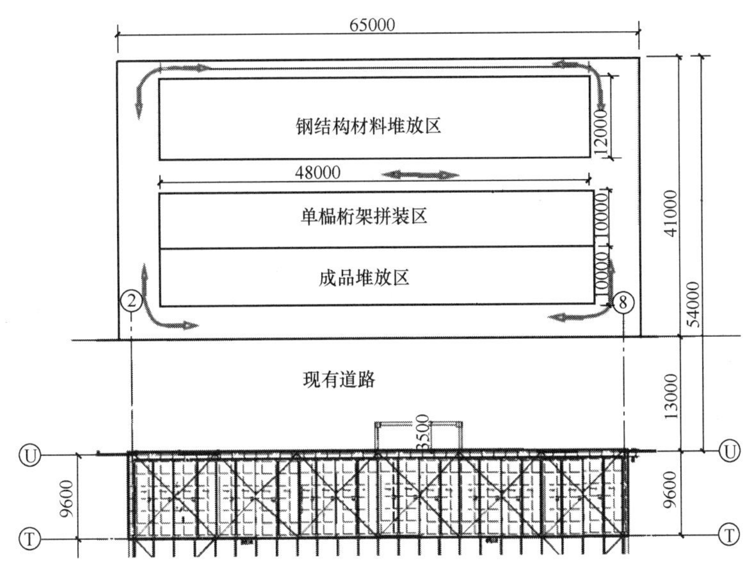

图 6-127 吊装路线布置图

制图人：××× 制图日期：×年×月×日

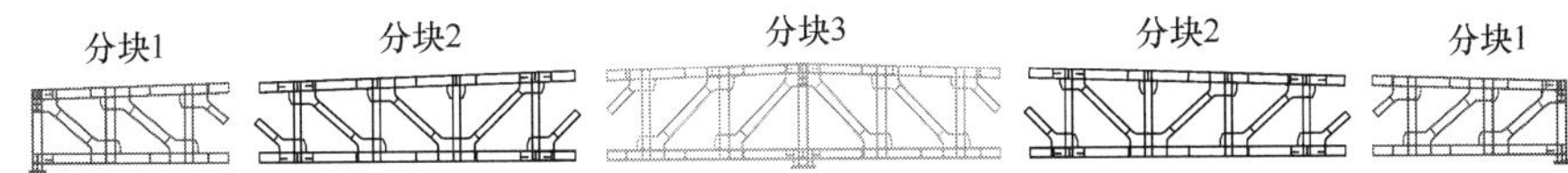

图 6-128 钢桁架分段图

制图人：××× 制图日期：×年×月×日

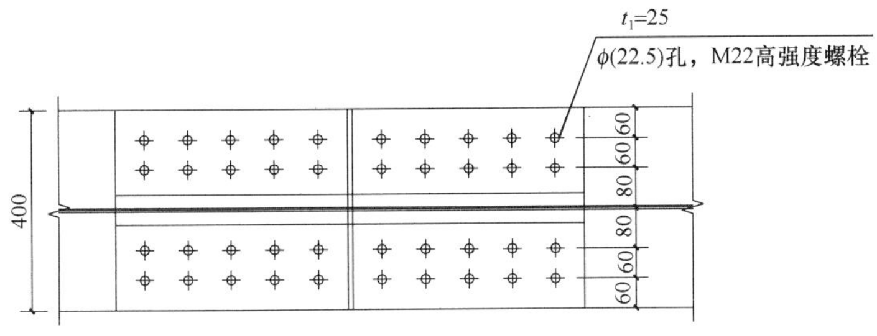

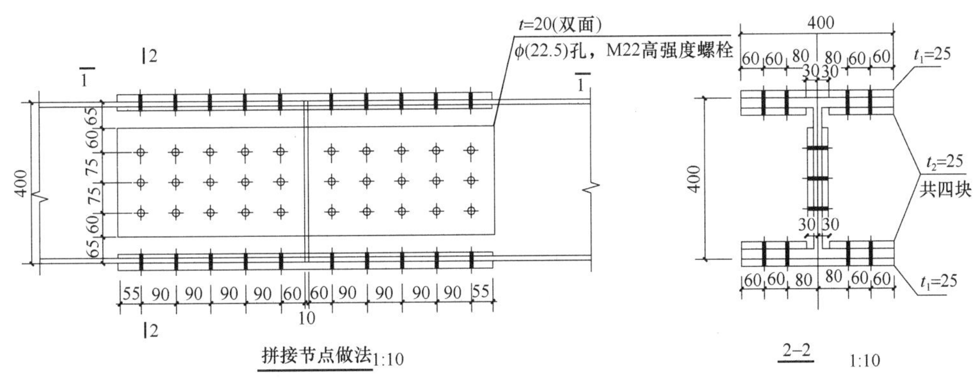

图 6-129 桁架下弦杆螺栓拼接节点详图

制图人：××× 制图日期：×年×月×日

阶段性实施效果验证：

1）×年×月×日，小组成员对现场拼装构件进行螺栓对孔率的检测，总计桁架 16 榀，每榀 5 段，共进场 80 段钢桁架，每榀抽查高强度螺栓 80 个，检测数据见表 6-88 和图 6-130。同时对散装构件与成品构件在现场放置好后，四周放置警示标志，防止吊装作业时碰伤构件。

实施效果检测数据统计表　　表 6-88

名称	控制标准	1 榀	2 榀	3 榀	4 榀	5 榀	6 榀	7 榀	8 榀	9 榀	10 榀	11 榀	12 榀	13 榀	14 榀	15 榀	16 榀	平均值
高强度螺栓对孔率	95%	97%	95%	96%	95%	95%	97%	98%	96%	95%	96%	97%	98%	99%	96%	95%	98%	96%

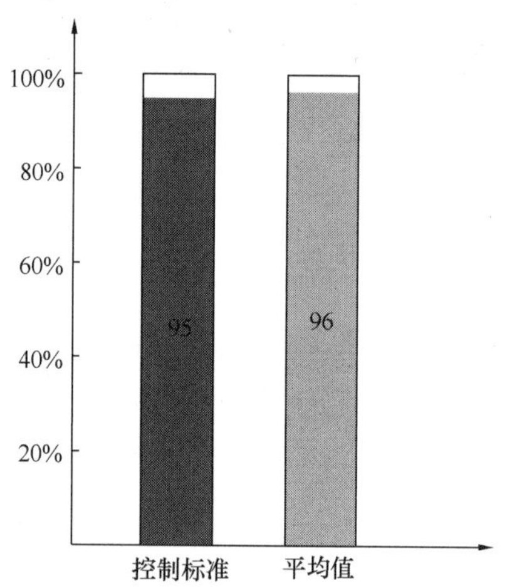

图 6-130　高强度螺栓对孔率对比柱状图

制图人：×××　　制图日期：×年×月×日

2）吊装工期的验证：×年×月×日根据安装方案采用“2-1-2”吊装法，一个滑移分块由 5 榀钢桁架组成，分 3 次吊装完成，其中有 2 次吊装在一天之内完成 2 榀钢桁架的吊装任务。现场实际在吊装作业半径内设置钢桁架双拼胎架，同时进行 2 榀钢桁架的拼装工作。吊装时间统计见表 6-89，现场图片见图 6-131、图 6-132。

实施效果检测数据统计表　　表 6-89

名称	控制标准	日期	日期	日期	日期	日期	日期	日期	日期	日期	日期	备注
钢桁架吊装数量	2	2	1	2	2	1	2	2	1	2	1	
吊装开始时间		9.11	9.14	9.17	9.21	9.23	9.27	9.30	10.2	10.5	10.7	
吊装结束时间		9.11	9.14	9.17	9.21	9.23	9.27	9.30	10.2	10.5	10.7	

制表人：×××　　制表日期：×年×月×日

图 6-131 钢桁架在现场拼装焊接照片

图 6-132 单榀吊装成型效果

3）经验证钢桁架高强度螺栓的对孔率均达到了 95%的目标，工期按照“2-1-2”的安装方案，在×年×月×日前吊装完成。

（3）实施三：针对“5 榀桁架划分为一个滑移单元，对接累积安装”的对策

1）×年×月×日由公司组织宜兴市专家对 5 榀滑移方案进行论证，见图 6-133。

① 为保证滑移过程中的同步性、可控性、实时性，选用传感监测和计算机集中控制系统，通过系统数据反馈和控制指令，实现同步动作、负载均衡、姿态矫正、应力控制、操作封闭、过程显示和故障报警等功能。见图 6-134～图 6-136。

图 6-133 方案论证技术研讨会

图 6-134 油缸行程传感器

图 6-135　监控界面

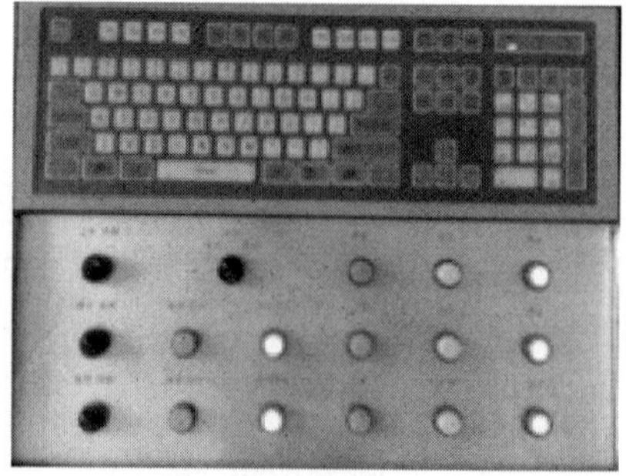

图 6-136　操作界面

a）采用计算机与液压推进器同步连接。液压顶推器作为滑移驱动设备采用组合式设计，后部以顶紧装置与滑道连接，前部通过销轴及连接耳板与被推移结构连接，中间利用主液压缸产生驱动顶推力。

b）液压顶推器的顶紧装置具有单向锁定功能。当主液压缸伸出时，顶紧装置工作，自动顶紧滑道侧面；主液压缸缩回时，顶紧装置不工作，与主液压缸同方向移动。液压顶推器工作流程见图 6-137。

c）桁架结构滑移施工共设置 3 组通长滑移轨道，分别设置在 2、5、8 轴。每一个滑移分块设置 9 个顶推点即 9 台顶推器，3 个滑移分块共设置了 27 个顶推点即 27 台顶推器。具体顶推点布置见图 6-138。

技术交底资料见图 6-139。

② 设置临时支撑，确保桁架整体稳定性。

a）轨道连系混凝土梁承载力通过验算，BIM 模型分析，连系混凝土梁不能满足承载要求，为保证滑移施工安全，须进行加固处理，设置合理临时支撑系统。

b）通过建立加固计算模型的方法，同时施加荷载后的计算结果，对连系混凝土梁加固采用 $\phi 219 \times 8$ 钢管焊接支撑。为保证不对混凝土梁造成损伤破坏，采用不植筋“人”字撑形式进行焊接加固，经验算承载力满足要求。见图 6-140、图 6-141。

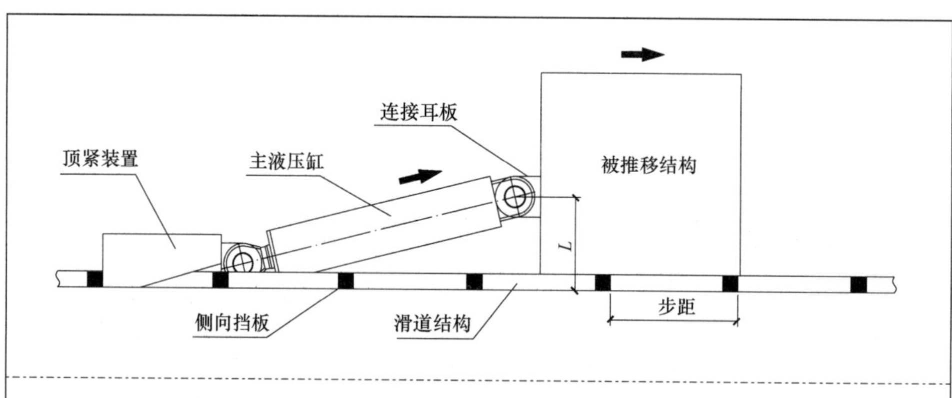

第一步：液压顶推器顶紧装置安装在滑道上，靠紧侧向挡板；主液压缸缸筒 耳板通过销轴与被推移结构连接；液压顶推器主液压缸伸缸，推动被推移结构向前滑移。

图 6-137　液压顶推器工作流程图（一）

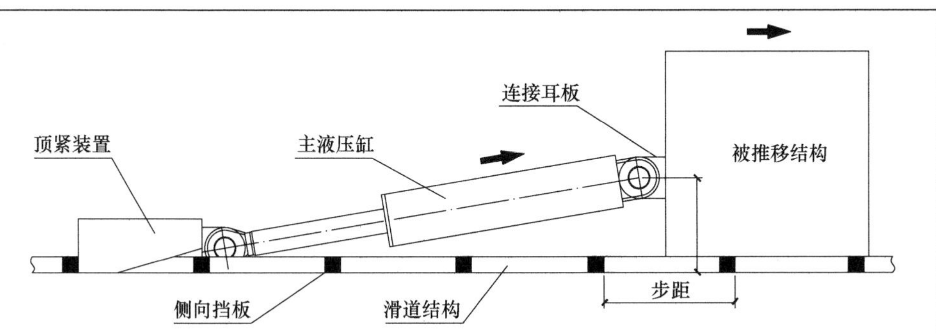

第二步：液压顶推器主液压缸连续伸缸一个行程，顶推被推移结构向前滑移一段距离（一个步距）。

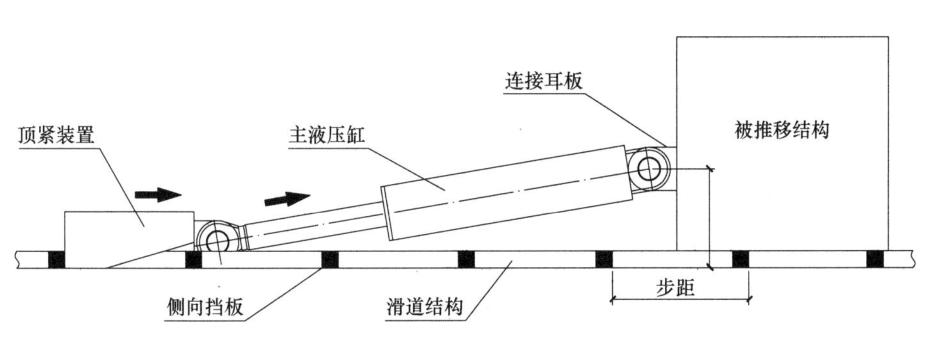

第三步：一个行程伸缸完毕，被推移结构不动；液压顶推器主液压缸缩缸，使顶紧装置与滑道挡板松开，并跟随主液压缸向前移动。

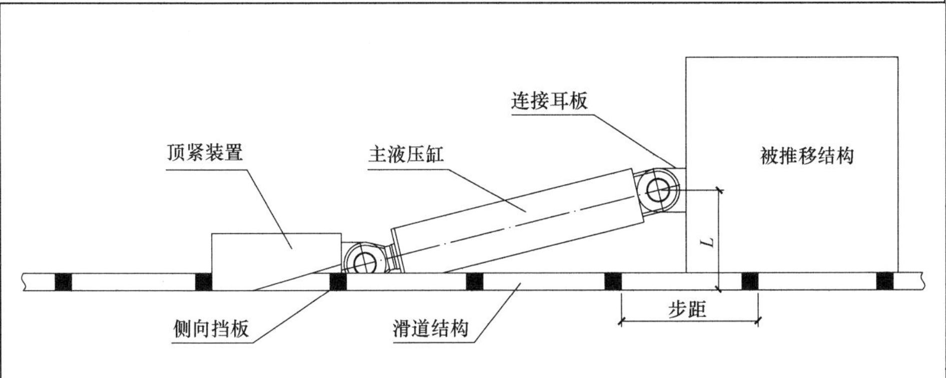

第四步：主液压缸一个行程缩缸完毕，拖动顶紧装置向前移动一个步距，一个行程的顶推滑移完成，从步序 1 开始执行下一行程的步序。

图 6-137　液压顶推器工作流程图（二）

制图人：×××　　　　制图日期：×年×月×日

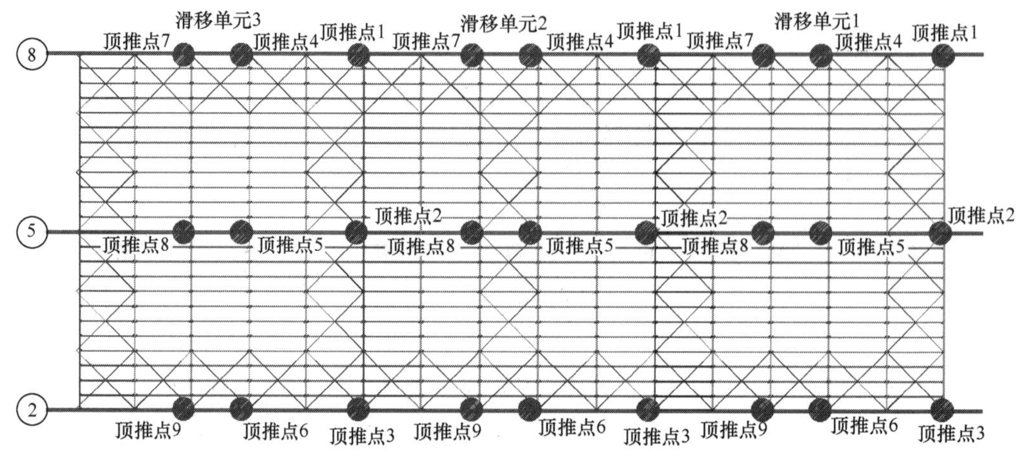

图 6-138　滑移顶推点置

制图人：×××　　　　制图日期：×年×月×日

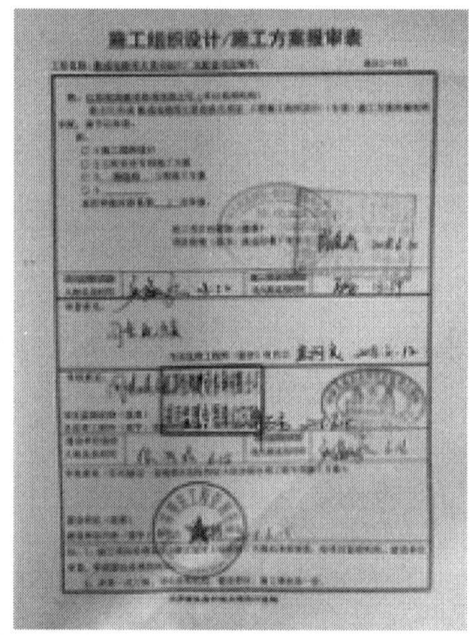
施工组织设计/施工方案报审表

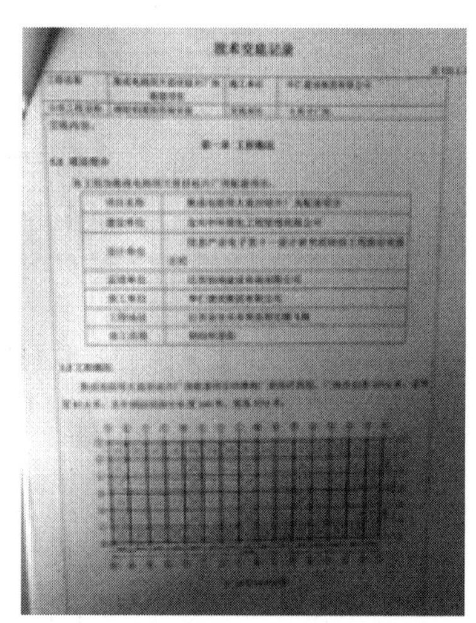
技术交底记录

图 6-139　经专家论证的专项方案和技术交底资料

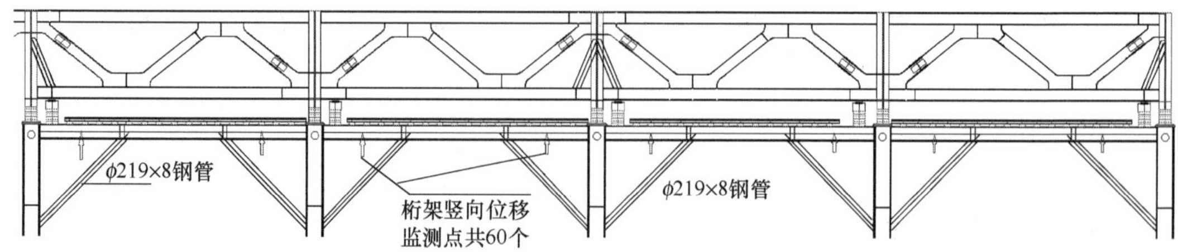

图 6-140　支撑加固布置图

制图人：×××　　　　制图日期：×年×月×日

图 6-141 现场钢管支撑加固图

2）由项目部×××、×××对滑移全过程采用全站仪测量技术对滑移分块进行监测。从×年×月×日开始，小组成员通过在桁架上结构受力及变形最大处设置监测点，共设置60个监测点，抽查了30个点，其抽查结果见表6-90。

滑移过程检测数据表 **表 6-90**

抽查项	1	2	3	4	5	6	7	8	9	10
桁架竖向位移（mm）	2	3	1	2	5	3	2	3	3	3
抽查项	11	12	13	14	15	16	17	18	19	20
桁架竖向位移（mm）	5	4	4	2	1	2	3	4	2	4
抽查项	21	22	23	24	25	26	27	28	29	30
桁架竖向位移（mm）	2	2	1	1	4	5	2	3	5	2

制表人：××× 制表日期：×年×月×日

3）搭设满堂脚手架作为钢结构安装操作平台。

① 满堂脚手架平台位于厂房北侧，高度为19.6m，脚手架顶面满铺木脚手板，四周设置安全围挡。该满堂脚手架用于钢桁架之间连系杆件安装、涂装等施工作业平台以及滑移时人员行走通道。见图6-142。

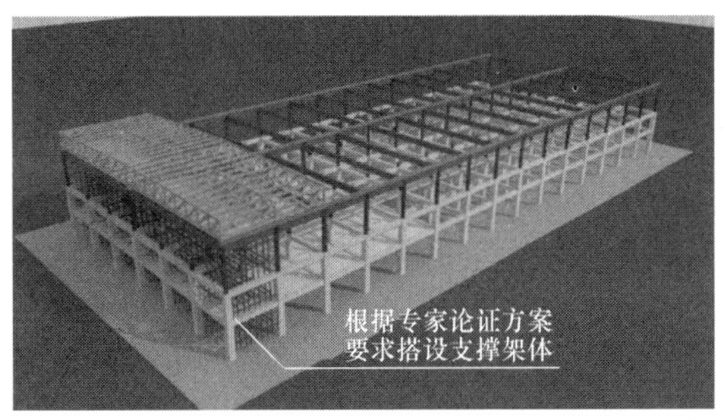

图 6-142 满堂脚手架设置模型图

制图人：××× 制图日期：×年×月×日

② 平台布置在北侧首跨宽度范围内，确保2榀桁架的安装操作面。项目部根据以上要求编制了支撑架体专项方案，于×年×月×日经过专家论证。见图6-143、图6-144。

③ 根据方案要求选用规格 $\phi48\times3.25$mm，Q235A 钢管。立杆主体间距为 0.9m×0.9m，水平杆步距为 1.5m，现场严格按论证后的方案及相关规范要求布置立杆、水平杆、竖向剪刀撑、水平剪刀撑等搭设措施。

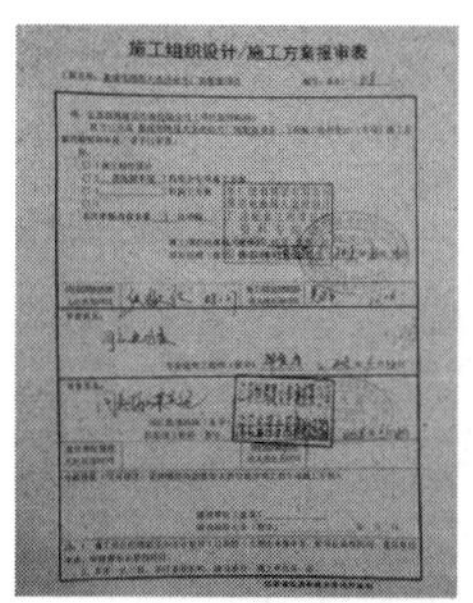
施工组织设计/施工方案报审表

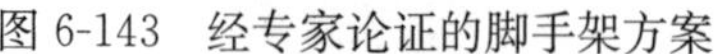
图 6-143　经专家论证的脚手架方案

图 6-144　项目部技术交底

4）施工时 5 榀桁架组成一个滑移单元，共分为 3 个滑移单元，每两单元之间的次结构安装、屋盖安装穿插在施工过程中。见图 6-145。

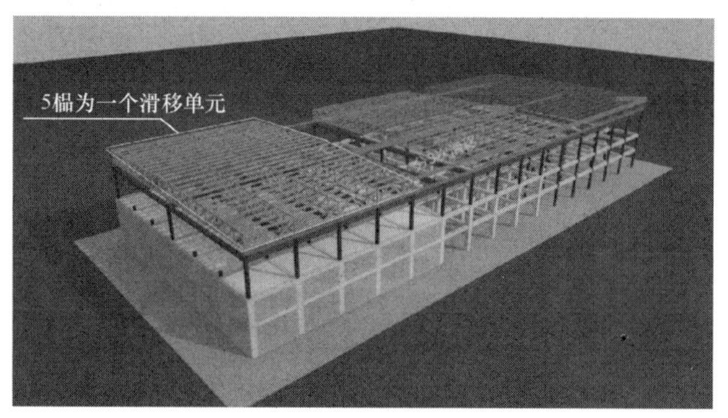

图 6-145　滑移分块模型图

制图人：×××　　　　　　　　制图日期：×年×月×日

① 每单元由 5 榀钢桁架拼装组成，由施工负责人×××负责现场的滑移施工。第一滑移单元施工首先在北侧场地通过 2 台 260t 汽车吊拼装单榀桁架，然后吊装至支撑平台上，先进行前 2 榀钢桁架吊装、次结构拼装，滑移一跨，同时在滑移时进行地面 3、4 两跨的单榀拼装，再次进行 3 榀桁架的吊装滑移两跨，然后 4、5 榀桁架的吊装，次结构安装，第一分块的滑移、落架、焊接、屋盖安装于×年×月×日共计 15d 完成，钢屋架的滑移，桁架的拼装、吊装都形成了流水施工。

② 第二滑移单元施工在第一单元分块的最后滑移，确保第二单元吊装能连续进行，未出现间歇时间损失，同时在地面的单榀构件拼装过程中也能很好地承接前段拼装施工，相对滑移距离较第一单元少 4 跨，第二分块的滑移、落架、焊接、屋盖安装于×年×月×日共计 13d 完成。

③ 第三滑移单元施工同前两单元滑移，滑移距离最短，第三分块的滑移、落架、焊接、屋盖安装于×年×月×日共计 10d 完成。最后一品桁架及屋盖于×年×月×日完成。

阶段性实施效果验证：

1）滑移过程中采用计算机同步控制，液压同步顶推滑移作业各点速度保持匀速、同步。经检测桁架平面位移控制在 3mm 以内，有效确保安装过程的稳定性和安全性，符合目标设定值。具体见图 6-146、表 6-91。

图 6-146 液压同步顶推

表 6-91

抽查项	1	2	3	4	5	6	7	8	9	10
平面位移（mm）	2	3	1	2	2	3	2	3	3	3
抽查项	11	12	13	14	15	16	17	18	19	20
平面位移（mm）	1	2	1	2	1	2	3	3	2	3
抽查项	21	22	23	24	25	26	27	28	29	30
平面位移（mm）	2	2	1	1	2	2	2	3	1	2

制表人：××× 制表日期：×年×月×日

2）×年×月×日小组成员对脚手架体的立杆间距、水平横杆步距、竖向剪刀撑布置、水平剪刀撑、扣件拧紧扭力矩进行抽查，经验收合格率为92%，见表6-92。

满堂脚手架检查记录表 表 6-92

序号	检查项目	验收标准	检查点数	合格	不合格	合格率
1	立杆间距	900×900	50	46	4	92%
2	水平横杆步距	1500	30	28	2	93.3%
3	竖向剪刀撑布置	两道立杆间距从上至下连续布置	20	19	1	95%
4	水平剪刀撑	每隔一步距连续布置	20	19	1	95%
5	扣件拧紧扭力矩	40～65N·m	30	28	2	93.3%
6	合计		150	140	10	93.3%

制表人：××× 制表日期：×年×月×日

3）×年×月×日完成了整体钢结构屋架的吊装作业，结合表6-93吊装始末时间点统计出3次吊装滑移时间分别为8d、7d、6d。现场照片见图6-147。

实施效果检测数据统计表 表 6-93

名称	控制标准	日期	日期	日期	日期	日期	日期	日期	日期	日期	日期	备注
吊装开始时间		×.×	×.×	×.×	×.×	×.×	×.×	×.×	×.×	×.×	×.×	
吊装结束时间		×.×	×.×	×.×	×.×	×.×	×.×	×.×	×.×	×.×	×.×	
3次吊装滑移时间		8d			7d			6d				

制表人：××× 制表日期：×年×月×日

图 6-147 现场吊装照片

4）吊装对安全带来的负面影响验证分析：在×年×月×日项目部编制滑移方案的同时编制了安全技术措施，并于×月×日通过专家论证。

① 安全控制的重点在钢屋架的吊装和分块滑移，具体的保障措施见表 6-94。

安全保障措施表 表 6-94

序号	安全措施项	安全措施内容
1	钢屋架吊装	1. 凡参加施工的全体人员都必须遵守安全生产“安全生产六大纪律”、“十个不准”的有关安全生产规程，所有人员必须进行安全交底。 2. 吊装作业人员都必须持有上岗证，有熟练的安装经验，起重人员持有特种人员上岗证，起重司机应熟悉起重机的性能、使用范围，操作步骤，同时应了解安装程序、安装方法，起重范围之内的信号指挥和挂钩工人应经过严格的挑选和培训，必须熟知本工程的安全操作规程，司机与指挥人员吊装前应相互熟悉指挥信号，包括手势、旗语、哨声等。 3. 起重机械要有可靠有效的超高限位器和力矩限位器，吊钩必须有保险装置。 4. 起重机械行走的路基及轨道应坚实平整、无积水
2	钢屋架分块滑移	1. 滑移过程中采用计算机同步控制，液压同步顶推滑移作业各点速度保持匀速、同步，同时液压顶推器的顶紧装置具有单向锁定功能。确保滑移安全性。 2. 通过建立加固计算模型的方法，同时施加荷载后的计算结果，对连系混凝土梁采用 ϕ219×8 钢管焊接支撑进行加固

制表人：××× 制表日期：×年×月×日

② 小组成员对搭设安装操作平台提出了具体的操作人员保障方案。

③ 项目部对以上重点部位组成安全监督组，由安全负责人×××负责现场的总体调度，项目部安全员×××、××和钢结构吊装班组、架子班组安全负责人进行分工，具体负责现场每日安全的巡查和人员监督，集团安全部派专人×××和××去现场进行监督。由于安全对策措施得力，现场监督到位，该对策实施圆满完成，对现场安全不良影响微小。

（4）实施四：次结构拼装调试

1）现场用的高强度连接螺栓根据图纸要求配套供应至现场。由质量员检查其出厂合格证、扭矩系数或紧固轴力（预拉力）的检验报告是否齐全。进场后送检查中心复测，严禁使用非国标、不合格的高强度螺栓。同时高强度螺栓存放在防潮防湿的仓库，按规格批号分类存放，并挂牌，不混放混用，施工过程中随用随领，每天未用完的归库，严禁在现场露天堆放，防止受潮、生锈、沾污和碰伤。见图 6-148、图 6-149。

图 6-148　高强度螺栓存放

高强螺栓检测报告

图 6-149　高强度螺栓复测报告

2）次结构构件通过塔吊吊装，拼装要求对接部位预先穿入临时螺栓，临时螺栓的数量不得少于安装总数的 1/3，且不得少于两个临时螺栓。由项目部×××、×××在×年×月×日至×月×日拼装施工期间对临时螺栓的 16 个节点进行抽查。节点临时螺栓穿孔率抽查结果见表 6-95。

实施效果检测数据统计表　　　　**表 6-95**

名称	控制标准	1 节点	2 节点	3 节点	4 节点	5 节点	6 节点	7 节点	8 节点	9 节点	10 节点	11 节点	12 节点	13 节点	14 节点	15 节点	16 节点	平均值
临时螺栓穿孔率	40%	44%	47%	48%	53%	41%	42%	43%	49%	40%	48%	45%	51%	58%	44%	43%	46%	46%

制表人：×××　　　　制表日期：×年×月×日

3）在完成 2 单元滑移落架或 3 单元滑移落架后进行前后两滑移单元间的次结构安装，次结构构件通过塔吊吊装，在螺栓使用过程中分清螺栓使用部位，保证螺栓终拧后外露螺纹不少于 2～3 个螺距，允许 10%螺栓丝扣外露 1 扣或 4 扣，操作人员应将螺栓自由穿入孔内，不得强行敲打，穿入方向一致，便于螺栓紧固操作。见图 6-150。

阶段性实施效果验证：

小组成员分别在×年×月×日、×月×日、×月×日对次结构安装过程中高强度螺栓

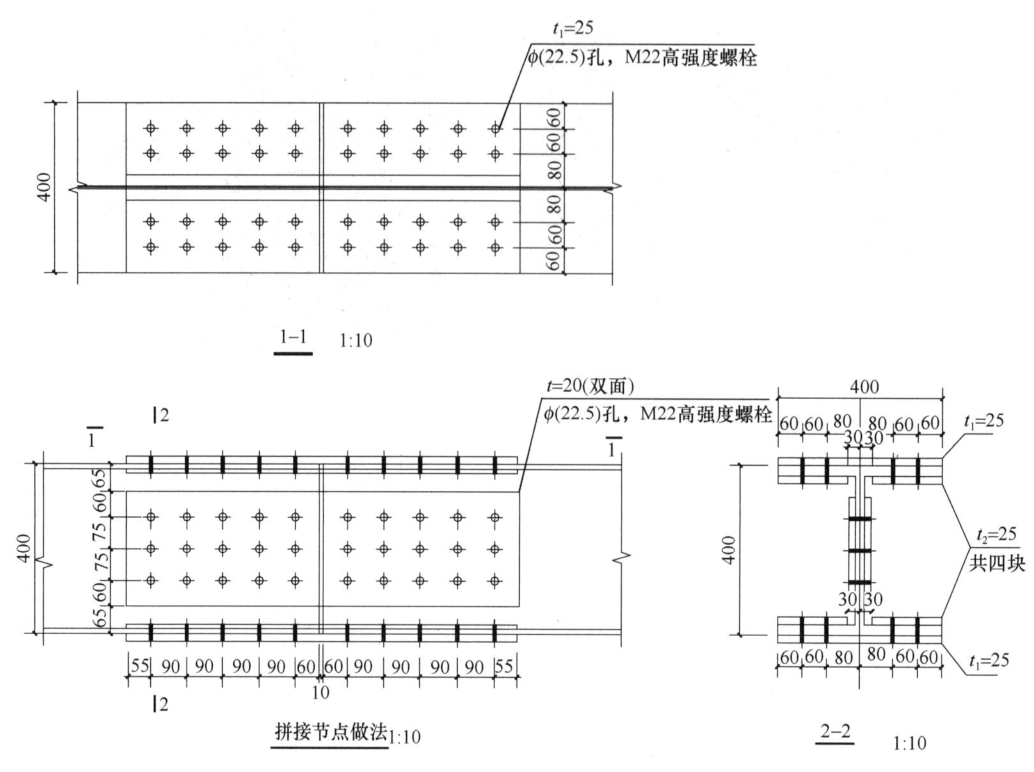

图 6-150　次结构螺栓节点图

制图人：×××　　　　　　制图日期：×年×月×日

的施工质量进行检查，确保了次结构的安装质量，每次检查 60 个点，3 次检查统计见表 6-96。

现场成型图见图 6-151。

高强度螺栓终拧露丝检查记录表　　　　**表 6-96**

序号	检查日期	验收标准	检查点数	合格	不合格	不合格率
1	9 月 19 日	丝扣外露 1 扣或 4 扣控制在 10%以内	60	56	4	6.7%
2	9 月 29 日		60	55	5	8.3%
3	10 月 8 日		60	58	2	3.3%
4	合计		180	169	11	6.1%

制表人：×××　　　　　　制表日期：×年×月×日

（5）实施五：工艺技术培训

1）×年×月×日由公司技术部牵头，将屋架滑移技术编制了培训课件，并报总工审批。由项目部技术负责人和公司技术部对施工班组进行培训授课。见图 6-152。

2）×年×月×日项目部将屋架滑移施工的重点和注意事项编写成试卷。

3）×年×月×日、×月×日、×月×日分批对钢结构施工技术工人组织考试，合格分数线为 60 分，考试成绩见图 6-153～图 6-155。

图 6-151　次结构安装完成现场成型图

工程名称：集成电路用大直径硅片项目
文件类型：培训教材-2018-012

8 英寸滑移技术培训教材

编制人：
审核人：
批准人：

图 6-152　滑移技术培训教材和培训照片

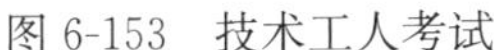

图 6-153　技术工人考试

图 6-154　考试成绩表

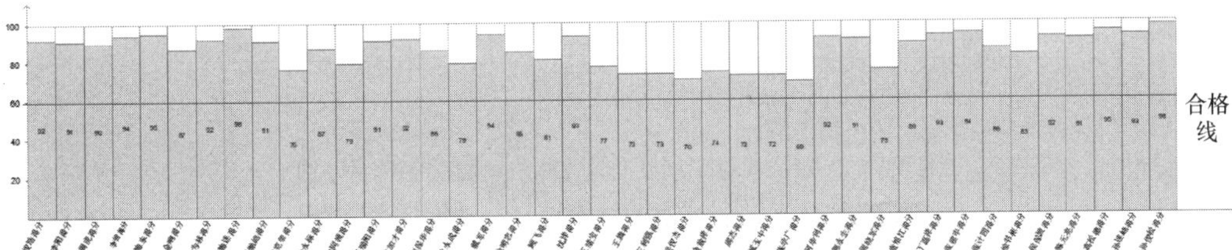

图 6-155　考试成绩柱状图

阶段性实施效果验证：

×年×月×日，项目部对在现场施工的钢结构作业人员进行了查询，共查询 42 名工人，经核查考试成绩，全部合格，通过率达到 100%，实现了对策表中的目标。

8. 效果检查

（1）屋面施工情况

×年×月×日，屋面钢结构吊装完成后，在屋面钢底板面层上铺 0.3mm 厚 PE 隔汽膜，隔汽膜搭接采用自粘胶条粘结，同时每铺贴 2m 长隔汽膜，立刻铺设 100mm 厚岩棉保温板，保温板采用无穿孔机械固定件固定在屋面檩条上。见图 6-156。

×年×月×日至×月×日期间小组人员对铺设好的保温板进行固定率抽查，累计抽查 15 跨，抽查结果见表 6-97、图 6-157。

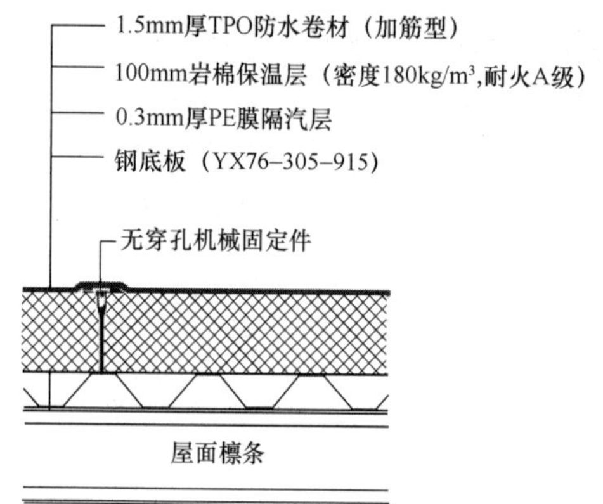

图 6-156 屋面基本构造图

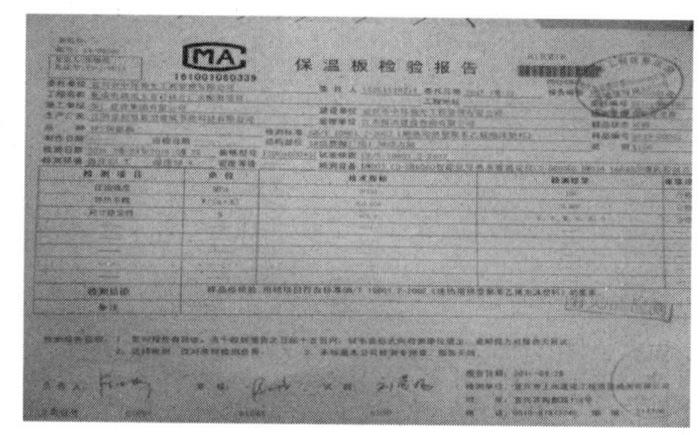
保温板检验报告

图 6-157 保温板复检报告

实施效果检测数据统计表 **表 6-97**

名称	控制标准	第 1 跨	第 2 跨	第 3 跨	第 4 跨	第 5 跨	第 6 跨	第 7 跨	第 8 跨	第 9 跨	第 10 跨	第 11 跨	第 12 跨	第 13 跨	第 14 跨	第 15 跨	平均值
固定率	96%	98%	97%	94%	96%	98%	99%	99%	97%	95%	96%	98%	97%	97%	97%	96%	97%

制表人：×××　　　　制表日期：×年×月×日

保温施工完成一跨后即开始施工 TPO 防水卷材，卷材铺设方向与压型钢板波纹方向垂直，平行于屋脊的搭接缝沿顺流水方向搭接。施工前由项目部技术员精确放样，进行卷材预铺。卷材相邻接头相互错开至少 50cm，长边搭接宽度为 12cm，其中 5cm 做固定件用，卷材之间采用手动热风焊接。见图 6-158～图 6-160。

图 6-158 卷材搭接做法大样图

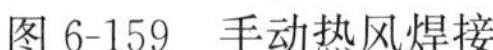

图 6-159 手动热风焊接

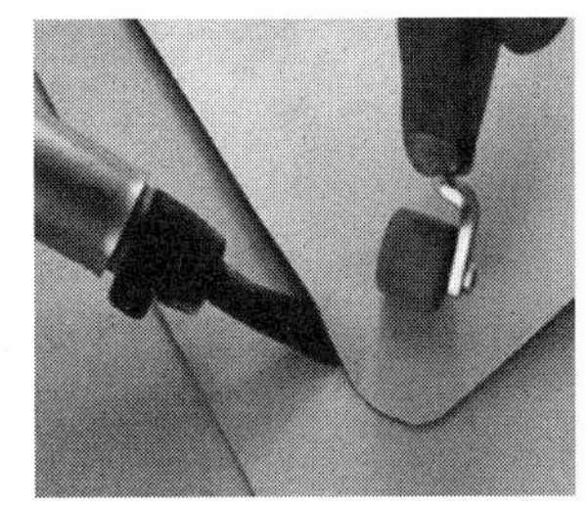

图 6-160 固定部位加小块 PVC 热焊密封

小组成员在×年×月×日，对焊缝质量进行抽查检测，共计检测了 15 跨，抽查结果见表 6-98。

实施效果检测数据统计表 **表 6-98**

名称	控制标准	第 1 跨	第 2 跨	第 3 跨	第 4 跨	第 5 跨	第 6 跨	第 7 跨	第 8 跨	第 9 跨	第 10 跨	第 11 跨	第 12 跨	第 13 跨	第 14 跨	第 15 跨	平均值
焊接合格率	96%	97%	97%	98%	98%	99%	99%	98%	98%	99%	98%	96%	98%	97%	98%	96%	97.7%

制表人：××× 制表日期：×年×月×日

至此本工程屋面施工在×年×月×日全部完成。

(2) 目标完成情况

通过项目部成员的努力及各参建单位的通力合作，钢结构厂房主体及屋面工程于×年×月×日全部完成，比甲方确定的×年×月×日节点目标提前了 11 天，相比原设计方案提前了 48 天。见图 6-161、图 6-162。

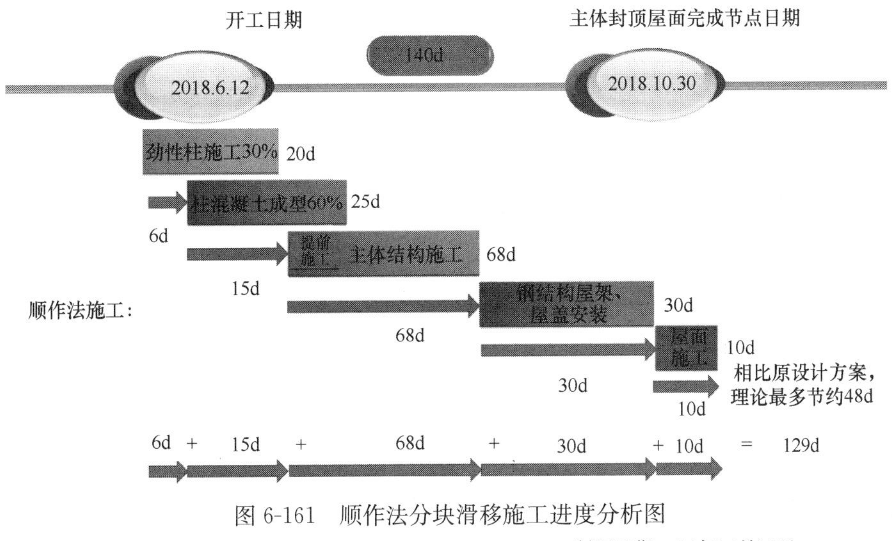

图 6-161 顺作法分块滑移施工进度分析图

制图人：××× 制图日期：×年×月×日

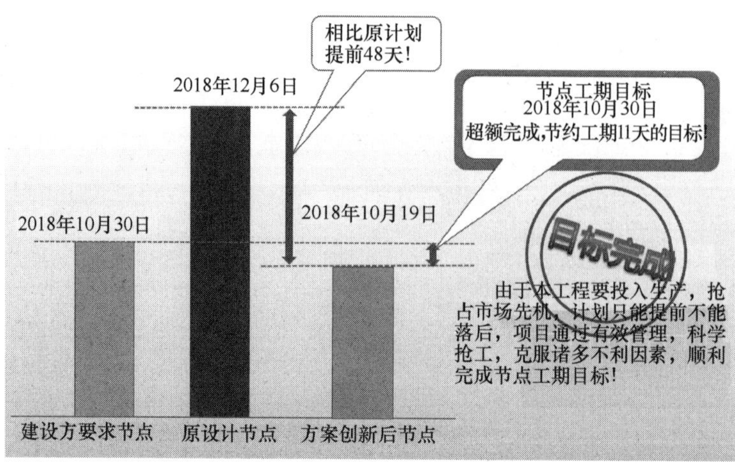

图 6-162　进度完成对比图

制图人：×××　　　　　　　　　　　　　　　　　　　　制图日期：×年×月×日

现场实施效果见图 6-163，采用顺作法施工的钢屋架滑移新技术确保了工期目标的实现，达到了小组确定的目标，本次 QC 小组活动取得了圆满成功。

图 6-163　现场实施效果图

（3）经济效益

顺作法下钢屋架分块滑移施工技术在完成项目确定的工期目标的同时也获得了一定的经济效益。在吊装过程中由于采取了技术创新，共节约成本 6.84 万元，见表 6-99。

经济效益测算表　　　　　　　　　　　　**表 6-99**

技术创新点	轨道梁滑移完成后不拆除，作为钢骨梁内的钢骨
节约轨道梁不拆除的人工、材料机械费用	（1）人工费用（包含切割、拆除、托运混凝土等劳动力）：8 人×7d×350 元/d/人＝1.96 万元； （2）切割、焊接用零星辅材材料费：0.4 万元； （3）机械台班费用（底部托运费）：2 台×2500 元/台班×14 台班＝7 万元
因不拆除采取焊接的投入	6 人×15d×280 元/人/d＝2.52 万元
实际节约成本	1.96＋7＋0.40-2.52＝6.84 万元

（4）社会效益

本工程作为×××市和×××市的重点工程，得到了市各级主管部门的关心和大力支持，市里多次组织同行对本项目的钢结构厂房进行参观交流和观摩活动。

1）×年×月×日市建设系统观摩活动；×年×月×日市重点工程现场交流会。见图 6-164。

图 6-164　各级部门领导来工地参观

2）目前本工程正在进行设备工艺安装，将于×年×月投入试生产，整个项目投产以后将实现年产×××抛光片 900 万片的产能，达到全球先进水平，与×××、×××一起形成产业配套，为集成电路的“南方基地”。见图 6-165。

图 6-165　项目投产新闻

9. 标准化

（1）成果推广评价：通过 QC 小组活动，本创新成果不仅解决了原设计逆作法施工及钢结构安装工期紧的问题，加快了施工进度，而且节约了成本，创造了一定的经济及社会效益，具有广泛的推广和运用价值。同时对本工程后序的 12 英寸厂房以及今后的大硅片洁净工业厂房施工具有一定的指导和推广作用。

（2）标准化形成：

1）×年×月×日我们小组把“顺作法下钢屋架分块滑移新技术”编写了《钢屋架分块滑移顺作法施工作业指导书》（编号：HRJT/GF2018-046），经公司总工审批列入企业作业指导书中。见表 6-100。

钢屋架分块滑移顺作法施工作业指导书 表 6-100

<table>
<tr><td colspan="4">钢屋架分块滑移顺作法施工作业指导书</td></tr>
<tr><td colspan="2">形成时间</td><td>×年×月×日</td><td>收录时间 ×年×月×日</td></tr>
<tr><td colspan="2">编号</td><td colspan="2">HRJT/GF2018-046</td></tr>
<tr><td colspan="4">主要章节内容</td></tr>
<tr><td>序号</td><td>作业指导书章节</td><td colspan="2">主要内容</td></tr>
<tr><td>1</td><td>适用范围</td><td colspan="2">涉及大型钢结构构件吊装、钢结构轨道滑移施工、钢结构节点螺栓施工等</td></tr>
<tr><td>2</td><td>施工准备</td><td colspan="2">一、组织准备：工程施工的进度、质量、安全必须确保各种资源的充分满足和及时到位。
二、技术准备：审查设计文件是否齐全合理，符合国家标准。
根据工厂、工地现场的实际起重能力和运输条件，核对施工图中钢结构的分段是否满足要求，并编制材料采购计划。
组织技术人员编制钢结构安装的施工组织设计，需经专家论证的必须做好论证工作。技术方案实施前的技术、安全施工交底。
三、材料的采购、存放：1. 钢材采购的数量和品种应和订货合同相符，钢材的出厂质量证明书数据必须和钢材打印的记号一致。2. 现场钢结构材料、构件进场的道路、材料堆放场地、材料加工场地部署明确。
四、材料的验收：钢结构使用的钢材、焊接材料、涂装材料和紧固件等应具有质量证明书，必须符合设计要求和现行标准的规定。
五、施工设备场地布置：施工设备、工具、材料应根据施工场地实地布置，其原则为生活设施应尽量远离施工场地，材料应就近靠近施工场地，设备则根据施工临时用电设施合理布置</td></tr>
<tr><td>3</td><td>材料要求</td><td colspan="2">钢结构使用钢材
需复检钢材：1. 进口钢材。2. 钢材混批。3. 设计有 Z 向性能且厚度大于 40mm 钢板。4. 结构安全等级一级，大跨度钢结构中主要受力构件所采用钢材。5. 设计有复验要求钢材。6. 对质量有疑义的钢材。
焊接材料：重要焊缝焊接材料，复检焊丝五批取一组复检；焊条三批取一组复检。
紧固件：1. 高强度大六角和扭剪型高强螺栓，应分别进行扭矩系数和紧固轴力复验，数量为每批抽取 8 套。2. 对安全等级一级，跨度 40m 以上钢网架螺栓球，应检测表面硬度。3. 普通螺栓作为永久性连接螺栓，且设计文件要求或对质量有疑义，应进行实物最小拉力载荷复验，统一规格螺栓抽检 8 个</td></tr>
<tr><td>4</td><td>操作工艺流程</td><td colspan="2">施工准备→原材料采、验、进厂→下料→制作→检验校正→预拼装→除锈→刷防锈漆一道→成品检验编号→构件运输→预埋件复验→钢柱吊装（钢结构分块滑移）→雕塑附件安装→底漆修复→喷涂面漆→验收</td></tr>
<tr><td>5</td><td>验收标准</td><td colspan="2">国家相关法律规范、地方性标准规范、强制性标准、设计图纸、合同等</td></tr>
<tr><td>6</td><td>安全要求</td><td colspan="2">一、凡参加施工的全体人员都必须遵守安全生产“安全生产六大纪律”、“十个不准”的有关安全生产规程，所有人员必须进行安全交底。
二、吊装作业人员都必须持有上岗证，有熟练的安装经验，起重人员持有特种人员上岗证。
三、起重机械要有可靠有效的超高限位器和力矩限位器，吊钩必须有保险装置。
四、起重机械行走的路基及轨道应坚实平整、无积水</td></tr>
</table>

续表

序号	作业指导书章节	主要内容
7	质量记录	一、钢结构检验批、分部分项内容应按“抽检数量及检验方法”栏的要求进行抽检并做好抽检记录。 二、钢结构分部（子分部）工程有关安全及功能的检验和见证检测项目，应由总监理工程师或建设单位项目负责人组织施工单位项目负责人和技术、质量部门负责人等相关人员参加。 三、焊缝质量超声波或射线探伤抽检，由建设单位另行委托独立的具有相应资质的第三方检测单位进行

制表人：×××　　　　制表日期：×年×月×日

2）×年×月×日小组在公司安全部的组织下，总结编写了“大跨度钢屋架操作平台搭设安全监控手册”，应用PDPC法绘制了安全监控图，录入《企业安全管理标准化手册》（HRJT-2018）中，在全公司推广执行。见图6-166。

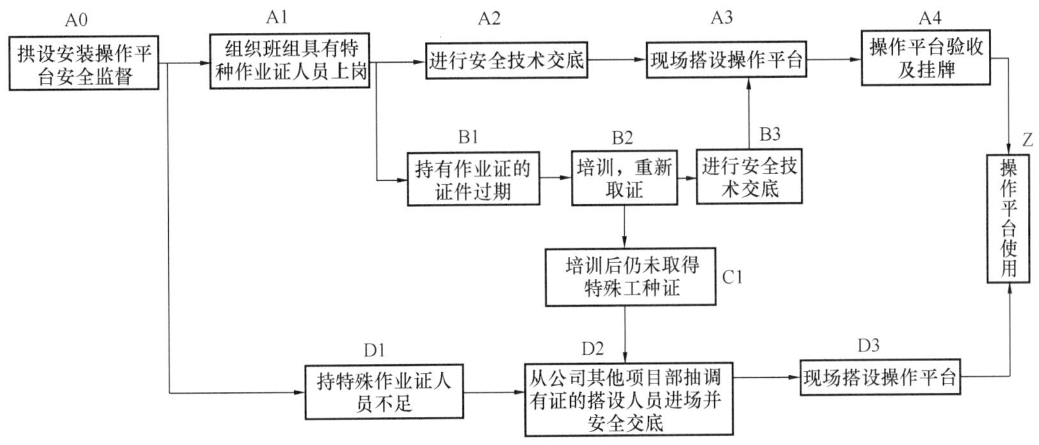

图6-166　PDPC法安全监控图

制图人：×××　　　　制图日期：×年×月×日

3）×年×月×日由公司技术部牵头，本小组技术人员参与编写了《大跨度洁净工业厂房顺作法下钢屋架分块滑移施工工法》，申报编号为HRGF03-2018，经公司组织专家审定，已批准为企业级施工工法，并正在申报江苏省省级施工工法。批准文件见附件。

10. 总结和下一步打算

（1）专业技术方面总结：通过本工程QC小组活动的开展，小组成员学到了许多专业的技术技能，对顺作法下钢屋架分块滑移施工积累了大量的实践经验，为今后相同的钢结构施工技术提供了有力的技术措施保证。小组成员完成的技术总结见表6-101。

技术总结汇总表　　　　**表6-101**

序号	技术论文总结	申报情况
1	28.8m跨度钢结构的吊装施工技术应用	江苏省土木协会论文评比/企业技术总结类
2	顺作法下屋架分块滑移施工技术探讨	江苏省土木协会论文评比/企业技术总结类
3	22m劲性柱钢筋安装技术应用	江苏省土木协会论文评比/企业技术总结类
4	格构架华夫板安装施工技术探讨	江苏省土木协会论文评比/企业技术总结类
5	浅谈高空工业厂房钢屋架吊装的安全控制技术	江苏省土木协会论文评比/企业技术总结类

（2）管理方法方面总结：在整个活动过程中，QC小组严格按照PDCA循环程序进行，坚持以事实为依据，用数据说话，运用新方法解决了原设计逆做法下钢屋架安装施工工期问题，总结出了钢屋架分块滑移顺作法施工作业指导书和施工工法用于指导施工。见表6-102。

QC小组活动总结评价表 **表6-102**

序号	活动内容	主要优点	统计应用	存在不足	今后努力方向
1	选择课题	选题理由充分，课题简洁明了	简易图表	无	学习QC知识，吸收其他QC小组经验，扩大选题范围
2	设定目标及目标可行性分析	目标具体、量化，与课题对应，可行性分析以数据说话，为实现目标提供依据	简易图表、饼分图	内部与外部资源分析不够	加强统计技术的学习，熟练掌握统计工具。
3	提出方案，确定最佳方案	小组成员充分发表意见，提出总体方案和分级方案，并确定相关试验数据	流程图、系统图、简易图表	个别方案分析较粗，试验数据	应多加强对比分析统计工具应用，提供试验照片
4	对策与实施	对策针对分级末级方案而提，解决措施为对策中措施的具体落实与实施	简易图表	对策实施效果验证过程图片较少	应加强实施过程人员的落实，过程图片收集应及时
5	检查效果	确认实施效果，确保效果稳定	柱状图、简易图表	无	不断学习，持续改进，应用好统计图表
6	标准化和总结	将有效的对策措施纳入标准，对活动进行总结	雷达图、简易图表	总结深度不足	继续加强程序的学习

制表人：××× 审核人：××× 制表时间：×年×月×日

（3）小组成员综合素质总结：通过此次QC活动，我们大家从质量意识、协作精神、工作主动性、解决问题的信心、团队精神都比活动前有了很大的提高。我们充分认识到只有依靠先进科学的管理方法，才能更好地提高工程质量，创建精品工程。自我评价见表6-103、图6-167。

综合自我评价表 **表6-103**

项目	自我评价		
	活动前（分）	活动后（分）	活动感言
质量意识	8	9	很大提高
协作精神	7.5	9	提高了一大步
工作主动性	7.5	9	提高了一大步
解决问题的信心	8.5	9.5	提高了一大步
团队精神	8.5	9.5	很大提高

制表人：××× 审核人：祁敏 制表日期：×年×月×日

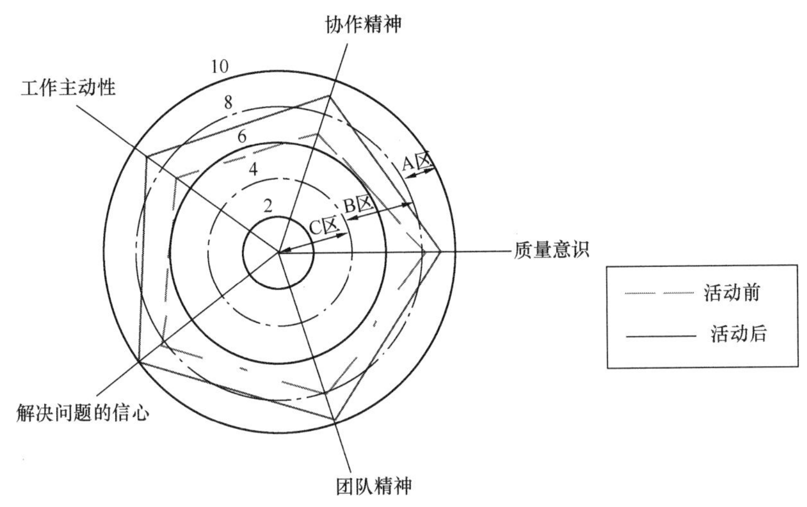

图 6-167 自我评价雷达图

制图人：××× 审核人：××× 制图日期：×年×月×日

从图中看出，小组活动在质量意识、工作主动性、协作精神、解决问题的信心、团队精神方面都达到了理想水平（A 区），实现了施工质量、管理水平双丰收。

（4）下一步打算：我们将继续围绕“健全制度、提高质量、创造效益”为核心开展 QC 活动，×年×月×日，经小组全体人员评估确定“12 英寸半逆作法下钢结构劲性柱安装施工新方法”作为小组下一个活动课题。见表 6-104。

下一步小组活动课题选择评价表 **表 6-104**

序号	课题名称	重要性	紧迫性	难度系数	经济性	综合得分
1	新型承插式模板支撑体系的研制	★	▲	★	●	33
2	提高工业厂房环氧地坪质量验收合格率	★	▲	●	▲	31
3	12 英寸半逆作法下钢结构劲性柱安装施工新方法	★	★	★	▲	38

制表人：××× 制表时间：×年×月×日

评分标准：★—10 分，施工质量对工程创优的影响程度大、工期要求紧迫是关键线路、施工难度特大、投入小且经济效益好。

▲—8 分，施工质量对工程创优的影响程度较大、工期要求紧迫程度较大是关键线路、施工难度大、投入大且经济效益较好。

●—5 分，施工质量对工程创优的影响程度不大、工期要求紧迫程度较大为非关键线路、施工难度易控制、投入大且经济效益一般。

案 例 综 合 点 评

1. 综合评价

这是一篇创新型的质量管理小组活动成果，该小组能围绕钢屋架分块滑移施工新技术选择活动课题，课题简洁明了，体现了创新的要求。作为创新型课题，小组活动程序完整，根据需求进行查询和借鉴，为提出总体方案提供了依据。设定目标可测量，并进行了目标可行性论证，作为技术创新，应用BIM进行了模拟实验。成果紧紧抓住创新型成果“提出方案，并确定最佳方案”这个核心程序进行分析，按照借鉴点提出了总体方案具有创新性，进行两层分级方案的分析、比选，通过采用试验的方法并结合工期目标进行分析论证，选定出最佳方案。对策表5W1H栏目齐全，措施得力。实施过程逐项展开叙述，有阶段性效果验证，并对安全、成本的负面影响进行了分析，数据充分有说服力。对技术创新制定对策时增加了安装调试和工艺技术培训，并逐项实施验证。

效果检查与工期目标进行了对比分析，较好地完成了设定的目标，取得了一定的经济效益和社会效益，效果显著。

标准化对成果进行了推广价值评价，把“顺作法下钢屋架分块滑移新技术”编写了《钢屋架分块滑移顺作法施工作业指导书》(编号：HRJT/GF2018-046)，经公司总工审批列入企业作业指导书中。总结编写了“大跨度钢屋架操作平台搭设安全监控手册”，应用PDPC法绘制了安全监控图，录入《企业安全管理标准化手册》(HRJT-2018)中，在全公司推广执行。编写了《大跨度洁净工业厂房顺作法下钢屋架分块滑移施工工法》，申报编号为HRGF03-2018，经公司组织专家审定，已批准为企业级施工工法。总结与下一步打算从专业技术、管理方法和综合素质进行了总结，并提出了小组下一步的活动方向且进行了评估。

2. 不足之处

(1) 小组简介建议增加小组以往取得的成果业绩，对人员组成可以从职称、文化程度进行分析，从而体现小组的技术创新能力。

(2) 选择课题中因查询不到相关技术，对借鉴的逆作法改为顺作法施工建议进行课题的可行性论证。可从人力资源、公司资源保障条件等内外部分析进行论证。

(3) 目标可行性论证中本项目拟借鉴的数据应进行BIM模拟试验，来判定目标能否实现。

(4) 标准化程序中分析本成果推广价值和应用前景深度不够，应有具体的评价数据作支撑。

(5) 总结中管理方法应增加小组按照统计方法和用数据说话等方面进行分析取得的进步和不足。

附录 A　质量管理小组活动常用统计方法（问题解决型课题）一览表

质量管理小组活动常用统计方法汇总表（问题解决型）

统计方法	工程概况	小组简介	选择课题	现状调查	设定目标	原因分析	确定主要原因	制定对策	对策实施	检查效果	制定巩固措施	总结和下一步打算
调查表		●	★	★	●		●			●		●
分层法			★	★				●				●
排列图			★	★						●		
因果图						★						
直方图				●			●			●		
控制图				●						●		
散布图				●			●					
系统图						★		●	●			
关联图						★						
亲和图			●									
PDPC 法								★	★			
网络图		●						●	●			
头脑风暴法			★			★	●	★	★			●
水平对比				●	★					●		
流程图			●	●				●	●		●	
简易图表	●	★	★	★	★		★	●	●	★	★	★
正交实验设计法								●	●			
图片	★	●	★	★			★	★	★	★	★	●

注：★表示特别有效；●表示有效。

附录 B　质量管理小组活动常用统计方法（创新型课题）一览表

质量管理小组活动常用统计方法汇总表（创新型）

统计方法	工程概况	小组简介	选择课题	设定目标及可行性论证	提出方案，确定最佳方案	制定对策	对策实施	检查效果	标准化	总结和下一步打算
调查表		●	★	●	●			●	●	●
分层法					★			●		●
排列图										
因果图										
直方图			●		●		●	●		
控制图			●		●		●	●		
散布图							●	●		
系统图					★		●			
关联图										
亲和图			★	●						
矩阵图						●				
PDPC 法						★	★			
网络图	●	●	●	●		●	●			
头脑风暴法			★			●	★			●
水平对比				●	●		●	●		●
流程图	●		●		●	●	●		●	
简易图表	●	★	★	★	★	●	●	★	★	★
正交试验设计法					●	●	●			
优选法					●	●				
图片	★	●	★	★	★	★	★	★	★	●

注：★表示特别有效；●表示有效。

附录C　质量管理小组活动评价表

附录C.1　质量管理小组活动现场评审表

质量管理小组活动现场评审表

序号	评审项目	评审方法	评审内容	分值
1	质量管理小组的组织	查看记录	（1）小组和课题进行注册登记； （2）小组活动时，小组成员出勤情况； （3）小组成员参与组内分工情况； （4）小组活动计划及完成情况	10分
2	活动情况与活动记录	听取介绍交流沟通查看记录现场验证	（1）活动过程按质量管理小组活动程序开展； （2）活动记录（包括各项原始数据、调查表、记录等）保存完整、真实； （3）活动记录的内容与发表材料一致	30分
3	活动真实性和活动有效性	现场验证查看记录	（1）小组课题对技术、管理、服务的改进点有改善； （2）各项改进在专业技术方面科学有效； （3）取得的经济效益得到相关部门的认可； （4）统计方法运用正确、适宜	30分
4	成果的维持与巩固	查看记录现场验证	（1）小组活动课题目标达成，有验证依据； （2）改进的有效措施已纳入有关标准或制度； （3）现场已按新标准或制度执行； （4）活动成果应用于生产和服务实践，取得效果	20分
5	质量管理小组教育	提问或考试	（1）小组成员掌握质量管理小组活动程序； （2）小组成员对方法的掌握程度和水平； （3）通过本次活动，小组成员的专业水平、管理方法和综合素质得到提升	10分

附录C.2 问题解决型课题成果发表评审表

问题解决型课题成果发表评审表

序号	评审项目	评审内容	分值
1	选题	(1) 所选课题与上级方针目标相结合，或是本小组现场急需解决的问题； (2) 课题名称简洁明确，直接针对所存在的问题； (3) 现状调查数据充分，并通过分析明确问题或症结； (4) 现状调查为制定目标和原因分析提供依据； (5) 目标设定有依据、可测量； (6) 统计方法运用正确、适宜	15分
2	原因分析	(1) 针对问题或症结分析原因，因果关系要明确、清楚； (2) 原因分析到可直接采取对策的程度； (3) 主要原因从末端原因中选取； (4) 对所有末端原因逐一确认，将末端原因对问题或症结的影响程度作为判定主要原因的依据； (5) 统计方法运用正确、适宜	30分
3	对策与实施	(1) 针对所确定的主要原因，逐条提出相应对策，必要时进行对策多方案选择； (2) 对策按“5W1H”原则制定； (3) 每条对策在实施后检查对策目标是否完成； (4) 统计方法运用正确、适宜	20分
4	效果	(1) 将取得效果与实施前现状比较，确认改进的有效性，与所制定的目标比较，检查是否已达到； (2) 取得经济效益的计算实事求是； (3) 实施中的有效措施已纳入有关标准，并按新标准实施； (4) 小组认真总结和提炼活动收获； (5) 统计方法运用正确、适宜	20分
5	成果报告	(1) 成果报告真实，有逻辑性； (2) 成果报告通俗易懂，以图表、数据为主	5分
6	特点	(1) 小组课题体现“小、实、活、新”特色； (2) 统计方法应用有实效	10分

附录C.3　创新型课题成果发表评审表

创新型课题成果发表评审表

序号	评审项目	评审内容	分值
1	选题	(1) 选题来自内、外中顾客及相关方的需求； (2) 广泛借鉴已有的知识、经验等，为设定目标和提出方案提供依据； (3) 目标设定与课题需求一致，有量化的目标和可行性论证	20分
2	提出方案并确定最佳方案	(1) 提出的总体方案具有独立性和创新性，分级方案具有可比性； (2) 方案分解应逐层展开到可以实施的具体方案； (3) 用事实和数据对经过整理的方案进行逐一分析、论证和评价； (4) 用现场测量、试验和调查分析的方式确定最佳方案； (5) 统计方法运用正确、适宜	30分
3	对策与实施	(1) 按5W1H原则制定对策表，对策明确、对策目标可测量、措施具体； (2) 针对在最佳方案分解中确定的可实施的具体方案，逐项纳入对等表； (3) 按照制定的对策表逐条实施； (4) 每条方案措施实施后，检查相应对等目标的完成情况，未达到对策目标时应调整、修正措施； (5) 统计方法运用正确、适宜	20分
4	效果	(1) 确认课题目标的完成情况； (2) 必要时，确认小组创新成果的经济效益和社会效益； (3) 将有推广价值的创新成果进行标准化，形成相应的技术标准、图纸、工艺文件、作业指导书或管理制度等； (4) 对专项或一次性的创新成果，将创新过程相关材料整理存档	15分
5	成果报告	(1) 成果报告真实，有逻辑性； (2) 成果报告通俗易懂，以图表、数据为主	5分
6	特点	(1) 充分体现小组成员的创造性； (2) 创新成果具有推广应用价值	10分

附录C.4　成果（现场）发布评分表

质量管理小组成果发布分评价表

序号	评审项目	内　容	配分	得分
1	制片	PPT 制作简洁、清晰，以图、表、数据为主，配以标题和文字说明	20	
2	内容	内容真实，有逻辑性；不应把成果报告全文“搬家”；PPT 内容与成果 word 文档内容匹配	20	
3	仪表	发表人仪表端庄，仪态自然大方，不应背对观众；发表人应是小组成员	15	
4	发表	普通话发表，语音洪亮，语言简明，吐字清楚，语气自信，语速有节奏；发表逻辑性强，突出重点，演讲成果	30	
5	特点	成果发表不拘泥于固定的形式，结合成果内容和展示需要，采用适宜的活动实物、模型、道具、BIM 技术、动画、视频、音频等生动活泼的形式辅助和丰富成果发表，发表成果的重点 在演讲成果的内容上具有启发性	15	
总得分				

备注：1. 此表用于质量管理小组成果的现场发布评价；

2. 参加发布的成果得分分两部分，一部分为文本得分，另一部分为现场发布得分，成果总得分根据文本和发布的权重计算总得分

附录 D　质量管理小组活动记录表

质量管理小组活动原始记录本（参考样本）

1. 质量管理小组活动记录本封面

<table>
<tr><td>

公司名称
（三号宋体居中）

质量管理小组活动原始记录本
（二号宋体加粗居中）

部门（项目部）：
QC 小组名称：
课题名称：
（四号宋体）

年　月　日

</td></tr>
</table>

2. 质量管理小组注册/课题登记表

小组名称				小组注册号	
				课题注册号	
课题名称				课题类型	
组建日期			活动时间		
小组成员					
姓名	性别	年龄	文化程度	职务职称	组内职务
指导者	本单位□外单位□国家级诊断师□省市、行业诊断师□				
小组接受 QC 知识教育情况			上年度课题		
项目经理或部门负责人				企业主管部门注册备案 年　月　日（章）	

3. 小组活动计划及进度表

阶段	程序进度（问题解决型）	程序进度（创新型）	1 月	2 月	3 月	4 月	5 月	6 月	7 月	8 月	9 月	10 月	11 月	12 月
P	1. 选择课题	1. 选择课题												
	2. 现状调查	—												
	3. 设定目标	2. 设定目标及目标可行性论证												
	目标可行性论证	—												
	4. 原因分析	3. 提出方案，并确定最佳方案												
	5. 要因确认	—												
	6. 制定对策	4. 制定对策												
D	7. 对策实施	5. 对策实施												
C	8. 效果检查	6. 效果检查												
A	9. 巩固措施	7. 标准化												
	10. 总结和下一步打算	8. 总结和下一步打算												

4. 小组活动出席情况表

序号	次号、日期 姓名	1	2	3	4	5	6	7	8	9	10	11	12
1													
2													
3													
4													
5													
6													
7													
8													
9													
10													
11													
12													
	合计												

注：出席√；缺席○；请假△。

5. 小组活动记录

活动日期		活动主题		主持人	
活动阶段及程序				记录人	
出席人					
活动内容：					

6. 对策表

问题解决型课题对策表

序号	主要原因	对策 What	目标 Why	措施 How	地点 Where	负责人 Who	时间 When
1							
2							
3							
4							
5							
6							
7							
8							

制表人：×××　　　　制表时间：×年×月×日

创新型课题对策表

序号	对策 What	目标 Why	措施 How	地点 Where	负责人 Who	时间 When
1						
2						
3						
4						
5						
6						
7						
8						

制表人：×××　　　　制表时间：×年×月×日

参 考 文 献

[1] 中国质量协会团体标准. 质量管理小组活动准则 T/CAQ 10201[S].

[2] 中国建筑业协会团体标准. 工程建设质量管理小组活动导则 T/CCIAT 0005[S].

[3] 中国施工企业管理协会. 工程建设质量管理小组活动理论与实务[M]. 北京：中国计划出版社，2019.

[4] 中华人民共和国国家标准. 控制图 第2部分：常规控制图 GB/T 17989.2—2020[S]. 北京：中国标准出版社，2020.